解读电磁波

Understanding Electromagnetic Waves

Ming-Seng Kao（高铭盛）
Chieh-Fu Chang（张介福）　　著

王　锐　吴　坤　陆珊珊
李　俊　胡　磊　戴文瑞　　译
范　斌　秦鹏程

武昕伟　王　峰　　　　审校

合肥工业大学出版社

译 者 序

  电磁波相关理论课程一直以来都是国内外高校学生普遍感到畏惧、难学的课程之一。究其原因还是理论抽象、公式繁多。Ming-Seng Kao 和 Chieh-Fu Chang 两位学者编写的这本著作不同于国内大多数的电磁波理论教材，它从麦克斯韦方程组开始，采用演绎法详细阐述了电磁波的传播、电磁波的特性、电磁波的界面特性、传输线、史密斯圆图和匹配电路设计及天线等七个方面的内容。

  全书内容脉络清晰，总体思路就是由数学概念有效过渡到物理概念再到实际应用，在表述中注重思维的连贯性和逻辑性，便于读者由浅入深地理解。在每一章开始时，以简单易懂的方式介绍每一项基本原则，既强调基本概念，又介绍解决典型问题的方法，并对有关技术的应用进行了讨论，从而拓展读者应用公式解决实际问题的能力，激发读者的学习兴趣。本书可作为电子与通信类专业本科生的中文教材或参考书，另外，对希望掌握电磁波理论的工程技术人员也是一本有益的工具书。

  本书主要由中国人民解放军陆军炮兵防空兵学院王锐、吴坤、陆珊珊等老师组织翻译，李俊、戴文瑞、胡磊、范斌、秦鹏程等老师也参与了翻译。其中，王锐翻译第 7 章、吴坤翻译第 5 章、陆珊珊翻译第 4 章，范斌、戴文瑞、胡磊、李俊、秦鹏程等分别翻译第 1、2、3、6 章以及附录说明，王锐副教授对全书进行了梳理和统稿。

  虽然在翻译过程中尽了最大努力，但是由于译者水平有限，书中难免出现纰漏之处，敬请广大读者批评指正。

译 者

2023 年 6 日

前　　言

本书提供了理解电磁波的不同思路,在一个学期的教学时间内,从麦克斯韦方程组开始学习是本科生快速掌握电磁波核心要义的高效学习途径。因此,第1章通过介绍麦克斯韦方程组为电磁波学习打下坚实基础。

传统的相关教科书通常涵盖包括静态电磁学在内的所有内容,不可避免地让学生在课程的后半部分才开始学习麦克斯韦方程组,我们的思路则避免了这一缺点。因为电子与通信工程专业的本科生通常在学习大学物理时已经学习了静态电磁学的相关知识。此外,大多数电磁波方面的教科书晦涩难懂,因为它们通常过分强调数学,并以一种完整和严格的方式阐述原理。这使得学生花费了大量的时间和精力学习数学,而不是物理。相反,我们试图以一种更具启发式的方式引入电磁波。

例如,在每个主题的开头,我们都以一种简单和可理解的方式介绍每个基本原理。这些通常都是日常生活中的一个例子,或者是一些人们可以"想象"或"看到"的东西。然后,用学生可接受的数学方法一步一步地导出这个概念。此外,我们提供了足够的数学计算,以帮助学生更好地理解物理意义。

本书知识结构如下:

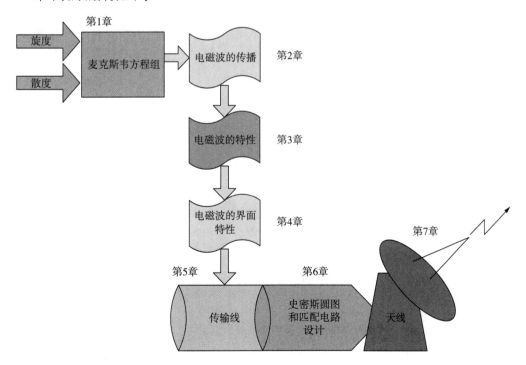

第 1 章首先引入了麦克斯韦方程组的两个主要算子:散度和旋度。随后讲解麦克斯韦方程组的物理意义和数学原理,以帮助学生更好地掌握基本概念。

第 2 章在麦克斯韦方程组的基础上开展对电磁波的研究,学习均匀平面波的波动方程和传播;第 3 章探讨电磁波的重要参数和特性;第 4 章介绍电磁波在不同介质交界面上的传播特性。以上内容为针对电磁波开展更深层次的理论和应用研究奠定了理论基础。

第 5 章介绍了可以远距离引导和传输电磁波的传输线原理。第 6 章介绍了显示直观且能解决许多实际问题的史密斯圆图以及阻抗匹配电路和高频放大器。第 7 章介绍了无线通信系统的关键——天线,从最简单的偶极子天线逐步深入,并用互易定理描述了发射天线和接收天线之间的关系。

本书包含以下七章:

第 1 章 麦克斯韦方程组;

第 2 章 电磁波的传播;

第 3 章 电磁波的特性;

第 4 章 电磁波的界面特性;

第 5 章 传输线;

第 6 章 史密斯圆图和匹配电路设计;

第 7 章 天线。

这些章节包括了电子与通信工程专业本科生学习电磁波时所需要的最重要的知识。通过对这些内容的研究,我们相信学生将具有坚实的电磁波基础,并为进入高频电路设计和无线通信系统做好准备。

高铭盛　张介福

台湾　新竹

目　　录

第1章　麦克斯韦方程组 ································· （001）

  1.1　散　度 ································· （002）

  1.2　旋　度 ································· （009）

  1.3　物理学视角下的麦克斯韦方程组 ·········· （018）

  1.4　数学视角下的麦克斯韦方程组 ············ （025）

第2章　电磁波的传播 ································· （035）

  2.1　波动方程 ····························· （036）

  2.2　相量表示 ····························· （043）

  2.3　均匀平面波 ··························· （053）

  2.4　平面波的传播 ························· （060）

第3章　电磁波的特性 ································· （073）

  3.1　波阻抗 ······························· （074）

  3.2　群速度 ······························· （081）

  3.3　坡印廷矢量 ··························· （089）

  3.4　导体中电磁波的特性 ··················· （096）

第4章　电磁波的界面特性 ····························· （105）

  4.1　电场的边界条件 ······················· （106）

  4.2　磁场的边界条件 ······················· （114）

  4.3　电介质分界面的一般规律 ··············· （120）

  4.4　平行极化波 ··························· （127）

  4.5　垂直极化波 ··························· （138）

  4.6　导体分界面处的特性 ··················· （144）

第 5 章　传输线 ·· （153）

　5.1　传输线基本原理 ····································· （154）

　5.2　传输线方程 ··· （162）

　5.3　特性阻抗 ··· （170）

　5.4　反　射 ··· （177）

　5.5　传输线电路组件 ····································· （184）

　5.6　驻　波 ··· （195）

第 6 章　史密斯圆图和匹配电路设计 ·················· （209）

　6.1　史密斯圆图的原理 ··································· （210）

　6.2　史密斯圆图的应用 ··································· （221）

　6.3　阻抗匹配设计 ······································· （240）

　6.4　高频放大器设计简介 ································· （250）

第 7 章　天　线 ··· （261）

　7.1　介　绍 ··· （262）

　7.2　偶极子天线 ··· （272）

　7.3　辐射方向图 ··· （280）

　7.4　方向性 ··· （283）

　7.5　辐射效率 ··· （289）

　7.6　接收天线 ··· （295）

附录 A　矢量运算 ··· （309）

附录 B　电场和磁场 ··· （314）

附录 C　折射率 ··· （318）

附录 D　传播常数 ··· （320）

第 1 章　　麦克斯韦方程组

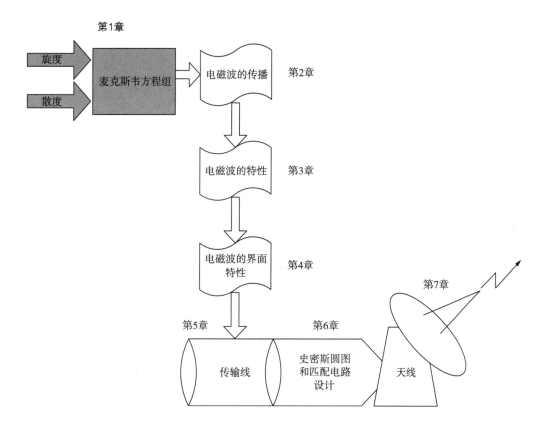

麦克斯韦方程组是理解电磁波的关键,因为这些方程总结了最重要和最有用的电磁场知识。为了帮助读者方便快捷地理解关键问题,这里引入散度和旋度两个数学算子,忽略冗长的数学表达式而着眼于麦克斯韦方程组的物理意义。与传统的方法不同,我们提供了大量的例子和插图来帮助读者抓住核心思想。

本章分两步介绍麦克斯韦方程组:首先是物理视角,然后是数学视角,便于读者深入理解,为学习电磁波打下坚实基础!

为了理解麦克斯韦方程组,必须具有一定的数学和物理基础。在这里,假设您已经在基础物理学中学习了静电和静磁学的基本知识,掌握了向量微积分的背景知识,比如向量微分和向量积分。如果您不熟悉这些,请参考附录 A。

1.1 散 度

电磁波可以通过三维空间中电场(E 场)和磁场(M 场)的时变行为解释。由于电场和磁场是三维空间中的矢量场,所以需要理解矢量场的两个重要算子:散度和旋度。一旦理解了这两个算子,就可以分析矢量场的重要特征,从而打开电磁波的大门。让我们先从散度开始。

1.1.1 矢量场的用法

在现实世界中,我们可以观察到许多物理量都有大小和方向,它们可能随位置而变化。例如,当你站在海边时,你可以感受到不同风力大小和方向的微风吹在你的脸上。假设用一个矢量 $\vec{A}$ 代表风。那么 $\vec{A}$ 的方向就代表风向,$|\vec{A}|$ 的大小就代表风力。由于 $\vec{A}$ 可能随其位置变化,设 $\vec{A}$ 是 x,y,z 的函数,记为 $\vec{A}=\vec{A}(x,y,z)$。同样,可以用另一个矢量场 $\vec{B}=\vec{B}(x,y,z)$ 来表示河流中的水流。从这两个例子中可以看出,矢量场可表示自然界中的各种物理效应。

从数学的观点看,矢量场是描述电磁波在三维空间中行为的高效工具。例如,如果我们放一个电荷在三维空间中,就可以创建一个矢量场 $\vec{E}(x,y,z)$ 来表示电荷产生的电场。基于此,就可以分析和探索电磁波的世界。

在了解矢量场的应用之后,下面将介绍矢量场的第一个关键算子 —— 散度。

1.1.2 散度的含义

为了简单起见,首先考虑二维平面中的矢量场 $\vec{A}(x,y)$。如图 1-1 示例所示,这里的 $\vec{A}$ 是一个均匀矢量场。在该图中,$\vec{A}$ 在整个平面上具有相同的大小和方向。另一方面,图 1-2 展示了一个非均匀矢量场,这里的 $\vec{A}$ 在不同的位置有不同的大小和方向。其他非均匀矢量场的实例如图 1-3 和图 1-4 所示。

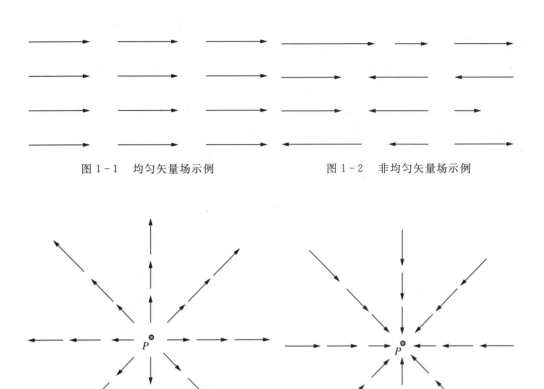

图 1-1　均匀矢量场示例　　　　　图 1-2　非均匀矢量场示例

图 1-3　发散点示意图　　　　　图 1-4　收敛点示意图

由图 1-3 容易看出,矢量从中心点"发散"。因此,P 可以看作矢量场 $\vec{A}$ 的一个发散点。另一方面,在图 1-4 中,由于矢量收敛于 P,点 P 可以看作 $\vec{A}$ 的收敛点。对于矢量场中的一个点,它可能是发散点,也可能是收敛点,这取决于它的周围环境。例如,在图 1-5 中,P 显然是 $\vec{A}$ 的发散点,而 Q 是 $\vec{A}$ 的收敛点。由图 1-1、图 1-2、图 1-3、图 1-4 和图 1-5 可以很容易地确定,一个点在矢量场中是发散点还是收敛点。然而,在大多数情况下,没有这样观测矢量场的图。那么,该如何确定三维空间中的点 P 是矢量场 $\vec{A}$ 中的收敛点还是发散点呢?

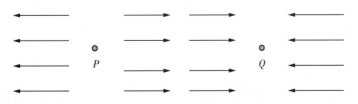

图 1-5　发散点 P 和收敛点 Q 示意图

为了回答这个问题,数学家们有一个非常有趣且富有创造性的想法:想象一下有一条包围着点 P 的曲线,对于曲线表面上的点 (x_1, y_1, z_1),如果 $\vec{A}$ 的方向是向外的,即给这个点赋一个正比于 $|\vec{A}|$ 的正值;另一方面,如果 $\vec{A}$ 的方向是向内的,给这个点赋一个正比于 $|\vec{A}|$ 的负值。最后,把曲线表面上所有点的对应值加起来,如果和为正,那么 P 就是一个发散点;如果和为负,则为收敛点;如果和为零,则既不是发散点,也不是收敛点。注意,这里需要把曲线做得尽可能小,这样曲线里就只有点 P 被包围了。

接下来,将上述思想转化为数学公式。如图 1-6 所示,假设 S 是区域的表面,定义一个标量 η,由下式给出

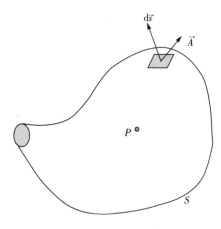

$$\eta = \lim_{S \to 0} \int_S \vec{A} \cdot d\vec{s} \qquad (1-1)$$

其中 S 的面积趋近零,用 $S \to 0$ 表示,这意味着只有点 P 包含在区域中。在式 (1-1) 中,η 是 $\vec{A}$ 在 S 上的曲面积分,$d\vec{s}$ 是垂直于 S 的向外面积矢量。显然,如果一个矢量 $\vec{A}$ 向外,则 $\vec{A} \cdot d\vec{s}$ 为正。否则,$d\vec{s}$ 将为负或零。式 (1-1) 是上述思想的完美表述。

图 1-6 解释散度定义的示意图

从上面可以看出,η 的符号和大小表示 $\vec{A}$ 在 P 点的发散性。η 的物理意义可以概括如下:

1. 根据 η 的符号,可以确定 P 是收敛点还是发散点:

(1) 如果 $\eta > 0$,P 是一个发散点。

(2) 如果 $\eta < 0$,P 是一个收敛点。

(3) 如果 $\eta = 0$,P 既不是发散点,也不是收敛点。

2. 根据 η 的大小,我们可以确定 P 点发散的"强度"。

因此,不用画出相关的矢量场,就可以量化 $\vec{A}$ 在点 P 的散度。

此外,当考虑一个收敛点时,它自然被视为 $\vec{A}$ 的"汇入",因为通量向内。另一方面,当考虑一个发散点时,它自然被看作 $\vec{A}$ 的"源头",因为通量向外。

从前面的解释来看,式 (1-1) 的物理意义简单明了。但是在式 (1-1) 中存在一个明显的缺陷:由于 $\vec{A}$ 是有限的,当 S 趋近于零时,曲面积分也将趋近于零。因此,式 (1-1) 的结果永远为零! 为了纠正这个缺陷,修改式 (1-1) 并将 η 重新定义如下:

$$\eta = \lim_{S \to 0} \frac{\oint_S \vec{A} \cdot d\vec{s}}{V} \qquad (1-2)$$

其中 V 表示 S 所包围的体积。在新定义的式 (1-2) 中,当 $S \to 0$ 时,V 也趋近于零。因此,η 不一定为零。这个新定义保留了散度的物理意义,同时在数学上也是"严谨的"。

在矢量微积分中,矢量场 $\vec{A}$ 中的散度一般用 $\nabla \cdot A$ 表示,并定义为

$$\nabla \cdot A = \lim_{S \to 0} \frac{\oint_s \vec{A} \cdot d\vec{s}}{V} \qquad (1-3)$$

其中 S 是包围感兴趣点的表面，V 是 S 的体积。注意 $\nabla \cdot A$ 是标量，而不是矢量。

1.1.3　散度的计算

设 $\vec{A}$ 是一个三维矢量场，表示为

$$\vec{A} = A_x \cdot \hat{x} + A_y \cdot \hat{y} + A_z \cdot \hat{z} \qquad (1-4)$$

其中 (A_x, A_y, A_z) 是 $\vec{A}$ 的轴向分量，它们是 x, y 和 z 的函数，即 $A_x = A_x(x,y,z), A_y = A_y(x,y,z), A_z = A_z(x,y,z)$。基于式 $(1-3)$ 和散度的物理意义，可以表示为[1]

$$\nabla \cdot \vec{A} = \lim_{S \to 0} \frac{\oint_s \vec{A} \cdot d\vec{s}}{V} = \frac{\partial A_x}{\partial x} + \frac{\partial A_y}{\partial y} + \frac{\partial A_z}{\partial z} \qquad (1-5)$$

相较于式 $(1-3)$，式 $(1-5)$ 提供了一种计算散度简单有效的方法。如果知道矢量场 $\vec{A}$ 的轴向分量 A_x, A_y, A_z，即可用偏微分来推导 $\nabla \cdot \vec{A}$，而不用式 $(1-3)$ 中复杂的曲面积分。因此，运用式 $(1-5)$ 可以很容易地计算空间中一点的散度。例如，假设 P 是三维空间中在 (x_0, y_0, z_0) 上的一个点。矢量场 $\vec{A}$ 在 P 处的散度由下式给出

$$\nabla \cdot \vec{A} \big|_{(x_0, y_0, z_0)} = \frac{\partial A_x}{\partial x} + \frac{\partial A_y}{\partial y} + \frac{\partial A_z}{\partial z} \big|_{(x_0, y_0, z_0)} \qquad (1-6)$$

（1）如果 $\nabla \cdot \vec{A} \big|_{(x_0, y_0, z_0)} > 0$，$P$ 是一个发散点。

（2）如果 $\nabla \cdot \vec{A} \big|_{(x_0, y_0, z_0)} < 0$，$P$ 是一个收敛点。

（3）如果 $\nabla \cdot \vec{A} \big|_{(x_0, y_0, z_0)} = 0$，$P$ 既不是发散点也不是收敛点。

此外，从 $\nabla \cdot \vec{A} \big|_{(x_0, y_0, z_0)}$ 的大小，可知在点 P 处散度特征的"强度"。因此，散度是表征矢量场的有用度量。

例 1.1

假设有一个矢量场 $\vec{A}(x,y,z) = 2x \cdot \hat{x}$，计算当 (a) $x = 1$，(b) $x = -1$ 时的散度。

解：

首先，有如下三个轴向分量：

$$A_x = 2x$$

$$A_y = 0$$

$$A_z = 0$$

由式 $(1-6)$ 可得

$$\nabla \cdot \vec{A} = \frac{\partial A_x}{\partial x} + \frac{\partial A_y}{\partial y} + \frac{\partial A_z}{\partial z} = 2$$

因为 $\nabla \cdot \vec{A} = 2$，向量场 $\vec{A}$ 的散度与位置无关，所有点的散度等于2。因此，$x=1$ 和 $x=-1$ 两种情况都有相同的散度。该值为正，意味着两种情况都是"发散"点。

图1-7展示了示例1.1中 $x=1$ 和 $x=-1$ 附近的矢量场。可以看出，当 $x=1$ 时，它是一个发散点，因为向内的通量小于向外的通量。例如，$x=0.9$ 时，通量 $\vec{A}=1.8 \cdot \hat{x}$，当 $x=1.1$ 时，通量 $\vec{A}=2.2 \cdot \hat{x}$。因此，向外的通量大于向内的通量。同样，当 $x=-0.9$ 时，通量 $\vec{A}=-1.8 \cdot \hat{x}$，当 $x=-1.1$ 时，通量 $\vec{A}=-2.2 \cdot \hat{x}$。因此，在 $x=-1$ 处，向外的通量也大于向内的通量。

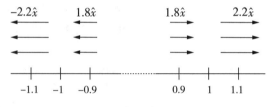

图 1-7   例 1.1 的示意图

例 1.2
假设有一个矢量场 $\vec{A}(x,y,z) = x^2 \cdot \hat{x}$，计算当 (a) $x=1$，(b) $x=-1$ 时的散度。

解：
首先，有如下三个轴向分量：

$$A_x = x^2$$
$$A_y = 0$$
$$A_z = 0$$

由式(1-6)可得

$$\nabla \cdot \vec{A} = \frac{\partial A_x}{\partial x} + \frac{\partial A_y}{\partial y} + \frac{\partial A_z}{\partial z} = 2x$$

因此，
当 $x=1$ 时，

$$\nabla \cdot \vec{A} \big|_{x=1} = 2 \Rightarrow x=1 \text{ 是一个发散点。}$$

当 $x=-1$ 时，

$$\nabla \cdot \vec{A} \big|_{x=-1} = -2 \Rightarrow x=-1 \text{ 是一个收敛点。}$$

图1-8展示了示例1.2中 $x=1$ 和 $x=-1$ 附近的矢量场。可以看出，$x=1$ 是一个发散点，因为向外的通量大于向内的通量。比如，$x=0.9$ 时，通量 $\vec{A}=0.81 \cdot \hat{x}$，当 $x=1.1$ 时，通量 $\vec{A}=1.21 \cdot \hat{x}$。因此，对于 $x=1$，外向通量大于内向通量。另一方面，$x=-1$ 是一个收敛点，因为内向通量大于外向通量。例如，当 $x=-0.9$ 时，通量 $\vec{A}=0.81 \cdot \hat{x}$，当 $x=$

—1.1 时,通量 $\vec{A}=1.21 \cdot \hat{x}$。因此,对于 $x=-1$,向内的通量大于向外的通量。比较例 1.1 和例 1.2 的差异是值得的,这将有助于读者理解散度的含义。

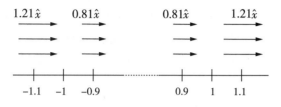

图 1-8   例 1.2 的示意图

例 1.3

假设有一个矢量场 $\vec{A}(x,y,z)=(xy^2) \cdot \hat{x}+(yz+x) \cdot \hat{y}+(x+y^3) \cdot \hat{z}$,计算当(a) $(x,y,z)=(3,1,-2)$,(b)$(x,y,z)=(2,3,-4)$ 时的散度。

解:

首先,有如下三个轴向分量:

$$A_x=xy^2$$

$$A_y=yz+x$$

$$A_z=x+y^3$$

由式(1-6)可得

$$\nabla \cdot \vec{A}=\frac{\partial A_x}{\partial x}+\frac{\partial A_y}{\partial y}+\frac{\partial A_z}{\partial z}=y^2+z+0=y^2+z$$

因此,当 $(x,y,z)=(3,1,2)$ 时,$\nabla \cdot \vec{A}|_{(3,1,-2)}=-1 \Rightarrow (3,1,-2)$ 是一个收敛点。

另一方面,当 $(x,y,z)=(2,3,-4)$ 时,$\nabla \cdot \vec{A}|_{(2,3,-4)}=5 \Rightarrow (2,3,-4)$ 是一个发散点。

此外,因为 $5>|-1|$,所以 $(x,y,z)=(2,3,-4)$ 处的发散强度大于 $(x,y,z)=(3,1,-2)$ 处的收敛强度。

从上例可知,一旦知道了矢量场 $\vec{A}(x,y,z)$ 的轴向分量,就可以利用式(1-6)计算散度。

1.1.4   散度定理

现在介绍一个与散度有关的在电磁场中非常有用的重要定理,被称为散度定理。设 V 是具有任何形状的体积,S 是 V 的曲面。散度定理表述如下:

$$\int_V (\nabla \cdot \vec{A}) \mathrm{d}v = \oint_S \vec{A} \cdot \mathrm{d}\vec{s} \tag{1-7}$$

在式（1-7）的左侧，有标量$\nabla \cdot \overrightarrow{A}$在$V$上的体积分；在式（1-7）的右侧，有$S$上矢量场$\overrightarrow{A}$的面积分。式（1-7）适用于关于任何体积$V$和对应表面$S$的任何矢量场。

散度定理可以解释为闭合曲面内散度$\nabla \cdot \overrightarrow{A}$的体积分等于$\overrightarrow{A}$通过闭合曲面向外的通量。散度定理的证明是相当复杂的，有兴趣的读者可以查阅参考文献[2]。这里提供一种启发式的方法来理解这个定理的物理意义，以提升读者的理解。

假设V是如图1-9所示的空间中的任意体积。首先，可将它分成无限个小立方体，每个立方体有一个微小的体积$\mathrm{d}v$，所以$\mathrm{d}v \to 0$。从式（1-3）的散度定义中，可得

$$(\nabla \cdot \overrightarrow{A})\mathrm{d}v \big|_{v_i} = \lim_{S_i \to 0} \oint_{S_i} \overrightarrow{A} \cdot \mathrm{d}\vec{s} \tag{1-8}$$

其中v_i表示第i个小立方体，S_i是它的表面。当把V中所有的小立方体的$(\nabla \cdot \overrightarrow{A})\mathrm{d}v \big|_{v_i}$加起来，可得

$$\sum_{i=1}^{\infty} (\nabla \cdot \overrightarrow{A})\mathrm{d}v \big|_{v_i} = \sum_{i=1}^{\infty} \lim_{S_i \to 0} \oint_{S_i} \overrightarrow{A} \cdot \mathrm{d}\vec{s} \tag{1-9}$$

其中，式（1-9）右侧表示所有立方体的面积分之和。

在图1-10中，假设b和c是两个相邻的立方体。当我们关注b和c之间的界面，假设$\overrightarrow{A}$在小界面上从b传到c，于是得到立方体b的子面积分$\overrightarrow{A} \cdot \vec{s}_{bc}$，立方体$c$的子面积分$-\overrightarrow{A} \cdot \vec{s}_{bc}$。因此，两个立方体界面上的积分相互抵消。那么，对于整个立方体的面积分，只有在V表面的才不会抵消。因此，得到以下等式：

$$所有立方体的面积分之和 = \oint_S \overrightarrow{A} \cdot \mathrm{d}\vec{s} \tag{1-10}$$

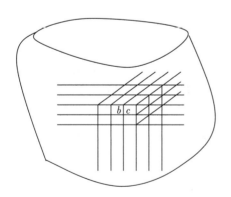
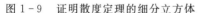
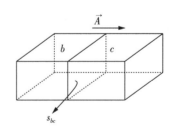

图1-9 证明散度定理的细分立方体　　图1-10 两个来证明散度定理的相邻立方体

另一方面，当$\mathrm{d}v \to 0$时，得到如下等式：

$$\sum_{i=1}^{\infty} (\nabla \cdot \overrightarrow{A})\mathrm{d}v \big|_{v_i} = \int_V (\nabla \cdot \overrightarrow{A})\mathrm{d}v \tag{1-11}$$

最后,从式(1-9)到式(1-11),可得:

$$\int_V (\nabla \cdot \vec{A}) dv = \oiint_S \vec{A} \cdot d\vec{s} \tag{1-12}$$

值得一提的是,散度定理是非常有用的,因为从式(1-12)中,可以将计算量从三维体积分简化为二维面积分。此外,它还为解释电磁场的几个重要特征提供了不同的视角。稍后将详细阐述散度定理在电磁学中的应用。

1.2　旋　　度

在前一节中,我们学习了矢量场的第一个关键算子 —— 散度,它度量矢量场的发散性质。现在学习第二个关键算子 —— 旋度,它度量一个矢量场的"旋转"性质。这两个算子将帮助我们推开电磁波之门。

1.2.1　旋度的物理意义

图1-11展示了一个二维矢量场,显然在这个场中不存在旋转。图1-12展示了另一个二维矢量场,不难看出该场中存在旋转。此时,我们可能会问自己一个问题:如何描述一个矢量场的"旋转"性质? 一个更具挑战性的问题是:如何在三维空间中量化这个属性?

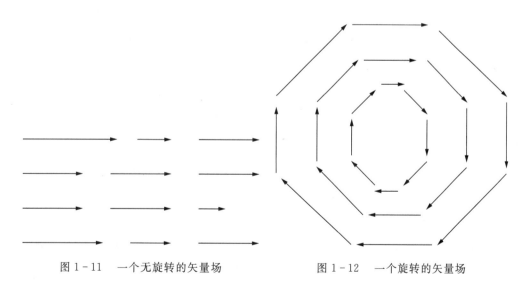

图 1-11　一个无旋转的矢量场　　　　　　图 1-12　一个旋转的矢量场

首先,如图1-13所示,想象一个三维空间中的旋转矢量场。在图1-13中,可发现一个旋转场发生在一个"平面"上。例如,地球绕太阳的自转发生在黄道平面上。显然,旋转平面是旋转矢量场的第一个特征。

接下来,从图1-14中,可以看出旋转平面上的旋转矢量场可能有"顺时针"旋转或"逆时针"旋转之分。因此,旋转方向是旋转矢量场的第二个特征。

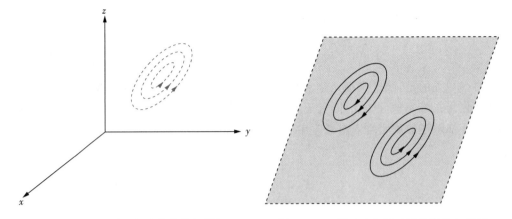

图 1-13　三维空间中的旋转矢量场　　　　图 1-14　顺时针和逆时针旋转的矢量场

最后，如图 1-15 所示，旋转矢量场中不同点的旋转强度可能不同。在该图中，很容易看出内部点 P 具有比点 Q 更强的旋转。因此，旋转的强度形成了旋转矢量场的第三个特征。

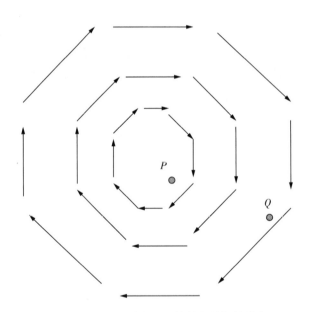

图 1-15　在不同点上的旋转矢量场的强度

综上所述，如果想定义一个可以描述和量化旋转矢量场性质的度量，这个度量必须包括以下三个特征：

1. 旋转平面；
2. 旋转方向；
3. 旋转强度。

现在，我们开始定义这个度量。首先，关注旋转平面和旋转方向。从数学的观点来看，很难说明这两个因素。幸运的是，可以找到一个巧妙便捷的方法来解决这个问题，这就是"右手定则"。

右手定则的思想是用一个特定的矢量同时
定义旋转平面和相关的旋转方向。如图 1-16 所
示,伸出我们的右手,拇指垂直于其他四个手
指。然后,想象旋转平面附着在一个轴上,使它
垂直于这个轴。图 1-17 给出了一个例子,其中
旋转平面是 xy 平面,并与 z 轴相连,假设旋转方
向从 x 轴到 y 轴。如该图所示,可以用右手拇指
和其他四个手指表示旋转平面和相关的旋转
方向。

图 1-16　右手定则示意(Ⅰ)

在图 1-17 中,$\vec{K}$ 是一个指向拇指方向的矢
量,设 $\vec{K}=\hat{z}$,那么旋转平面是一个垂直于 $\vec{K}$ 的平
面(xy 平面),而四个手指(除了拇指)的弯曲方向是从 x 轴到 y 轴的旋转方向。因此,可
以使用矢量 $\vec{K}$ 来同时定义旋转平面和相关旋转方向,这就是右手定则。

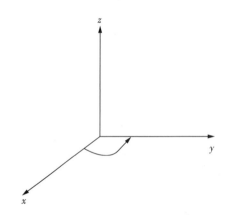

图 1-17　右手定则示意(Ⅱ)

另一个例子如图 1-18 所示,其中箭头表示
右手定则中拇指的方向。可以看出,如果给定
了拇指的方向,就明确了旋转平面和旋转
方向。

接下来,处理旋转矢量场的第三个特征 ——
旋转强度。假设 $\vec{A}$ 是图 1-19 中的一个旋转向量
场,这里 P 是旋转平面上的一个点,C 是一个 P 周
围非常小的轮廓。当我们沿着 $\vec{A}$ 的旋转方向对 C
进行线积分时,结果将代表旋转的强度。深入思
考后会发现,它实际上与我们的直觉是一致的:
如果积分很大,向量场围绕 P 有"强"旋转;如果
积分小,向量场围绕 P 有"弱"旋转;如果积分为
零,就没有绕 P 的旋转。

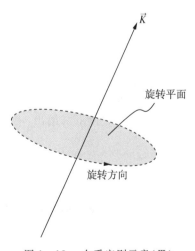

旋转平面

旋转方向

图 1-18　右手定则示意(Ⅲ)

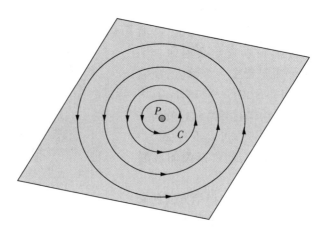

图 1-19　旋转矢量场的线积分

最后，为了让轮廓 C 很好地代表点 P，C 应该尽可能小，使得只有点 P 被包围在 C 中。

设 β 表示矢量场 $\vec{A}$ 中 P 点的旋转强度。上述概念可表述如下：

$$\beta = \lim_{C \to 0} \oint_C \vec{A} \cdot \mathrm{d}\vec{l} \tag{1-13}$$

其中 $\beta \geqslant 0$，因为线积分是沿着旋转方向进行的，而 $C \to 0$ 意味着只有点 P 被包含在 C 中。如果 β 较大，则 P 处的旋转强度较强；如果 β 较小，则 P 处的旋转强度较弱；如果 $\beta = 0$，则在 P 处没有旋转，因此可以通过 β 来预测 P 处的旋转强度。

对于式(1-13)，物理意义是明确、清晰的。然而，它在数学上并不严格。原因是矢量场 $\vec{A}$ 是有限的，当 $C \to 0$ 时，式(1-13)右边的线积分趋近于零。因此，式(1-13)的结果总是为零，即 $\beta = 0$。为了解决这个问题，将 β 重新定义为

$$\beta = \lim_{C \to 0} \frac{\oint_C \vec{A} \cdot \mathrm{d}\vec{l}}{U} \tag{1-14}$$

其中 U 是式(1-14)中被 C 包围的面积。当 $C \to 0$ 时，面积 U 也趋近于零。因此，β 可能不为零。这个新定义既保留了 β 的物理意义，在数学上也是严谨的。

基于上述结论，可以定义一个矢量场的旋转度量，称为"旋度"。矢量场 $\vec{A}$ 中一点的旋度用 $\nabla \times \vec{A}$ 表示，它由下式给出

$$\nabla \times \vec{A} = \beta \cdot \hat{n} = \left[\lim_{C \to 0} \frac{\oint_C \vec{A} \cdot \mathrm{d}\vec{l}}{U} \right] \cdot \hat{n} \tag{1-15}$$

其中，$\hat{n}$ 是在右手定则中拇指方向的单位矢量（$|\hat{n}| = 1$），β 是旋转强度。对于 $\vec{A}$ 中的一点，$\nabla \times \vec{A}$ 表征了该点的旋转特性。$\nabla \times \vec{A}$ 的方向，即 $\hat{n}$ 的方向，决定了旋转平面和旋转方向。同时，$|\nabla \times \vec{A}| = \beta$ 代表该点的旋转强度。例如，假设在 P 点有 $\nabla \times \vec{A} = 3 \cdot \hat{z}$。这意味在 P 点具有如下旋转特性：

1. 旋转平面是包含 P 并垂直于 z 轴的平面。

2. 当使用右手法则，让拇指指向 $\hat{z}$ 时，其余四个手指的指向表示旋转方向。

3. P 处的旋转强度为 $|\nabla \times \vec{A}| = 3$。

从上面的例子中，我们发现 $\nabla \times \vec{A}$ 清楚地描述了旋转矢量场的三个显著特征。注意，旋度 $\nabla \times \vec{A}$ 是一个矢量，而散度 $\nabla \cdot \vec{A}$ 是一个标量，这表征了矢量场中两个运算符之间的差异。

1.2.2　旋度的计算

假设 $\vec{A}$ 是三维空间中的矢量场，由下式给出

$$\vec{A} = A_x \cdot \hat{x} + A_y \cdot \hat{y} + A_z \cdot \hat{z} \tag{1-16}$$

其中 (A_x, A_y, A_z) 代表 $\vec{A}$ 的轴向分量。它们是 x, y, z 的函数，即 $A_x = A_x(x, y, z)$，$A_y = A_y(x, y, z)$，$A_z = A_z(x, y, z)$。基于(1-15)式和旋度的物理意义，可以证明[3]

$$
\begin{aligned}
\nabla \times \vec{A} &= \left[\lim_{C \to 0} \frac{\oint_c \vec{A} \cdot \mathrm{d}\vec{l}}{U} \right] \cdot \hat{n} \\
&= \left(\frac{\partial A_z}{\partial y} - \frac{\partial A_y}{\partial z} \right) \cdot \hat{x} + \left(\frac{\partial A_x}{\partial z} - \frac{\partial A_z}{\partial x} \right) \cdot \hat{y} + \left(\frac{\partial A_y}{\partial x} - \frac{\partial A_x}{\partial y} \right) \cdot \hat{z}
\end{aligned} \tag{1-17}
$$

因此，可以简单地用式(1-17)推导出旋度，而不是计算式(1-15)中复杂的线积分。例如，设 P 是三维空间上一点 (x_0, y_0, z_0)，向量场 $\vec{A}$ 在 P 处的旋度可以由下式计算

$$\nabla \times \vec{A} \,|_{(x_0, y_0, z_0)} = \left(\frac{\partial A_z}{\partial y} - \frac{\partial A_y}{\partial z} \right) \cdot \hat{x} + \left(\frac{\partial A_x}{\partial z} - \frac{\partial A_z}{\partial x} \right) \cdot \hat{y} + \left(\frac{\partial A_y}{\partial x} - \frac{\partial A_x}{\partial y} \right) \cdot \hat{z} \,|_{(x_0, y_0, z_0)}$$

$$\tag{1-18}$$

根据式(1-18)，我们很容易理解矢量场在给定点的旋转特性。

例 1.4

假设有一矢量场 $\vec{A} = 2x \cdot \hat{x} + 2y \cdot \hat{y}$，

(a) 计算 $\nabla \times \vec{A}$ 在原点 $(0, 0, 0)$ 的值。

(b) 在 xy 平面上，在原点 O 周围的四个点 $(a, 0)$，$(0, a)$，$(-a, 0)$ 和 $(0, -a)$ 上绘制矢量场 $\vec{A}$，其中 a 为 0.1。观察绕原点是否有旋转现象。

解：

(a) 首先，有 $\vec{A}$ 的轴向分量如下：

$$A_x = 2x$$

$$A_y = 2y$$

$$A_z = 0$$

因此，

$$\frac{\partial A_z}{\partial y} - \frac{\partial A_y}{\partial z} = 0$$

$$\frac{\partial A_x}{\partial z} - \frac{\partial A_z}{\partial x} = 0$$

$$\frac{\partial A_y}{\partial x} - \frac{\partial A_x}{\partial y} = 0$$

由式(1-18)可得

$$\nabla \times \overrightarrow{A}\big|_{(0,0,0)} = \left(\frac{\partial A_z}{\partial y} - \frac{\partial A_y}{\partial z}\right) \cdot \hat{x} + \left(\frac{\partial A_x}{\partial z} - \frac{\partial A_z}{\partial x}\right) \cdot \hat{y} + \left(\frac{\partial A_y}{\partial x} - \frac{\partial A_x}{\partial y}\right) \cdot \hat{z}\big|_{(0,0,0)}$$

$$= 0$$

因为 $\nabla \times \overrightarrow{A} = 0$，所以原点附近没有旋转。

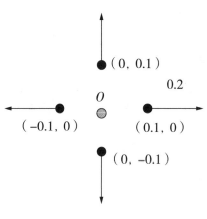

图 1-20 例 1.4 的示意图

（b）基于此，在图 1-20 中画出了相关矢量，这里有四个相同大小为 0.2 的矢量。很明显，不存在绕原点 O 的旋转，与（a）中的结果一致。

例 1.5
假设有一矢量场 $\overrightarrow{A} = -2y \cdot \hat{x} + 2x \cdot \hat{y}$，
（a）计算 $\nabla \times \overrightarrow{A}$ 在原点的值。
（b）在 xy 平面上，在原点 O 周围的四个点 $(a,0)$，$(0,a)$，$(-a,0)$ 和 $(0,-a)$ 上绘制矢量场 $\overrightarrow{A}$，其中 a 为 0.1。观察绕原点是否有旋转现象。

解:
（a）首先，有 $\overrightarrow{A}$ 的轴向分量如下：

$$A_x = -2y$$

$$A_y = 2x$$

$$A_z = 0$$

因此，

$$\frac{\partial A_z}{\partial y} - \frac{\partial A_y}{\partial z} = 0$$

$$\frac{\partial A_x}{\partial z} - \frac{\partial A_z}{\partial x} = 0$$

$$\frac{\partial A_y}{\partial x} - \frac{\partial A_x}{\partial y} = 2 - (-2) = 4$$

由式(1-18)可得

$$\nabla\times\vec{A}\,\big|_{(0,0,0)}=\left(\frac{\partial A_z}{\partial y}-\frac{\partial A_y}{\partial z}\right)\cdot\hat{x}+\left(\frac{\partial A_x}{\partial z}-\frac{\partial A_z}{\partial x}\right)\cdot\hat{y}+\left(\frac{\partial A_y}{\partial x}-\frac{\partial A_x}{\partial y}\right)\cdot\hat{z}\,\big|_{(0,0,0)}$$

$$=4\cdot\hat{z}$$

因为 $\nabla\times\vec{A}=4\cdot\hat{z}$，所以原点附近有旋转。此外，由 $\nabla\times$ $\vec{A}$ 的方向 $\hat{z}$，根据右手定则可知旋转平面是 xy 平面。

（b）基于此，在图 1-21 中画出了相关矢量。很明显，存在绕原点 O 的旋转，与（a）中的结果一致。

例 1.6

假设有一矢量场 $\vec{A}=(xy^2)\cdot\hat{x}+(yz+x)\cdot\hat{y}+(x+y^3)\cdot\hat{z}$，计算点 $(3,1,-2)$ 处的旋度。

解：

首先，有

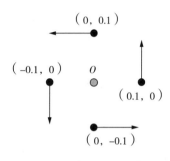

图 1-21　例 1.5 的示意图

$$A_x=xy^2$$

$$A_y=yz+x$$

$$A_z=x+y^3$$

因此

$$\frac{\partial A_z}{\partial y}-\frac{\partial A_y}{\partial z}=3y^2-y$$

$$\frac{\partial A_x}{\partial z}-\frac{\partial A_z}{\partial x}=0-1=-1$$

$$\frac{\partial A_y}{\partial x}-\frac{\partial A_x}{\partial y}=1-2xy$$

根据式(1-18)，可推导出在 $(3,1,-2)$ 的旋度

$$\nabla\times\vec{A}\,\big|_{(3,1,-2)}=\left(\frac{\partial A_z}{\partial y}-\frac{\partial A_y}{\partial z}\right)\cdot\hat{x}+\left(\frac{\partial A_x}{\partial z}-\frac{\partial A_z}{\partial x}\right)\cdot\hat{y}+\left(\frac{\partial A_y}{\partial x}-\frac{\partial A_x}{\partial y}\right)\cdot\hat{z}\,\big|_{(3,1,-2)}$$

$$=(3y^2-y)\cdot\hat{x}+(-1)\cdot\hat{y}+(1-2xy)\cdot\hat{z}\,\big|_{(3,1,-2)}$$

$$=2\cdot\hat{x}-\hat{y}-5\cdot\hat{z}$$

例 1.7

假设有一矢量场 $\vec{A}=\cos(x+y)\cdot\hat{x}+\sin(x+y)\cdot\hat{y}$，比较在点 $P_1(2,1,3)$ 和 $P_2(1,0,5)$ 的旋度大小。

解：

首先，有

$$A_x = \cos(x + y)$$

$$A_y = \sin(x + y)$$

$$A_z = 0$$

因此，

$$\frac{\partial A_z}{\partial y} - \frac{\partial A_y}{\partial z} = 0$$

$$\frac{\partial A_x}{\partial z} - \frac{\partial A_z}{\partial x} = 0$$

$$\frac{\partial A_y}{\partial x} - \frac{\partial A_x}{\partial y} = \cos(x + y) + \sin(x + y)$$

根据式(1-18)，可以通过旋度得到旋转的强度，对于 P_1 点，有

$$\nabla \times \overrightarrow{A}\,\big|_{(2,1,3)} = \left(\frac{\partial A_z}{\partial y} - \frac{\partial A_y}{\partial z}\right) \cdot \hat{x} + \left(\frac{\partial A_x}{\partial z} - \frac{\partial A_z}{\partial x}\right) \cdot \hat{y} + \left(\frac{\partial A_y}{\partial x} - \frac{\partial A_x}{\partial y}\right) \cdot \hat{z}\,\big|_{(2,1,3)}$$

$$= \left[\cos(x + y) + \sin(x + y)\right] \cdot \hat{z}\,\big|_{(2,1,3)}$$

$$= (\cos 3 + \sin 3) \cdot \hat{z}$$

对于 P_2 点，有

$$\nabla \times \overrightarrow{A}\,\big|_{(1,0,5)} = \left(\frac{\partial A_z}{\partial y} - \frac{\partial A_y}{\partial z}\right) \cdot \hat{x} + \left(\frac{\partial A_x}{\partial z} - \frac{\partial A_z}{\partial x}\right) \cdot \hat{y} + \left(\frac{\partial A_y}{\partial x} - \frac{\partial A_x}{\partial y}\right) \cdot \hat{z}\,\big|_{(1,0,5)}$$

$$= \left[\cos(x + y) + \sin(x + y)\right] \cdot \hat{z}\,\big|_{(1,0,5)}$$

$$= (\cos 1 + \sin 1) \cdot \hat{z}$$

旋转的强度为

$$\left|\nabla \times \overrightarrow{A}\right|_{(2,1,3)} = \left|\cos 3 + \sin 3\right| = 0.85$$

$$\left|\nabla \times \overrightarrow{A}\right|_{(1,0,5)} = \left|\cos 1 + \sin 1\right| = 1.38$$

因此，P_2 点的旋转强度大于 P_1 点的旋转强度。

1.2.3 斯托克斯定理

关于电磁场旋度有一个重要定理，称为斯托克斯定理，如式(1-19)所示。设 S 为任意曲面，C 为 S 周围的轮廓，如图 1-22 所示。于是有

$$\int_S (\nabla \times \overrightarrow{A}) \cdot \mathrm{d}\vec{s} = \oint_C \overrightarrow{A} \cdot \mathrm{d}\vec{l} \qquad (1-19)$$

在式(1-19)中，左侧是 $\nabla \times \overrightarrow{A}$ 在 S 上的面积分，右侧是 $\overrightarrow{A}$ 在 C 上的线积分，等式对任意 $\overrightarrow{A}$ 和 S 成立。证明斯托克斯定理的推导相当复杂，对它感兴趣的读者可以查阅文献。这里我们简单地用启发式的方法从几何上解释这个概念，以便读者可以理解这个定理。

首先,假设 S 是一个任意曲面,可以把它分成无穷多个小网格,如图 1-23 所示。设每个网格面积 $\mathrm{d}s$ 且 $\mathrm{d}s \to 0$。由式(1-15)可以得到第 i 个网格的旋度,如下

$$
(\nabla \times \vec{A})_i = \frac{\oint_{c_i} \vec{A} \cdot \mathrm{d}\vec{l}}{U} \cdot \hat{n} = \frac{\oint_{c_i} \vec{A} \cdot \mathrm{d}\vec{l}}{\mathrm{d}s} \cdot \hat{n} \tag{1-20}
$$

其中,$\hat{n}$ 是垂直于第 i 个网格的单位矢量,c_i 表示包围第 i 个网格的轮廓。设 $\mathrm{d}\vec{s}$ 是由 $\mathrm{d}\vec{s} = \mathrm{d}s \cdot \hat{n}$ 给出的垂直于网格的面积矢量。根据式(1-20),有

$$
(\nabla \times \vec{A})_i \cdot \mathrm{d}\vec{s} = \left[\frac{\oint_{c_i} \vec{A} \cdot \mathrm{d}\vec{l}}{\mathrm{d}s} \cdot \hat{n} \right] \cdot \mathrm{d}\vec{s} = \left[\frac{\oint_{c_i} \vec{A} \cdot \mathrm{d}\vec{l}}{\mathrm{d}s} \cdot \hat{n} \right] \cdot \mathrm{d}s \cdot \hat{n} = \oint_{c_i} \vec{A} \cdot \mathrm{d}\vec{l} \tag{1-21}
$$

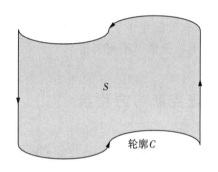
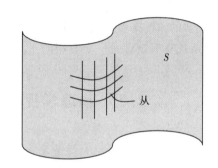

图 1-22　斯托克斯定理示意图　　　　图 1-23　证明斯托克斯定理的细分网格

因此,第 i 个网格的 $(\nabla \times \vec{A})_i \cdot \mathrm{d}\vec{s}$ 等于沿网格边界的线积分。当对 S 中的所有网格 $(\nabla \times \vec{A})_i \cdot \mathrm{d}\vec{s}$ 求和时,就得到 S 上 $\nabla \times \vec{A}$ 的面积分,即

$$
\sum_{i=1}^{\infty} (\nabla \times \vec{A})_i \cdot \mathrm{d}\vec{s} = \int_S (\nabla \times \vec{A}) \cdot \mathrm{d}\vec{s} \tag{1-22}
$$

因此,由式(1-21)和式(1-22),可得

$$
\sum_{i=1}^{\infty} \oint_{c_i} \vec{A} \cdot \mathrm{d}\vec{l} = \sum_{i=1}^{\infty} (\nabla \times \vec{A})_i \cdot \mathrm{d}\vec{s} = \int_S (\nabla \times \vec{A}) \cdot \mathrm{d}\vec{s} \tag{1-23}
$$

在图 1-24 中,假设 b 和 c 是两个相邻的网格。在 b 和 c 的边界上,我们发现 $\vec{A}$ 在 b 上的线积分和在 c 上的线积分大小相等且方向相反。因此,在边界上的两个积分相互抵消。因此,当对 $\vec{A}$ 在 S 中每个网格上的线积分求和时,只有图 1-22 中的那些沿着轮廓 C 的线积分不会抵消,它正好是 $\vec{A}$ 对 C 的线积分。因此,可得

$$
\sum_{i=1}^{\infty} \oint_{c_i} \vec{A} \cdot \mathrm{d}\vec{l} = \oint_C \vec{A} \cdot \mathrm{d}\vec{l} \tag{1-24}
$$

式(1-24)的示意图如图1-25所示,其中九个网格的线积分之和等于围绕这些网格的轮廓线上的线积分。

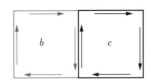

图1-24 证明斯托克斯定理的两个相邻网格

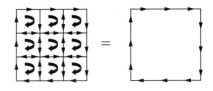

图1-25 说明(1-24)式的示意图

最后,从式(1-23)和式(1-24)中,得到斯托克斯定理如下:

$$\int_S (\nabla \times \vec{A}) \cdot \mathrm{d}\vec{s} = \oint_C \vec{A} \cdot \mathrm{d}\vec{l} \qquad (1-25)$$

从数学的角度来看,斯托克斯定理将二维的面积分简化为一维的线积分。正如稍后阐明的,斯托克斯定理是一个有用的工具,为解释电场提供了不同视角。

1.3 物理学视角下的麦克斯韦方程组

1861年,年轻的苏格兰科学家麦克斯韦发表了一篇重要论文。他收集了所有已知的电磁理论和实验结果,并试图用一种统一的方式来表述它们。考虑到位移电流,他修正了原来的安培定律,并建立了一组精确描述电磁现象的方程。这些方程最终被总结为四个经典方程,称为"麦克斯韦方程组"。

有了麦克斯韦方程组,就可以用数学方法来描述电磁波的行为。它不仅可以解释电磁波的现象,还可以量化电磁波的特性和探索电磁波的潜在应用。一个例子就是电磁波在现代无线通信中的应用,这就是为什么几乎在任何地方都可以使用智能手机。因此,学习麦克斯韦方程组不仅给了我们一把理解电磁现象的钥匙,而且有助于我们认识电磁波在日常生活中的许多应用。下面,我们将从麦克斯韦方程组的物理意义开始理解它的含义。

1.3.1 麦克斯韦方程组

对于电,有两个来源:电荷和电流。一般来说,电荷产生电场,电流产生磁场。在开放空间中,用电荷密度 ρ 来表示一点的电荷量。ρ 的单位是 C/m^3,它表示单位体积的电荷量。此外,用电流密度 $\vec{J}$ 来表示某一点的电流。$\vec{J}$ 的单位是 A/m^3,也就是单位面积的电流。注意,因为电流是一个既有大小又有方向的量,所以电流密度 $\vec{J}$ 是一个矢量。

在电磁场中,当源 ρ 和 $\vec{J}$ 已知时,可以使用麦克斯韦方程组表示电磁场的四个关键分量的行为:

1. $\vec{E}$:电场强度;

2. $\vec{H}$:磁场强度;

3. $\vec{D}$:电通量密度;

4. $\vec{B}$:磁通量密度。

注意,因为电场和磁场是同时具有大小和方向的量,以上四个分量 $\vec{E}$,$\vec{H}$,$\vec{D}$,$\vec{B}$ 都是矢量。$\vec{E}$,$\vec{H}$,$\vec{D}$,$\vec{B}$ 的背景知识可在附录 B 中找到。首先总结一下,麦克斯韦方程组由下式给出

$$\nabla \times \vec{E} = -\frac{\partial \vec{B}}{\partial t} \tag{1-26}$$

$$\nabla \times \vec{H} = \vec{J} + \frac{\partial \vec{D}}{\partial t} \tag{1-27}$$

$$\nabla \cdot \vec{D} = \rho \tag{1-28}$$

$$\nabla \cdot \vec{B} = 0 \tag{1-29}$$

式(1-26)~式(1-29)描述了 ρ,$\vec{J}$,$\vec{E}$,$\vec{H}$,$\vec{D}$ 和 $\vec{B}$ 在时间和空间上的行为。这四个方程一眼看过去似乎相当复杂。的确,从数学的观点来看,要理解麦克斯韦方程组并不容易。但是,如果从物理的角度出发,就更容易理解麦克斯韦方程组背后最关键的含义,如下所示。

式(1-26)~式(1-29)直观地描述了电磁场的源及其效应之间的关系。

在式(1-26)~式(1-29)中,左边是相应的电磁场效应(现象),右边是产生这种效应的源。为了帮助读者直观地理解这一概念,下面将这一概念表述如下:

电磁效应 = 电磁源

例如,式(1-26)中,$\nabla \times \vec{E}$ 是相应的电磁效应,$-\partial \vec{B}/\partial t$ 是产生这种效应的源。在式(1-27)的另一个例子中,$\nabla \times \vec{H}$ 相应的电磁效应,$\vec{J}$ 和 $\partial \vec{D}/\partial t$ 是产生这种效应的源。考虑到这一点,就找到了理解麦克斯韦方程组的最关键一点。

1.3.2　法拉第定律

第一个麦克斯韦方程最初是由英国科学家法拉第发现的,由下式给出

$$\nabla \times \vec{E} = -\frac{\partial \vec{B}}{\partial t} \tag{1-30}$$

其中 $\nabla \times \vec{E}$ 表示电场 $\vec{E}$ 的旋度,$\partial \vec{B}/\partial t$ 表示磁通密度 $\partial \vec{B}$ 的时间导数。式(1-30)就是众所周知的法拉第定律。

在解释式(1-30)的物理意义之前,先来复习在 1.2 节中学习的旋度的含义。首先,在图 1-26 中,假设 $\vec{A}$ 是一个矢量场,在该场中的点 P 的旋度由下式给出

$$\nabla \times \vec{A} = \vec{K} \tag{1-31}$$

其中 $\vec{K}$ 是一个矢量。式(1-31)告诉我们,点 P 处矢量场 $\vec{A}$ 具有如下特征:

(1) 如果 $\vec{K} \neq 0$,$\vec{A}$ 是一个有旋矢量场。

（2）$\vec{A}$ 的旋转平面垂直于 $\vec{K}$。

（3）$\vec{A}$ 的旋转方向由右手定则决定 —— 当拇指指向 $\vec{K}$，那么其他四指的卷曲方向自然表示 $\vec{A}$ 的旋转方向。

（4）$\vec{K}$ 的幅度（也就是说 $|\vec{K}|$）越大，旋转强度越强。

回顾完旋度的含义后，我们就可以对法拉第定律进行深度探究了。回想一下式（1-30）的左侧是相应的电磁效应，右侧表示产生该效应的源。它意味着磁通密度的负的时间导数 $-\partial\vec{B}/\partial t$ 产生电场 $\vec{E}$。当 $\vec{B}$ 随时间变化，就会产生电场 $\vec{E}$。这个场是一个有旋场，其旋转平面垂直于 $-\partial\vec{B}/\partial t$。顺时针或逆时针旋转可以由右手定则确定。如图 1-27 所示，如果 $-\partial\vec{B}/\partial t$ 指向 $+z$ 方向，它将在 xy 平面上产生一个有旋电场。

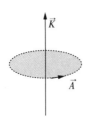

图 1-26　矢量场中旋度的含义示意图

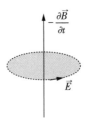

图 1-27　法拉第定律示意图

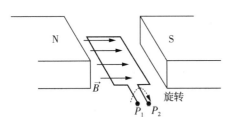

图 1-28　电压产生示意图

法拉第定律非常重要和有用，因为它告诉我们如何产生电场。如图 1-28 所示，首先用磁铁产生一个磁通密度 $\vec{B}$，然后尝试旋转线圈，使线圈内部的磁通随时间变化，变化率为 $-\partial\vec{B}/\partial t$。之后，根据法拉第定律，将在图 1-28 中的线圈上产生电场 $\vec{E}$。这个电场将驱动线圈中的自由电荷移动，从而在两个端点 P_1 和 P_2 之间产生电压。最后电压被变换到日常生活中使用的 110V 或者 220V。

上述实例实际上描述了所有现代发电机的原理。本质上，法拉第定律告诉我们"时变磁场可以产生电场"。在图 1-28 的例子中，我们简单地实现了一个随时间变化的磁通密度，然后产生电压！这一突破引领人类从黑暗进入到光明的电气时代，这是人类历史上的一个里程碑。

1.3.3　安培定律

第二个麦克斯韦方程由下式给出

$$\nabla\times\vec{H}=\vec{J}+\frac{\partial\vec{D}}{\partial t} \tag{1-32}$$

注意，式（1-32）的原始形式是由法国科学家安培发现的，由下式给出

$$\nabla\times\vec{H}=\vec{J} \tag{1-33}$$

因此,式(1-32)叫做安培定律。式(1-32)右侧第二项 $\partial\vec{D}/\partial t$ 被称为位移电流,这是麦克斯韦后来加上的。这个附加项非常关键,因为它揭示了电磁波传播的可能性。这一点以后就清楚了。

根据导电性,材料通常分为导体、半导体和绝缘体。导体含有大量自由电子,因此导电性很好。另一方面,绝缘体几乎不含自由电荷,导电性很差。半导体含有很少的自由电子,因此其导电性介于导体和绝缘体之间。

首先,对于导体来说,因为它有很多自由电荷,所以它的电流密度 $\vec{J}$ 通常比 $\partial\vec{D}/\partial t$ 大得多。在这种情况下,$\vec{J}$ 占优势,式(1-32)可以简化为式(1-33)。在式(1-33)中电流密度 $\vec{J}$ 是产生磁场 $\vec{H}$ 的源。如图 1-29 所示,$\vec{H}$ 是一个有旋矢量场,它的旋转平面垂直于 $\vec{J}$。

式(1-33)表明电流是磁场的源。它还告诉我们如何产生磁场!假设有直流电压源 V_{DC} 和电阻 R 组成的电路,如图 1-30 所示。利用这个简单的电路,可以产生电流 I,根据安培定律,又产生磁场 $\vec{H}$。随着电流 I 的增加,相应的磁场 $\vec{H}$ 也将增加。这样通过调整 R 或 V_{DC} 来改变 I,就可以获得所需强度的磁场。

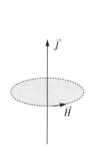

图 1-29　以电流密度为源的
原始安培定律示意图

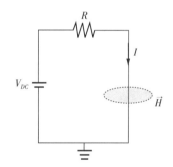

图 1-30　能产生磁场的
简单电路

另一方面,绝缘体中几乎没有自由电荷。因此,电流密度接近零,即 $\vec{J}\rightarrow 0$,式(1-32)可以简化为

$$\nabla\times\vec{H}=\frac{\partial\vec{D}}{\partial t} \tag{1-34}$$

由式(1-34)可知,时变电通量密度和电流一样,可以产生磁场。如图 1-31 所示,产生的磁场 $\vec{H}$ 在垂直于 $\frac{\partial\vec{D}}{\partial t}$ 的平面上。此外,当电通量密度随时间变化越快,相应的磁场也就越大。例如,如图 1-32 所示,将一个交流电压源 $V_S(t)$ 和两块平行的金属板放在一个电路中,然后用 $V_S(t)$ 在这两块金属板之间产生一个随时间变化的电通量。根据式(1-34),会产生如图 1-32 所示的磁场 $\vec{H}$。图 1-32 所示的中间填充绝缘体的两块平行金属板可以看作是一个电容器。因此,可利用由交流电压源和电容器组成的简单电路来产生磁场。

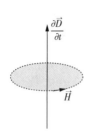

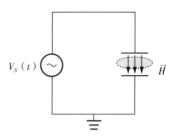

图 1-31 以时变电流密度为源　　　图 1-32 利用时变电通量产
的安培定律示意图　　　　　生磁场的简单电路

综上所述,安培定律实际上告诉我们可以通过两种方式产生磁场:

1. 对于导体,可利用电流产生磁场,即$\nabla \times \vec{H} = \vec{J}$。

2. 对于绝缘体,可利用随时间变化的电通量密度来产生磁场,即$\nabla \times \vec{H} = \dfrac{\partial \vec{D}}{\partial t}$。

1.3.4 高斯定律

第三个麦克斯韦方程本质上描述了电荷和其感应电场之间的关系,称为高斯定律,由下式给出

$$\nabla \cdot \vec{D} = \rho \qquad\qquad (1-35)$$

其中ρ是电荷密度,$\nabla \cdot \vec{D}$表示电通量$\vec{D}$的散度。正电荷密度($\rho > 0$)将产生如图 1-33 所示的"发散"电场$\vec{D}$。另一方面,负电荷密度($\rho > 0$)会产生如图 1-34 所示的"汇聚"电场$\vec{D}$。因此,高斯定律用散度算子精准地描述了电荷密度和感应电通量之间的关系。

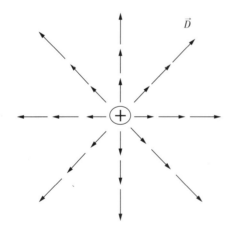

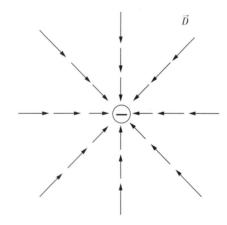

图 1-33 高斯定律中正电荷作为源的示例　　　图 1-34 高斯定律中负电荷作为源的示例

1.3.5 高斯磁场定律

与描述电场现象的第三个麦克斯韦方程不同,第四个麦克斯韦方程称为磁场的高斯定律,由下式给出

$$\nabla \cdot \vec{B} = 0 \tag{1-36}$$

注意在式(1-36)中,右侧为零。这意味着任何磁通量密度的散度总是零！此外,比较式(1-36)和式(1-35)可得,它意味着"磁荷密度"总是等于零。另外,由式(1-36)可知,对于空间中的任意点,出射的磁通量密度$\vec{B}_{out}$必须等于入射的磁通量密度$\vec{B}_{in}$。如图 1-35 所示,故$\vec{B}$的散度总是为零。这一性质决定了电通量密度$\vec{D}$和磁通量密度$\vec{B}$的根本区别。我们可以分别利用正电荷或负电荷产生发散或收敛的$\vec{D}$。但是,不能用同样的方法产生发散或收敛的$\vec{B}$。

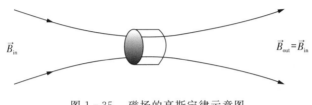

图 1-35　磁场的高斯定律示意图

1.3.6　麦克斯韦方程组的微分形式和积分形式概述

最后,将麦克斯韦方程组的物理意义总结如下:

$\nabla \times \vec{E} = -\dfrac{\partial \vec{B}}{\partial t}$　时变的磁通量密度$\vec{B}$将会产生电场$\vec{E}$,并且$\nabla \times \vec{E}$等于$-\dfrac{\partial \vec{B}}{\partial t}$。

$\nabla \times \vec{H} = \vec{J} + \dfrac{\partial \vec{D}}{\partial t}$　电流密度$\vec{J}$和时变的电通量密度$\dfrac{\partial \vec{D}}{\partial t}$将会产生磁场,并且$\nabla \times \vec{H}$等于$\vec{J} + \dfrac{\partial \vec{D}}{\partial t}$。

$\nabla \cdot \vec{D} = \rho$　电荷密度ρ是产生电通量密度的源。

$\nabla \cdot \vec{B} = 0$　对于空间中的任意一点,入射和出射的磁通量密度必须相等。

例 1.8

如图 1-36 所示,假设S是任意曲面,C是包围S的轮廓,请利用法拉第定律证明下列公式:

$$\oint_C \vec{E} \cdot \mathrm{d}\vec{l} = -\frac{\partial}{\partial t} \int_S \vec{B} \cdot \mathrm{d}\vec{s}$$

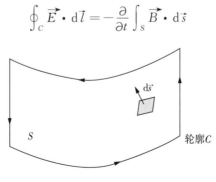

图 1-36　例 1.8 的曲线图

解:

首先,根据法拉第定律,有

$$\nabla \times \vec{E} = -\frac{\partial \vec{B}}{\partial t}$$

然后在上述公式的两边对 S 进行曲面积分得到

$$\int_S (\nabla \times \vec{E}) \cdot d\vec{s} = \int_S \left(-\frac{\partial \vec{B}}{\partial t}\right) \cdot d\vec{s} = -\frac{\partial}{\partial t} \int_S \vec{B} \cdot d\vec{s}$$

接下来,利用斯托克斯定理,有

$$\int_S (\nabla \times \vec{E}) \cdot d\vec{s} = \oint_C \vec{E} \cdot d\vec{l}$$

其中 C 是包围 S 的轮廓。因此

$$\oint_C \vec{E} \cdot d\vec{l} = -\frac{\partial}{\partial t} \int_S \vec{B} \cdot d\vec{s}$$

上述公式被称为法拉第定律的积分形式。它表示在任意曲面 S 上磁通量密度 $\vec{B}$ 和电场强度 $\vec{E}$ 之间的关系。

例 1.9

假设 V 是由封闭曲面 S 包围的任意体积,请利用高斯定律证明以下公式:

$$\oint_S \vec{D} \cdot d\vec{s} = Q$$

其中 Q 是 V 内部的总电荷。

解:

首先,根据高斯定律,有

$$\nabla \cdot \vec{D} = \rho$$

其中 ρ 是电荷密度,单位为 C/m^3。然后对上面方程两边的 V 做体积积分,得到

$$\int_V (\nabla \cdot \vec{D}) dv = \int_V \rho \cdot dv$$

因为 ρ 对 V 的体积积分等于 V 内部的总电荷,所以

$$\int_V \rho \cdot dv = Q$$

因此

$$\int_V (\nabla \cdot \vec{D}) dv = Q$$

另一方面,从散度定理可得

$$\int_V (\nabla \cdot \vec{D}) \mathrm{d}v = \oint_S \vec{D} \cdot \mathrm{d}\vec{s}$$

因此,有

$$\oint_S \vec{D} \cdot \mathrm{d}\vec{s} = Q$$

　　这个公式被称为高斯定律的积分形式。对于任意体积 V,它表明了 V 内部的电荷 Q 与相应的电通量密度 $\vec{D}$ 之间的关系。

　　在前两个例子中,我们利用斯托克斯定理和散度定理,分别得到法拉第定律和高斯定律的积分形式。同样,也可以导出所有麦克斯韦方程组的积分形式。结果总结如下:

$$\oint_C \vec{E} \cdot \mathrm{d}\vec{l} = -\frac{\partial}{\partial t}\int_S \vec{B} \cdot \mathrm{d}\vec{s} \tag{1-38}$$

$$\oint_C \vec{H} \cdot \mathrm{d}\vec{l} = \int_S \vec{J} \cdot \mathrm{d}\vec{s} + \frac{\partial}{\partial t}\int_S \vec{D} \cdot \mathrm{d}\vec{s} \tag{1-39}$$

$$\oint_S \vec{D} \cdot \mathrm{d}\vec{s} = Q \tag{1-40}$$

$$\oint_S \vec{B} \cdot \mathrm{d}\vec{s} = 0 \tag{1-41}$$

　　与式(1-26)～式(1-29)中的麦克斯韦方程组的微分形式相比,式(1-38)～式(1-41)中相应的积分形式在宏观层面上更容易理解和应用。例如,它们通常应用在静电磁学中。同时,麦克斯韦方程组的微分形式在微观层面上可以更有效地分析动态电磁现象。因此,在下文中,将主要使用式(1-26)～式(1-29)建立对电磁波的认识。

1.4　数学视角下的麦克斯韦方程组

　　物理学和数学是现代科学的两大基础。物理学是关于自然的知识,它解释了基本机制和行为。相比之下,数学源于人类的逻辑和推理。从 $1+1=2$ 这样的基本运算开始,我们可以一步一步地构建一个严谨的数学体系。令人惊讶的是,根据无数的发现和验证,我们的物理世界的行为方式总是与归纳的数学规则相一致!这些规则被称为物理定律,可用于诱发新的猜想和分析物理现象,如原子内电子的运动或行星的运动。麦克斯韦方程组就是物理定律之一。它们实际上是一个生动的例子,表明数学知识的发展有助于科学的进步。

　　在上一节中,我们已经从物理学角度学习了麦克斯韦方程组。在这一节中,我们将从数学的角度重新审视麦克斯韦方程组,以帮助读者理解它们。首先,为了方便起见,将麦克斯韦方程组改写如下:

$$\nabla \times \vec{E} = -\frac{\partial \vec{B}}{\partial t} \tag{1-42}$$

$$\nabla \times \vec{H} = \vec{J} + \frac{\partial \vec{D}}{\partial t} \tag{1-43}$$

$$\nabla \cdot \vec{D} = \rho \tag{1-44}$$

$$\nabla \cdot \vec{B} = 0 \tag{1-45}$$

其中,ρ 表示电荷密度,$\vec{J}$ 表示电流密度,四个矢量场分别是:

$\vec{E}$:电场强度;

$\vec{H}$:磁场强度;

$\vec{D}$:电通量密度;

$\vec{B}$:磁通量密度。

对于给定的 ρ 和 $\vec{J}$,式(1-42)~式(1-45)阐明了 $(\vec{E}, \vec{H}, \vec{D}, \vec{B})$ 四个矢量场的相互作用。在下文中,我们采用问答的方式逐步建立数学知识,从而理解麦克斯韦方程组。

问题 1:式(1-42)~ 式(1-45)中包含了多少个未知变量?

解:给定 ρ 和 J,可以看出式(1-42)~式(1-45)包含四个未知矢量 $(\vec{E}, \vec{H}, \vec{D}, \vec{B})$。因为每一个都是三维矢量,所以每个矢量中有三个未知变量。比如 $\vec{E} = E_x \cdot \hat{x} + E_y \cdot \hat{y} + E_z \cdot \hat{z}$,其中 E_x, E_y, E_z 为未知变量。因此,式(1-42)~ 式(1-45)总共包含 $4 \times 3 = 12$ 个未知变量。

问题 2:式(1-42)~ 式(1-45)中包含了多少个方程?

解:设 A_x, A_y, A_z 表示矢量场 $\vec{A}$ 的三个轴向分量,于是有

$$\vec{A} = A_x \cdot \hat{x} + A_y \cdot \hat{y} + A_z \cdot \hat{z} \tag{1-46}$$

根据前面的结果,$\vec{A}$ 的旋度由下式给出

$$\nabla \times \vec{A} = \left(\frac{\partial A_z}{\partial y} - \frac{\partial A_y}{\partial z}\right)\hat{x} + \left(\frac{\partial A_x}{\partial z} - \frac{\partial A_z}{\partial x}\right)\hat{y} + \left(\frac{\partial A_y}{\partial x} - \frac{\partial A_x}{\partial y}\right)\hat{z} \tag{1-47}$$

在式(1-42)中,$\vec{E}$ 和 $\vec{B}$ 是三维空间中的矢量场,可以表示为

$$\vec{E} = E_x \cdot \hat{x} + E_y \cdot \hat{y} + E_z \cdot \hat{z} \tag{1-48}$$

$$\vec{B} = B_x \cdot \hat{x} + B_y \cdot \hat{y} + B_z \cdot \hat{z} \tag{1-49}$$

因此,式(1-42)可以改写为

$$\left(\frac{\partial E_z}{\partial y} - \frac{\partial E_y}{\partial z}\right)\hat{x} + \left(\frac{\partial E_x}{\partial z} - \frac{\partial E_z}{\partial x}\right)\hat{y} + \left(\frac{\partial E_y}{\partial x} - \frac{\partial E_x}{\partial y}\right)\hat{z} = -\left(\frac{\partial B_x}{\partial t}\hat{x} + \frac{\partial B_y}{\partial t}\hat{y} + \frac{\partial B_z}{\partial t}\hat{z}\right)$$

$$\tag{1-50}$$

因为式(1-50)两边的 x, y, z 方向的每个分量必须保持不变,有

$$\frac{\partial E_z}{\partial y} - \frac{\partial E_y}{\partial z} = -\frac{\partial B_x}{\partial t} \tag{1-51}$$

$$\frac{\partial E_x}{\partial z} - \frac{\partial E_z}{\partial x} = -\frac{\partial B_y}{\partial t} \tag{1-52}$$

$$\frac{\partial E_y}{\partial x} - \frac{\partial E_x}{\partial y} = -\frac{\partial B_z}{\partial t} \tag{1-53}$$

所以,式(1-42)实际上由三个方程组成。类似地可以用下式表示 $\vec{H}$、$\vec{J}$ 和 $\vec{D}$。

$$\vec{H} = H_x \cdot \hat{x} + H_y \cdot \hat{y} + H_z \cdot \hat{z} \tag{1-54}$$

$$\vec{J} = J_x \cdot \hat{x} + J_y \cdot \hat{y} + J_z \cdot \hat{z} \tag{1-55}$$

$$\vec{D} = D_x \cdot \hat{x} + D_y \cdot \hat{y} + D_z \cdot \hat{z} \tag{1-56}$$

因此,式(1-43)可以改写为

$$\left(\frac{\partial H_z}{\partial y} - \frac{\partial H_y}{\partial z}\right)\hat{x} + \left(\frac{\partial H_x}{\partial z} - \frac{\partial H_z}{\partial x}\right)\hat{y} + \left(\frac{\partial H_y}{\partial x} - \frac{\partial H_x}{\partial y}\right)\hat{z}$$

$$= \left(J_x + \frac{\partial D_x}{\partial t}\right)\hat{x} + \left(J_y + \frac{\partial D_y}{\partial t}\right)\hat{y} + \left(J_z + \frac{\partial D_z}{\partial t}\right)\hat{z} \tag{1-57}$$

故式(1-43)实际上由三个方程组成:

$$\frac{\partial H_z}{\partial y} - \frac{\partial H_y}{\partial z} = J_x + \frac{\partial D_x}{\partial t} \tag{1-58}$$

$$\frac{\partial H_x}{\partial z} - \frac{\partial H_z}{\partial x} = J_y + \frac{\partial D_y}{\partial t} \tag{1-59}$$

$$\frac{\partial H_y}{\partial x} - \frac{\partial H_x}{\partial y} = J_z + \frac{\partial D_z}{\partial t} \tag{1-60}$$

然后,根据前面的结果,如果一个矢量场 $\vec{A}$ 由(1-46)式表示,那么 $\nabla \cdot \vec{A}$ 由下式给出

$$\nabla \cdot \vec{A} = \frac{\partial A_x}{\partial x} + \frac{\partial A_y}{\partial y} + \frac{\partial A_z}{\partial z} \tag{1-61}$$

因此,式(1-44)和(1-45)可以改写为:

$$\nabla \cdot \vec{D} = \rho \Rightarrow \frac{\partial D_x}{\partial x} + \frac{\partial D_y}{\partial y} + \frac{\partial D_z}{\partial z} = \rho \tag{1-62}$$

$$\nabla \cdot \vec{B} = 0 \Rightarrow \frac{\partial B_x}{\partial x} + \frac{\partial B_y}{\partial y} + \frac{\partial B_z}{\partial z} = 0 \tag{1-63}$$

从上面可以看出,式(1-42)和式(1-43)分别包含 3 个方程。式(1-44)和式(1-45)各自包含 1 个方程。因此,麦克斯韦方程组总共有 3+3+1+1=8 个方程。

问题 3:式(1-42)～式(1-45)中包含了多少个独立的方程?

解:下面将证明式(1-45)可由式(1-42)导出,也就是说式(1-45)不是一个独立的方程。同理,式(1-44)可由式(1-43)导出。因此式(1-44)也不是一个独立的方程。

首先,对于一个矢量场,下面的等式总是成立:

$$\nabla \cdot (\nabla \times \vec{A}) = 0 \tag{1-64}$$

这意味着 $\nabla \times \vec{A}$ 的散度必为 0。

应用式(1-64),并取式(1-42)两边的散度。可得

$$\nabla \cdot (\nabla \times \vec{E}) = 0 \Rightarrow \nabla \cdot \left(-\frac{\partial \vec{B}}{\partial t}\right) = 0 \qquad (1-65)$$

由于时间和空间上的微分可以互换,式(1-65)可以重新表达为

$$\frac{\partial}{\partial t}(\nabla \cdot \vec{B}) = 0 \Rightarrow \nabla \cdot \vec{B} = 常数 \qquad (1-66)$$

从实验结果来看,式(1-66)中的常数始终为零。因此,$\nabla \cdot \vec{B} = 0$。因为式(1-45)可以从式(1-42)推导出来,所以它不是一个独立的方程。

接下来,证明式(1-44)可以从式(1-43)推导出来。首先,再次应用式(1-64)并在式(1-43)两边取散度。然后,有

$$\nabla \cdot (\nabla \times \vec{H}) = 0 \Rightarrow \nabla \cdot \vec{J} + \frac{\partial}{\partial t}(\nabla \cdot \vec{D}) = 0 \qquad (1-67)$$

根据电荷守恒定律,以下公式始终成立:(例1.10提供了证明。)

$$\nabla \cdot \vec{J} = -\frac{\partial \rho}{\partial t} \qquad (1-68)$$

根据式(1-67)和式(1-68),可得

$$-\frac{\partial \rho}{\partial t} + \frac{\partial}{\partial t}(\nabla \cdot \vec{D}) = 0 \Rightarrow \nabla \cdot \vec{D} - \rho = 常数 \qquad (1-69)$$

从实验结果来看,式(1-69)中的常数始终为零。因此,$\nabla \cdot \vec{D} = 0$。因为式(1-44)可以从式(1-43)推导出来,所以它不是一个独立的方程。

由上可知,式(1-44)和式(1-45)是相关的方程。式(1-42)和式(1-43)分别由3个独立的方程组成,所以麦克斯韦方程组总共有6个独立的方程。

问题4:从数学角度来看,我们需要N个独立的方程来求解N个未知变量。然而,从上面来看,麦克斯韦方程组中有12个未知变量,但只有6个独立的方程。如何解决这个问题呢?

解:显然,从数学的观点来看,当我们试图求解麦克斯韦方程组中的未知变量时,还需要另外6个独立的方程。问题是:"如何得到这6个方程?"

关键在于电磁场所在的介质。在均匀和各向同性介质中,从实验结果看,电通量密度$\vec{D}$与相应的电场$\vec{E}$成正比。该关系可以表示为:

$$\vec{D} = \varepsilon \vec{E} \qquad (1-70)$$

其中ε是介质的介电常数。介电常数取决于介质的属性,并且可能因不同的介质而异。例如,真空的介电常数为:

$$\varepsilon = \varepsilon_0 = \frac{1}{36\pi} \times 10^{-9} \, (\text{F/m}) \qquad (1-71)$$

对于其他介质的介电常数,我们经常使用ε_0作为参考,并将ε表示为

$$\varepsilon = \varepsilon_r \cdot \varepsilon_0 \qquad (1-72)$$

其中 ε_r 称为相对介电常数。注意，一般介质的介电常数大于真空。因此，ε_r 大于 1。

类似地，在均匀和各向同性的介质中，磁通量密度 $\vec{B}$ 与磁场强度 $\vec{H}$ 成正比。该关系可以表示为

$$\vec{B} = \mu \vec{H} \tag{1-73}$$

其中 μ 是介质的磁导率。真空的磁导率由下式给出

$$\mu = \mu_0 = 4\pi \times 10^{-7} (\text{H/m}) \tag{1-74}$$

对于非磁性介质，$\mu \approx \mu_0$。因为大多数介质是非磁性材料，除非另有说明，通常假设 $\mu = \mu_0$。

上面的式（1-70）和式（1-73）是矢量方程，其中每一个都由 3 个独立的方程组成，总共包括 6 个独立的方程。这 6 个独立的方程实际上是我们求解麦克斯韦方程所额外需要的。式（1-70）和式（1-73）取决于介质属性，它们被称为本构方程。

问题 5：从数学角度来看，我们如何有效地表达麦克斯韦方程组？

解：从数学角度来看，麦克斯韦方程组的最后两个方程将被式（1-70）和式（1-73）给出的本构方程所代替。因此，有

$$\nabla \times \vec{E} = -\frac{\partial \vec{B}}{\partial t} \tag{1-75}$$

$$\nabla \times \vec{H} = \vec{J} + \frac{\partial \vec{D}}{\partial t} \tag{1-76}$$

$$\vec{D} = \varepsilon \vec{E} \tag{1-77}$$

$$\vec{B} = \mu \vec{H} \tag{1-78}$$

式（1-75）～式（1-78）由 12 个未知变量和 12 个独立方程所组成。前两个方程是法拉第定律和安培定律。最后两个方程是依赖于相关介质的本构方程。

当研究电磁场时，通常 μ 和 ε 是已知参数。因此，利用式（1-77），很容易从 (E_x, E_y, E_z) 得到 (D_x, D_y, D_z)，利用式（1-78），很容易从 (H_x, H_y, H_z) 得到 (B_x, B_y, B_z)。所以，麦克斯韦方程组可以进一步简化为下面两个方程

$$\nabla \times \vec{E} = -\mu \frac{\partial \vec{H}}{\partial t} \tag{1-79}$$

$$\nabla \times \vec{H} = \vec{J} + \varepsilon \frac{\partial \vec{E}}{\partial t} \tag{1-80}$$

式（1-79）和式（1-80），即法拉第定律和安培定律，这是电磁场中最重要的方程。

当给出 ρ、$\vec{J}$ 和 (μ, ε) 时，这两个方程可以得出 6 个未知变量 $(E_x, E_y, E_z, H_x, H_y, H_z)$。式（1-79）和式（1-80）是我们探索电磁波的关键。

例 1.10

证明 $\nabla \cdot \vec{J} = -\frac{\partial \rho}{\partial t}$，其中 $\vec{J}$ 为电流密度，ρ 为电荷密度。

解：

假设 Q 是体积 V 包围的总电荷，因此有

$$Q = \int_V \rho \cdot \mathrm{d}v$$

其中 ρ 是电荷密度，单位为 $\mathrm{C/m^3}$。根据电荷守恒定律，从 V 流出的电流 I 等于 V 中电荷的减小速率，这可以用下式表示

$$I = -\frac{\mathrm{d}Q}{\mathrm{d}t} = -\int_V \frac{\mathrm{d}\rho}{\mathrm{d}t} \cdot \mathrm{d}v$$

设 S 为 V 的表面，$\vec{J}$ 为 S 上的面电流密度。由于 I 为 V 的流出电流，且电流流经表面 S，可得

$$I = \oint_S \vec{J} \cdot \mathrm{d}\vec{s}$$

因此，有

$$\oint_S \vec{J} \cdot \mathrm{d}\vec{s} = -\int_V \frac{\mathrm{d}\rho}{\mathrm{d}t} \cdot \mathrm{d}v$$

另一方面，根据散度定理，下面的公式成立：

$$\oint_S \vec{J} \cdot \mathrm{d}\vec{s} = \int_V (\nabla \cdot \vec{J}) \mathrm{d}v$$

从上面两个公式，可得

$$\int_V (\nabla \cdot \vec{J}) \mathrm{d}v = -\int_V \left(\frac{\mathrm{d}\rho}{\mathrm{d}t}\right) \mathrm{d}v$$

因为这个公式适用于任意体积 V，所以下面的等式总是适用，同时完成了它的证明。

$$\nabla \cdot \vec{J} = -\frac{\partial \rho}{\partial t}$$

例 1.11

假设有磁通量密度 $\vec{B} = 3\sin(\omega t + \theta) \cdot \hat{z}$，感应电场 $\vec{E} = E_x \cdot \hat{x} + E_y \cdot \hat{y} + E_z \cdot \hat{z}$。请用麦克斯韦方程组给出 $\vec{B}$ 和 $\vec{E}$ 相关联的 3 个独立方程。

解：

设

$$\vec{B} = B_x \cdot \hat{x} + B_y \cdot \hat{y} + B_z \cdot \hat{z}$$

因为 $\vec{B} = 3\sin(\omega t + \theta) \cdot \hat{z}$，有

$$B_x = B_y = 0$$

$$B_z = 3\sin(\omega t + \theta)$$

由于在这种情况下电磁源是 $\vec{B}$，应用麦克斯韦方程组的第一个方程法拉第定律，可得

$$\nabla \times \vec{E} = -\frac{\partial \vec{B}}{\partial t}$$

$$\Rightarrow \left(\frac{\partial E_z}{\partial y} - \frac{\partial E_y}{\partial z}\right) \cdot \hat{x} + \left(\frac{\partial E_x}{\partial z} - \frac{\partial E_z}{\partial x}\right) \cdot \hat{y} + \left(\frac{\partial E_y}{\partial x} - \frac{\partial E_x}{\partial y}\right) \cdot \hat{z}$$

$$= -\left(\frac{\partial B_x}{\partial t} \cdot \hat{x} + \frac{\partial B_y}{\partial t} \cdot \hat{y} + \frac{\partial B_z}{\partial t}\right)$$

最后，得到如下 3 个独立的方程

$$\frac{\partial E_z}{\partial y} - \frac{\partial E_y}{\partial z} = -\frac{\partial B_x}{\partial t} = 0$$

$$\frac{\partial E_x}{\partial z} - \frac{\partial E_z}{\partial x} = -\frac{\partial B_y}{\partial t} = 0$$

$$\frac{\partial E_y}{\partial x} - \frac{\partial E_x}{\partial y} = -\frac{\partial B_z}{\partial t} = -3\omega\cos(\omega t + \theta)$$

例 1.12

对于导体，假设 $\vec{J} \gg \dfrac{\partial \vec{D}}{\partial t}$ 且 $\vec{J} = 5\sin(\omega t + \phi) \cdot \hat{x}$，如果由 $\vec{J}$ 感应的磁场为 $\vec{H} = H_x \cdot \hat{x} + H_y \cdot \hat{y} + H_z \cdot \hat{z}$，请用麦克斯韦方程组给出 $\vec{H}$ 和 $\vec{J}$ 相关的 3 个独立方程。

解：

从麦克斯韦方程组的第二个方程安培定律，可得

$$\nabla \times \vec{H} = \vec{J}$$

因此

$$\left(\frac{\partial H_z}{\partial y} - \frac{\partial H_y}{\partial z}\right) \cdot \hat{x} + \left(\frac{\partial H_x}{\partial z} - \frac{\partial H_z}{\partial x}\right) \cdot \hat{y} + \left(\frac{\partial H_y}{\partial x} - \frac{\partial H_x}{\partial y}\right) \cdot \hat{z} = 5\sin(\omega t + \phi) \cdot \hat{x}$$

由此，得到以下 3 个独立的方程

$$\frac{\partial H_z}{\partial y} - \frac{\partial H_y}{\partial z} = 5\sin(\omega t + \phi)$$

$$\frac{\partial H_x}{\partial z} - \frac{\partial H_z}{\partial x} = 0$$

$$\frac{\partial H_y}{\partial x} - \frac{\partial H_x}{\partial y} = 0$$

例 1.13

在绝缘体中，假设 $\vec{J} = 0$，$\vec{D} = 2\cos(\omega t + \theta) \cdot \hat{x} + 3\sin\omega t \cdot \hat{z}$。如果由 $\vec{D}$ 感应的磁场 $\vec{H} =$

$H_x \cdot \hat{x} + H_y \cdot \hat{y} + H_z \cdot \hat{z}$,请用麦克斯韦方程组给出 $\vec{D}$ 和 $\vec{H}$ 相关的 3 个独立方程。

解:

首先考虑 $\vec{J} = 0$ 的安培定律,有

$$\nabla \times \vec{H} = \frac{\partial \vec{D}}{\partial t}$$

因此

$$\left(\frac{\partial H_z}{\partial y} - \frac{\partial H_y}{\partial z} \right) \cdot \hat{x} + \left(\frac{\partial H_x}{\partial z} - \frac{\partial H_z}{\partial x} \right) \cdot \hat{y} + \left(\frac{\partial H_y}{\partial x} - \frac{\partial H_x}{\partial y} \right) \cdot \hat{z}$$

$$= \frac{\partial \vec{D}}{\partial t}$$

$$= -2\omega \sin(\omega t + \theta) \cdot \hat{x} + 3\omega \cos\omega t \cdot \hat{z}.$$

最后,得到以下三个独立的方程

$$\frac{\partial H_z}{\partial y} - \frac{\partial H_y}{\partial z} = -2\omega \sin(\omega t + \theta),$$

$$\frac{\partial H_x}{\partial z} - \frac{\partial H_z}{\partial x} = 0,$$

$$\frac{\partial H_y}{\partial x} - \frac{\partial H_x}{\partial y} = 3\omega \cos\omega t$$

例 1.14

假设在特定点处的电通量密度为 $\vec{D} = 5\cos(\omega t - kz) \cdot \hat{x} + 3\sin(\omega t - ky) \cdot \hat{y}$,请推导出该点的电荷密度 ρ。

解:

令

$$\vec{D} = D_x \cdot \hat{x} + D_y \cdot \hat{y} + D_z \cdot \hat{z}$$

然后,有

$$D_x = 5\cos(\omega t - kz)$$

$$D_y = 3\sin(\omega t - ky)$$

$$D_z = 0$$

根据高斯定律,有

$$\nabla \cdot \vec{D} = \rho \Rightarrow \frac{\partial D_x}{\partial x} + \frac{\partial D_y}{\partial y} + \frac{\partial D_z}{\partial z} = \rho$$

因为

$$\frac{\partial D_x}{\partial x} + \frac{\partial D_y}{\partial y} + \frac{\partial D_z}{\partial z} = 0 - 3k\cos(\omega t - ky) + 0 = -3k\cos(\omega t - ky)$$

有

$$\rho = -3k\cos(\omega t - ky)$$

小　结

为了对本章有一个全面的理解,将四个部分总结如下:

1.1:散度

学习散度的定义和物理意义,介绍了散度定理。

1.2:旋度

学习旋度的定义和物理意义,介绍了旋度定理。

1.3:从物理角度看麦克斯韦方程组

学习麦克斯韦方程的物理意义。这四个方程直观地描述了电磁源及其相应效应之间的关系,这些等式的左边是相应的电磁效应,右边是产生该效应的源。该想法可以表述如下:

电磁效应 ＝ 电磁源

1.4:从数学角度看麦克斯韦方程组

从数学的角度学习了麦克斯韦方程组,认识到法拉第定律和安培定律在麦克斯韦方程组中起着最重要的作用。介绍了依赖于介质的本构方程。利用法拉第定律、安培定律和本构方程,可以完全确定电磁场。

习　题

1. 什么是矢量场的"散度"? 用自己的方式解释它的物理意义。(提示:参考 1.1 节)

2. 参考例 1.1,计算以下一维矢量场在点 $x=2$ 处的散度。确定 $x=2$ 是发散点还是收敛点。

(a) $\vec{A}=(2x+1)\cdot\hat{x}$;　　　　　　　　(b) $\vec{A}=(x^2-5x+3)\cdot\hat{x}$。

3. 在练习 2 中,请绘制 $x=1.9$ 和 $x=2.1$ 处的场。检查 $x=2$ 处的散度结果是否正确。

4. 请计算以下二维矢量场在点 $(1,2)$ 处的散度:

(a) $\vec{A}=(2x+1)\cdot\hat{x}+(3x+y^2)\hat{y}$;　　　(b) $\vec{A}=(2y^2)\cdot\hat{x}+(x^2+3xy-2)\cdot\hat{y}$。

5. 参考例 1.3,计算以下三维矢量场在点 $(2,1,-4)$ 处的散度。说明该点是发散点还是收敛点。

(a) $\vec{A}=(2x^3z+y)\cdot\hat{x}+(xy+z^2)\cdot\hat{y}+(x^2)\cdot\hat{z}$

(b) $\vec{A}=(z+y^2)\cdot\hat{x}+(xy)\cdot\hat{y}+(x^2+2yz)\cdot\hat{z}$

(c) $\vec{A}=(\cos2x)\cdot\hat{x}+[\sin2(x+y)]\cdot\hat{y}+[\cos(x^2+y)]\cdot\hat{z}$

6. 什么是"散度定理"? 说明其属性。(提示:参考 1.1 节)

7. 什么是矢量场的"旋度"? 用你自己的方式解释它的物理意义。(提示:参考 1.2 节)

8. 参考例 1.4,计算以下矢量场在原点 $(0,0,0)$ 处的旋度。请注意,在下列情况下,$\vec{A}$ 的 z 分量为零:

(a) $\vec{A}=(2x)\cdot\hat{x}+(3y)\cdot\hat{y}$;　　　　　(b) $\vec{A}=(-2y)\cdot\hat{x}+(4x)\cdot\hat{y}$。

(c) $\vec{A}=(2y)\cdot\hat{x}+(4x)\cdot\hat{y}$,　　　　　(d) $\vec{A}=(3y)\cdot\hat{x}-(2x)\cdot\hat{y}$。

9. 在练习 8 中,xy 平面中围绕原点有四个点:$(0.1,0),(-0.1,0),(0,0.1),(0,-0.1)$,当 $z=0$ 时,

请在这些点上画出$\vec{A}$,来看看旋度是否可以表示原点的旋转场。

10. 参考例1.6,计算以下矢量场在点$(1,0,2)$处的旋度:

(a) $\vec{A} = (2x+y) \cdot \hat{x} + (y^2+z^2) \cdot \hat{y} + (x+y) \cdot \hat{z}$

(b) $\vec{A} = (z+y^2) \cdot \hat{x} + (xy^2) \cdot \hat{y} - (x+yz) \cdot \hat{z}$

(c) $\vec{A} = (\cos 3x) \cdot \hat{x} - [\sin(x+y)] \cdot \hat{y} + [\cos(x+y)] \cdot \hat{z}$

11. 什么是"斯托克斯定理"?陈述其属性。(提示:参考1.2节)

12. 什么是法拉第定律?用你自己的方式解释它的物理意义。

13. 什么是安培定律?用你自己的方式解释它的物理意义。

14. 什么是高斯定律?陈述其属性。(提示:参考1.3节)

15. 写出麦克斯韦方程组,并根据你在1.4节中学到的内容简要给出数学观点。

16. 对于任意矢量场$\vec{A} = A_x \cdot \hat{x} + A_y \cdot \hat{y} + A_z \cdot \hat{z}$,证明$\nabla \cdot (\nabla \times \vec{A}) = 0$。

17. 如果磁通量密度$\vec{B}$感应出的电场是$\vec{E} = \cos(\omega t - kz) \cdot \hat{x} + \sin(\omega t - kz) \cdot \hat{y}$,请导出$(B_x, B_y, B_z)$。(提示:法拉第定律)

18. 如果磁通量密度$\vec{B} = \sin(\omega t - ky) \cdot \hat{x} + \cos(\omega t - kx) \cdot \hat{y} + 5 \cdot \hat{z}$感应的电场是$\vec{E} = E_x \cdot \hat{x} + E_y \cdot \hat{y} + E_z \cdot \hat{z}$,请提供$(E_x, E_y, E_z)$必须满足的方程。

19. 如果电通量密度$\vec{D}$感应的磁场$\vec{H} = \sin(\omega t - kz) \cdot \hat{x} + \cos(\omega t - kx) \cdot \hat{y} + 3 \cdot \hat{z}$,请导出$(D_x, D_y, D_z)$。(提示:安培定理)

20. 如果电流密度$\vec{J} = (2x+y) \cdot \hat{x} + (3y^2) \cdot \hat{y} + (4x-z) \cdot \hat{z}$感应的磁场是$\vec{H} = H_x \cdot \hat{x} + H_y \cdot \hat{y} + H_z \cdot \hat{z}$,请提供$(H_x, H_y, H_z)$必须满足的方程。

21. 如果磁场$\vec{H} = \cos(\omega t - kz + \theta) \cdot \hat{x} + \sin(\omega t - kz + \theta) \cdot \hat{y}$是由自由空间中电场$\vec{E}$产生,请导出$(E_x, E_y, E_z)$。(提示:自由空间中$\varepsilon = \varepsilon_0$)

22. 如果电场$\vec{E} = 2xy \cdot \hat{x} + (z+y) \cdot \hat{y} + x^2 \cdot \hat{z}$在某一介质中介电常数为$\varepsilon = 3\varepsilon_0$,分别推导出在点$(1,0,1)$和$(2,3,-4)$处的电荷密度。(提示:例1.14)

23. 假设S是曲面,C是围绕S的轮廓,用安培定律和斯托克斯定理证明以下等式:

$$\oint_C \vec{H} \cdot \mathrm{d}\vec{l} = I + \int_S \frac{\partial \vec{D}}{\partial t} \cdot \mathrm{d}\vec{s}$$

其中,$I = \int_S \vec{J} \cdot \mathrm{d}\vec{s}$是穿过$S$的电流。

24. 假设提供10V的直流电源。请设计一个简单的电路,在距离电路0.2m处能产生磁场强度$H = 1(\mathrm{A/m})$$\left(\text{提示:用习题23的结果,假设}\vec{J} \gg \frac{\partial \vec{D}}{\partial t}\right)$。

第 2 章　　电磁波的传播

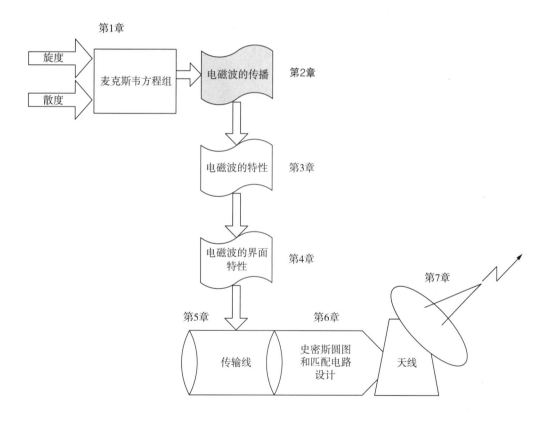

电磁波就像一个隐藏在神秘山峰中的美丽湖泊,你需要穿过重重森林迷雾,才能领略其神奇的风景。本章的每一节都将介绍电磁波的一个重要特性或原理。通过不断的学习,你将一步一步地深入了解电磁波。最后,你将离开森林和迷雾,去享受这片湖泊的罕见之美。

第 1 章主要介绍了电场和相关磁场是如何相互作用的,并给出了麦克斯韦方程组。本章将学习基于麦克斯韦方程组的电磁波背景知识。回答读者心中的疑问,即电磁波为什么会传播以及如何进行传播? 在这里,我们一步一步地解决这个难题,以便让读者快速有效地抓住基本思想:

步骤 1:用一个简单的电路来证明"电磁波的传播是合理的且可以想象的"。

步骤 2:推导出引导电磁波传播的波动方程。

步骤 3:求解波动方程,揭示电磁波的有用原理和性质。

这里使用了许多实例和插图,使读者可以很容易地捕捉到电磁波的核心思想。事实上,读者甚至可以通过想象和麦克斯韦方程组的物理直觉来"看到电磁波"。

同时本章还会介绍描述电磁波行为的相位速度、波长和波数等重要参数。

2.1 波动方程

麦克斯韦对电磁学的主要贡献是修正了安培定律。安培是第一个发现电流可以产生磁场的人。麦克斯韦则更进一步,他发现并预测了时变电场也会像电流那样诱发感应磁场。与此同时,他也发现了这一发现的重大意义。也就是说,一个电场和相关的磁场可能在空间中相互作用,然后以"电磁波"的形式传播!

本节将介绍表示电磁波主要行为的波动方程。从麦克斯韦的直观观点出发,并基于它的方程组,进一步解释为什么电磁波会辐射传播。

2.1.1 基本原理

根据式(1-4),麦克斯韦方程组可以由以下四个方程表示:

$$\nabla \times \vec{E} = -\frac{\partial \vec{B}}{\partial t}$$

$$\nabla \times \vec{H} = \vec{J} + \frac{\partial \vec{D}}{\partial t}$$

$$\vec{D} = \varepsilon \vec{E}$$

$$\vec{B} = \mu \vec{H}$$

最后两个方程实际上是由介质的电磁特性决定的。导体是一种具有高导电性的介质,当施加电场时,将产生电流。另一方面电介质是一种导电性很小的电绝缘体。当施加电场或磁场时,电荷不流过电介质,而只是略微偏离其平均平衡位置,导致电极化或磁极化,如图 2-1 所示。因此,电介质可以支持其内部电场和磁场的形成。

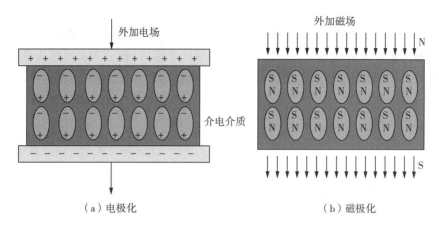

图 2-1　电极化和磁极化的示意图

现在,假设有一个具有介电常数 ε 和磁导率为 μ 的介质。电场 $\vec{E}$ 与相关电通量密度 $\vec{D}$ 之间的关系为:

$$\vec{D} = \varepsilon \vec{E} \tag{2-1}$$

磁场 $\vec{H}$ 与相关磁通密度 $\vec{B}$ 的关系为

$$\vec{B} = \mu \vec{H} \tag{2-2}$$

因此,如果 $\vec{E}$ 和 $\vec{H}$ 是已知的,$\vec{D}$ 和 $\vec{B}$ 很容易求得。下面,我们将重点讨论 $\vec{E}$ 和 $\vec{H}$,并利用麦克斯韦方程组来探索其电磁波的特性。

首先,因为 $\vec{B} = \mu \vec{H}$,法拉第定律可以被改写为

$$\nabla \times \vec{E} = -\mu \frac{\partial \vec{H}}{\partial t} \tag{2-3}$$

在图 2-2 中,假设磁场 $\vec{H}$ 随时间变化,且 $-\partial \vec{H}/\partial t$ 指向 $+z$ 方向。然后 $\vec{E}$ 在垂直于 $+z$ 的平面上产生一个电场。根据式(2-3),$\vec{E}$ 的大小与 $-\partial \vec{H}/\partial t$ 成正比。这意味着当 $\vec{H}$ 变化越快时,感应电场就越强。式(2-3)也揭示了一个重要的性质:时变磁场会产生相应的电场。

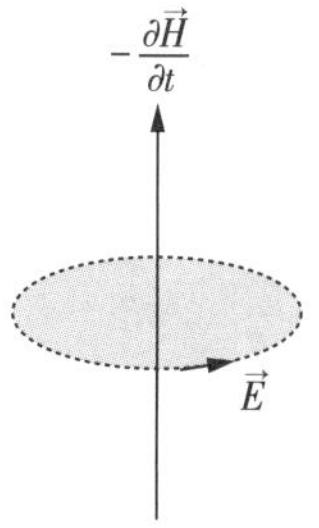

另一方面,因为 $\vec{D} = \varepsilon \vec{E}$,安培定律可以被改写为

$$\nabla \times \vec{H} = \vec{J} + \varepsilon \frac{\partial \vec{E}}{\partial t} \tag{2-4}$$

图 2-2　法拉第定律示意图

其中,$\vec{J}$ 是电流密度。在式(2-4)中,右侧的第二项是麦克斯韦所附加的修正项。这个术语被称为位移电流,它是揭示电磁辐射存在的关键 —— 电磁波可以通过空间进行传播。

对于导体或电介质,式(2-4)可以改写成一个更简单的形式。首先,对于导体,因为导电性非常好,所以电流密度 J 通常远大于位移电流 $\varepsilon \frac{\partial \vec{E}}{\partial t}$ 此时,式(2-4)可以近似为

$$\nabla \times H = \vec{J} \tag{2-5}$$

如图2-3所示,假设$\vec{J}$指向$+z$方向,然后在垂直于$+z$的平面上感应一个磁场,其强度$\vec{H}$与$\vec{J}$成正比。此外,由式(2-5)可知,一旦有电流存在,就一定会有感应磁场。

由于电介质的电导率很弱,电流密度$\vec{J} \approx 0$,因此式(2-4)可以近似为

$$\nabla \times \vec{H} = \varepsilon \frac{\partial \vec{E}}{\partial t} \tag{2-6}$$

如图2-4所示,假设电场随时间变化,$\partial E / \partial t$指向$+z$方向。然后$\vec{E}$在垂直于$+z$的平面上诱导出磁场$\vec{H}$。$\vec{H}$的强度与$\partial E / \partial t$成正比。当$\vec{E}$变化越快时,感应磁场越强。式(2-6)表明,时变电场与导电电流一样,会产生相应的磁场。

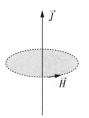

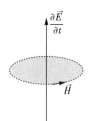

图2-3　以电流密度为源的　　　　　图2-4　以时变电场为源的
　　　安培定律示意图　　　　　　　　　　安培定律示意图

图2-2和图2-4展示了电场与磁场之间的相互作用。时变磁场$\vec{H}$会产生电场$\vec{E}$。同样地,时变电场$\vec{E}$也会产生磁场$\vec{H}$。总之,电场$\vec{E}$和磁场$\vec{H}$相互感应,这是电磁场的基本特征。

此外,为了解释为什么电磁波可以辐射,下面做一个简单的实验,如图2-5所示。

假设有一个交流电压源$V_S(t)$,一个电阻器R,和一个环路电路中的一条导线。电路中的电流用$I(t)$表示。根据式(2-5),由于电流流动,垂直于导线的平面上会产生磁场$\vec{H_0}$,且$\vec{H_0}$会随$I(t)$的变化而变化。然后根据式(2-3),这个时变$\vec{H_0}$会产生电场$\vec{E_0}$,如图2-6所示。

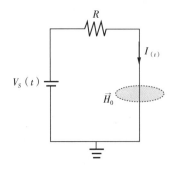

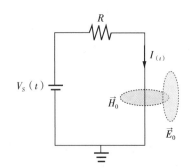

图2-5　电磁波的产生(Ⅰ)　　　　　图2-6　电磁波的产生(Ⅱ)

根据式(2-6),这个随$\vec{H_0}$时变的感应电场还会产生另一个磁场$\vec{H_1}$,如图2-7所示。

类似地,这个新的磁场$\vec{H_1}$会产生另一个电场$\vec{E_1}$,这个感应电场$\vec{E_1}$又会产生另一个磁场等等。图2-8实现了动态电磁场最重要的特征:时变电场和时变磁场会相互作用,自然地向外传播。这些动态的电场和磁场引发产生了电磁波。

当麦克斯韦对等式中的原始安培定律提出修正项$\varepsilon \cdot \partial \vec{E}/\partial t$时,他已经想象出了图2-4、图2-5、图2-6、图2-7、图2-8的场景,并预测了电磁波辐射的存在。直到德国科学家赫兹做了一个里程碑式的实验,这个预测经过20多年才被证实。这一成就将电磁学从时间和空间上的"静态场"扩展到"动态场"!

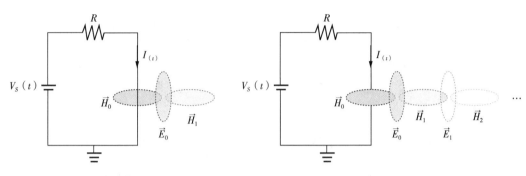

图 2-7　电磁波的产生(Ⅲ)　　　　　图 2-8　电磁波的产生(Ⅳ)

2.1.2　波动方程

在本节中,我们利用麦克斯韦方程组推导出一个在图2-5、图2-6、图2-7和图2-8中描述电磁波的数学公式。由于电磁波主要在介质中传播,因此可推导出相关的波动方程。

首先,从式(2-3)开始两边都求散度,可得

$$\nabla \times (\nabla \times \vec{E}) = \nabla \times \left(-\mu \frac{\partial \vec{H}}{\partial t}\right) = -\mu \frac{\partial}{\partial t}(\nabla \times \vec{H}) \tag{2-7}$$

对于任意矢量场$\vec{A}$,以下等式始终成立:

$$\nabla \times (\nabla \times \vec{A}) = \nabla(\nabla \cdot \vec{A}) - \nabla^2 \vec{A} \tag{2-8}$$

其中,∇表示梯度,∇^2表示拉普拉斯运算符。∇和∇^2的数学意义不是重点,所以这里暂时跳过对它们含义的讨论,而是直接利用式(2-8)。因此,式(2-7)可以重写为

$$\nabla(\nabla \cdot \vec{E}) - \nabla^2 \vec{E} = -\mu \frac{\partial}{\partial t}(\nabla \times \vec{H}) \tag{2-9}$$

假设电介质的电流密度为$J=0$,电荷密度$\rho=0$。根据安培定律和高斯定律,可以得到

$$\nabla \times \vec{H} = \varepsilon \frac{\partial \vec{E}}{\partial t}, \tag{2-10}$$

$$\nabla \cdot \vec{D} = \rho = 0 \Rightarrow \nabla \cdot \vec{E} = 0 \tag{2-11}$$

最后,将式(2-10)和式(2-11)代入式(2-9),可得

$$\nabla^2 \vec{E} = \mu\varepsilon \frac{\partial^2 \vec{E}}{\partial t^2} \qquad (2-12)$$

式(2-12)为电场$\vec{E}$的波动方程,式(2-12)的解揭示了电磁波的传播。请注意,波动方程是一个矢量方程。

值得一提的是,当对式(2-3)的两边都求散度时,在式(2-7)中得到$\nabla \times \vec{H}$。然后利用式(2-10),用$\varepsilon \frac{\partial E}{\partial t}$取代$\nabla \times \vec{H}$,可得一个只包含电场$\vec{E}$的偏微分方程,如式(2-12)所示,该推导可以看作是一种消除未知矢量场$\vec{H}$的数学处理。

式(2-12)的波动方程非常重要,因为它完全描述了一个可能随时间($\partial^2 \vec{E}/\partial t^2$)和空间($\nabla^2 \vec{E}$)而变化的辐射电场。与奠定经典力学基础的牛顿运动定律一样,波动方程也奠定了动态电磁学的基础。

现在,我们用数学的方法给出拉普拉斯算子∇^2的定义,假设$f(x,y,z)$是x、y和z的函数。然后$\nabla^2 f$定义为

$$\nabla^2 f = \frac{\partial^2 f}{\partial x^2} + \frac{\partial^2 f}{\partial y^2} + \frac{\partial^2 f}{\partial z^2} \qquad (2-13)$$

因此,$\nabla^2 f$是一个标量,它是$f(x,y,z)$对x,y和z的所有二阶偏导数的和。此外,拉普拉斯算子也可以用于矢量。假设一个矢量$\vec{A}$为

$$\vec{A} = A_x \cdot \hat{x} + A_y \cdot \hat{y} + A_z \cdot \hat{z} \qquad (2-14)$$

其中A_x,A_y,A_z是$\vec{A}$在空间中的三个轴向分量。它们是标量,且是x、y、z的函数,记为$A_x = A_x(x,y,z)$,$A_y = A_y(x,y,z)$和$A_z = A_z(x,y,z)$,$\vec{A}$的拉普拉斯运算被定义为

$$\nabla^2 \vec{A} = \nabla^2 A_x \cdot \hat{x} + \nabla^2 A_y \cdot \hat{y} + \nabla^2 A_z \cdot \hat{z} \qquad (2-15)$$

因此,$\nabla^2 \vec{A}$仍然是包含$\nabla^2 A_x$、$\nabla^2 A_y$、$\nabla^2 A_z$的一个矢量,有

$$\nabla^2 A_x = \frac{\partial^2 A_x}{\partial x^2} + \frac{\partial^2 A_x}{\partial y^2} + \frac{\partial^2 A_x}{\partial z^2} \qquad (2-16)$$

$$\nabla^2 A_y = \frac{\partial^2 A_y}{\partial x^2} + \frac{\partial^2 A_y}{\partial y^2} + \frac{\partial^2 A_y}{\partial z^2} \qquad (2-17)$$

$$\nabla^2 A_z = \frac{\partial^2 A_z}{\partial x^2} + \frac{\partial^2 A_z}{\partial y^2} + \frac{\partial^2 A_z}{\partial z^2} \qquad (2-18)$$

在了解拉普拉斯算子∇的定义之后,再来看式(2-12)中的波动方程。首先,设$\vec{E}$为一个矢量场,有

$$\vec{E} = E_x \cdot \hat{x} + E_y \cdot \hat{y} + E_z \cdot \hat{z} \qquad (2-19)$$

其中,E_x,E_y,E_z是x,y,z和t的函数。因此$E_x = E_x(x,y,z,t)$,$E_y = E_y(x,y,z,t)$和$E_z = E_z(x,y,z,t)$,它们都取决于位置和时间。接下来,由式(2-19)和式(2-15),可得

$$\nabla^2 \vec{E} = \nabla^2 E_x \cdot \hat{x} + \nabla^2 E_y \cdot \hat{y} + \nabla^2 E_z \cdot \hat{z} \qquad (2-20)$$

另一方面,从二阶偏导数的定义出发,可知

$$\frac{\partial^2 \vec{E}}{\partial t^2} = \frac{\partial^2 E_x}{\partial t^2} \cdot \hat{x} + \frac{\partial^2 E_y}{\partial t^2} \cdot \hat{y} + \frac{\partial^2 E_z}{\partial t^2} \cdot \hat{z} \qquad (2-21)$$

将式(2-20)和式(2-21)代入式(2-12),波动方程变成

$$\nabla^2 E_x \cdot \hat{x} + \nabla^2 E_y \cdot \hat{y} + \nabla^2 E_z \cdot \hat{z} = \mu\varepsilon \left(\frac{\partial^2 E_x}{\partial t^2} \cdot \hat{x} + \frac{\partial^2 E_y}{\partial t^2} \cdot \hat{y} + \frac{\partial^2 E_z}{\partial t^2} \cdot \hat{z} \right) \qquad (2-22)$$

由于上面的矢量方程沿每个轴均成立,可得到以下三个独立的方程:

$$\nabla^2 E_x = \mu\varepsilon \frac{\partial^2 E_x}{\partial t^2} \qquad (2-23)$$

$$\nabla^2 E_y = \mu\varepsilon \frac{\partial^2 E_y}{\partial t^2} \qquad (2-24)$$

$$\nabla^2 E_z = \mu\varepsilon \frac{\partial^2 E_z}{\partial t^2} \qquad (2-25)$$

因为式(2-23)、式(2-24)和式(2-25)是独立的方程,所以每个分量电场 E_x、E_y,E_z 都可以在各自的方程中独立导出。

最后,由于式(2-23)、式(2-24)和式(2-25)均为标量方程,其解应比式(2-12)的解更简单。然而,这些方程仍然是二阶偏微分方程,它需要大量的推导来求得相关的解。在下一节中,我们将采用一种数学方法来简化波动方程。该方法基于相量概念,广泛应用于电气工程。利用相量的概念,推导出式(2-23)、式(2-24)、式(2-25)中的解将变得简单得多。

例 2.1
假设有一个标量函数 $f(x,y,z) = 3x^2y + 4z^3$,请在点 $(2,3,-1)$ 处推导出 $\nabla^2 f$。
解:
由式(2-13),可得

$$\nabla^2 f = \frac{\partial^2 f}{\partial x^2} + \frac{\partial^2 f}{\partial y^2} + \frac{\partial^2 f}{\partial z^2} = 6y + 24z$$

因此,$\nabla^2 f$ 在点 $(2,3,-1)$ 处的值为

$$\nabla^2 f = 6 \times 3 + 24 \times (-1) = -6$$

例 2.2
假设一个矢量场 $\vec{A} = 4xy^2 \cdot \hat{x} + 2y^3 \cdot \hat{y} + (z^2 + xy) \cdot \hat{z}$,请在点 $(1,3,2)$ 处推导出 $\nabla^2 \vec{A}$。
解:
首先,有

$$A_x = 4xy^2$$

$$A_y = 2y^3$$

$$A_z = z^2 + xy$$

由式(2-16)、式(2-17)和式(2-18),可得

$$\nabla^2 A_x = \frac{\partial^2 A_x}{\partial x^2} + \frac{\partial^2 A_x}{\partial y^2} + \frac{\partial^2 A_x}{\partial z^2} = 8x$$

$$\nabla^2 A_y = \frac{\partial^2 A_y}{\partial x^2} + \frac{\partial^2 A_y}{\partial y^2} + \frac{\partial^2 A_y}{\partial z^2} = 12y$$

$$\nabla^2 A_z = \frac{\partial^2 A_z}{\partial x^2} + \frac{\partial^2 A_z}{\partial y^2} + \frac{\partial^2 A_z}{\partial z^2} = 2$$

在(1,3,2)点处,可得

$$\nabla^2 A_x = 8, \nabla^2 A_y = 36, \nabla^2 A_z = 2$$

最后,从式(2-15)中可求出

$$\nabla^2 \vec{A} = \nabla^2 A_x \cdot \hat{x} + \nabla^2 A_y \cdot \hat{y} + \nabla^2 A_z \cdot \hat{z}$$
$$= 8\hat{x} + 36\hat{y} + 2\hat{z}$$

例 2.3

假设电场 $\vec{E} = E_x \cdot \hat{x}$,其中 $E_x = A \cdot \sin(\omega t - kz)$,设磁导率和介电常数分别为 μ 和 ε,证明 $k^2 = \omega^2 \mu \varepsilon$。

解:

首先,E_x 必须满足式(2-23)中的波动方程,因此

$$\nabla^2 E_x = \mu \varepsilon \frac{\partial^2 E_x}{\partial \iota^2}$$

因为

$$\nabla^2 E_x = \frac{\partial^2 E_x}{\partial x^2} + \frac{\partial^2 E_x}{\partial y^2} + \frac{\partial^2 E_x}{\partial z^2} = -Ak^2 \cdot \sin(\omega t - kz)$$

和

$$\frac{\partial^2 E_x}{\partial t^2} = -A\omega^2 \sin(\omega t - kz)$$

可得

$$-Ak^2 \sin(\omega t - kz) = -A\omega^2 \mu \varepsilon \cdot \sin(\omega t - kz)$$

$$\Rightarrow k^2 = \omega^2 \mu \varepsilon$$

证明完成。

例 2.4

假设 $\vec{E} = E_x \cdot \hat{x}$ 和 $k^2 = \omega^2 \mu \varepsilon$,证明 $E_x = A \cdot \cos(\omega t - kz + \theta)$ 和 $E_x = B \cdot \cos(\omega t + kz + \phi)$ 两者都是波动方程的解。

解:

首先,当 $E_x = A \cdot \cos(\omega t - kz + \theta)$,有

$$\nabla^2 E_x = \frac{\partial^2 E_x}{\partial z^2} = -k^2 A\cos(\omega t - kz + \theta)$$

$$= -k^2 E_x.$$

$$\frac{\partial^2 E_x}{\partial t^2} = -\omega^2 A\cos(\omega t - kz + \theta) = -\omega^2 E_x$$

因为 $k^2 = \omega^2 \mu\varepsilon$,有

$$\nabla^2 E_x = -\omega^2 \mu\varepsilon E_x = \mu\varepsilon \frac{\partial^2 E_x}{\partial t^2}$$

因此,从式(2-23)中可知,$E_x = A \cdot \cos(\omega t - kz + \theta)$ 是波动方程的解。

接下来,当 $E_x = B \cdot \cos(\omega t + kz + \phi)$,有

$$\nabla^2 E_x = \frac{\partial^2 E_x}{\partial z^2} = -k^2 B\cos(\omega t + kz + \phi)$$

$$= -k^2 E_x$$

$$\frac{\partial^2 E_x}{\partial t^2} = -\omega^2 B\cos(\omega t + kz + \phi) = -\omega^2 E_x$$

因为

$$k^2 = \omega^2 \mu\varepsilon$$

所以

$$\nabla^2 E_x = -\omega^2 \mu\varepsilon E_x = \mu\varepsilon \frac{\partial^2 E_x}{\partial t^2}$$

因此,由式(2-23)可知,$E_x = B \cdot \cos(\omega t + kz + \phi)$ 是波动方程的解。

2.2　相量表示

在电气工程中,复数在电子、电路、控制、通信、信号处理和电磁波等许多领域都非常有用。基于复数,我们将在本节中介绍一种有用的方法,称为相量表示。该方法在电磁场中被用来表示一个由正弦波组成的信号。这里将从一个最简单的正弦波开始。

2.2.1　基本概念

首先,我们展示了一个来自线性分析的原理结果:

当一个正弦信号 $\cos(\omega t + \phi)$ 通过一个线性系统时,其输出仍然是一个具有相同频率的正弦信号。通过系统后,只有振幅(A)和相位(ϕ)可能会发生变化。

图 2-9 中给出这样一个例子,将一个电路视为一个线性系统。假设输入信号为 $\cos(\omega t + \phi)$,并且输出信号可以用 $B\cos(\omega t + \theta)$ 表示。在本例中,振幅从 A 变为 B,相位从 ϕ 变为 θ。但频率 ω 保持不变。

$$A\cos(\omega t + \phi) \longrightarrow \boxed{\text{线性电路}} \longrightarrow B\cos(\omega t + \phi)$$

图 2-9 一个带有正弦输入信号和输出信号的线性电路

上述结果对于电气工程师是非常有用的,因为大多数电子电路都是线性的。此外,这个结果也给了我们一个想法。当正弦波进入线性电路时,只需要关注振幅和相位。频率则可以完全忽略,因为它可以保持不变。

这一想法可以简化对电子电路的分析。实现这个想法是在电路分析中使用相量表示的方法,下面从相量原理出发,将其应用于电路分析。

首先,对于一个复数 e^{jx},欧拉公式可表示为

$$e^{jx} = \cos x + j\sin x \qquad (2-26)$$

其中 x 是实数,$j = \sqrt{-1}$。请注意,指数函数和三角函数之间的关系是根据式(2-26)建立的,在式(2-26)中,设 $x = \omega t$,其中 ω 为频率,t 为时间,则有

$$e^{j\omega t} = \cos \omega t + j\sin \omega t \qquad (2-27)$$

其实数部分可以表示为

$$Re\{e^{j\omega t}\} = \cos \omega t \qquad (2-28)$$

此外,假设 $x = \omega t + \theta$,则有

$$e^{j(\omega t + \theta)} = \cos(\omega t + \theta) + j\sin(\omega t + \theta) \qquad (2-29)$$

因此,其实数部分可以表示为

$$Re\{e^{j(\omega t + \theta)}\} = \cos(\omega t + \theta) \qquad (2-30)$$

式(2-30)意味着一个重要的思想:可以用一个复数 $e^{j(\omega t + \theta)}$ 来表示一个正弦信号 $\cos(\omega t + \theta)$,该信号可以通过简单地取 $e^{j(\omega t + \theta)}$ 的实部来得到。假设 $y(t)$ 表示为

$$y(t) = A\cos(\omega t + \theta) \qquad (2-31)$$

其中 A 为振幅,ω 为频率,θ 为相位。利用式(2-30),$y(t)$ 可以重写为

$$y(t) = Re\{Ae^{j(\omega t + \theta)}\} = Re\{Ae^{j\theta} \cdot e^{j\omega t}\} = Re\{Y \cdot e^{j\omega t}\} \qquad (2-32)$$

其中

$$Y = Ae^{j\theta} \qquad (2-33)$$

在式(2-33)中,Y 是一个复数,完全由 $y(t)$ 的振幅 A 和相位 θ 决定。记住,当通过一个线性系统时,只有一个正弦信号的振幅和相位可能会改变。因此,当 $y(t)$ 通过一个线

性系统时，Y 有我们需要描述的所有东西。

现在，定义 $Y = A\mathrm{e}^{\mathrm{j}\theta}$ 为 $y(t)$ 的相量。其中，相量 Y 是一个复数，而 A 是 $y(t)$ 的振幅，θ 是 $y(t)$ 的相位。对于一个任意的正弦信号 $y(t) = A\cos(\omega t + \theta)$，它有一个相应的相量 Y，且 Y 仅由 $y(t)$ 的振幅和相位决定。

例 2.5
假设有一个正弦波 $y(t) = 5\cos(\omega t + 30°)$，请推导出 $y(t)$ 的相量。

解：

从 $y(t)$ 的振幅和相位出发，可得相量为

$$Y = 5\mathrm{e}^{\mathrm{j}30°}$$

例 2.6
假设有一个正弦波 $y(t) = 5\sin(\omega t + 20°)$，请推导出 $y(t)$ 的相量。

解：

因为相量定义在余弦函数上而不是正弦函数上，所以必须将 $\sin\omega t$ 转换为 $\cos\omega t$，从三角公式 $\sin\phi = \cos(\phi - 90°)$，可得

$$\sin(\omega t + 20°) = \cos(\omega t + 20° - 90°) = \cos(\omega t - 70°)$$

则

$$y(t) = 5\sin(\omega t + 20°) = 5\cos(\omega t - 70°)$$

所以 $y(t)$ 的相量为

$$Y = 5\mathrm{e}^{-\mathrm{j}70°}$$

例 2.7
假设有一个信号 $y(t) = 5\cos(\omega t + 70°) + 3\cos(\omega t - 40°)$，请推导出 Y 的相量。

解：

首先，$y(t)$ 由两个具有相应相位的正弦波组成

$$5\cos(\omega t + 70°) \xrightarrow{\text{相量}} 5\mathrm{e}^{\mathrm{j}70°}$$

$$3\cos(\omega t - 40°) \xrightarrow{\text{相量}} 3\mathrm{e}^{-\mathrm{j}40°}$$

因为相量运算允许加法，可得

$$Y = 5\mathrm{e}^{\mathrm{j}70°} + 3\mathrm{e}^{-\mathrm{j}40°}$$

从上面的例子可以看出，如果 $y(t)$ 是一个正弦信号，可以很容易地导出相应的相量。另一方面，如果给出了相量 Y，则可以很容易地推导出相应的信号 $y(t)$，下面是这些例子。

例 2.8
假设 $y(t)$ 是一个频率为 ω 的正弦波，其相量为 $Y = 3\mathrm{e}^{\mathrm{j}80°}$，请推导出 $y(t)$。

解：

$$y(t) = 3\cos(\omega t + 80°)$$

例 2.9

假设 $y(t)$ 是一个频率为 ω 的正弦波，其相量为 $Y = 2e^{j50°} - 3e^{-j130°}$，请推导出 $y(t)$。

解：

从 $Y = 2e^{j50°} - 3e^{-j130°}$，可知 $y(t)$ 由两个正弦信号组成

$$2e^{j50°} \xrightarrow{\text{相量}} 2\cos(\omega t + 50°)$$

$$3e^{-j130°} \xrightarrow{\text{相量}} 3\cos(\omega t - 130°)$$

因此，$y(t)$ 为

$$y(t) = 2\cos(\omega t + 50°) - 3\cos(\omega t - 130°)$$

从上面的例子中，可知 $y(t)$ 和 Y 是一对一的映射。如果我们得到其中一项，可以立即得到另一项。换句话说，它们其中一项都可以代表另一项。

2.2.2 相量的微分表示

由于相量在微分中的良好性质，相量表示在信号分析中会非常有用。假设有一个正弦信号 $y(t) = A\cos(\omega t + \theta)$，表示为

$$y(t) = Re\{Ye^{j\omega t}\} \tag{2-34}$$

其中 $Y = Ae^{j\theta}$ 是 $y(t)$ 的相量。当对式（2-34）进微分时，可得

$$\frac{\mathrm{d}y(t)}{\mathrm{d}t} = \frac{\mathrm{d}}{\mathrm{d}t}Re\{Ye^{j\omega t}\} = Re\left\{\frac{\mathrm{d}}{\mathrm{d}t}Ye^{j\omega t}\right\} \tag{2-35}$$

因为 Y 不是 t 的函数，所以有

$$\frac{\mathrm{d}}{\mathrm{d}t}Ye^{j\omega t} = j\omega Y \cdot e^{j\omega t} \tag{2-36}$$

因此，式（2-35）变成

$$\frac{\mathrm{d}y(t)}{\mathrm{d}t} = Re\{j\omega Y \cdot e^{j\omega t}\} \tag{2-37}$$

式（2-37）实际上揭示了一个重要的结果：

如果 $y(t)$ 的相量是 Y，那么其微分 $\dfrac{\mathrm{d}y(t)}{\mathrm{d}t}$ 的相量是 $j\omega Y$。

$$y(t) \xrightarrow{\text{相量}} Y$$

$$\frac{\mathrm{d}y(t)}{\mathrm{d}t} \xrightarrow{\text{相量}} j\omega Y$$

$$\frac{\mathrm{d}^2 y(t)}{\mathrm{d}t^2} = \frac{\mathrm{d}}{\mathrm{d}t}\left(\frac{\mathrm{d}y(t)}{\mathrm{d}t}\right) \xrightarrow{\text{相量}} \mathrm{j}\omega \cdot (\mathrm{j}\omega Y) = (\mathrm{j}\omega)^2 Y$$

$$\frac{\mathrm{d}^3 y(t)}{\mathrm{d}t^3} = \frac{\mathrm{d}}{\mathrm{d}t}\left(\frac{\mathrm{d}^2 y(t)}{\mathrm{d}t^2}\right) \xrightarrow{\text{相量}} \mathrm{j}\omega \cdot (\mathrm{j}\omega)^2 Y = (\mathrm{j}\omega)^3 Y$$

因此,可得一个有用的公式

$$\frac{\mathrm{d}^n y(t)}{\mathrm{d}t^n} \xrightarrow{\text{相量}} (\mathrm{j}\omega)^n Y, n = 1, 2, 3, \cdots \tag{2-38}$$

式(2-38)告诉我们,$y(t)$ 的 n 阶微分的相量简单地等于$(\mathrm{j}\omega)^n Y$。这一特性可以大大简化信号分析。

例 2.10

假设有一个正弦波 $y(t) = 5\cos(\omega t - 30°)$,请推导出微分的相量$\frac{\mathrm{d}y(t)}{\mathrm{d}t}$。

解:

首先,$y(t)$ 的相量形式为

$$Y = 5\mathrm{e}^{-\mathrm{j}30°}$$

设 Y_1 为 $\frac{\mathrm{d}y(t)}{\mathrm{d}t}$ 的相量,然后由式(2-38),可得

$$Y_1 = (\mathrm{j}\omega) \cdot Y = \mathrm{j}\omega \cdot 5\mathrm{e}^{-\mathrm{j}30°}$$

因为 $\mathrm{j} = \mathrm{e}^{\mathrm{j}90°}$,$Y_1$ 也可表示为

$$Y_1 = \mathrm{e}^{\mathrm{j}90°} \cdot 5\omega \cdot \mathrm{e}^{-\mathrm{j}30°} = 5\omega \cdot \mathrm{e}^{\mathrm{j}60°}$$

例 2.11

假设 $y(t) = 3\sin(\omega t + 130°)$,请推导出相量$\frac{\mathrm{d}^2 y(t)}{\mathrm{d}t^2}$。

解:

首先,将 $\sin\omega t$ 转换为 $\cos\omega t$,可得

$$y(t) = 3\sin(\omega t + 130°) = 3\cos(\omega t + 130° - 90°) = 3\cos(\omega t + 40°)$$

因此,$y(t)$ 的相量形式为

$$Y = 3\mathrm{e}^{\mathrm{j}40°}$$

令 Y_2 为 $\frac{\mathrm{d}^2 y(t)}{\mathrm{d}t^2}$ 的相量,然后,由式(2-38),可得

$$Y_2 = (\mathrm{j}\omega)^2 Y = -\omega^2 Y = -3\omega^2 \cdot \mathrm{e}^{\mathrm{j}40°}$$

2.2.3　相量的应用

本小节将通过两个实例来说明相量的应用。在图 2-10 中,有一个电阻-电容器

（RC）电路。输入电压为正弦信号，即

$$x(t) = A \cdot \cos(\omega t + \phi) \tag{2-39}$$

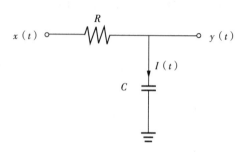

图 2-10　线性（RC）电路示意图

$x(t)$ 的相量为

$$X = A\mathrm{e}^{\mathrm{j}\phi} \tag{2-40}$$

式中，A 为振幅，ϕ 为 $x(t)$ 的相位。

在图 2-10 中，输出电压 $y(t)$ 也是与 $x(t)$ 频率相同的正弦信号。那么，该又如何推导出 $y(t)$ 呢？有两种方法可解决这个问题。

方法 1：

给定 $x(t)$，直接从 RC 电路的微分方程推导出 $y(t)$。

方法 2：

假设 $x(t)$ 的相量为 X，而 $y(t)$ 的相量是 Y。然后就可以将

$$x(t) \xrightarrow{\quad RC\text{ 电路}\quad} y(t)$$

转换为一个简单的形式：

$$X \xrightarrow{\quad RC\text{ 电路}\quad} Y$$

换句话说，就是将"从 $x(t)$ 推导出 $y(t)$"的问题转化为"从相量 X 推导出相量 Y"的问题。

显然，方法 2 会比方法 1 简单得多，因为

（1）在方法 1 中，$x(t)$ 和 $y(t)$ 都是时间的函数。另一方面，在方法 2 中，相量 X 和相量 Y 都不是时间的函数。

（2）利用式（2-38）中相量的简单微分特性，可以很容易地从 X 中得 Y。

为了澄清上述几点，我们分别使用方法 1 和方法 2 分别处理这个问题。读者可以比较他们的差异，以学习使用相量的方便性。

方法 1

应用图 2-10 中基尔霍夫定律，有

$$\frac{x(t) - y(t)}{R} = I(t) = C\frac{\mathrm{d}y(t)}{\mathrm{d}t} \tag{2-41}$$

然后有

$$RC \frac{\mathrm{d}y(t)}{\mathrm{d}t} + y(t) = x(t) \tag{2-42}$$

接下来,将 $x(t) = A \cdot \cos(\omega t + \phi)$ 代入到式(2-42)中,得

$$RC \frac{\mathrm{d}y(t)}{\mathrm{d}t} + y(t) = A\cos(\omega t + \phi) \tag{2-43}$$

式(2-43)为一阶微分方程。虽然 $y(t)$ 可以从式(2-43)中得到,但这个过程有点复杂,在这里被跳过了。

方法 2

就像方法 1 一样,从基尔霍夫定律中,可得

$$RC \frac{\mathrm{d}y(t)}{\mathrm{d}t} + y(t) = x(t) \tag{2-44}$$

接下来,将式(2-44)通过应用转换成相量表示

$$x(t) \xrightarrow{\text{相量}} X$$

$$y(t) \xrightarrow{\text{相量}} Y$$

$$\frac{\mathrm{d}y(t)}{\mathrm{d}t} \xrightarrow{\text{相量}} \mathrm{j}\omega Y$$

然后有

$$RC(\mathrm{j}\omega Y) + Y = X \tag{2-45}$$

从式(2-45)中,可得

$$Y = \frac{X}{1 + \mathrm{j}\omega RC} = \frac{A\mathrm{e}^{\mathrm{j}\phi}}{1 + \mathrm{j}\omega RC} \tag{2-46}$$

由于复数 $z = a + \mathrm{j}b$ 也可以表示为

$$z = \sqrt{a^2 + b^2} \cdot \mathrm{e}^{\mathrm{j}\phi} \tag{2-47}$$

其中,ϕ 为

$$\phi = \tan^{-1}\left(\frac{b}{a}\right) \tag{2-48}$$

利用式(2-47)和式(2-48),有

$$1 + \mathrm{j}\omega RC = \sqrt{1 + (\omega RC)^2} \cdot \mathrm{e}^{\mathrm{j}\alpha} \tag{2-49}$$

其中,α 为

$$\alpha = \tan^{-1}(\omega RC) \tag{2-50}$$

因此,式(2-46)可以重写为

$$Y = \frac{A}{\sqrt{1 + (\omega RC)^2}} \cdot e^{j(\phi - \alpha)} \tag{2-51}$$

Y 可以表示为

$$Y = Be^{j\theta} \tag{2-52}$$

其中

$$B = \frac{A}{\sqrt{1 + (\omega RC)^2}} \tag{2-53}$$

$$\theta = \phi - \alpha = \phi - \tan^{-1}(\omega RC) \tag{2-54}$$

最后,输出信号 $y(t)$ 可以表示为

$$y(t) = \mathrm{Re}\{Ye^{j\omega t}\} = B\cos(\omega t + \theta) \tag{2-55}$$

从上面的例子中,可以很容易地从相量 X 中推导出相量 Y。那么 $y(t)$ 就可以很容易地从 y 中得到。注意,我们不需要像在方法 1 中那样,在方法 2 中求解微分方程。此外,图 2-10 只是一个简单的 RC 电路。随着电路的复杂,相量的有效性和便利性将变得更加重要。

例 2.12

在图 2-11 中,有一个 RLC 电路,输入电压为 $x(t) = A \cdot \cos(\omega t + \phi)$,请使用相量表示来推导输出电压 $y(t)$。

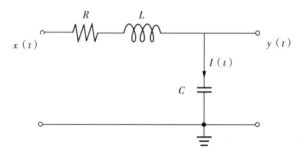

图 2-11　一个用于例 2.12 的 RLC 电路

解:

首先,从基尔霍夫定律来看,有

$$x(t) = R \cdot I(t) + L \frac{\mathrm{d}I(t)}{\mathrm{d}t} + y(t)$$

其中,$I(t)$ 电流,由下式给出

$$I(t) = C \frac{\mathrm{d}y(t)}{\mathrm{d}t}$$

由上面的两个方程,可得

$$x(t) = RC \frac{\mathrm{d}y(t)}{\mathrm{d}t} + LC \frac{\mathrm{d}^2 y(t)}{\mathrm{d}t^2} + y(t)$$

接下来,通过相量表示来转换上述微分方程:

$$x(t) \xrightarrow{\text{相量}} X$$

$$y(t) \xrightarrow{\text{相量}} Y$$

$$\frac{\mathrm{d}y(t)}{\mathrm{d}t} \xrightarrow{\text{相量}} j\omega Y$$

$$\frac{\mathrm{d}^2 y(t)}{\mathrm{d}t^2} \xrightarrow{\text{相量}} (\mathrm{j}\omega)^2 Y = -\omega^2 Y$$

然后,得到以下相量方程:

$$X = RC(\mathrm{j}\omega Y) + LC(-\omega^2 Y) + Y = \left[(1 - \omega^2 LC) + \mathrm{j}\omega RC \right] \cdot Y$$

因此

$$Y = \frac{X}{(1 - \omega^2 LC) + \mathrm{j}\omega RC} = \frac{A \mathrm{e}^{\mathrm{j}\phi}}{(1 - \omega^2 LC) + \mathrm{j}\omega RC}$$

分母可以重写为

$$(1 - \omega^2 LC) + \mathrm{j}\omega RC = \sqrt{(1 - \omega^2 LC)^2 + (\omega RC)^2} \cdot \mathrm{e}^{\mathrm{j}\alpha}$$

其中

$$\alpha = \tan^{-1}\left(\frac{\omega RC}{1 - \omega^2 LC} \right)$$

假设 $Y = B\mathrm{e}^{\mathrm{j}\theta}$,则

$$B = \frac{A}{\sqrt{(1 - \omega^2 LC)^2 + (\omega RC)^2}}$$

$$\theta = \phi - \alpha = \phi - \tan^{-1}\left(\frac{\omega RC}{1 - \omega^2 LC} \right)$$

推导出 Y 后,可以很容易得到 $y(t)$ 为

$$y(t) = Re\{Y\mathrm{e}^{\mathrm{j}\omega t}\} = B\cos(\omega t + \theta)$$

从例 2.12 中,可以看到当电路元件数量增加时,电路分析的微分方程将变得更加复杂。在这种情况下,很难从方法 1 中推导出解。幸运的是,在相量的帮助下,得到解将变得容易得多。在下面的例子中,我们来看看相量表示如何实现电磁分析的简化。

例 2.13

已知麦克斯韦方程组为

$$\nabla \times \vec{E} = -\frac{\partial \vec{B}}{\partial t} \tag{2-56}$$

$$\nabla \times \vec{H} = \vec{J} + \frac{\partial \vec{D}}{\partial t} \tag{2-57}$$

$$\nabla \cdot \vec{D} = \rho \tag{2-58}$$

$$\nabla \cdot \vec{B} = 0 \tag{2-59}$$

请用相量来表示麦克斯韦方程组。

解：

由于这四个方程的左侧不涉及时间上的微分，所以只需要处理式(2-56)和式(2-57)的右侧部分，通过相量表示来转换以下两部分：

$$\frac{\partial \vec{B}}{\partial t} \xrightarrow{\text{相量}} j\omega \vec{B}$$

$$\frac{\partial \vec{D}}{\partial t} \xrightarrow{\text{相量}} j\omega \vec{D}$$

因此，麦克斯韦方程组的相量表示为

$$\nabla \times \vec{E} = -j\omega \vec{B} \tag{2-60}$$

$$\nabla \times \vec{H} = \vec{J} + j\omega \vec{D} \tag{2-61}$$

$$\nabla \cdot \vec{D} = \rho \tag{2-62}$$

$$\nabla \cdot \vec{B} = 0 \tag{2-63}$$

比较式(2-56)～式(2-59)与式(2-60)～式(2-63)，发现由于没有时间上的微分，方程大大简化。相量表达式的优点可以使麦克斯韦方程组更加简化。

最后，在本节结束之前，读者可能会有一个问题：

当输入信号是一个正弦信号时，相量可能是一种有效的方法。如果输入信号不是正弦信号怎么办？

当然，相量表示只适用于正弦信号。幸运的是，通过傅里叶变换可以证明所有信号都可以用一组正弦信号来表示。例如，假设有一个方形信号进入电路，然后根据傅里叶变换，这个信号可以等价地看作是多个正弦信号的组合。因为每个正弦信号都可以用各自的相量表示，所以相应的输出可以单独导出。最后，我们对所有正弦信号的输出求和，得到输出信号。因此，相量表示和傅里叶变换是对所有真实信号非常有用的分析工具。

在本节中，我们主要关注相量表示在线性电路中的应用。下一节将会看到它在电磁学中的应用。具体地说，我们用它来推导波动方程的解，然后进一步探索电磁波。

2.3　均匀平面波

根据法拉第定律和安培定律,可知电磁波会辐射传播。但我们仍然不了解这样的细节:电场或磁场是如何随时间和空间而变化的,它们能传播多快,它们如何相互作用等等。2.1 节中的波动方程的解将提供这些问题的答案。在本节中,我们将通过求解波动方程来理解电磁波的性质。

2.3.1　均匀平面波

首先,根据 2.1 节,传播电场的波动方程为

$$\nabla^2 \vec{E} = \mu\varepsilon \frac{\partial^2 \vec{E}}{\partial t^2} \tag{2-64}$$

在式(2-64)中,电场表示为 $\vec{E}$

$$\vec{E} = E_x \cdot \hat{x} + E_y \cdot \hat{y} + E_z \cdot \hat{z} \tag{2-65}$$

其中 E_x, E_y, E_z 分别是沿 x、y 和 z 的轴向分量。它们是空间坐标 x、y、z 和时间 t 的函数。因此,$E_x = E_x(x, y, z, t)$,$E_y = E_y(x, y, z, t)$ 和 $E_z = E_z(x, y, z, t)$.

再看式(2-64),它是一个二阶线性偏微分方程。此外,E 在空间中有三个分量。因此很难解式(2-64),为了简化这个问题,这里做以下两个假设:

1. 所关注的电磁波沿 z 轴传播,电场只有 y 分量,即 $\vec{E} = E_y \cdot \hat{y}$。

2. E_y 只依赖于 z 和 t。也就是说 $y = E_y(z, t)$。

在上述假设下,由于相关的电磁波可以表示为它的一个简单的形式:其电场只有 y 分量,E_y 是 z 和 t 的函数。因为 E_y 不依赖于 x 或 y,xy 平面上每个点的电场都是相同的。这种波称为均匀平面波。均匀平面波是分析复杂电磁波的最重要、最基本的电磁波。为方便起见,均匀平面波将在整文中缩写为平面波。

图 2-12 是一个平面波的示意图。对于每个 xy 平面,波沿着 z 轴以固定的速度进行传播。因此,对于在 $z = z_1$ 的平面,所有的电场在这个平面上都有相同的大小和相位。然而,两个电场在不同的平面上,例如 $z = z_1$ 平面和 $z = z_2$ 平面可能会不同。读者可以着重思考图 2-12,因为它为理解电磁波的传播提供了一个很好的例子。现在,我们开始求解这个波动方程。由于 $\vec{E} = E_y \cdot \hat{y}$,式(2-64)可以简化为

$$\nabla^2 E_y = \mu\varepsilon \frac{\partial^2 E_y}{\partial t^2} \tag{2-66}$$

因为 E_y 不依赖于 x 或 y,可得

$$\nabla^2 E_y = \frac{\partial^2 E_y}{\partial x^2} + \frac{\partial^2 E_y}{\partial y^2} + \frac{\partial^2 E_y}{\partial z^2} = \frac{\partial^2 E_y}{\partial z^2} \tag{2-67}$$

将式(2-67)代入式(2-66),得

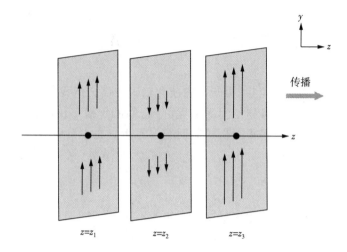

图 2-12　平面波的示意图

$$\frac{\partial^2 E_y}{\partial z^2} = \mu\varepsilon \frac{\partial^2 E_y}{\partial t^2} \tag{2-68}$$

式(2-68)是一个标量方程,它比式(2-64)中的矢量形式更简单。然而,它仍然是一个二阶偏微分方程,推导其解是一项复杂的任务,那么,如何才能进一步简化这个方程式呢?

可以考虑使用相量法! 假设 E_y 是一个频率 ω 的正弦电场。对应的相量用 $\hat{E}_y$ 表示。注意,虽然 E_y 是 z 和 t 的函数,对应的相量 $\hat{E}_y$ 却只是 z 的函数。因此,$\hat{E}_y$ 不是 t 的函数,可以简单地用 $\hat{E}_y = \hat{E}_y(z)$ 表示,这就是为什么在求解波动方程时可以进一步简化分析的原因。

接下来,对于式(2-68),利用相量的微分特性,可表示如下:

$$E_y \xrightarrow{\text{相量}} \hat{E}_y$$

$$\frac{\partial^2 E_y}{\partial t^2} \xrightarrow{\text{相量}} (j\omega)^2 \hat{E}_y$$

因此,式(2-68)可以表示为

$$\frac{\partial^2 \hat{E}_y}{\partial z^2} = \mu\varepsilon(j\omega)^2 \hat{E}_y = -\omega^2 \mu\varepsilon \hat{E}_y \tag{2-69}$$

对应 $\hat{E}_y$ 的波动方程为

$$\frac{d^2 \hat{E}_y}{dz^2} + k^2 \hat{E}_y = 0 \tag{2-70}$$

其中

$$k^2 = \omega^2 \mu\varepsilon \tag{2-71}$$

显然,式(2-70)比式(2-68)要简单得多,因为 $\hat{E}_y$ 只是 z 的函数。

2.3.2　波动方程的解

对于式(2-70)中的二阶线性微分方程,有两个独立的解:第一个解为

$$\hat{E}_y(z) = E_a e^{-jkz} \tag{2-72}$$

其中 E_a 是一个常数,对应于 $\hat{E}_y$ 在 $z=0$,且 $j=\sqrt{-1}$ 的位置,在式(2.72)中,电场 $\hat{E}_y$ 沿着 z 方向随 e^{-jkz} 变化。稍后将会变得清楚,式(2-72)表示一种平面波,称为沿 $+z$ 方向传播的入射波。

接下来,式(2-70)的第二个解为

$$\hat{E}_y(z) = E_b e^{jkz} \tag{2-73}$$

其中 E_b 是对应于 $\hat{E}_y$ 在 $z=0$ 处的一个常数。在式(2-73)中,电场 $\hat{E}_y$ 沿着 z 方向随 e^{jkz} 变化。式(2-73)是一种被称为反射波的平面波,它沿 $-z$ 方向传播。

综上所述,一个波动方程一般有两个独立的解。这两个解分别代表入射波和反射波。入射波沿 $+z$ 方向传播,而反射波沿 $-z$ 方向传播。注意,入射波沿着 z 方向随 e^{-jkz} 而变化,反射波随 e^{jkz} 而变化。

在式(2-72)或式(2-73)中,$\hat{E}_y$ 是一个相量,从 $\hat{E}_y$ 中可以很容易地得到相应的随时间变化的电场,在式(2-72)中,E_a 是 $z=0$ 处入射波的相量,它通常是一个复数。假设

$$E_a = A e^{j\theta} \tag{2-74}$$

其中,$A=|E_a|$ 表示 E_a 的大小,θ 表示 E_a 的相位。从式(2-72)和式(2-74)开始,有

$$\hat{E}_y(z) = E_a e^{-jkz} = A e^{j\theta} \cdot e^{-jkz} \tag{2-75}$$

从 2.2 节中,可了解到随时间变化的电场 $E_y(z,t)$ 与相应的相量 $\hat{E}_y(z)$ 有以下关系:

$$E_y(z,t) = \text{Re}\{\hat{E}_y(z) e^{j\omega t}\} \tag{2-76}$$

将式(2-75)代入式(2-76),得

$$E_y(z,t) = \text{Re}\{A e^{j\theta} \cdot e^{-jkz} \cdot e^{j\omega t}\} = \text{Re}\{A e^{j(\omega t - kz + \theta)}\}$$

$$= A\cos(\omega t - kz + \theta) \tag{2-77}$$

因为 $\vec{E}(z,t) = E_y(z,t) \cdot \hat{y}$,最终可得

$$\vec{E}(z,t) = A\cos(\omega t - kz + \theta) \cdot \hat{y} \tag{2-78}$$

由以上实例可知,电场 $E_y(z,t)$ 可以很容易地通过相量 $\hat{E}_y(z)$ 求得。类似地,在式(2-73)中,E_b 是 $z=0$ 处的反射波的相量。假设

$$E_b = B e^{j\phi} \tag{2-79}$$

其中,$B=|E_b|$,表示 E_b 的大小,ϕ 为相关的相位。

由式(2-73)和式(2-79),可得

$$\hat{E}_y = E_b e^{jkz} = B e^{j\phi} \cdot e^{jkz} \tag{2-80}$$

因此,随时间变化的电场 $E_y(z,t)$ 为

$$E_y(z,t) = \mathrm{Re}\{\hat{E}_y(z) \cdot \mathrm{e}^{\mathrm{j}\omega t}\} = B\cos(\omega t + kz + \phi) \qquad (2-81)$$

最后,有

$$\vec{E}(z,t) = B\cos(\omega t + kz + \phi) \cdot \hat{y} \qquad (2-82)$$

从上面开始,一旦已知相关的相量,就可以很容易地推导出相应的时变电场。因此,相量表示法是解决电磁问题的有用工具。读者会发现,在分析电磁波时,我们通常使用代表电场或磁场的相量。这样做,不仅简化了分析,还能更有效地获取电磁波的关键信息。因此,让读者练习和熟悉相量就显得至关重要。

接下来,为了帮助读者理解入射波和反射波的波形,分别考虑式(2-78)和式(2-82)中的等式。首先,来看式(2-82)中的反射波。想象一下,如果时间冻结,电磁波会是什么样子。在式(2-82)中,令 $t = t_0$,然后有

$$\vec{E}(z,t_0) = B\cos(kz + \omega t_0 + \phi) \cdot \hat{y} \qquad (2-83)$$

因为 t 是固定的,所以电场就是 z 的函数。因此,电磁波形成了一个如图2-13所示的正弦信号。另一方面,从式(2-82)中,当在空间的不动点 $z = z_0$ 处观察这个电磁波时,它可以表示为

$$\vec{E}(z_0,t) = B\cos(\omega t + kz_0 + \phi) \cdot \hat{y} \qquad (2-84)$$

因为 z 是固定的,所以电场只是时间 t 的函数。如果站在 $z = z_0$ 处观察电磁波一段时间,就会发现波形也是一个正弦波,如图2-14所示。

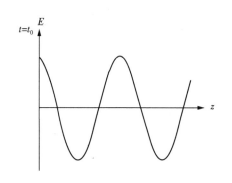
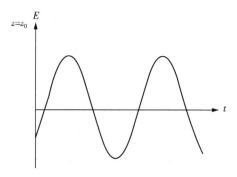

图 2-13　给定时刻的电磁波　　　　图 2-14　给定位置的电磁波

同样,从式(2-78)中,在 $t = t_0$ 时的入射波为

$$\vec{E}(z,t_0) = A\cos(\omega t_0 - kz + \theta) \cdot \hat{y} \qquad (2-85)$$

在 $z = z_0$ 处的入射波为

$$\vec{E}(z_0,t) = A\cos(\omega t - kz_0 + \theta) \cdot \hat{y} \qquad (2-86)$$

因此,在这两种情况下,入射波也形成了一个正弦波。

　　由上述结果可知,对于一个单频平面波,在任何时间或任何点的波形都是一个正弦波。这一特性揭示了相量表示的有效性,因为所有实际的电磁波都是由平面波组成的。最后值得一提的是,从麦克斯韦方程组中,可以得到式(2-64)中的波动方程。然后可得用式(2-78)表示的平面波和通过式(2-82)求解的波动方程。从这些数学表示中,我们可以看到电磁波的性质:它如何在空间中分布,以及它如何随时间变化。如果没有麦克斯韦方程组,将很难想象电磁波的波形。

例 2.14

证明(a)$\hat{E}_y = a\mathrm{e}^{-\mathrm{j}kz}$,(b)$\hat{E}_y = b\mathrm{e}^{\mathrm{j}kz}$,(c)$\hat{E}_y = a\mathrm{e}^{-\mathrm{j}kz} + b\mathrm{e}^{\mathrm{j}kz}$,所有这些都是式(2-70)的解,其中 a 和 b 是任意复数。

解:

(a) 设 $\hat{E}_y = a\mathrm{e}^{-\mathrm{j}kz}$,可以得到

然后

$$\frac{\mathrm{d}^2 \hat{E}_y}{\mathrm{d}z^2} = (-\mathrm{j}k)^2 \cdot a\mathrm{e}^{-\mathrm{j}kz} = -k^2 \hat{E}_y$$

因此

$$\frac{\mathrm{d}^2 \hat{E}_y}{\mathrm{d}z^2} + k^2 \hat{E}_y = -k^2 \hat{E}_y + k^2 \hat{E}_y = 0$$

从而证明 $\hat{E}_y = a\mathrm{e}^{-\mathrm{j}kz}$ 是式(2-70)的解

(b) 设 $\hat{E}_y = b\mathrm{e}^{\mathrm{j}kz}$,可以得到

$$\frac{\mathrm{d}^2 \hat{E}_y}{\mathrm{d}z^2} = (\mathrm{j}k)^2 \cdot b\mathrm{e}^{\mathrm{j}kz} = -k^2 \hat{E}_y$$

因此

$$\frac{\mathrm{d}^2 \hat{E}_y}{\mathrm{d}z^2} + k^2 \hat{E}_y = -k^2 \hat{E}_y + k^2 \hat{E}_y = 0$$

从而证明了 $\hat{E}_y = b\mathrm{e}^{\mathrm{j}kz}$ 是式(2-70)的解。

(c) 设 $\hat{E}_y = a\mathrm{e}^{-\mathrm{j}kz} + b\mathrm{e}^{\mathrm{j}kz}$

然后

$$\frac{\mathrm{d}^2 \hat{E}_y}{\mathrm{d}z^2} = (-\mathrm{j}k)^2 \cdot a\mathrm{e}^{-\mathrm{j}kz} + (\mathrm{j}k)^2 \cdot b\mathrm{e}^{\mathrm{j}kz} = -k^2 \hat{E}_y$$

所以

$$\frac{\mathrm{d}^2 \hat{E}_y}{\mathrm{d}z^2} + k^2 \hat{E}_y = -k^2 \hat{E}_y + k^2 \hat{E}_y = 0$$

从而证明了 $\hat{E}_y = a\mathrm{e}^{-\mathrm{j}kz} + b\mathrm{e}^{\mathrm{j}kz}$ 是式(2-70)的解。

例 2.15

一个正向平面波的频率为 ω，其电场矢量为 $\vec{E}(z)=E_a\mathrm{e}^{-\mathrm{j}kz}\cdot\hat{y}$，$E_a$ 为 $z=0$ 处电场的相量，且 $k=\dfrac{2\pi}{9}(1/\mathrm{m})$。请在以下三种情况下求出 $z=15\mathrm{m}$ 处的电场：

(a) $E_a=5$

(b) $E_a=5\mathrm{e}^{\mathrm{j}\frac{\pi}{3}}$

(c) $E_a=10\mathrm{e}^{-\mathrm{j}\frac{\pi}{4}}$

解：

(a) 在 $z=15\mathrm{m}$ 处电场的相量为

$$\hat{E}(z)=E_a\cdot\mathrm{e}^{-\mathrm{j}\frac{2}{9}\pi\times15}=5\mathrm{e}^{-\mathrm{j}\frac{10}{3}\pi}=5\mathrm{e}^{\mathrm{j}\frac{2}{3}\pi}$$

真正的电场是

$$\vec{E}(z,t)=Re\left[\hat{E}(z)\mathrm{e}^{\mathrm{j}\omega t}\right]\hat{y}=5\cos\left(\omega t+\frac{2}{3}\pi\right)\cdot\hat{y}$$

(b) 在 $z=15\mathrm{m}$ 处电场的相量为

$$\hat{E}(z)=E_a\cdot\mathrm{e}^{-\mathrm{j}\frac{2}{9}\pi\times15}=5\mathrm{e}^{\mathrm{j}\frac{\pi}{3}}\cdot\mathrm{e}^{-\mathrm{j}\frac{10}{3}\pi}=5\mathrm{e}^{-\mathrm{j}\pi}=-5$$

真正的电场是

$$\vec{E}(z,t)=Re\left\{\hat{E}(z)\mathrm{e}^{\mathrm{j}\omega t}\right\}\cdot\hat{y}=-5\cos\omega t\cdot\hat{y}$$

(c) 在 $z=15\mathrm{m}$ 处电场的相量为

$$\hat{E}(z)=E_a\cdot\mathrm{e}^{-\mathrm{j}\frac{2}{9}\pi\times15}=10\mathrm{e}^{-\mathrm{j}\frac{\pi}{4}}\cdot\mathrm{e}^{-\mathrm{j}\frac{10}{3}\pi}=10\mathrm{e}^{-\mathrm{j}\frac{43}{12}\pi}=10\mathrm{e}^{\mathrm{j}\frac{5}{12}\pi}$$

真正的电场是

$$\vec{E}(z,t)=Re\left\{\hat{E}(z)\mathrm{e}^{\mathrm{j}\omega t}\right\}\cdot\hat{y}=10\cos\left(\omega t+\frac{5}{12}\pi\right)\cdot\hat{y}$$

例 2.16

一个反向平面波的频率为 ω，其电场的矢量为 $\vec{E}(z)=E_b\mathrm{e}^{\mathrm{j}kz}\hat{y}$，$E_b$ 为 $z=0$ 处电场的相量，且 $k=\dfrac{2\pi}{5}(1/\mathrm{m})$。请求出以下三种情况下 $z=18\mathrm{m}$ 处的电场：

(a) $E_b=3$；

(b) $E_b=3\mathrm{e}^{\mathrm{j}\frac{\pi}{6}}$；

(c) $E_b=4\mathrm{e}^{-\mathrm{j}\frac{\pi}{2}}$。

解：

(a) 在 $z=18\mathrm{m}$ 处电场的相量为

$$\hat{E}(z)=E_b\cdot\mathrm{e}^{\mathrm{j}\frac{2}{5}\pi\times18}=3\mathrm{e}^{\mathrm{j}\frac{36}{5}\pi}=3\mathrm{e}^{\mathrm{j}\frac{6}{5}\pi}$$

真正的电场是

$$\vec{E}(z,t)=\mathrm{Re}\{\hat{E}(z)\mathrm{e}^{\mathrm{j}\omega t}\}\cdot\hat{y}=3\cos\left(\omega t+\frac{6}{5}\pi\right)\cdot\hat{y}$$

（b）在 $z=18\mathrm{m}$ 处电场的相量为

$$\hat{E}(z)=E_b\cdot\mathrm{e}^{\mathrm{j}\frac{2}{5}\pi\times18}=3\mathrm{e}^{\mathrm{j}\frac{\pi}{6}}\cdot\mathrm{e}^{\mathrm{j}\frac{36}{5}\pi}=3\mathrm{e}^{\mathrm{j}\frac{221}{30}\pi}=3\mathrm{e}^{\mathrm{j}\frac{41}{30}\pi}$$

真正的电场是

$$\vec{E}(z,t)=\mathrm{Re}\{\hat{E}(z)\mathrm{e}^{\mathrm{j}\omega t}\}\cdot\hat{y}=3\cos\left(\omega t+\frac{41}{30}\pi\right)\cdot\hat{y}$$

（c）在 $z=18\mathrm{m}$ 处电场的相量为

$$\hat{E}(z)=E_b\cdot\mathrm{e}^{\mathrm{j}\frac{2}{5}\pi\times18}=4\mathrm{e}^{-\mathrm{j}\frac{\pi}{2}}\cdot\mathrm{e}^{\mathrm{j}\frac{36}{5}\pi}=4\mathrm{e}^{\mathrm{j}\frac{67}{10}\pi}=4\mathrm{e}^{\mathrm{j}\frac{7}{10}\pi}$$

真正的电场是

$$\vec{E}(z,t)=\mathrm{Re}\{\hat{E}(z)\mathrm{e}^{\mathrm{j}\omega t}\}\cdot\hat{y}=4\cos\left(\omega t+\frac{7}{10}\pi\right)\cdot\hat{y}$$

例 2.17

电磁波由频率为 ω 的入射波和反射波组成。其电场矢量是 $\vec{E}(z)=(E_a\mathrm{e}^{-\mathrm{j}kz}+E_b\mathrm{e}^{\mathrm{j}kz})\cdot\hat{y}$，其中 $k=\dfrac{2\pi}{9}(1/\mathrm{m})$。在以下情况下，请推导出 $z=3\mathrm{m}$ 处的电场：

（a）$E_a=3,E_b=5$。

（b）$E_a=6\mathrm{e}^{\mathrm{j}\frac{\pi}{5}},E_b=2\mathrm{e}^{-\mathrm{j}\frac{\pi}{6}}$。

解：

（a）在 $z=3\mathrm{m}$ 处的入射波的相量为

$$E^+(z)=E_a\cdot\mathrm{e}^{-\mathrm{j}\frac{2}{9}\pi\times3}=3\mathrm{e}^{-\mathrm{j}\frac{2}{3}\pi}$$

在 $z=3\mathrm{m}$ 处的反射波的相量为

$$E^-(z)=E_b\cdot\mathrm{e}^{\mathrm{j}\frac{2}{9}\pi\times3}=5\mathrm{e}^{\mathrm{j}\frac{2}{3}\pi}$$

在 $z=3\mathrm{m}$ 处的真实电场是

$$\vec{E}(z,t)=\mathrm{Re}\{[E^+(z)+E^-(z)]\mathrm{e}^{\mathrm{j}\omega t}\}\cdot\hat{y}=\left[3\cos\left(\omega t-\frac{2}{3}\pi\right)+5\cos\left(\omega t+\frac{2}{3}\pi\right)\right]\cdot\hat{y}$$

（b）在 $z=3\mathrm{m}$ 处的入射波的相量为

$$E^+(z)=E_a\cdot\mathrm{e}^{-\mathrm{j}\frac{2}{9}\pi\times3}=6\mathrm{e}^{\mathrm{j}\frac{\pi}{5}}\cdot\mathrm{e}^{-\mathrm{j}\frac{2}{3}\pi}=6\mathrm{e}^{-\mathrm{j}\frac{7}{15}\pi}$$

在 $z=3\mathrm{m}$ 处的反射波的相量为

$$E^-(z)=E_b\cdot\mathrm{e}^{\mathrm{j}\frac{2}{9}\pi\times3}=2\mathrm{e}^{-\mathrm{j}\frac{\pi}{6}}\cdot\mathrm{e}^{\mathrm{j}\frac{2}{3}\pi}=2\mathrm{e}^{\mathrm{j}\frac{\pi}{2}}$$

在 $z=3\mathrm{m}$ 处的真实电场是

$$\vec{E}(z,t)=\mathrm{Re}\{[E^+(z)+E^-(z)]\mathrm{e}^{\mathrm{j}\omega t}\}\cdot\hat{y}=\left[6\cos\left(\omega t-\frac{7}{15}\pi\right)+2\cos\left(\omega t+\frac{\pi}{2}\right)\right]\cdot\hat{y}$$

2.4 平面波的传播

在 2.3 节,我们使用相量从波动方程中推导出平面波的解。平面波非常有用,因为所有实际的电磁波都可以看作是平面波的组合。通过学习平面波,可以捕捉到电磁波的关键特征,电磁波无处不在,却看不见也摸不到。

在本节中,我们将研究平面波是如何传播的。由于电磁波主要在绝缘体(电介质) 中传播,这里将重点研究这种介质,以了解电磁波的基本性质。

2.4.1 自由空间中平面波的传播

与声波不同的是,电磁波可以在自由空间(如理想真空等) 进行传播。设有一个沿 $+z$ 方向传播的正向平面波,而相关电场只有 y 分量,即 $\vec{E} = E_y \cdot \hat{y}$,其中 E_y 是 (z,t) 的函数,可用 $E_y = E_y(z,t)$ 表示。显然,E_y 与 x 和 y 无关。这个入射波如图 2-15 所示,其中每个平面上的波以恒定的速度向 $+z$ 方向移动。对于在 $z = z_1$ 平面上的波,电场为 $\vec{E} = E_y(z_1,t) \cdot \hat{y}$;对于在 $z = z_2$ 平面上的波,电场为 $\vec{E} = E_y(z_2,t) \cdot \hat{y}$。显然,电场随时间和位置而变化。但对于同一平面上的这些点,它们有着相同的电场。这是平面波的一个重要特征。

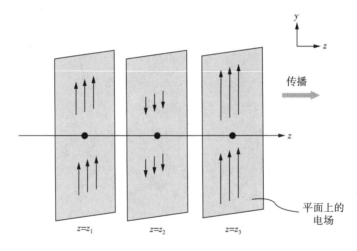

图 2-15 正向平面波

从前一节中,可知一个入射波的相量表示为

$$\hat{E}_y(z) = E_a \cdot e^{-jkz} \tag{2-87}$$

其中 E_a 表示 $z = 0$ 处的电场,参数 k 为

$$k^2 = \omega^2 \mu\varepsilon \Rightarrow k = \omega\sqrt{\mu\varepsilon} \tag{2-88}$$

由式(2-88)可知,k 取决于波的频率 ω,其含义后面会说明。

在式(2-87)中,E_a 是复数,可表示为

$$E_a = Ae^{j\theta} \tag{2-89}$$

那么平面波的电场就可以表示为

$$E_y(z,t) = \mathrm{Re}\{\hat{E}_y \mathrm{e}^{\mathrm{j}\omega t}\} = A\cos(\omega t - kz + \theta) \tag{2-90}$$

其中，A 为振幅，θ 为相位。

接下来，假设这个平面波在自由空间中传播。对于自由空间，介电常数和磁导率为

$$\varepsilon = \varepsilon_0 = \frac{1}{36\pi} \times 10^{-9}\,(\mathrm{F/m}) \tag{2-91}$$

$$\mu = \mu_0 = 4\pi \times 10^{-7}\,(\mathrm{H/m}) \tag{2-92}$$

因此，在式(2-88)中的参数 k 为

$$k = k_0 = \omega\sqrt{\mu_0 \varepsilon_0} \tag{2-93}$$

其中 k_0 为自由空间中的特定参数。请注意，在后续上下文中，自由空间中的介电常数和磁导率分别由 ε_0 和 μ_0 来表示，为了简化分析，令式(2-90)中的相位 $\theta = 0$，入射波的电场就变成

$$E_y(z,t) = A\cos(\omega t - k_0 z) \tag{2-94}$$

现在，观察式(2-94)中的入射波，看看这个波是否向 $+z$ 移动。当 $t=0$ 时，有

$$E_y(z) = A\cos(-k_0 z) = A\cos(k_0 z) \tag{2-95}$$

由图 2-16 可知，如果沿 z 方向绘制 E_y 时，最大值(振幅 $=A$)出现在 $k_0 z = 2m\pi$，最小值(振幅 $=-A$)出现在 $k_0 z = (2m+1)\pi$，其中 m 是一个整数。而且，仔细观察图 2-16，会发现该波形每隔 $\dfrac{2\pi}{k_0}$ 的距离就会重复出现一次。这个距离被称为电磁波的波长。因此，在自由空间中，波长 λ_0 与参数 k_0 有以下关系：

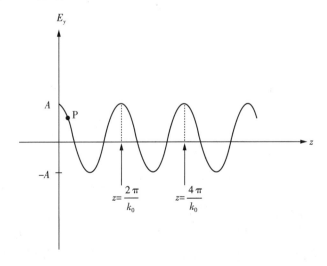

图 2-16　入射波传播解释(Ⅰ)

$$\lambda_0 = \frac{2\pi}{k_0} \qquad\qquad (2-96)$$

从式(2-96)中可以看出,波长 λ_0 与参数 k_0 成反比,参数 k_0 越大,波长 λ 越短。请注意,对于类似声波的现象,如声波、水波或电磁波,它们的波长的定义是相同的 —— 波形重复的空间距离被定义为波长。

接下来,当 $t = \frac{\pi}{2\omega}$ 时,$\omega t = \frac{\pi}{2}$,式(2-94) 变成

$$E_y(z) = A\cos\left(\frac{\pi}{2} - k_0 z\right) = A\sin(k_0 z) \qquad\qquad (2-97)$$

沿着 z 轴,电场 E_y 是可以绘制出来,如图 2-17 所示。请注意,该波形与图 2-16 中的相似。但每一点对应的电场已经发生了变化。同时,在图 2-17 中,波形仍然每隔 $\frac{2\pi}{k_0}$ 的距离重复随着时间的推移,当 $t = \frac{\pi}{\omega}$ 时,$\omega t = \pi$。此时式(2-94) 变成

$$E_y(z) = A\cos(\pi - k_0 z) = -A\cos k_0 z \qquad\qquad (2-98)$$

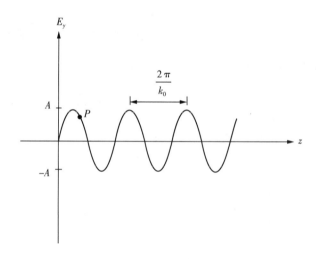

图 2-17　入射波传播解释(Ⅱ)

相应的电场如图 2-18 所示,类似图 2-17,波形保持正弦,但沿 z 轴的每一点的电场发生变化。同样当 $t = \frac{3\pi}{2\omega}$ 和 $\omega t = \frac{3\pi}{2}$ 时,对应的波形如图 2-19 所示。我们鼓励读者自己画这些图,它将帮助你理解电磁波的传播。

现在,通过上述示意图,可以解释为什么在式(2-94)中将它命名为入射波。首先,请注意图 2-16 中的 P 点,然后在图 2-17、图 2-18 和图 2-19 中追踪它。你是否注意到,随着时间的推移,P 点在向 $+z$ 方向移动。

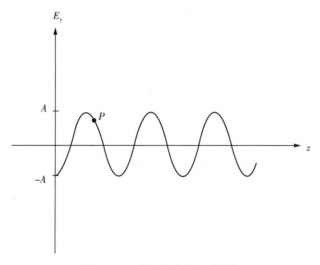

图 2 - 18　入射波传播解释（Ⅲ）

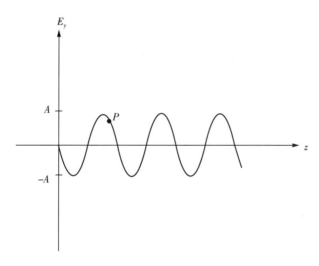

图 2 - 19　入射波传播解释（Ⅳ）

　　如果你这样做了,你就会明白为什么它是一个"入射波"。当 $t = t_1$,P 点在 $z = z_1$ 处,Δt 后,它移动到 $z = z_2$ 和 $z_2 > z_1$。因此,电磁波"向前移动",从而被称为入射波。

　　上面解释了为什么 $E_y(z) = A\cos(\omega t - k_0 z)$ 是一个入射波。另一方面,如果有电场 $E_y = B\cos(\omega t + k_0 z)$,波将向 $-z$ 方向移动,称为反射波。读者可以画出与图 2 - 16 ～ 图 2 - 19 相似的图形,看看它是否向后移动。

2.4.2　相速度

　　当我们看到一个像车辆一样移动的物体时,是会关注它的速度的。同样地,对于一个"移动"的电磁波,我们也对它的速度感兴趣。问题是:如何推导出电磁波的速度?首先,假定存在一个入射波,并改写式(2 - 94)为

$$E_y(z,t) = A\cos(\omega t - k_0 z) = A\cos\Omega \qquad (2-99)$$

其中

$$\Omega = \omega t - k_0 z \qquad (2-100)$$

在式(2-99)中,E 的相位 Ω_y 会随 t 和 z 而变化。接下来,我们试图测量一个电磁波在一特定时间段内的"移动距离",如图 2-20 和图 2-21 所示。在图 2-20 中,当 $t=t_1$,在 $z=z_1$ 处的 P 点相位为

$$\Omega_P = \omega t_1 - k_0 z_1 \qquad (2-101)$$

在图 2-21 中,它表明,当 $t=t_2$ 和 $t_2 > t_1$,点 P 移动到 z_2 和它的相位 Ω_P 保留。因此 Ω_P 为

$$\Omega_P = \omega t_2 - k_0 z_2 \qquad (2-102)$$

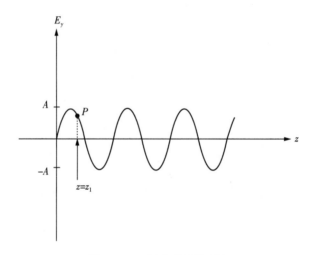

图 2-20　相速度解释(Ⅰ)

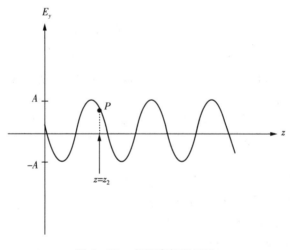

图 2-21　相速度解释(Ⅱ)

在时间间隔 $\Delta t = t_2 - t_1$ 之间，P 的移动距离为 $\Delta z = z_2 - z_1$。因此，速度 v 可以表示为

$$v = \frac{\Delta z}{\Delta t} = \frac{z_2 - z_1}{t_2 - t_1} \tag{2-103}$$

由式(2-101)和式(2-102)，可得

$$\omega t_1 - k_0 z_1 = \omega t_2 - k_0 z_2 \Rightarrow k_0(z_2 - z_1) = \omega(t_2 - t_1) \tag{2-104}$$

将式(2-104)代入式(2-103)，可得

$$v = \frac{\omega}{k_0} \tag{2-105}$$

因为 v 表示电磁波的相位点 P(特定相位的一点)的速度，所以它被称为相位速度。v 的物理意义可以解释为：当我们将眼睛固定在移动电磁波的特定相位的点时，该点的移动速度视为相速度。由式(2-105)可知，相位速度 v 与频率 ω 成正比。但这并不是真的，在自由空间中，由于 $k_0\sqrt{\mu_0\varepsilon_0} = \omega$，有

$$v = \frac{\omega}{k_0} = \frac{1}{\sqrt{\mu_0\varepsilon_0}} \tag{2-106}$$

其中

$$\frac{1}{\sqrt{\mu_0\varepsilon_0}} = \frac{1}{\sqrt{(4\pi \times 10^{-7}) \cdot \left(\frac{1}{36\pi} \times 10^{-9}\right)}} = 3 \times 10^8 = c \tag{2-107}$$

这里 $c = 3 \times 10^8 (\mathrm{m/s})$ 表示光速。因此，有

$$v = c \tag{2-108}$$

由式(2-108)可知，电磁波在自由空间中的速度与频率无关，且等于光速。这意味着光可能是一种电磁波，而且确实是这样的！因此，光的传播规律也遵循麦克斯韦方程组。

法拉第和麦克斯韦是预测光是电磁波的先驱。从那时起，传统的理解光的视角就发生了变化，光实际上是一种电磁辐射，由时变电场和磁场组成。这一变化也让我们对光有了更深入的理解。例如，以前我们知道白光通过棱镜可分散成从红色到紫色的七种可见光，现在则知道白光是由具有不同频率的电磁波所组成的。这七种可见光实际上代表了一组具有不同频率的电磁波。由于频率不同，通过棱镜的折射角度是不同的，从而产生不同的光谱颜色。

另一方面，根据日常经验由于光会提供热量，所以科学家们直观地将电磁辐射看作是能量的传递。这一观点将在第 3 章中进行讨论。

2.4.3　波数

从之前的结果中，可知 k_0 是一个重要的参数。它与电磁波的传播密切相关。在自由空间中，因为 $v = c$，由式(2-105)可知

$$k_0 = \frac{\omega}{c} \tag{2-109}$$

因此，k_0 与 ω 成正比。频率越高，参数 k_0 越大。假设电磁波的频率为 f，f 与 ω 之间的关系为

$$\omega = 2\pi f \tag{2-110}$$

众所周知，波速＝频率×波长，有

$$c = f \cdot \lambda_0 \tag{2-111}$$

其中 λ_0 是在自由空间中的波长。由式(2-109) ~ 式(2-111)，可得

$$k_0 = \frac{2\pi}{\lambda_0} \tag{2-112}$$

式(2-112) 等价于式(2-96)。注意式(2-96) 是由电磁波形的时变和空变而得出，如图 2-16 所示。而式(2-112) 是来自于速度的定义。此外，式(2-112) 表示参数 k_0 与波长 λ 成反比。波长越大，参数 k_0 就越小。

参数 k_0 被称为波数，因为波长 λ_0 的单位是 m，$1/\lambda_0$ 就表示一米内有多少个波长。因为参数 k_0 和 $1/\lambda$ 成正比，它被称为"波数"。对于一个电磁波，如果波数 k_0 越大，在单位长度内出现的重复波形就越多。

因为波数 k_0 是一个重要的参数，我们需要进一步探索它的物理意义。在式(2-94) 中，有电场 $E_y(z) = A\cos(\omega t - k_0 z)$，表明电场随时间 t 和位置 z 而变化。时变速率由 ω 决定，空间变速率由 k_0 决定，ω 和 k_0 之间的关系描述如下：

1. 当考虑时域内的电场 E_y 时，随着频率 ω 的增大，波形随时间的变化会更快。换句话说，频率越高，单位时间内重复波形的次数越多。这与我们的直觉是一致的。

2. 当考虑空间域中的电场时，式(2-94) 可知，$k_0 z$ 实际上扮演着与 ωt 相同的角色。k_0 的物理意义与 ω 的相似：波数 k_0 越大，每单位长度的重复波形就越多。因此，可以把 k_0 看成空间域中的"频率"。随着波数 k_0 的增大，波形随位置的变化速率就更快。

由式(2-109) 可知，波数 k_0 与频率 ω 成正比。这意味着当电场的时变速率增加时，空变速率也会增加，反之亦然。因此，具有较高频率的信号在时间和空间上的变化比具有较低频率的信号的变化更快。

例 2.18

假设一个平面波在自由空间中传播，频率为 $f = 1\mathrm{MHz}$，请推导出相关的波长、波数和相速度。

解：

首先，由式(2-111) 可得，平面波的波长为

$$\lambda_0 = \frac{c}{f} = \frac{3 \times 10^8}{1 \times 10^6} = 300(\mathrm{m})$$

接下来，由式(2-112) 可得，波数为

$$k_0 = \frac{2\pi}{\lambda_0} = \frac{\pi}{150}(m^{-1})$$

最后,相速度为

$$v = c = f \cdot \lambda_0 = 3 \times 10^8 (m/s)$$

2.4.4 电介质中的平面波

在学习了平面波在自由空间中的传播后,我们将学习范围扩展到电介质中。首先,假设有一个介电常数为 ε 和磁导率为 μ 的介电介质。为简单起见,这里考虑一种非磁性介质,令 $\mu = \mu_0$,介电常数 ε 可以表示为

$$\varepsilon = \varepsilon_r \cdot \varepsilon_0 \tag{2-113}$$

其中,ε_0 表示自由空间中的介电常数,ε_r 表示相对介电常数或介电常数。请注意自由空间的介电常数最小。因此,$\varepsilon_r \geqslant 1$。对于无线通信中最普遍的传播介质空气,它的相对介电常数 $\varepsilon_r = 1.00059$。因此,空气通常被认为是电磁波传播的自由空间。

因为 $\varepsilon = \varepsilon_r \cdot \varepsilon_0$ 和 $\mu = \mu_0$,介电介质的波数 k 为

$$k = \omega \sqrt{\varepsilon\mu} = \omega \sqrt{\varepsilon_r \cdot \varepsilon_0\mu_0} = \sqrt{\varepsilon_r} \cdot \frac{\omega}{c} \tag{2-114}$$

接下来,定义折射率

$$n = \sqrt{\varepsilon_r} \tag{2-115}$$

因为 $\varepsilon_r > 1$ 所以 $n > 1$,该指数决定了光线进入介质时弯曲或折射的程度,因此而得名。使用式(2-114)和式(2-115),可以将 k 改写为

$$k = \frac{n\omega}{c} \tag{2-116}$$

从式(2-116)中可得,波数 k 与折射率 n 成正比。当折射率 n 增加时,相关的波数 k 也会增加。折射率 n 是一个重要的参数,与电磁波的行为密切相关。

由式(2-109)式(2-116),可得

$$k = nk_0 \tag{2-117}$$

因此,电介质的波数 k 大于波数自由空间的 k_0。这使得电磁波的两个主要特征在电介质和自由空间之间存在差异:

1. 相速度

遵循与式(2-106)相同的推导过程,可得电磁波在电介质中的相速度,有

$$v = \frac{\omega}{k} = \frac{c}{n} \tag{2-118}$$

由于 $n \geqslant 1$,电介质中的相速度 v 小于自由空间中的相速度 v。折射率越大,相速度就越小。

2. 波长

假设一个电磁波在电介质中的波长为 λ，因为波速＝频率×波长，由式（2-118）可得

$$v = f \cdot \lambda = \frac{c}{n} \qquad (2-119)$$

因此

$$\lambda = \frac{c}{nf} = \frac{\lambda_0}{n} \qquad (2-120)$$

其中 λ_0 是自由空间中的相关波长。由于 $n \geqslant 1$，电介质中的波长小于自由空间中的波长。折射率越大，波长就越小。

从之前的讨论来看，电磁波在不同的介质中传播时会有不同的相速度和波长。此外，由式（2-117）和式（2-120），可得

$$k = n \cdot \frac{2\pi}{\lambda_0} = \frac{2\pi}{\lambda} \qquad (2-121)$$

读者可能会注意到式（2-121）和式（2-112）之间的相似性。因此，无论在自由空间还是电介质中，波数与波长的关系都保持相同的数学形式。

例 2.19

平面波在电介质中传播，介电常数 $\varepsilon_r = 9$。假设频率 $f = 1\text{GHz}$。请推导出相关的波长、波数和相速度。

解：

由式（2-115）可得，折射率为

$$n = \sqrt{\varepsilon_r} = 3$$

由式（2-111）可得，在自由空间中的波长为

$$\lambda_0 = \frac{c}{f} = \frac{3 \times 10^8}{1 \times 10^9} = 0.3 \,(\text{m})$$

因此，由式（2-120）可知，在这种介电介质中的波长为

$$\lambda = \frac{\lambda_0}{n} = 0.1 \,(\text{m})$$

由式（2-121）可得，相关波数为

$$k = \frac{2\pi}{\lambda} = \frac{2\pi}{0.1} = 20\pi \,(\text{m}^{-1})$$

最后，由式（2-118）可知，相速度为

$$v = \frac{c}{n} = \frac{3 \times 10^8}{3} = 1 \times 10^8 \,(\text{m/s})$$

小　结

2.1　波动方程

基于麦克斯韦方程组,学习了电场和磁场之间的相互作用。然后推导了波动方程其解表示电磁波的传播。

2.2　相量表示

学习了相量的概念和应用。

2.3　均匀平面波

提出了均匀平面波概念,并学习如何推导出波动方程的相关解,且给出了由此产生的入射波和反射波的计算公式。

2.4　平面波的传播

学习了当入射波和反射波传播时,电场是如何随时间和空间而变化的,并推导出了相关的波长、波数和相位速度。

在本章中,我们学习了电磁波的基本概念和传播规律。第 3 章将进一步了解电磁波的特性,以更好地理解电磁波。

习　题

1. 假设 $f(x,y,z)$ 是一个标量函数,那么 (x,y,z) 的梯度是一个矢量,其定义如下

$$\nabla f = \frac{\partial f}{\partial x} \cdot \hat{x} + \frac{\partial f}{\partial y} \cdot \hat{y} + \frac{\partial f}{\partial z} \cdot \hat{z}$$

请证明以下等式成立:

$$\nabla \times (\nabla \times \vec{A}) = \nabla(\nabla \cdot \vec{A}) - \nabla^2 \vec{A}$$

其中 $\vec{A}$ 是一个矢量场

$$\vec{A} = A_x \cdot \hat{x} + A_y \cdot \hat{y} + A_z \cdot \hat{z}$$

(提示:首先,证明 x 分量的等式成立)

2. 参照推导电场波动方程的方法,请推导出磁场的波动方程。

3. 假设有一个标量函数 $f = 2x^2 y + z^3 x$,请在点 $(2,1,2)$ 处推导 $\nabla^2 f$。

(提示:参见例 2.1)

4. 假设有一个矢量场 $\vec{A} = A_x \cdot \hat{x} = (xy^2 + z^2) \cdot \hat{x}$,请在该点 $(-5,2,0)$ 处推导 $\nabla^2 \vec{A}$。

(提示:参见例 2.2)

5. 假设有一个矢量场 $\vec{A} = 2xy \cdot \hat{x} + z^3 \cdot \hat{y} + (z + x^2 y) \cdot \hat{z}$,请在点 $(2,5,1)$ 处推导 $\nabla^2 \vec{A}$。

6. 假设有一个正弦信号 $x(t) = 3\cos(\omega t + 30°)$,请用相量表示 $x(t)$。

(提示:例 2.5)

7. 假设有一个正弦信号 $x(t) = 5\sin(\omega t + 40°)$,请用相量表示 $x(t)$。

8. 假设有一个信号 $x(t) = 2\cos(\omega t - 20°) + 4\sin(\omega t - 45°)$,请用相量来表示 $x(t)$。

(提示:例 2.7)。

9. 假设有两个正弦信号 $x(t) = 6\cos\left(\omega t - \dfrac{\pi}{6}\right) - 3\sin\left(\omega t - \dfrac{\pi}{5}\right)$ 的组合,请用相量来表示 $x(t)$。

10. 假设有一个信号 $x(t) = 2\cos\left(\omega t + \dfrac{\pi}{3}\right)$,请用相量表示 $x(t)$,$\dfrac{\mathrm{d}x(t)}{\mathrm{d}t}$ 和 $\dfrac{\mathrm{d}^2 x(t)}{\mathrm{d}t^2}$

(提示:例 2.10 和 例 2.11。)

11. 假设有一信号 $x(t) = 5\cos\left(\omega t + \dfrac{\pi}{6}\right) - 3\sin\left(\omega t - \dfrac{\pi}{3}\right)$,请用相量表示 $x(t)$,$\dfrac{\mathrm{d}x(t)}{\mathrm{d}t}$ 和 $\dfrac{\mathrm{d}^2 x(t)}{\mathrm{d}t^2}$。

12. 在图 2-22 中,如果输入电压是由 $x(t) = a\cos(\omega t + \theta)$ 确定,请用相量法得出输出电压 $y(t)$。

(提示:例 2.12。)

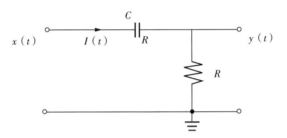

图 2-22 习题 12 的说明

13. 假设有一个信号 $x(t) = \sin\left(\omega t + \dfrac{\pi}{4}\right)$,请用相量表示 $\dfrac{\mathrm{d}^3 x(t)}{\mathrm{d}t^3}$ 和 $\dfrac{\mathrm{d}^4 x(t)}{\mathrm{d}t^4}$。

14. 类似于式(2-98)中电场的波动方程的推导过程

$$\nabla^2 \vec{E} = \mu\varepsilon \frac{\partial^2 \vec{E}}{\partial t^2}$$

请推导出电介质中磁场的波动方程。并将两者进行比较,注意这两个方程的对称性。

15. 一个正向平面波频率为 ω,其电场的矢量为 $\vec{E}(z) = E_a \mathrm{e}^{-\mathrm{j}kz} \cdot \hat{y}$,其中 E_a 为 $z = 0$ 处电场的相量,波数 $k = \dfrac{\pi}{8}(1/\mathrm{m})$。请在以下三种情况下推导出 $z = 10\mathrm{m}$ 处的电场:

(a)$E_a = 7$;

(b)$E_a = 7\mathrm{e}^{\mathrm{j}\frac{\pi}{4}}$;

(c)$E_a = 6\mathrm{e}^{-\mathrm{j}\frac{\pi}{3}}$。

(提示:例 2.15)

16. 一个后向平面波的频率为 ω,其电场的矢量为 $\vec{E}(z) = E_b \mathrm{e}^{\mathrm{j}kz} \cdot \hat{y}$,其中 E_b 为 $z = 0$ 处电场的相量,波数 $k = \dfrac{\pi}{3}(1/\mathrm{m})$。请在以下三种情况下推导出 $z = 5\mathrm{m}$ 处的电场:

(a)$E_b = 5$;

(b)$E_b = 5\mathrm{e}^{\mathrm{j}\frac{\pi}{3}}$;

(c)$E_b = 7\mathrm{e}^{-\mathrm{j}\frac{\pi}{4}}$。

(提示:例 2.16)

17. 假设一个电磁波由频率为 ω 的一个入射波和一个反射波组成,其电场的矢量 $\vec{E}(z) = (E_a \mathrm{e}^{-\mathrm{j}kz} + E_b \mathrm{e}^{\mathrm{j}kz}) \cdot \hat{y}$,其中波数 $k = \dfrac{\pi}{8}(1/\mathrm{m})$,请在以下两种情况下得出 $z = 6\mathrm{m}$ 处的电场:

(a)$E_a = 7$ 和 $E_b = 5$;

(b)$E_a = 4\mathrm{e}^{\mathrm{j}\frac{\pi}{3}}$ 和 $E_b = 11\mathrm{e}^{-\mathrm{j}\frac{\pi}{6}}$。

（提示：例 2.17）

18. 假设一个电磁波的电场是 $\vec{E} = E_y \cdot \hat{y}$，其中 $E_y = 3\cos\left(\omega t - k_0 z + \dfrac{\pi}{4}\right)$。

(a) 请绘制当 $t = 0, t = \dfrac{\pi}{2\omega}, t = \dfrac{\pi}{\omega}, t = \dfrac{3\pi}{2\omega}$ 时，$z = 0$ 和 $z = \dfrac{4\pi}{k_0}$ 之间的电场波形。

(b) 从 (a) 的结果中，请解释为什么该波是入射波。

（提示：请参考 2.4 节）

19. 假设一个电磁波的电场是 $\vec{E} = E_y \cdot \hat{y}$，其中 $E_y = 5\cos(\omega t + k_0 z)$。

(a) 请绘制当 $t = 0, t = \dfrac{\pi}{2\omega}, t = \dfrac{\pi}{\omega}, t = \dfrac{3\pi}{2\omega}$ 时，$z = 0$ 和 $z = \dfrac{4\pi}{k_0}$ 之间的电场波形；

(b) 从 (a) 的结果来看，解释为什么这个波是一个反射波。

20. 一个平面波在自由空间中沿着 $+z$ 传播，其电场为 $\vec{E} = E_x \cdot \hat{x}$，其中 $E_x = 5\cos(\omega t - k_0 z)$，波数 $k_0 = \dfrac{2\pi}{3} (1/\mathrm{m})$。请得出以下参数：

(a) 频率 ω；

(b) 波长 λ_0；

(c) 相速度 v_p。

（提示：在自由空间中，相速度等于光速。）

21.（第 19 题续）

(a) 画出 $E_x, 0 \leqslant z \leqslant 6\mathrm{m}, t = 0$；

(b) 画出 $E_x, 0 \leqslant z \leqslant 6\mathrm{m}, t = 2\mathrm{ns}$；

(c) 画出 $E_x, 0 \leqslant z \leqslant 6\mathrm{m}, t = 5\mathrm{ns}$。

22.（第 19 题续）

(a) 当 $0 \leqslant t \leqslant 20\mathrm{ns}$ 时，请绘制 $z = 0$ 的 E_x；

(b) 当 $0 \leqslant t \leqslant 20\mathrm{ns}$ 时，请绘制 $z = 2\mathrm{m}$ 的 E_x。

23. 平面波在介质中沿 $+z$ 传播，其电场为 $\vec{E} = E_x \cdot \hat{x}$，其中 $E_x = 3\cos(\omega t - kz)$，频率 $\omega = 2\pi \times 10^7 (\mathrm{rad/s})$，假设这个介质的折射率为 $n = 4$，请得出以下参数：

(a) 波数 k；

(b) 波长 λ；

(c) 相速度 v_p。

（提示：例 2.18）

第3章　电磁波的特性

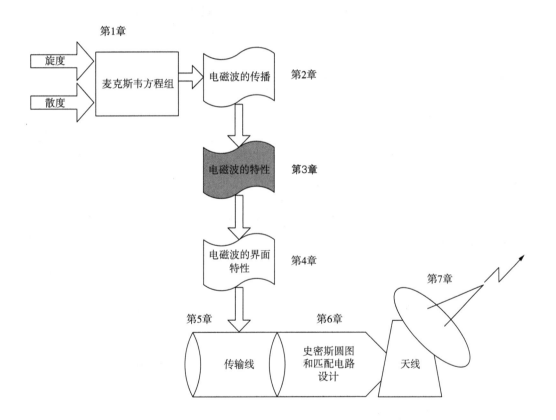

在第 2 章中，我们从麦克斯韦方程组导出波动方程，它揭示了电磁波是如何在空间中产生和传播的。对于平面波，可以得到波动方程的解和这些解所精确描述电磁波的行为。本章将进一步研究这些解并探索电磁波的重要特性。从而全面了解电磁波所需的基本知识。

本章由四个部分组成，每一部分至少介绍一个关键电磁波参数和相关属性。首先，介绍平面波的电场和磁场之间的关系；其次，引入"特征"速度，它可以代表一组电磁波的总速度，尽管每个波都有不同的相位速度；再次，引入特定矢量，它可有效表示动态电磁波。最后，介绍导体中电磁波的特性，包括趋肤效应等。熟悉电磁波的这些特征参数，我们可以了解电磁波在不同环境中的表现。

为了帮助读者理解这些特性，这里采用了一种数学的方法，通过使用多个示例逐步解释它们的物理含义。例如，从两个波的简单情况出发，导出群速度，然后将其推广到一般情况。此外，还给出了一个鲨鱼在海洋中追逐小鱼有趣的例子，以帮助读者理解其核心思想并理解群速度的含义。读完本章后，读者将对电磁波的特性有更全面的认知。

3.1　波阻抗

本节将研究电磁波的电场与磁场之间的关系。根据麦克斯韦方程组，可以得到均匀平面波的电场和磁场之间的关系，由此可以直接从对应的电场导出磁场，反之亦然。

3.1.1　平面波的磁场

在第二章中，我们推导了平面波的电场。这里将推导平面波的对应磁场。首先，根据法拉第定律，有

$$\nabla \times \vec{E} = -\mu \frac{\partial \vec{H}}{\partial t} \tag{3-1}$$

通过使用相量表示法和其微分性质简化分析，式（3-1）可以改写为

$$\nabla \times \vec{E} = -\mathrm{j}\omega\mu \vec{H} \tag{3-2}$$

由于下文中将大量使用电磁波的相量形式分析电磁波，这里采用 $\vec{E}$ 和 $\vec{H}$ 分别表示电场和磁场的相量。

接下来，考虑均匀平面波沿 $+z$ 方向传播，电场只有 x 分量

$$\vec{E} = E_x \cdot \hat{x} \tag{3-3}$$

其中 E_x 是相量，它仅取决于 z，即 $E_x = E_x(z)$。

在式（3-2）中，$\nabla \times \vec{E}$ 可记为下式

$$\nabla \times \vec{E} = \left(\frac{\partial E_z}{\partial y} - \frac{\partial E_y}{\partial z}\right)\hat{x} + \left(\frac{\partial E_x}{\partial z} - \frac{\partial E_z}{\partial x}\right)\hat{y} + \left(\frac{\partial E_y}{\partial x} - \frac{\partial E_x}{\partial y}\right)\hat{z} \tag{3-4}$$

因为 $E_y = E_z = 0$ 且 $E_x = E_x(z)$，由式（3-2）和式（3-4），可得

$$\nabla \times \vec{E} = \frac{\partial E_x}{\partial z} \cdot \hat{y} = -j\omega\mu \vec{H} \tag{3-5}$$

因此,对应的磁场可以由式(3-5)导出,记为

$$\vec{H} = \frac{1}{-j\omega\mu} \frac{\partial E_x}{\partial z} \cdot \hat{y} = H_y \cdot \hat{y} \tag{3-6}$$

其中 H_y 表示磁场 $\vec{H}$ 的 y 分量,记为

$$H_y = \frac{1}{-j\omega\mu} \frac{\partial E_x}{\partial z} \tag{3-7}$$

由式(3-6)可知,$\vec{H}$ 只有 y 分量,其大小取决于 $\partial E_x/\partial z$。该平面波如图 3-1 所示,其中电场只有 x 分量,磁场只有 y 分量,波沿 z 方向传播。因此,电场、磁场和传播方向是相互垂直的,$z=z_1$ 平面和 $z=z_2$ 平面上的波分别具有电磁场($\vec{E_1}$,$\vec{H_1}$)和($\vec{E_2}$,$\vec{H_2}$)。$\vec{E_1}$ 和 $\vec{E_2}$ 的方向沿 x 轴,而 $\vec{H_1}$ 和 $\vec{H_2}$ 的方向沿 y 轴。通常 $z=z_1$ 和 $z=z_2$ 的电磁场是不同的。因此,$\vec{E_1} \neq \vec{E_2}$ 且 $\vec{H_1} \neq \vec{H_2}$。接下来,我们将进一步研究 $\vec{E}$ 和 $\vec{H}$ 之间的关系。

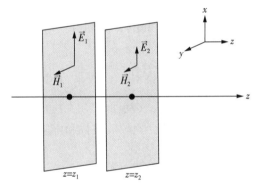

图 3-1　均匀平面波示意图

3.1.2　入射波

首先,考虑一个频率为 ω 和波数为 k 的入射波,它沿 $+z$ 传播,其电场为

$$E_x(z) = E_a e^{-jkz} \tag{3-8}$$

其中 E_a 是 $z=0$ 时电场的相量(入射波的详细讨论可参考第 2.3 节)。由式(3-8)可得

$$\frac{\partial E_x(z)}{\partial z} = -jk \cdot E_a e^{-jkz} = -jkE_x(z) \tag{3-9}$$

将式(3-9)带入式(3-7),可得

$$H_y(z) = \frac{-jkE_x(z)}{-j\omega\mu} = \frac{k}{\omega\mu} E_x(z) \tag{3-10}$$

由式(3-10)可知,磁场 $H_y(z)$ 与对应的电场 $E_x(z)$ 是成比例的,$E_x(z)$ 与 $H_y(z)$ 的比值关系为

$$\eta = \frac{E_x(z)}{H_y(z)} = \frac{\omega\mu}{k} \qquad (3-11)$$

由式(3-11)可知，$E_x(z)$ 与 $H_y(z)$ 的比值与 z 无关。换而言之，这个比率是一个常数，并不取决于其位置。此外，式(3-11)表明当比值 η 给定时，可以直接从 $H_y(z)$ 导出 $E_x(z)$，反之亦然。参数 η 被称为波阻抗，因为它是电场与磁场的比值。这个概念类似于电路中的电阻抗，它是电压与相关电流的比值。

因为波数 $k = \omega\sqrt{\mu\varepsilon}$，式(3-11)可以改写为

$$\eta = \frac{\omega\mu}{\omega\sqrt{\mu\varepsilon}} = \sqrt{\frac{\mu}{\varepsilon}} \qquad (3-12)$$

因此，波阻抗仅取决于 (μ, ε)。这意味着 $E_x(z)$ 与 $H_y(z)$ 仅取决于传播介质的电磁特性。所以波阻抗也称为固有阻抗，在自由空间中，因为 $\mu = \mu_0$ 且 $\varepsilon = \varepsilon_0$，波阻抗为

$$\eta = \eta_0 = \sqrt{\frac{\mu_0}{\varepsilon_0}} = \sqrt{\frac{4\pi \times 10^{-7}(\text{H/m})}{\frac{1}{36\pi} \times 10^{-9}(\text{F/m})}} = 120\pi \qquad (3-13)$$

对于非磁性介质，$\mu = \mu_0$ 且 $\varepsilon = \varepsilon_r\varepsilon_0$，其中 ε_r 是相对介电常数。因此

$$\eta = \sqrt{\frac{\mu_0}{\varepsilon_r\varepsilon_0}} = \frac{\eta_0}{n} \qquad (3-14)$$

其中 $n = \sqrt{\varepsilon_r}$ 是介质的折射率。由于 $n \geq 1$，根据式(3-14)，自由空间的波阻抗最大。在下文中，使用 η_0 代表自由空间的波阻抗。比较波阻抗和电阻抗，假设一个阻抗 Z 为

$$Z = \frac{V}{I}$$

其中，V 表示电压矢量，I 表示电流矢量。η 和 Z 之间有两个主要差异：

1. 波阻抗 η 是正实数，而阻抗 Z 可以是一个复数。例如，电感器的阻抗为 $Z = j\omega L$。

2. 波阻抗的最大值为 $\eta_0 = 120\pi = 377(\Omega)$，因此任何波阻抗都不会超过 377。另一方面阻抗 Z 可能接近无穷大！

由上可知，对于一般介质，η 比 Z 简单得多，因为它是一个小于等于 377 的正实数。当一个电气工程师说"自由空间的阻抗是 377Ω"，他的意思是指波阻抗为 377Ω。

例 3.1

假设一个入射波的电场为 $\vec{E} = E_x \cdot \hat{x} = 5\cos(\omega t - kz + 45°) \cdot \hat{x}$，它在介电常数 $\varepsilon = 4\varepsilon_0$ 的介质中传播，请推导磁场 $\vec{H} = H_y \cdot \hat{y}$。

解：

首先，电场的相量为

$$E_x(z) = 5e^{j(-kz+45°)}$$

接下来，可得折射率为

$$n = \sqrt{\varepsilon_r} = \sqrt{4} = 2$$

因此,波阻抗为

$$\eta = \frac{\eta_0}{n} = \frac{377}{2} (\Omega)$$

应用式(3-11),可得磁场为

$$H_y(z) = \frac{E_x(z)}{\eta} = \frac{10}{377} e^{j(-kz+45°)}$$

因此,对应的磁场 $H_y(z,t)$ 为

$$H_y(z,t) = \mathrm{Re}\{H_y(z) \cdot e^{j\omega t}\} = \frac{10}{377} \cos(\omega t - kz + 45°)$$

它可以用矢量场表示为

$$\vec{H} = H_y(z,t) \cdot \hat{y} = \frac{10}{377} \cos(\omega t - kz + 45°) \cdot \hat{y}$$

根据式(3-11),电场矢量与磁场矢量之比为 η,这可以是直接扩展到与时间相关的电磁场。假设 $E_x(z,t)$ 和 $H_y(z,t)$ 为电场和磁场,有

$$E_x(z,t) = \mathrm{Re}\{E_x(z) \cdot e^{j\omega t}\} \tag{3-15}$$

$$H_y(z,t) = \mathrm{Re}\{H_y(z) \cdot e^{j\omega t}\} \tag{3-16}$$

其中 $E_x(z)$ 和 $H_y(z)$ 是相量。根据式(3-11),可得 $E_x(z) = \eta H_y(z)$。因此

$$\frac{E_x(z,t)}{H_y(z,t)} = \frac{\mathrm{Re}\{\eta H_y(z) \cdot e^{j\omega t}\}}{\mathrm{Re}\{H_y(z) \cdot e^{j\omega t}\}} \tag{3-17}$$

由于 η 是一个正实数,可得

$$\mathrm{Re}\{\eta H_y(z) e^{j\omega t}\} = \eta \cdot \mathrm{Re}\{H_y(z) e^{j\omega t}\} \tag{3-18}$$

由式(3-17)式(3-18),可得

$$\frac{E_x(z,t)}{H_y(z,t)} = \eta \tag{3-19}$$

因此,如果时变的电场由下式表示

$$E_x(z,t) = A \cdot \cos(\omega t - kz + \theta) \tag{3-20}$$

则对应的磁场 $H_y(z,t)$ 可以直接由下式得到

$$H_y(z,t) = \frac{A}{\eta} \cdot \cos(\omega t - kz + \theta) \tag{3-21}$$

式(3-19)中的简单关系可以大大简化问题。

例 3.2

请利用式(3-19)重做例 3.1。

解：

由式(3-19)可得

$$H_y(z,t) = \frac{E_x(z,t)}{\eta} = \frac{10}{377}\cos(wt - kz + 45°)$$

所以

$$\overrightarrow{H} = H_y(z) \cdot \hat{y} = \frac{10}{377}\cos(wt - kz + 45°) \cdot \hat{y}$$

由例 3.2 可知，一旦知道电场，就可以跳过相量法，直接从式(3-19)导出磁场。

3.1.3 反射波

前一小节讨论了入射波。这里考虑一个反射波：反射波（关于反射波的详细讨论可参考第 2.3 节）。该反射波沿 $-z$ 方向传播，其电场如下式

$$\overrightarrow{E} = E_x(z) \cdot \hat{x} \tag{3-22}$$

式中，$E_x(z)$ 是电场的矢量，由下式表示

$$E_x(z) = E_b e^{jkz} \tag{3-23}$$

在式(3-23)中，E_b 是 $z = 0$ 时电场的相量，k 是波数。对式(3-23)进行微分时，可得

$$\frac{\partial E_x(z)}{\partial z} = jkE_b e^{jkz} = jkE_x(z) \tag{3-24}$$

将式(3-24)代入式(3-5)，有

$$jkE_x(z) \cdot \hat{y} - -j\omega\mu \overrightarrow{H} \tag{3-25}$$

因此，磁场只有 y 分量，可以表示为

$$\overrightarrow{H} = H_y(z) \cdot \hat{y} = -\frac{k}{\omega\mu}E_x(z) \cdot \hat{y} \tag{3-26}$$

其中

$$H_y(z) = -\frac{k}{\omega\mu}E_x(z) = -\frac{E_x(z)}{\eta} \tag{3-27}$$

因此，$E_x(z)$ 与 $H_y(z)$ 即为

$$\frac{E_x(z)}{H_y(z)} = -\eta \tag{3-28}$$

将式(3-28)与式(3-11)进行比较，可以发现反射波和入射波之间只差了一个正负号。按照相同的逻辑，假设 $E_x(z,t)$ 和 $H_y(z,t)$ 分别表示与时间相关的电场和磁场。那么对

于反射波，可得

$$\frac{E_x(z,t)}{H_y(z,t)} = -\eta \tag{3-29}$$

因此，如果电场由下式表示

$$E_x(z,t) = B \cdot \cos(\omega t + kz + \phi) \tag{3-30}$$

可得对应的磁场为

$$H_y(z,t) = -\frac{B}{\eta} \cdot \cos(\omega t + kz + \phi) \tag{3-31}$$

例 3.3

假设反射波的电场为 $\vec{E} = E_x \cdot \hat{x} = 5\cos(\omega t + kz + 45°) \cdot \hat{x}$，其介电常数 $\varepsilon = 4\varepsilon_0$，请推导磁场 $\vec{H} = H_y \cdot \hat{y}$。

解：

首先，折射率为

$$n = \sqrt{\varepsilon_r} = \sqrt{4} = 2$$

因此，波阻抗为

$$\eta = \frac{\eta_0}{n} = \frac{377}{2}(\Omega)$$

应用式（3-29），得到磁场为

$$H_y(z,t) = -\frac{E_x(z,t)}{\eta} = -\frac{10}{377}\cos(\omega t + kz + 45°)$$

相应的磁场矢量为

$$\vec{H} = H_y(z,t) \cdot \hat{y} = -\frac{10}{377}\cos(\omega t + kz + 45°) \cdot \hat{y}$$

3.1.4 入射波与反射波共存

最后，考虑入射波和反射波共存的情况。假设有一个由入射波和反射波组成的平面波。电场为

$$E_x(z) = E_a e^{-jkz} + E_b e^{jkz} \tag{3-32}$$

其中 E_a 和 E_b 是入射波和反射波分别在 $z=0$ 时的电场相量。假设其磁场为 $\vec{H} = H_y(z) \cdot \hat{y}$，并且 $H_y(z)$ 为

$$H_y(z) = H_a e^{-jkz} + H_b e^{jkz} \tag{3-33}$$

式中，H_a 和 H_b 分别是入射波和反射波在 $z=0$ 时的磁场相量。根据前面的结果，可得

$$H_a = \frac{E_a}{\eta} \tag{3-34}$$

$$H_b = -\frac{E_b}{\eta} \tag{3-35}$$

因此，$H_y(z)$ 为

$$H_y(z) = \frac{E_a}{\eta} e^{-jkz} - \frac{E_b}{\eta} e^{jkz} = \frac{1}{\eta}(E_a e^{-jkz} - E_b e^{jkz}) \tag{3-36}$$

由式(3-32)和式(3-36)，可得

$$\frac{E_x(z)}{H_y(z)} = \eta \cdot \frac{E_a e^{-jkz} + E_b e^{jkz}}{E_a e^{-jkz} - E_b e^{jkz}} \tag{3-37}$$

式(3-37)表明，当入射波和反射波共存时，电场和磁场之间的关系变得更加复杂，不能简单地用常数比来描述。实际上，它不仅取决于 η，还取决于 (E_a, E_b) 和 (e^{-jkz}, e^{jkz})。换句话说，它取决于波阻抗、电场大小、相位和位置。

例 3.4

假设一个由入射波和反射波组成的平面波，电场为 $\vec{E} = E_x \cdot \hat{x}$，其中 $E_x = E_a e^{-jkz} + E_b e^{jkz}$。假设 $E_a = 10 e^{j\frac{\pi}{3}}$ 且 $E_b = 7 e^{j\frac{2\pi}{5}}$。如果介质的折射率 $n = 3$，波数 $k = \frac{\pi}{4}(\text{m}^{-1})$，请推导 $z = 5\text{m}$ 时的相关磁场 $\vec{H} = H_y \cdot \hat{y}$。

解：

首先，$z = 5\text{m}$ 处入射波电场的相量为

$$E^+ = E_a e^{-jkz} = (10 e^{j\frac{\pi}{3}}) \cdot e^{-j(\frac{\pi}{4} \times 5)} = 10 e^{j\frac{11\pi}{12}}$$

此外，$z = 5\text{m}$ 处反射波电场的相量为

$$E^- = E_a e^{jkz} = (7 e^{j\frac{2\pi}{5}}) \cdot e^{j(\frac{\pi}{4} \times 5)} = 7 e^{j\frac{33\pi}{20}}$$

接下来，介质的波阻为

$$\eta = \frac{\eta_0}{n} = \frac{377}{3}$$

因此，$z = 5\text{m}$ 时，磁场相量分别为

$$H^+ = \frac{E^+}{\eta} = \frac{30}{377} e^{-j\frac{11\pi}{12}}$$

$$H^- = -\frac{E^-}{\eta} = -\frac{21}{377} e^{j\frac{33\pi}{20}}$$

因此，$z = 5\text{m}$ 时的磁场相量为

$$H_y = H^+ + H^- = \frac{30}{377} e^{-j\frac{11\pi}{12}} - \frac{21}{377} e^{j\frac{33\pi}{20}}$$

最后,与时间相关的磁场如下

$$\vec{H}(z,t) = \text{Re}\{H_y \cdot e^{j\omega t}\} \cdot \hat{y} = \left[\frac{30}{377}\cos\left(\omega t - \frac{11}{12}\pi\right) - \frac{21}{377} \cdot \cos\left(\omega t + \frac{33}{12}\pi\right)\right] \cdot \hat{y}$$

从例 3.4 中可知,当入射波与反射波共存,可利用波的性质分别处理阻抗,最后通过它们线性组合获得整体结果,这种方法在处理相关问题时很有效。

总　结

情况 1:入射波 $\Rightarrow \dfrac{E_x}{H_y} = \eta$;

情况 2:反射波 $\Rightarrow \dfrac{E_x}{H_y} = -\eta$;

情况 3:入射波 + 反射波 $\Rightarrow \dfrac{E_x}{H_y} \neq$ 常数。

当平面波仅由入射波或反射波组成时,电场和磁场之间的关系非常简单。磁场可以直接从相关的电场导出,反之亦然。然而,当入射波和反射波如例 3.4 所示共存时,问题变得更加复杂。

3.2　群速度

速度是我们日常生活中随处可见的物理量。例如,当一个人在 Δt 的时间间隔内走了 Δz 的距离,其速度由下式表示

$$v = \frac{\Delta z}{\Delta t} \tag{3-38}$$

式(3-38)通过运动物体位置的变化率定义了其速度,这个定义很简单,符合日常逻辑。

接下来,考虑一个更复杂的情况:

假设不只有一个移动的物体,而是许多移动的物体,那么如何定义这些移动物体的速度呢?

例如,我们可以很容易地通过式(3-38)来定义一个人的步行速度,但是,如果有一群人分别行走,每个人都有不同的速度呢? 该如何定义整个群体的速度?

上述问题不仅发生在日常生活中,也发生在电磁波中,这就是本节中要研究的内容。

3.2.1　相速度

首先,考虑仅由正弦波组成的电磁波。假设平面波的频率为 ω,并沿 $+z$ 传播,电场为

$$\vec{E} = E_x \cdot \hat{x} = A\cos(\omega t - kz) \cdot \hat{x} \tag{3-39}$$

其中 A 是振幅,k 是波数,其表达式为

$$k = \frac{n\omega}{c} \tag{3-40}$$

其中 n 是折射率，c 是光速。

这样即可定义电磁波的速度，类似于在式（3-38）如何中定义一个人的步行速度，可将式（3-39）记为

$$E_x = A\cos\Omega \tag{3-41}$$

其中，相位为

$$\Omega = \omega t - kz \tag{3-42}$$

因此，Ω 取决于时间 t 和位置 z。

在图 3-2 中，当 $t = t_1$ 且 $z = z_1$ 时，电磁波 P 点的电场为

$$E_x = \cos(\omega t_1 - kz_1) = \cos\Omega_P \tag{3-43}$$

其中 Ω_P 是点 P 的相位

$$\Omega_P = \omega t_1 - kz_1 \tag{3-44}$$

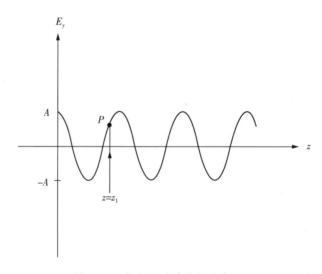

图 3-2　解释正弦波的相速度（Ⅰ）

在图 3-3 中，当 $t = t_1 + \Delta t$ 时，点 P 从 $z = z_1$ 传播到 $z = z_2 = z_1 + \Delta z$。如第 2.4 节中点 P 的速度为

$$v = \frac{\Delta z}{\Delta t} = \frac{\omega}{k} \tag{3-45}$$

由于 $k = \frac{n\omega}{c}$，所以

$$v = v_P = \frac{c}{n} \tag{3-46}$$

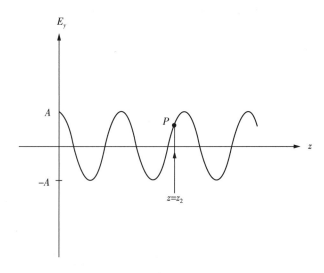

图 3 - 3　解释正弦波的相速度（Ⅱ）

根据式（3 - 46），速度取决于折射率 n。

总而言之，对于单频电磁波，可以通过式（3 - 46）推导出电磁波的速度，称之为相速度，用 v_P 表示，通常使用它来描述单频电磁波的速度。

3.2.2　群速度

对于由单一正弦波组成的电磁波，其速度可以简单地定义相速度 v_p。然而，电磁波实际上总是由多个正弦信号组成。此外，即使用世界上最好的振荡器，也不能产生完全由单个频率分量组成的电磁波。因此，电磁波可视为多个具有不同频率的正弦波的组合。

下面，假设有一个由一组不同频率正弦波组成的电磁波，求该电磁波的速度。考虑一种最简单的情况，每个正弦信号都有相同的相速度，那么速度就等于相速度。如示例所示，一个步行小组，如果每个人都以相同的速度行走，则整个组的速度就与每个人的速度相同，然而，现实中通常并不是这样的。

从式（3 - 46）可知，相速度取决于介质的折射率 n。通常，n 是频率的函数，即 $n = n(\omega)$。折射率 n 的物理含义可参见附录 C。对于由多个频率分量组成的平面波，其折射率 $n(\omega)$ 则不同，因此，不同的正弦信号应具有不同的相速度。此时，遇到了一个相当复杂的问题：

问：如何定义一组正弦波且每个正弦波的速度有不同的相速度？

这类似于步行小组的例子：当每个人都有不同的速度时，我们该如何定义整个组的速度？

首先，考虑一个简单的例子。假设有一个由两个正弦波组成的平面波，每一个正弦波都有不同的频率和对应的相速度，沿 $+z$ 方向传播，其电场为

$$\vec{E} = E_x \cdot \hat{x} = [\cos(\omega_1 t - k_1 z) + \cos(\omega_2 t - k_2 z)] \cdot \hat{x} \tag{3 - 47}$$

其中电场由两个频率不同的正弦信号 ω_1 和 ω_2 组成,其波数为

$$k_1 = \frac{n_1 \omega_1}{c} \tag{3-48}$$

$$k_2 = \frac{n_2 \omega_2}{c} \tag{3-49}$$

其中 $n_1 = n(\omega_1)$,$n_2 = n(\omega_2)$,且 $n_1 \neq n_2$,其相速度为

$$v_{P1} = \frac{c}{n_1} \tag{3-50}$$

$$v_{P2} = \frac{c}{n_2} \tag{3-51}$$

因为 $n_1 \neq n_2$,所以 $v_{P1} \neq v_{P2}$。

现在,我们面临一个问题:如何定义具有两个频率分量电磁波的速度? 直接取平均值为相速度,则有

$$v = \frac{v_{P1} + v_{P2}}{2} \tag{3-52}$$

但是,这个解缺乏物理意义,而且解比式(3-52)复杂得多。

假设 $\omega_2 = \omega_1 + \Delta\omega$,且 $k_2 = k_1 + \Delta k$,其中 $\Delta\omega = \omega_2 - \omega_1$ 和 $\Delta k = k_2 - k_1$。

使用三角公式

$$\cos A + \cos B = 2\cos\frac{A+B}{2}\cos\frac{A-B}{2}$$

则式(3-47)中的电场可记为

$$E_x = \cos(\omega_1 t - k_1 z) + \cos\left[(\omega_1 + \Delta\omega)t - (k_1 + \Delta k)z\right]$$

$$= 2\cos\left[\left(\omega_1 + \frac{\Delta\omega}{2}\right)t - \left(k_1 + \frac{\Delta k}{2}\right)z\right] \cdot \cos\left(\frac{\Delta\omega}{2}t - \frac{\Delta k}{2}z\right) \tag{3-53}$$

假设 $\omega_1 \gg \Delta\omega$ 且 $k_1 \gg \Delta k$,式(3-53)可近似为

$$E_x \approx 2 \cdot \cos(\omega_1 t - k_1 z) \cdot \cos\left(\frac{\Delta\omega}{2}t - \frac{\Delta k}{2}z\right) \tag{3-54}$$

如式(3-54)所示,第一项是具有频率 ω_1 的高频分量,第二项是具有频率 $\Delta\omega/2$ 的低频分量,为了研究电磁波的速度,将式(3-54)改写为

$$E_x = S(t,z) \cdot \cos(\omega_1 t - k_1 z) \tag{3-55}$$

其中

$$S(t,z) = 2 \cdot \cos\left(\frac{\Delta\omega}{2}t - \frac{\Delta k}{2}z\right) \tag{3-56}$$

在式(3-55)中,有一高频分量 $\cos(\omega_1 t - k_1 z)$,其振幅被低频分量 $S(t,z)$ 所调制,如

图 3-4 所示。对于固定时间 t，虚线表示高频分量 $\cos(\omega_1 t - k_1 z)$、实线代表低频分量 $S(t,z)$。

从图 3-4 可以看出，该波形的"包络线"为 $S(t,z)$，而不是 $\cos(\omega_1 t - k_1 z)$。

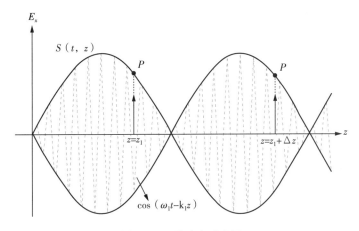

图 3-4　群速度示意图

在大多数应用中，我们真正关心的是低频的速度分量 $S(t,z)$，而不是高频分量 $\cos(\omega_1 t - k_1 z)$。例如，在无线电系统中，通常使用高频正弦载波调制低频音频信号，然后才能通过合适的天线将调制波形发射出去。在这种情况下，我们真正关心的是低频音频信号，而不是高频载波，因为需要信息嵌入音频信号中。

我们也可以从自然界的另一个例子中分析这个想法，假设你是一条在海里游荡的饥饿鲨鱼，你看到如图 3-5 所示的一大群鱼，每条鱼以不同的速度游行，在这种情况下，你并不真正关心一条鱼的速度，而是整个鱼群的速度，比如包络线。在本例中，包络线类似于波形图 3-4 中的 $S(t,z)$，$S(t,z)$ 的速度代表整体的速度组。

图 3-5　自然中群速度的例子

接下来，类似于正弦波相速度，我们可以推导出 $S(t,z)$ 的速度。根据式(3-56)，当

$t = t_1$ 且 $z = z_1$ 时，$S(t, z)$ 为

$$S(t_1, z_1) = 2\cos\left(\frac{\Delta\omega}{2}t_1 - \frac{\Delta k}{2}z_1\right) = 2\cos\Omega_P \tag{3-57}$$

式中，Ω_P 为 $S(t, z)$ 的相位，由下式表示

$$\Omega_P = \frac{\Delta\omega}{2}t_1 - \frac{\Delta k}{2}z_1 \tag{3-58}$$

可以用图 3-4 中的点 P 来表示。假设当 $t = t_1 + \Delta t$ 时，点 P 在 $z = z_1 + \Delta z$ 的位置移动到同一相位

$$\Omega_P = \frac{\Delta\omega}{2}(t_1 + \Delta t) - \frac{\Delta k}{2}(z_1 + \Delta z) \tag{3-59}$$

通过式(3-58)和式(3-59)，可得

$$\Delta\omega \cdot \Delta t - \Delta k \cdot \Delta z = 0 \tag{3-60}$$

所以，$S(t, z)$ 的速度为

$$v = \frac{\Delta z}{\Delta t} = \frac{\Delta\omega}{\Delta k} \tag{3-61}$$

综上所述，当电磁波由两个正弦波组成时，相应 $S(t, z)$ 的速度为 ω/k。随着 $\omega \to 0$ 和 $k \to 0$，式(3-61)可以改写为

$$v = \frac{\mathrm{d}\omega}{\mathrm{d}k} \tag{3-62}$$

实际上，式(3-62)中的结果可以推广，并得出由多个正弦波组成的电磁波的速度，记为

$$v = v_{\mathrm{g}} = \frac{\mathrm{d}\omega}{\mathrm{d}k}\Big|_{\omega=\omega_{\mathrm{c}}} \tag{3-63}$$

其中 ω_{c} 是合成正弦信号的中心频率，式(3-63)中的结果 v_{g} 称为群速度，它表示由一组正弦波组成的电磁波的速度，事实上，这个速度包含了信号的速度信息，因此也称为信号速度。

总的来说，电磁波的速度分为两类：

1. 对于由单个正弦波组成的电磁波，速度称为相速度，由下式表示

$$v_{\mathrm{p}} = \frac{\omega}{k}$$

2. 对于由多个正弦波组成的电磁波，其速度称为群速度，由下式表示

$$v_{\mathrm{g}} = \frac{\mathrm{d}\omega}{\mathrm{d}k}\Big|_{\omega=\omega_{\mathrm{c}}}$$

其中，ω_{c} 是中心频率。

在大多数情况下,这两种类型描述了我们所关心的电磁波速度。

3.2.3　色散介质

通常,波数 k 是频率 ω 的函数。因此,式(3-63)中的群速度通常记为

$$v_{\mathrm{g}} = \frac{\mathrm{d}\omega}{\mathrm{d}k} = \frac{1}{\mathrm{d}k/\mathrm{d}\omega} \tag{3-64}$$

由于 $k = \dfrac{n\omega}{c}$,所以

$$\frac{\mathrm{d}k}{\mathrm{d}\omega} = \frac{1}{c} \cdot \left(n + \omega \cdot \frac{\mathrm{d}n}{\mathrm{d}\omega} \right) \tag{3-65}$$

因此,式(3-64)可以改写为

$$v_{\mathrm{g}} = \frac{c}{n + \omega \cdot \dfrac{\mathrm{d}n}{\mathrm{d}\omega}} \tag{3-66}$$

将式(3-46)与式(3-66)进行比较,可发现相速度和群速度之间的差异是分母中的 $\omega \dfrac{\mathrm{d}n}{\mathrm{d}\omega}$。如果 $\dfrac{\mathrm{d}n}{\mathrm{d}\omega} = 0$,则 $v_{\mathrm{g}} = v_{\mathrm{p}}$;如果 $\dfrac{\mathrm{d}n}{\mathrm{d}\omega} \neq 0$,则 $v_{\mathrm{g}} \neq v_{\mathrm{p}}$。

如果传输介质的折射率 n 与频率无关,则该介质为非色散介质。由于非色散介质 $\dfrac{\mathrm{d}n}{\mathrm{d}\omega} = 0$,所以

$$v_{\mathrm{g}} = \frac{c}{n} = v_{\mathrm{p}} \tag{3-67}$$

因此,在这种情况下,群速度等于相速度。这个结果是合理的,因为折射率 n 与频率无关,不同的正弦波具有相同的相速度。因此,群速度等于每个单独的相速度,即 $v_{\mathrm{g}} = v_{\mathrm{p}}$。

当透射介质的折射率取决于频率时,则该介质为色散介质。当一组正弦波在这种介质中传播时,由于每个正弦波都有其不同的相速度,整个组的波形将"分散",这就是该介质称为色散介质的原因。电磁波的色散现象可以通过以下示例来说明,假设有 100 名跑步者组成一个 10×10 的方阵,每一个人都有不同的跑步速度,随着时间的推移,"方形"形状将逐渐消散,这就类似于电磁波在色散介质中传播时发生的情况。

最后,当一组正弦波在色散介质中传播时,我们对每个正弦波各自的速度不感兴趣,真正关心的是"整个群的速度",也就是群速度。该群速度代表整个电磁波的速度,在许多应用中起着重要作用。

例 3.5

假设折射率 n 是频率 ω 的函数,$n(\omega) = n_0 + \alpha(\omega - \omega_0)$,其中给出了 n_0、α 和 ω_0。当 $\omega = \omega_{\mathrm{m}}$ 时,请推导相关的相速度和群速度。

解:

首先，当 $\omega = \omega_m$ 时，对应的折射率为

$$n(\omega_m) = n_0 + \alpha(\omega_m - \omega_0)$$

根据式(3-46)，相速度为

$$v_p = \frac{c}{n(\omega_m)} = \frac{c}{n_0 + \alpha(\omega_m - \omega_0)}$$

接下来，由于

$$\frac{\mathrm{d}n}{\mathrm{d}\omega} = \alpha$$

根据式(3-66)，群速度为

$$v_g = \left(\frac{c}{n + \omega \cdot \dfrac{\mathrm{d}n}{\mathrm{d}\omega}} \right)_{\omega = \omega_0} = \frac{c}{n_0 + 2\alpha\omega_m - \alpha\omega_0}$$

例 3.6

假设折射率 n 是频率 f 的函数，$n(f) = 2 + (0.01) \times \left(1 + \dfrac{f}{f_0} \right)$，其中 $f_0 = 300\mathrm{MHz}$。当 $f = 500\mathrm{MHz}$ 时，请推导出相应的相速度和群速度。

解：

首先，当 $f = 500\mathrm{MHz}$ 时

$$n = 2 + (0.01) \times \left(1 + \frac{500}{300} \right) = 2.027$$

根据式(3-46)，相速度为

$$v_p = \frac{c}{n} = \frac{3 \times 10^8}{2.027} = 1.48 \times 10^8 \,(\mathrm{m/s})$$

接下来，根据式(3-66)，群速度为

$$v_g = \frac{c}{n + \omega \dfrac{\mathrm{d}n}{\mathrm{d}\omega}}$$

因为 $\omega = 2\pi f$，有

$$\omega \cdot \frac{\mathrm{d}n}{\mathrm{d}\omega} = 2\pi f \cdot \frac{\mathrm{d}n}{2\pi \mathrm{d}f} = f \cdot \frac{\mathrm{d}n}{\mathrm{d}f} = f \cdot \frac{0.01}{f_0}$$

因此，当 $f = 500\mathrm{MHz}$ 时

$$n + f\frac{\mathrm{d}n}{\mathrm{d}f} = 2.027 + (500) \times \frac{0.01}{300} = 2.044$$

最后，由式(3-66)可得

$$v_{\text{g}} = \frac{c}{n + f \cdot \dfrac{\mathrm{d}n}{\mathrm{d}f}} = \frac{3 \times 10^8}{2.044} = 1.47 \times 10^8 \, (\text{m/s})$$

3.3　坡印廷矢量

我们日常生活中的阳光实际上是由太阳和频谱高达10^{14} Hz 的可见光辐射出来的，它不仅使地球变暖，同时也给每一个生命提供能量。类似于阳光，所有的电磁波也都会辐射能量。事实上，我们可以认为电磁辐射以波的形式进行能量传递。

本节将重点介绍电磁波的能量传递。这里将介绍一个非常重要的参数——坡印廷矢量。由于是英国科学家 J. H. Poynting 最先推导出这个矢量，所以该参数以他的名字命名。坡印廷矢量不仅精确描述动态电磁场与对应能量通量之间的关系，同时还表示能量转移的方向。因此，读者需要更加重视它。

3.3.1　点积与叉积

为了理解坡印廷矢量的原理，需要熟悉两个向量运算符：点积和叉积。

设$\vec{A}$和$\vec{B}$是两个矢量，对应的点积定义为

$$\vec{A} \cdot \vec{B} = |\vec{A}| \cdot |\vec{B}| \cos\theta_{AB} \tag{3-68}$$

其中θ_{AB}是$\vec{A}$与$\vec{B}$之间的夹角，且$0 \leqslant \theta_{AB} \leqslant \pi$。

假设$\vec{A} = A_x \cdot \hat{x} + A_y \cdot \hat{y} + A_z \cdot \hat{z}$，$\vec{B} = B_x \cdot \hat{x} + B_y \cdot \hat{y} + B_z \cdot \hat{z}$，根据式(3-68)，可以证明

$$\vec{A} \cdot \vec{B} = A_x B_x + A_y B_y + A_z B_z \tag{3-69}$$

因此，点积$\vec{A} \cdot \vec{B}$是一个标量，它是三个轴向分量的乘积之和。

另一方面，$\vec{A}$和$\vec{B}$的叉积定义为

$$\vec{A} \times \vec{B} = (|\vec{A}| \cdot |\vec{B}| \sin\theta_{AB}) \cdot \hat{n} \tag{3-70}$$

其中，$\hat{n}$是单位矢量，即$|\hat{n}| = 1$。其方向由右手法则确定，如图3-6所示。首先，将右手放在$\vec{A}$和$\vec{B}$的平面上，然后把四个手指从指向B，则拇指自然指向$\hat{n}$的方向。综上，叉积$\vec{A} \times \vec{B}$是矢量，并且它与$\vec{A}$和$\vec{B}$的方向都垂直。

由式(3-70)可知

$$\vec{A} \times \vec{B} = (A_y B_z - A_z B_y) \cdot \hat{x} + (A_z B_x - A_x B_z)$$
$$\cdot \hat{y} + (A_x B_y - A_y B_x) \cdot \hat{z} \tag{3-71}$$

将式(3-71)与式(3-69)进行比较，可以发现叉积比点积更复杂。

最后，可以证明下式始终成立：

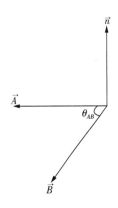

图 3-6　叉积示意图

$$\nabla \cdot (\vec{A} \times \vec{B}) = \vec{B} \cdot (\nabla \times \vec{A}) - \vec{A} \cdot (\nabla \times \vec{B}) \qquad (3-72)$$

其中，

$\nabla \cdot (\vec{A} \times \vec{B})$ 是 $\vec{A} \times \vec{B}$ 的散度，

$\vec{B} \cdot (\nabla \times \vec{A})$ 是 $\vec{B}$ 和 $(\nabla \times \vec{A})$ 的点积，

$\vec{A} \cdot (\nabla \times \vec{B})$ 是 $\vec{A}$ 和 $(\nabla \times \vec{B})$ 的点积。

式(3-72)将用于引入坡印廷矢量。

3.3.2 坡印廷矢量

因为大多数电磁波在介质中传播，所以这里只考虑介质媒体。首先，假设介质中的电流密度 $\vec{J}=0$，根据法拉第定律和安培定律，有

$$\nabla \times \vec{E} = -\mu \frac{\partial \vec{H}}{\partial t} \qquad (3-73)$$

$$\nabla \times \vec{H} = \varepsilon \frac{\partial \vec{E}}{\partial t} \qquad (3-74)$$

这两个式子表明了电场和磁场之间的相互作用。此外根据式(3-72)，可得到以下表达式：

$$\nabla \cdot (\vec{E} \times \vec{H}) = \vec{H} \cdot (\nabla \times \vec{E}) - \vec{E} \cdot (\nabla \times \vec{H}) \qquad (3-75)$$

将式(3-73)和式(3-74)代入式(3-75)，可得

$$\nabla \cdot (\vec{E} \times \vec{H}) = -\mu \left(\vec{H} \cdot \frac{\partial \vec{H}}{\partial t} \right) - \varepsilon \left(\vec{E} \cdot \frac{\partial \vec{E}}{\partial t} \right) \qquad (3-76)$$

对于矢量 $\vec{A}$，可以证明

$$\frac{\partial |\vec{A}|^2}{\partial t} = \frac{\partial (\vec{A} \cdot \vec{A})}{\partial t} = \frac{\partial \vec{A}}{\partial t} \cdot \vec{A} + \vec{A} \cdot \frac{\partial \vec{A}}{\partial t} = 2\vec{A} \cdot \frac{\partial \vec{A}}{\partial t} \qquad (3-77)$$

根据式(3-77)，可以将式(3-76)改为

$$\nabla \cdot (\vec{E} \times \vec{H}) = -\mu \cdot \frac{1}{2} \frac{\partial |\vec{H}|^2}{\partial t} - \varepsilon \cdot \frac{1}{2} \frac{\partial |\vec{E}|^2}{\partial t} = -\frac{\partial}{\partial t} \left(\frac{1}{2}\mu |\vec{H}|^2 + \frac{1}{2}\varepsilon |\vec{E}|^2 \right)$$

$$(3-78)$$

式(3-78)是直接从麦克斯韦方程推导得出的，其物理意义将揭示电磁波的一个重要原理。

首先，从静态电磁学来看，式(3-78)的右侧的第一项 $\frac{1}{2}\mu |\vec{H}|^2$，表示磁场的储能密度，第二项 $\frac{1}{2}\varepsilon |\vec{E}|^2$ 表示电场的储能密度，单位为 J/m^3，即单位体积的能量。因此，式(3-78)与电磁场的能量建立了联系。

为了更好地理解式(3-78)，考虑能量的变化存储在任意体积 V 中。在式(3-78)两

侧进行体积分,可得

$$\int_V \nabla \cdot (\vec{E} \times \vec{H}) \, \mathrm{d}v = -\frac{\partial}{\partial t} \int_v \left(\frac{1}{2} \mu \mid \vec{H} \mid^2 + \frac{1}{2} \varepsilon \mid \vec{E} \mid^2 \right) \mathrm{d}v \qquad (3-79)$$

根据散度定理,有

$$\int_v \nabla \cdot (\vec{E} \times \vec{H}) \, \mathrm{d}v = \oiint_s (\vec{E} \times \vec{H}) \cdot \mathrm{d}\vec{s} \qquad (3-80)$$

式中,S 是 V 的表面。因此,式(3-79)变为

$$\oiint_s (\vec{E} \times \vec{H}) \cdot \mathrm{d}\vec{s} = -\frac{\partial}{\partial t} \int_v \left(\frac{1}{2} \mu \mid \vec{H} \mid^2 + \frac{1}{2} \varepsilon \mid \vec{E} \mid^2 \right) \mathrm{d}v \qquad (3-81)$$

式(3-81)中的等号适用于任何体积 V。

为了探索式(3-81)的物理意义,将参数 M 定义为

$$M = \int_V \left(\frac{1}{2} \mu \mid \vec{H} \mid^2 + \frac{1}{2} \varepsilon \mid \vec{E} \mid^2 \right) \mathrm{d}v \qquad (3-82)$$

注意,在式(3-82)中,$\frac{1}{2} \mu \mid \vec{H} \mid^2$ 和 $\frac{1}{2} \varepsilon \mid \vec{E} \mid^2$ 的单位是 J/m³,$\mathrm{d}v$ 的单位是 m³,因此 M 的单位是 J。因为 $\frac{1}{2} \mu \mid \vec{H} \mid^2$ 和 $\frac{1}{2} \varepsilon \mid \vec{E} \mid^2$ 分别是存储在磁场和电场中的能量密度,参数 M 实际上是存储在体积 V 中的总能量。

此外,定义一个矢量

$$\vec{P} = \vec{E} \times \vec{H} \qquad (3-83)$$

其中 $\vec{P}$ 称为坡印廷矢量,它是 $\vec{E}$ 和 $\vec{H}$ 的叉积。将式(3-82)和式(3-83)代入式(3-81)时,可得

$$\oiint_s \vec{P} \cdot \mathrm{d}\vec{s} = -\frac{\partial M}{\partial t} \qquad (3-84)$$

其中 M 是存储在体积 V 中的电磁场的总能量。式(3-84)的右侧表示 M 的时间变化,左侧表示 $\vec{P}$ 在 S 上的表面积分,其中 S 是 V 的表面。

式(3-84)的物理意义可以用图 3-7 来说明,假设存储在体积 V 中的能量为 M_0,当 $t = t_0$ 时,能量存储在 V 中的值变为 $M_0 + \Delta M$,这意味着能量 ΔM 在 Δt 时间内流入体积 V。因此,在 Δt 时间内流入体积 V 的平均能量是 $\Delta M/\Delta t$,随着 $\Delta t \to 0$,流入 V 的瞬时功率 P_{in} 可以表示为

$$P_{\mathrm{in}} = \frac{\partial M}{\partial t} \qquad (3-85)$$

因此,流出体积 V 的向外功率可以定义为

$$P_{\mathrm{out}} = -P_{\mathrm{in}} = -\frac{\partial M}{\partial t} \qquad (3-86)$$

式(3-84)可以解释为

$$\oint_s \vec{P} \cdot \mathrm{d}\vec{s} = P_{\text{out}} \equiv \text{流出体积 } V \text{ 的向外功率} \qquad (3-87)$$

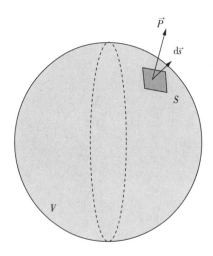

图 3-7　坡印廷矢量示意图

如图 3-7 所示,流出体积 V 的功率必须通过其封闭表面 S 传递,因此 $\vec{P} \cdot \mathrm{d}\vec{s}$ 表示流经小面积 $\mathrm{d}s$ 的向外功率。$\oint_s \vec{P} \cdot \mathrm{d}\vec{s}$ 代表流出 V 的总功率。因此,坡印廷矢量 $\vec{P}$ 的物理意义可以解释为:

1. 坡印廷矢量表示电磁波的能量流动方向,$\vec{P}$ 实际上是电磁波功率流的方向,即电磁波能量的传递方向。

2. 由于 $\vec{E}$ 的单位是 A/m,$\vec{H}$ 的单位是 A/m,$\vec{P} = \vec{E} \times \vec{H}$ 的单位则为 V·A/m²,同时由于 V·A=W(电压×电流=功率),所以 $\vec{P}$ 的单位又可记为 W/m²,它表示每单位面积的功率或等效的功率密度。因此,坡印廷矢量的幅值表示电磁波的功率密度。

由上图可知,$\vec{P}$ 不仅表示电磁波能量的传递方向,也表示其功率密度。总之,它提供了我们需要考虑电磁波功率流的所有信息。

此外,由于能量传递的方向就是电磁波的传播方向,所以可以得到一个重要的结论:
$\vec{P}$ 的方向就是电磁波的传播方向。

如图 3-8 所示,其中坡印廷矢量 $\vec{P} = \vec{E} \times \vec{H}$ 垂直于 $\vec{E}$ 和 $\vec{H}$,它表示电磁波的传播方向,垂直于相关的电场和磁场。注意,在式(3-87)中,坡印廷矢量表示功率密度(W/m²),$\vec{P} \cdot \mathrm{d}\vec{s}$ 表示功率(W),P_{out} 也表示功率(W)。读者应该注意这一差异,这对于解决相关问题非常重要。

总而言之,坡印廷矢量不仅表示电磁波的功率密度,而且还表示传播方向。例如,假设有 $\vec{E} = E_0 \cdot \hat{x}$ 且 $\vec{H} = H_0 \cdot \hat{y}$,则坡印廷矢量为

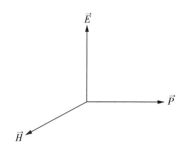

图 3-8　坡印廷矢量的方向示意图

$$\vec{P} = \vec{E} \times \vec{H} = (E_0 H_0) \cdot (\hat{x} \times \hat{y}) = (E_0 H_0) \cdot \hat{z} \qquad (3-88)$$

式(3-88)表明,电磁波沿 +z 方向传播,并且功率密度为 $|\vec{P}| = |E_0 H_0|$,这些信息在处理涉及电磁波功率流的问题时非常有用。

例 3.7

如图 3-9 所示,考虑一个长方体 $0 \leqslant x \leqslant a$、$0 \leqslant y \leqslant b$ 和 $0 \leqslant z \leqslant d$,假设平面波沿 +z 方向传播,其电场和磁场为:

$$\vec{E} = E_0 \cos(\omega t - kz) \cdot \hat{x}$$

$$\vec{H} = \frac{E_0}{\eta} \cos(\omega t - kz) \cdot \hat{y}$$

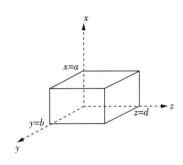

其中 k 是波数，η 是波阻抗。请推导

（a）相关的坡印廷矢量；

（b）在 $z=0$ 时，流入长方体的功率；

（c）在 $z=d$ 时，流入长方体的功率；

（d）在时刻 t 时，流入长方体的功率。

图 3-9　例 3.7 的示意图

解：

（a）由式（3-83），可得

$$\vec{P} = \vec{E} \times \vec{H} = \frac{E_0^2}{\eta} \cos^2(\omega t - kz) \cdot (\hat{x} \times \hat{y})$$

$$= \frac{E_0^2}{\eta} \cos^2(\omega t - kz) \cdot \hat{z}$$

因此，$\vec{P}$ 的方向是 $\hat{z}$，这正是电磁波的传播方向。此外，$\vec{P}$ 垂直于 $\vec{E}$ 和 $\vec{H}$。

（b）根据（a）中的结果，可以由下式推导出 $z=0$ 时的坡印廷矢量

$$\vec{P_0} = \left(\frac{E_0^2}{\eta} \cos^2 \omega t \right) \cdot \hat{z}$$

因为 $\vec{P_0}$ 的方向是 $+z$，所以功率流的方向也是 $+z$。由图 3-9 可知，在 $z=0$ 时，由于 $\vec{P_0}$ 垂直于 xy 平面，并且 xy 平面上的所有点具有相同的功率密度 $|\vec{P_0}|$，因此流入底面积为 ab 长方体的功率为

$$\vec{P_A} = ab \cdot |\vec{P_0}| = ab \cdot \frac{E_0^2}{\eta} \cos^2 \omega t$$

（c）根据（a）中的结果，可以导出 $z=d$ 处的坡印廷矢量

$$\vec{P_1} = \frac{E_0^2}{\eta} \cos^2(\omega t - kd) \cdot \hat{z}$$

从图 3-9 中可以看出，在 $z=d$ 时，$\vec{P_1}(+z)$ 的方向流出长方体，$\vec{P_1}$ 垂直于 $z=d$ 的平面。此外，平面上的所有点都具有相同的功率密度 $\vec{P_1}$。因此，在 $z=d$ 时流入底面积为 ab 的长方体的功率为

$$\vec{P}_B = -ab \cdot |\vec{P_1}| = -ab \cdot \frac{E_0^2}{\eta} \cos^2(\omega t - kd)$$

请注意，P_B 的负号表示功率正在离开长方体，而不是流入长方体。

（d）在时刻 t 流入长方体的总功率是在 $z=0$ 和 $z=d$ 处的功率流之和

$$P_{\text{total}} = P_A + P_B = ab \cdot \frac{E_0^2}{\eta} \left[\cos^2 \omega t - \cos^2(\omega t - kd) \right]$$

3.3.3 瞬时功率密度和平均功率密度

在第二章中,我们了解到电磁场可以用矢量表示。下面就使用坡印廷矢量来推导平均功率密度。首先,假设有一正向平面波沿 $+z$ 方向传播,电场为

$$E_x(z) = E_a \cdot e^{-jkz} \tag{3-89}$$

在式(3-89)中,E_a 是 $z=0$ 时的电场矢量,k 是波数。另一方面,磁场为

$$H_y(z) = \frac{E_x(z)}{\eta} = \frac{E_a}{\eta} \cdot e^{-jkz} \tag{3-90}$$

式中 η 为介质的波阻抗。

设 $E_a = A \cdot e^{j\theta}$,根据式(3-89)和式(3-90),瞬时电场和磁场为:

$$E_x(z,t) = Re\{E_x(z) \cdot e^{j\omega t}\} = A\cos(\omega t - kz + \theta) \tag{3-91}$$

$$H_y(z,t) = Re\{H_y(z) \cdot e^{j\omega t}\} = \frac{A}{\eta}\cos(\omega t - kz + \theta) \tag{3-92}$$

因此,在 $z=z_0$ 时,坡印廷矢量的大小为

$$|\vec{P}(z_0,t)| = |E_x(z_0,t) \cdot H_y(z_0,t)| = \frac{A^2}{\eta} \cdot \cos^2(\omega t - kz_0 + \theta) \tag{3-93}$$

在式(3-93)中,$|\vec{P}(z_0,t)|$ 表示 t 时刻的瞬时功率密度。由于功率密度随时间变化,$|\vec{P}(z_0,t)|$ 是 t 的函数。

接下来,$z=z_0$ 时的平均功率密度定义为

$$|\vec{P}(z_0)|_{\text{avg}} = \frac{1}{T}\int_0^T |\vec{P}(z_0,t)| \, dt \tag{3-94}$$

其中 $T = 2\pi/\omega$ 是电磁波的周期。在正弦周期内,$\cos^2(\omega t - kz_0 + \theta)$ 等于 $1/2$,即

$$\frac{1}{T}\int_0^T \cos^2(\omega t - kz_0 + \theta) \, dt = \frac{1}{2} \tag{3-95}$$

将式(3-93)代入式(3-94),并使用式(3-95),可得

$$|\vec{P}(z_0)|_{\text{avg}} = \frac{1}{2} \cdot \frac{A^2}{\eta} \tag{3-96}$$

从式(3-96)中可知,平均功率密度仅取决于幅值 A 和波阻抗 η,不取决于频率 ω 或波数 k。

此外,$z=z_0$ 时电场的矢量为

$$E_x(z_0) = E_a \cdot e^{-jkz_0} = Ae^{j\theta} \cdot e^{-jkz_0} \tag{3-97}$$

所以

$$|E_x(z_0)| = A \tag{3-98}$$

使用式(3-98),可将式(3-96)变换为

$$|\vec{P}(z_0)|_{\mathrm{avg}} = \frac{|E_x(z_0)|^2}{2\eta} \tag{3-99}$$

在上述背景下,以正向平面波为例,解释了电场矢量 $E_x(z_0)$ 与平均功率密度 $|\vec{P}(z_0)|_{\mathrm{avg}}$ 之间的关系。这种关系可以推广到任意平面波。例如,当有一个平面波,在某个点具有电场矢量 E,并且介质的波阻抗为 η 时,平均功率密度可以直接由下式得到:

$$|\vec{P}|_{\mathrm{avg}} = \frac{|E|^2}{2\eta} \tag{3-100}$$

例 3.8

继续例 3.7,如图 3-9 所示,请推导

(a) 在 $z=0$ 时流入长方体的平均功率;

(b) 在 $z=d$ 时流入长方体的平均功率;

(c) 流入该体积的总功率。

解:

(a) 根据例 3.7(b) 的结果,由于 $\cos 2\omega t$ 的平均值等于 $1/2$, $z=0$ 时的平均功率密度为

$$|\vec{P}(0)|_{\mathrm{avg}} = \frac{E_0^2}{2\eta}$$

随着电磁波进入体积,流入长方体的平均功率为

$$P_A = ab\,|\vec{P}(0)|_{\mathrm{avg}} = ab\,\frac{E_0^2}{2\eta}$$

(b) 根据例 3.7(c) 的结果,由于 $\cos^2(\omega t - kd)$ 为 $1/2$, $z=d$ 时的平均功率密度为

$$|\vec{P}(d)|_{\mathrm{avg}} = \frac{E_0^2}{2\eta}$$

由于电磁波在 $z=d$ 时离开体积,流入长方体的平均功率为

$$P_B = -ab\,|\vec{P}(d)|_{\mathrm{avg}} = -ab\,\frac{E_0^2}{2\eta}$$

请注意,负号表示电磁波正在离开长方体。

(c) 我们利用(a) 和(b) 中的结果,流入长方体的总功率为

$$P_{\mathrm{total}} = P_A + P_B = 0$$

结果与我们的分析一致,因为电磁波通过长方体向 $+z$ 传播,在 $z=0$ 时流入长方体的平均功率将等于在 $z=d$ 时离开长方体的平均功率,所以流入体积的总平均功率为零!

例 3.9

假设有一个电磁波在折射率 $n=4$ 的介质中传播。对于一个特定点,有电场矢量 $E = 10\mathrm{e}^{\mathrm{j}\frac{\pi}{3}}$,请推导出该点的平均功率密度。

解：

首先，该介质的波阻抗可由下式导出：

$$\eta = \frac{\eta_0}{n} = \frac{10^2}{2 \times \frac{377}{4}} = \frac{377}{4}$$

然后，从式（3-100）可以很容易得出平均功率密度：

$$|\vec{P}|_{avg} = \frac{|E|^2}{2\eta} = \frac{200}{377}(\mathrm{W/m^2})$$

3.4　导体中电磁波的特性

在前面的章节中，我们重点讨论了电磁波在电介质中的传播，当电磁波进入电介质时，入射电场通常不能移动束缚电子，但会使它们稍微偏离其平均平衡位置，导致介电极化，因此电介质被视为可被外加场极化的电绝缘体。本节将开始研究电磁波在导体中的传播，我们会发现导体并非传播波的良好介质，因为导体含有许多自由电子，自由电子可以自由地移动，所以具有良好的导电性。当电磁波进入导体时，电磁能量被大量自由电子吸收并使其移动，该运动显著消耗能量，因此电磁波在很短的距离内迅速消失。下面将从麦克斯韦方程出发，得到导体的波动方程，通过波动方程探索导体中电磁波的行为。

3.4.1　导体的波动方程

首先，根据法拉第定律和安培定律，有

$$\nabla \times \vec{E} = -j\omega\mu \vec{H} \tag{3-101}$$

$$\nabla \times \vec{H} = \vec{J} + j\omega\varepsilon \vec{E} \tag{3-102}$$

其中$\vec{E}$是电场的矢量，$\vec{H}$是磁场的矢量，$\vec{J}$是电流密度的矢量。

由于感应电流密度$\vec{J}$的大小与外加电场$\vec{E}$成正比，且$\vec{E}$和$\vec{J}$的方向相同，因此其关系可表述如下

$$\vec{J} = \sigma \vec{E} \tag{3-103}$$

式中，σ是介质的电导率。对于导体，电导率非常高，相反，绝缘体的电导率接近于零。

电导率与电阻密切相关。如图3-10所示，有一个矩形介质，其横截面积为A，长度为L，假设该介质的电导率为σ，从电学的基本原理来看，其电阻为

$$R = \frac{1}{\sigma} \cdot \frac{L}{A} \tag{3-104}$$

在式（3-104）中，电阻R与长度L成正比，与横截面积A成反比。因为R的单位为

Ω(欧姆)，L 的单位为 m(米)，A 的单位为 m^2，σ 的单位为 $1/(\Omega \cdot \text{m})$。一般来说，$\sigma$ 的单位用 S/m 表示，其中 S 表示 Simon，$1\text{S}=1\Omega^{-1}$。金属的电导率通常很大，例如，铜的电导率为 $5.8 \times 10^7(\text{S/m})$，银的电导率为 $6.17 \times 10^7(\text{S/m})$，它们都是非常好的良导体。

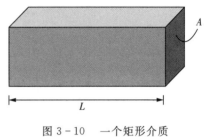

图 3 - 10　一个矩形介质

接下来，假设有一个电导率为 σ 的导体。将式(3 - 103)代入式(3 - 102)，可得

$$\nabla \times \vec{H} = (\sigma + j\omega\varepsilon) \cdot \vec{E} = j\omega\varepsilon_{\text{eq}} \cdot \vec{E} \tag{3 - 105}$$

其中

$$\varepsilon_{\text{eq}} = \varepsilon + \frac{\sigma}{j\omega} \tag{3 - 106}$$

参数 ε_{eq} 称为等效介电常数。显然，等效介电常数包括电导率的影响。

读者可能已经发现，式(3 - 105)与绝缘体(电介质)的安培定律具有相同的数学形式，唯一的区别是用 ε_{eq} 替换了 ε。因此，按照 2.1 节中同样的方法，可得如下导体波动方程：

$$\nabla^2 \vec{E} + k_{\text{eq}}^2 \vec{E} = 0 \tag{3 - 107}$$

其中

$$k_{\text{eq}} = \omega \sqrt{\mu \varepsilon_{\text{eq}}} \tag{3 - 108}$$

显然，式(3-107)与电介质的波动方程具有相同的数学形式。唯一的区别是用 k_{eq} 代替了 k。

3.4.2　波动方程的解

考虑沿 z 方向以频率 ω 传播的均匀平面波，电场为 $\vec{E} = E_x \cdot \hat{x}$，其中 E_x 仅为 z 的函数。因为式(3 - 107)具有与电介质相同的数学形式，它同样有两个解，入射波和反射波，为

$$E_x(z) = E_a \text{e}^{-jk_{\text{eq}}z} \tag{3 - 109}$$

$$E_x(z) = E_b \text{e}^{jk_{\text{eq}}z} \tag{3 - 110}$$

其中 E_a 和 E_b 分别表示 $z = 0$ 时的入射波和反射波的相量。入射波沿 $+z$ 传播，反射波沿 $-z$ 传播。

为了简化式(3 - 109)和式(3 - 110)，定义了一个新参数

$$\gamma = jk_{\text{eq}} \tag{3 - 111}$$

因为 γ 与电磁波的传播行为密切相关，所以它被称为传播常数。根据式(3 - 106)和式(3-108)，可得

$$\gamma = j\omega \sqrt{\mu\varepsilon_{eq}} = j\omega \sqrt{\mu\varepsilon \left(1 + \frac{\sigma}{j\omega\varepsilon}\right)} \tag{3-112}$$

由于导体的电导率通常非常大,假设 $\sigma \gg \omega\varepsilon$,所以 $1 + \frac{\sigma}{j\omega\varepsilon} \approx \frac{\sigma}{j\omega\varepsilon}$,可以进一步简化为

$$\gamma = j\omega \sqrt{\mu\varepsilon \left(\frac{\sigma}{j\omega\varepsilon}\right)} = \sqrt{j\omega\mu\sigma} \tag{3-113}$$

由于 $j = \sqrt{-1} = e^{j90°}$,可得

$$\sqrt{j} = j^{\frac{1}{2}} = e^{j45°} = \frac{1}{\sqrt{2}} + j\frac{1}{\sqrt{2}} \tag{3-114}$$

所以

$$\gamma = \sqrt{\frac{\omega\mu\sigma}{2}} + j\sqrt{\frac{\omega\mu\sigma}{2}} = \alpha + j\beta \tag{3-115}$$

其中

$$\alpha = \beta = \sqrt{\frac{\omega\mu\sigma}{2}} = \sqrt{\pi f\mu\sigma} \tag{3-116}$$

在式(3-115)中,α 是 γ 的实部,β 是虚部,它们有相同的值,并且两者都随着频率 f 的增加而增加。此外,他们与 $\sqrt{\sigma}$ 成比例关系。另一方面,α 和 β 不取决于介电常数 ε,它意味着电磁波在导体中的传播行为受电导率影响,而不是介电常数 ε,关于电导率 σ 和介电常数 ε 的更多内容见附录 D。

在下文中,我们解释 α 和 β 的物理含义。

入射波

因为 $\gamma = jk_{eq}$,所以由式(3-109),可得

$$E_x(z) = E_a \cdot e^{-\gamma z} = E_a \cdot e^{-\alpha z} \cdot e^{-j\beta z} \tag{3-117}$$

假设 $E_a = Ae^{j\theta}$,时变电场为

$$E_x(z,t) = \text{Re}\{E_x(z) \cdot e^{j\omega t}\} = Ae^{-\alpha z} \cdot \cos(\omega t - \beta z + \theta) \tag{3-118}$$

式(3-118)揭示了 α 和 β 的物理含义。当一个入射波沿 $+z$ 方向传播,其大小按照 $e^{-\alpha z}$ 随衰减,α 越大,衰减越大,因此 α 称为衰减常数。此外,β 决定了相位相对于 z 的变化率,β 越大,变化率越大,所以 β 称为相常数。由于 $\alpha = \beta = \sqrt{\pi f\mu\sigma}$,当频率增加时,衰减和相位变化率将随之增加。

反射波

根据式(3-110),反射波的电场矢量为:

$$E_x(z) = E_b e^{\gamma z} = E_b \cdot e^{\alpha z} \cdot e^{j\beta z} \tag{3-119}$$

假设 $E_b = Be^{j\phi}$,则时变电场为

$$E_x(z,t) = \text{Re}\{E_x(z) \cdot e^{j\omega t}\} = Be^{\alpha z} \cdot \cos(\omega t + \beta z + \phi) \tag{3-120}$$

当反射波沿 $-z$ 方向传播，其大小随 $e^{\alpha z}$ 衰减，α 越大，衰减越大。此外，β 还决定相位的变化率，这个结果与入射波的情况类似。

例 3.10

铜的电导率 $\sigma = 5.8 \times 10^7 (\text{S/m})$，$\mu = \mu_0 = 4\pi \times 10^{-7} (\text{H/m})$，假设电磁波的频率 $f = 1\text{MHz}$。

(a) 请推导 α 和 β。

(b) 假设相关的入射波在 $z = 0$ 时具有电场相量 $E_a = 10e^{j\frac{\pi}{3}}$，请推导 $z = 1\text{mm}$ 时的电场矢量。

(c) 假设相关的反射波在 $z = 0$ 时具有电场相量 $E_b = 5e^{j\frac{2\pi}{3}}$，请推导 $z = -2\text{mm}$ 时的电场矢量。

解：

(a) 由式(3-116) 可得

$$\alpha = \beta = \sqrt{\pi f \mu \sigma} = \sqrt{\pi \times 10^6 \times (4\pi \times 10^{-7}) \times (5.8 \times 10^7)} = 1.5 \times 10^4 (\text{m}^{-1})$$

注意 α 和 β 的单位是 m^{-1}。

(b) 当 $z = 1\text{mm} = 10^{-3}\text{m}$，有

$$\alpha z = \beta z = (1.5 \times 10^4) \times (10^{-3}) = 15$$

由式(3-117) 可得

$$E(z) = E_a e^{-\alpha z} e^{-j\beta z} = (10e^{j\frac{\pi}{3}}) \cdot e^{-15} \cdot e^{-j15} = (3.06 \times 10^{-6}) \cdot e^{j(\frac{\pi}{3}-15)}$$

(c) 当 $z = -2\text{mm}$，有

$$\alpha z = \beta z = (1.5 \times 10^4) \times (-2 \times 10^{-3}) = -30$$

由式(3-119) 可得

$$E(z) = E_a e^{\alpha z} e^{j\beta z} = (5e^{j\frac{2\pi}{3}}) \cdot e^{-30} \cdot e^{-j30} = (4.68 \times 10^{-13}) \cdot e^{j(\frac{2\pi}{3}-30)}$$

从例 3.10 可知，当电磁波进入导体时，即使在很短的传播距离内，它也会显著衰减。

3.4.3　相速度

由式(3-115) 可知，导体的传播常数为 $\gamma = \alpha + j\beta$，这与 2.3 节中的情况不太一样。它会带来两个主要差异，第一个差异由虚部 β 引起。

假设入射波沿 $+z$ 传播，电场为

$$E_x(z,t) = Ae^{-\alpha z} \cdot \cos(\omega t - \beta z + \theta) \tag{3-121}$$

可以将式(3-121) 改写为

$$E_x(z,t) = Ae^{-\alpha z} \cdot \cos\Omega \tag{3-122}$$

其中 Ω 表示相位

$$\Omega = \omega t - \beta z + \theta \tag{3-123}$$

使用式(3-123)和3.2节中的类似变化,可得对应相速度

$$v_p = \frac{\omega}{\beta} \tag{3-124}$$

将式(3-116)代入式(3-124),可得

$$v_p = \sqrt{\frac{4\pi f}{\mu\sigma}} \tag{3-125}$$

式(3-125)表明,导体的相速度取决于频率。另一方面,电介质的相速度 $v_p = \dfrac{c}{n}$,是由折射率决定,与频率无关。此外,导体的相速度通常比介质的相速度低得多,从下面的例子中可以看出这一点。

例 3.11

假设铜的电导率 $\sigma = 5.8 \times 10^7 (\mathrm{S/m})$,$\mu = \mu_0 = 4\pi \times 10^{-7} (\mathrm{H/m})$。请推导出当频率为 $f = 1\mathrm{MHz}$ 时,铜中电磁波的相速度。

解:

由式(3-125)可得

$$v_p = \sqrt{\frac{4\pi f}{\mu\sigma}} = \sqrt{\frac{4\pi(1 \times 10^6)}{(4\pi \times 10^{-7})(5.8 \times 10^7)}} = 415(\mathrm{m/s})$$

从这个例子中,我们发现导体的相速度远低于介质的相速度。例如,空气的折射率约为1,对应的相速度约为光速,即 $3 \times 10^8 (\mathrm{m/s})$!

3.4.4 趋肤效应

导体和介质之间的第二个差异来自衰减常数 α,它产生了一种重要的效应,称为趋肤效应。

假设有一个入射波沿 $+z$ 传播,从式(3-121)可知,电场随着 $\mathrm{e}^{-\alpha z}$ 衰减。这里定义一个新参数

$$\delta = \frac{1}{\alpha} = \frac{1}{\sqrt{\pi f \mu \sigma}} \tag{3-126}$$

因为 α 的单位是 $1/\mathrm{m}$,所以 δ 的单位是 m,δ 的物理含义简单明了。当电磁波在导体中传播 δ 的距离时,电场将衰减为 $\mathrm{e}^{-\alpha z} = \mathrm{e}^{-1} = 0.368$。当移动 2δ 的距离时,电场将衰减为 0.135。当移动 $q\delta$ 的距离时,电场将衰减为 e^{-q}。因此,δ 越小,给定距离的衰减率越大。

例 3.12

假设铜的电导率 $\sigma = 5.8 \times 10^7 (\mathrm{S/m})$,$\mu = \mu_0 = 4\pi \times 10^{-7} (\mathrm{H/m})$。当频率 $f = 9\mathrm{MHz}$ 时,请推导相应的 δ。

解：

由式(3-126)可得

$$\delta = \frac{1}{\sqrt{\pi f \mu \sigma}} = 2.2 \times 10^{-5} (\text{m}) = 0.022 (\text{mm})$$

在例 3.12 中，由于 δ 非常小，所以电磁波在导体中很短的距离显著衰减。从例 3.12 来看，如果频率 $f = 9\text{MHz}$，对应的 δ 为 0.022mm。因此，当电磁波进入铜表面 0.022mm 的深度时，电场衰减系数为 $\text{e}^{-1} = 0.368$。此外，在 0.044mm 的深度处，电场衰减为 $\text{e}^{-2} = 0.135$。在 1mm 深度处，电场衰减为 $\text{e}^{-45} = 2.9 \times 10^{-20}$（1mm 约为 45δ）！

从前面的例子可知，当电磁波进入导体时，能量在很短的距离内迅速消失，这种现象称为趋肤效应。实际上，当电磁波进入导体时，仍然可以在 δ 深度处检测到电磁波。然而，当深度大于几个 δ 时，能量很小，可以忽略它。由于 δ 通常非常小，电磁场被认为是"集中"在"导体"的表皮（表面），因此可将这种现象称为趋肤效应，δ 称为趋肤深度。

通过应用趋肤效应，可以使用金属薄板来屏蔽电路，因为电磁波不能穿透该薄板。它可以防止电路受到不需要的环境电磁波干扰。此外，由于趋肤深度 δ 随着频率的增加而减小，因此对于高频电磁波，趋肤效应变得更加显著。

最后，有一个在后文中将使用的概念需要强调一下，当处理导体中的电磁波时，由于趋肤效应，通常假设：电磁波的所有显著行为仅发生在深度 δ 导体的表面。

例如，图 3-11 中示出了厚度为 10cm 的铜块。当频率为 $f = 9\text{MHz}$ 的电磁波进入铜块时，表皮深度 δ 仅为 0.022mm，如例 3.12 所示。因此，可以将铜块视为厚度为 0.022mm 的金属板。这是因为电磁波的所有突出行为都集中在 δ 深度内。这个概念非常有用，当处理涉及导体的电磁波时，可以大大简化问题。

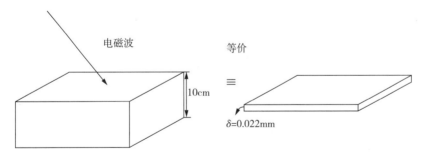

图 3-11　趋肤效应示意图

小　结

本章学习了电磁波的重要参数，包括四个部分：

3.1：波阻抗

介绍波阻抗的原理。一旦给出波阻抗，磁场可以直接从相关的电场导出，反之亦然。

3.2：群速度

介绍群速度的物理意义以及色散介质。

3.3：坡印廷矢量

介绍电磁波的能量传递和功率流的原理，坡印廷矢量的物理意义。

3.4：导体中的电磁波特性

介绍导体中电磁波的行为以及趋肤效应和趋肤深度。

从第 1 章到本章，主要学习了电磁波在单一介质中的原理和行为。在下一章中，我们将学习电磁波穿过两种不同介质之间时的特点。

<h2 style="text-align:center">习　题</h2>

1. $\vec{H} = H_0 e^{-jkz} \cdot \hat{y}$，其介电常数和磁导率分别为 ε 和 μ_0。请推导该介电介质的波阻抗。（提示：$\nabla \times \vec{H} = j\omega\varepsilon \vec{E}$）

2. 沿 $+z$ 方向传播的入射波具有 $\vec{E} = E_0 \cos(\omega t - kz) \cdot \hat{x}$ 且 $E_0 = 10(\text{V/m})$。假设 $\vec{H} = H_y \cdot \hat{y}$。请推导以下介质的 H_y：

(a) 水（$\varepsilon_r = 80$）；

(b) 干土（$\varepsilon_r = 3.5$）；

(c) 云母（$\varepsilon_r = 6$）。

（提示：例 3.2）

3. 入射波在自由空间中沿 $+z$ 方向传播。其电场为 $\vec{E} = E_0 \cos\left(\omega t - kz + \dfrac{\pi}{6}\right) \cdot \hat{x}$。设 $\omega = 2\pi \times 10^7 (\text{rad/s})$。请推导 $z = 10\text{m}$ 时的电场和磁场。

4. 反射波沿 $-z$ 方向具有 $\vec{E} = E_0 \cos(\omega t + kz) \cdot \hat{x}$ 且 $E_0 = 5(\text{V/m})$。假设 $\vec{H} = H_y \cdot \hat{y}$。请推导以下介质的 H_y：

(a) 水（$\varepsilon_r = 80$）；

(b) 干土（$\varepsilon_r = 3.5$）；

(c) 云母（$\varepsilon_r = 6$）。

（提示：例 3.3）

5. 反射波在自由空间中沿 $-z$ 方向传播。其电场为 $\vec{E} = E_0 \cos\left(\omega t + kz - \dfrac{\pi}{3}\right) \cdot \hat{x}$，假设 $\omega = 2\pi \times 10^8 (\text{rad/s})$，请推导 $z = 20\text{m}$ 时的电场和磁场。

6. 由入射波和反射波组成的电磁波在自由空间中传播。其电场为 $\vec{E} = Z_x \cdot \hat{x} = \left[4\cos(\omega t - kz) + 10\cos(\omega t + kz)\right] \cdot \hat{x}$，假设 $\omega = 2\pi \times 10^6 (\text{rad/sec})$。

(a) 请推导 $z = 100\text{m}$ 时的电场和磁场；

(b) 计算 $z = 100\text{m}$ 时的 E_x / H_y。

7. 由入射波和反射波组成的电磁波在折射率为 $n = 4$ 的介质中传播 $\vec{E} = Z_x \cdot \hat{x} = \left[5\cos\left(\omega t - kz + \dfrac{\pi}{4}\right) + 8\cos\left(\omega t + kz - \dfrac{\pi}{3}\right)\right] \cdot \hat{x}$，假设 $f = 100\text{MHz}$。

(a) 当 $t = 0$ 时，请推导 $z = 10\text{m}$ 处的电场和磁场；

(b) 当 $t = 0$ 时，计算 $z = 10\text{m}$ 时的 E_x / H_y；

(c) 当 $t = 1\text{ns}$ 时，请推导 $z = 20\text{m}$ 时的电场和磁场；

(d) 当 $t = 1\text{ns}$ 时,计算 $z = 20\text{m}$ 时 E_x / H_y。

(提示:例 3.4)

8. 色散介质的折射率是频率的函数,即

$$n(f) = n_0 + \alpha\left(1 + \frac{f}{f_0}\right)$$

其中 $n_0 = 3, \alpha = 0.01, f_0 = 100\text{MHz}$。请推导(a)$f = 70\text{MHz}$,(b)$f = 150\text{MHz}$ 时的相速度和群速度。

(提示:例 3.6)

9. 在电介质中从位置 A 到位置 B 传输宽带信号,其中 A 和 B 之间的距离为 $L = 20\text{km}$,假设信号频谱从 80 到 120MHz,即信号的最低频率分量为 $f_1 = 80\text{MHz}$,最高频率分量为 $f_2 = 120\text{MHz}$,信号的中心频率为 $f_c = 100\text{MHz}$,且介质的折射率与练习 8 中的相同。

(a) 请计算这个信号的群速度;

(b) 计算 f_1 和 f_2 处信号分量之间的时间延迟;

(c) 假设信号是矩形脉冲,其位置 A 处的脉冲宽度为 $T = 1\mu\text{s}$,请推导位置 B 处的脉冲宽度。

10. 电离介质的波数为

$$k = \frac{\omega}{c}\sqrt{1 - \left(\frac{\omega_p}{\omega}\right)^2}$$

请推导 $\omega = 2\omega_p$ 时的相速度和群速度。

(提示:例 3.5)

11. 对于一个矢量场 $\vec{A} = A_x \cdot \hat{x} + A_y \cdot \hat{y} + A_z \cdot \hat{z}$

请证明:$\dfrac{\partial |\vec{A}|^2}{\partial t} = \dfrac{\partial(\vec{A} \cdot \vec{A})}{\partial t} = 2\vec{A} \cdot \dfrac{\partial \vec{A}}{\partial t}$

12. 对于矢量场 $\vec{A} = A_x \cdot \hat{x} + A_y \cdot \hat{y} + A_z \cdot \hat{z}, \vec{B} = B_x \cdot \hat{x} + B_y \cdot \hat{y} + B_z \cdot \hat{z}$

请证明:$\nabla \cdot (\vec{A} \times \vec{B}) = \vec{B} \cdot (\nabla \times \vec{A}) - \vec{A} \cdot (\nabla \times \vec{B})$

13. (a) 用你自己方法推导坡印廷矢量的公式;

(b) 说出坡印廷矢量的方向和大小的物理意义。

(提示:参考第 3.3 节)

14. 入射波在自由空间中沿 $+z$ 方向传播,其中 $\vec{E} = E_x \cdot \hat{x} = E_a \mathrm{e}^{-\mathrm{j}kz} \cdot \hat{x}$ 且 $E_a = 20(\text{V/m})$。

(a) 假设 $\vec{H} = H_y \cdot \hat{y}$。请推导 H_y;

(b) 推导该波的坡印廷矢量;

(c) 假设该平面波的有效面积为 100m^2,请计算该波在 $+z$ 方向上的平均功率。

15. 反射波在自由空间中的沿 $-z$ 方向传播,其中 $\vec{E} = E_x \cdot \hat{x} = E_b \mathrm{e}^{\mathrm{j}kz} \cdot \hat{x}, E_b = 10(\text{V/m})$。

(a) 假设 $\vec{H} = H_y \cdot \hat{y}$。请推导 H_y;

(b) 推导该波的坡印廷矢量;

(c) 假设该平面波的有效面积为 50m^2,请计算该波在 $-z$ 方向上的最大功率。

16. 由入射波和反射波组成的电磁波在自由空间中传播,其中 $\vec{E} = (E_a \mathrm{e}^{-\mathrm{j}kz} + E_b \mathrm{e}^{\mathrm{j}kz}) \cdot \hat{x}$,假设 $E_a = 8(\text{V/m}), E_b = 6(\text{V/m})$。

(a) 请推导入射波和反射波的平均功率密度;

(b) 假设平面波的有效面积为 100m^2,请计算在 $+z$ 方向上的净功率。

17. 均匀平面波的相关坡印廷矢量为 $\vec{P} = 20 \cdot \hat{z}(\text{W/m}^2)$,设 $\vec{E} = 30\hat{x} + 40\hat{y}(\text{V/m})$,请推导:

(a) 磁场 $\vec{H}$;

(b) 介质的波阻抗;

(c) 介质的折射率。

18. 在介电介质中，均匀平面波的坡印廷矢量为 $\vec{P} = 10\hat{x} + 20\hat{y} + 75\hat{z}\,(\mathrm{W/m^2})$，设 $\vec{E} = 30\hat{x} - 15\hat{y}\,(\mathrm{V/m})$。请推导：

(a) 磁场 $\vec{H}$；

(b) 介质的波阻抗；

(c) 介质的折射率。

19. 铜的 $\sigma = 5.8 \times 10^7\,(\mathrm{S/m})$ 和 $\varepsilon_r = 12$，在以下频率下

(a) $f = 1\mathrm{kHz}$；

(b) $f = 1\mathrm{MHz}$；

(c) $f = 1\mathrm{GHz}$；

(d) $f = 1\mathrm{THz}(10^{12}\,\mathrm{Hz})$。

判断其是否为良导体。

(参考第 3.4 节)

20. 海水的 $\sigma = 4\,(\mathrm{S/m})$ 和 $\varepsilon_r = 12$，在以下频率下

(a) $f = 1\mathrm{kHz}$；

(b) $f = 1\mathrm{MHz}$；

(c) $f = 1\mathrm{GHz}$。

判断它是否为良导体。

21. 铜的 $\sigma = 5.8 \times 10^7\,(\mathrm{S/m})$ 和 $\varepsilon_r = 12$，请计算以下频率的相速度：

(a) $f = 1\mathrm{Hz}$；

(b) $f = 1\mathrm{kHz}$；

(b) $f = 1\mathrm{MHz}$。

22. 铜的 $\sigma = 5.8 \times 10^7\,(\mathrm{S/m})$，在以下三种情况下：

(a) $f = 1\mathrm{Hz}$；

(b) $f = 100\mathrm{kHz}$；

(c) $f = 1\mathrm{GHz}$。

请计算

(a) 相关的衰减常数；

(b) 关联的皮肤深度；

(c) 假设电磁波的输入功率为 P_{in}，请计算在铜中传输 1mm 之后的功率。

(提示：例 3.10 和例 3.12)

23. 海水 $\sigma = 4\,(\mathrm{S/m})$，在以下三种情况下：

(a) $f = 1\mathrm{Hz}$；

(b) $f = 100\mathrm{kHz}$；

(c) $f = 1\mathrm{GHz}$。

请计算

(a) 相关的衰减常数；

(b) 关联的皮肤深度；

(c) 假设电磁波的输入功率为 P_{in}，请计算在海水中传输 1mm 之后的功率。

第 4 章　　电磁波的界面特性

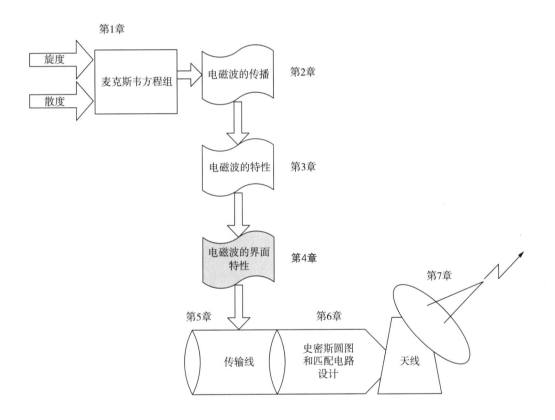

当生物遇到两个不同环境之间的界面时,它们可能会发生一些变化,会有不同的反应。例如,当一群鱼游到河流和海洋的交界处时,它们会感受到环境的变化。有些鱼可能会继续游,有些鱼可能会游来游去,其他鱼可能会回去。事实上,不仅是生物,电磁波在遇到两种介质的分界面时,也会改变它们的行为。

在电介质中,电磁波以非常有限的能量损失高速传播。然而,在导体中,电磁波速度减慢,能量在短距离内迅速损失。在许多情况和应用中,电磁波可以从一种介质传播到另一种介质。例如,在无线通信中,电磁波可能从空气传播到水中。这个过程中需要思考的问题是"在分界面可能会发生什么变化,电磁波如何响应这些变化?"这就是本章的主要内容。

本章将探讨电磁波在分界面上的特性,主要分为三个步骤:

步骤 1. 使用麦克斯韦方程组获得电磁场在分界面处必须满足的边界条件。

步骤 2. 任何电磁波都可以分解为两个分量:平行极化波和垂直极化波。随后使用边界条件研究每个分量在分界面上的特性,进而理解任意电磁波在分界面上的特性。

步骤 3. 继续学习电磁波在导体界面上的特性。

本章着重于物理和现象,而不是严谨的数学。此外,还提供了许多示例和插图来帮助读者理解电磁波为什么以及如何在分界面上改变其行为。这些理解为电磁波在很多实际中的应用奠定了良好的基础。

4.1　电场的边界条件

电磁波由动态电场和磁场组成。在这一部分中,我们讨论了两种情况下的电场边界条件:在两种电介质的分界面上,以及电介质与导体的分界面上。下一节将讨论磁场的相应边界条件。

4.1.1　两种电介质之间的分界面

假设介质 1 和介质 2 是电介质;它们的分界面如图 4-1 所示。相关的介电常数和磁导率为介质 $1(\varepsilon_1,\mu_1)$ 和介质 $2(\varepsilon_2,\mu_2)$,其中,$\varepsilon_1 \neq \varepsilon_1$,并假设 $\mu_1 = \mu_2 = \mu_0$。下面我们介绍电场在分界面必须满足的边界条件。

介质1：(ε_1,μ_1)
———————————————————— 分界面
介质2：(ε_2,μ_2)

图 4-1　两种介质之间的分界面

首先,麦克斯韦方程仍然适用于分界面。对于电场的边界条件,需要法拉第定律和高斯定律。假设这两种介质中的电荷密度为零,即 $\rho = 0$,此时可得

$$\nabla \times \vec{E} = -\frac{\partial \vec{B}}{\partial t} \tag{4-1}$$

$$\nabla \cdot \vec{D} = 0 \qquad (4-2)$$

其中,式(4-1)为法拉第定律,式(4-2)为高斯定律。

如图4-2所示,对于介质1和介质2分界面处的任意电场E,可以分解为切向分量E_t和法向分量E_n,因此有

$$\vec{E} = \vec{E}_t + \vec{E}_n = E_t \hat{a}_t + E_n \hat{a}_n \qquad (4-3)$$

其中,$\hat{a}_t$是平行于分界面的单位向量,$\hat{a}_n$是垂直于分界面的单元向量,E_t和E_n是它们各自的幅值。例如,如果分界面是xy平面,则$\hat{a}_t$是平行于xy平面的向量,$\hat{a}_n$是垂直于xy平面的向量。

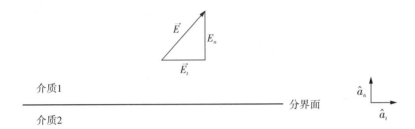

图 4-2　分界面电场分解(Ⅰ)

此外,如图4-3所示,介质1中的电场$\vec{E_1}$和介质2中的电场$\vec{E_2}$可以分解为

$$\vec{E_1} = \vec{E}_{t1} + \vec{E}_{n1} = E_{t1} \hat{a}_t + E_{n1} \hat{a}_n \qquad (4-4)$$

$$\vec{E_2} = \vec{E}_{t2} + \vec{E}_{n2} = E_{t2} \hat{a}_t + E_{n2} \hat{a}_n \qquad (4-5)$$

其中,E_{t1}和E_{t2}是分界面处的切向分量,而E_{n1}和E_{n2}是分界面处的法向分量。对于不同的介质,E_{t1}和E_{t2}具有相同的关系,E_{n1}和E_{n2}同样具有这种关系。这两个关系称为电场的边界条件。

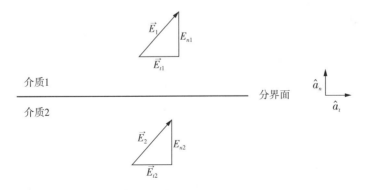

图 4-3　分界面电场分解(Ⅱ)

首先,我们根据法拉第定律推导了E_{t1}和E_{t2}之间的关系。假设S是一个任意曲面,在式(4-1)两侧进行曲面积分,可得

$$\int_S (\nabla \times \vec{E}) \cdot d\vec{s} = -\int_S \frac{\partial \vec{B}}{\partial t} \cdot d\vec{s} \tag{4-6}$$

利用斯托克斯定理,可以将左侧转换为下式给出的线积分

$$\int_S (\nabla \times \vec{E}) \cdot d\vec{s} = \oint_C \vec{E} \cdot d\vec{l} \tag{4-7}$$

其中 C 是 S 周围的轮廓,如图 4-4 所示。式(4-7)表示 S 上 $\nabla \times \vec{E}$ 的面积分等于沿 C 的线积分。

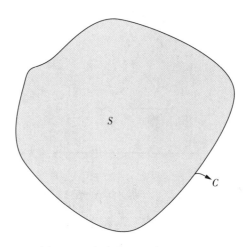

图 4-4   任意曲面及其周围轮廓

由式(4-6)和式(4-7),可得

$$\oint_C \vec{E} \cdot d\vec{l} = -\int_S \frac{\partial \vec{B}}{\partial t} \cdot d\vec{s} \tag{4-8}$$

式(4-8)表示沿任意曲面 S 周围轮廓的线积分等于 $-\partial \vec{B}/\partial t$ 在曲面 S 上的面积分。

接下来,在介质 1 和介质 2 之间的分界面上应用式(4-8)。让长度 L 和宽度 w 的矩形曲面 S 穿过界面,如图 4-5 所示。假设 L 很短,使 E_{t1} 和 E_{t2} 沿 L 保持不变。然后让 w 接近零,即 $w \to 0$,使 S 轮廓的路径 ab 和路径 cd 接近分界面。在图 4-5 中,当 $w \to 0$,沿路径 bc 和路径 da 的线积分为零。因此,式(4-8)的左侧变为

$$\oint_C \vec{E} \cdot d\vec{l} = E_{t1} \cdot L - E_{t2} \cdot L = (E_{t1} - E_{t2}) \cdot L \tag{4-9}$$

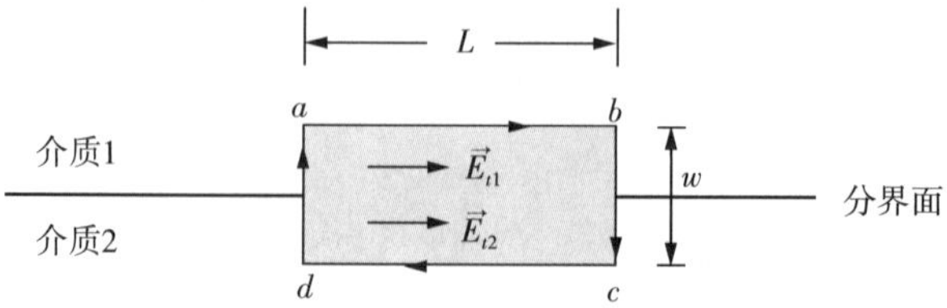

图 4-5   电场切向分量的边界条件

另一方面,当 $w \to 0$,S 的面积也接近于零。因为磁通密度的时变率 $\partial \vec{B} / \partial t$ 是有限的,当 $S \to 0$ 时,式(4-8)的右侧也等于 0,具体式为

$$\int_S \frac{\partial \vec{B}}{\partial t} \cdot \mathrm{d}\vec{s} = 0 \qquad (4-10)$$

根据式(4-8)到式(4-10),可得

$$(E_{t1} - E_{t2}) \cdot L = 0 \Rightarrow E_{t1} = E_{t2} \qquad (4-11)$$

这是电介质分界面处电场的第一个边界条件。它表明 E_{t1} 必须等于 E_{t2}。

现在,利用高斯定律来确定法向分量 E_{n1} 和 E_{n2} 的边界条件。从两种物质分界面处的电流密度开始,将其分解为

$$\vec{D} = D_t \hat{a}_t + D_n \hat{a}_n \qquad (4-12)$$

其中,D_t 是分界面的切向分量,D_n 是法向分量。因为 $\vec{D} = \varepsilon \vec{E}$,可得

$$D_{n1} = \varepsilon_1 E_{n1}, \qquad (4-13)$$

$$D_{n2} = \varepsilon_2 E_{n2}. \qquad (4-14)$$

假设 V 是任意体积,由式(4-2)可得

$$\int_V (\nabla \cdot \vec{D}) \, \mathrm{d}v = \int_V 0 \mathrm{d}v = 0 \qquad (4-15)$$

然后,根据散度定理,有

$$\int_V (\nabla \cdot \vec{D}) \, \mathrm{d}v = \oint_S \vec{D} \cdot \mathrm{d}\vec{s} = 0 \qquad (4-16)$$

其中 S 是 V 的表面。

方程(4-16)表明,体积 V 上的曲面积分 $\vec{D}$ 必须为零。如图 4-6 所示,可以将式(4-16)应用于分界面。假设 V 是一个高度为 h 的柱体,顶面和底面的面积为 M。假设 M 非常小,因此顶面上的 D_{n1} 是一个常数,底面上的 D_{n2} 也是一个常数。此外,当高度 h 接近零时,即 $h \to 0$,顶面和底面接近于分界面。在这种情况下,体积 V 的侧面对表面积分的贡献消失。因此,只需要考虑顶面和底面的积分即可,式(4-16)中的曲面积分可表示为

$$\oint_S \vec{D} \cdot \mathrm{d}\vec{s} = D_{n1}M - D_{n2}M = 0 \qquad (4-17)$$

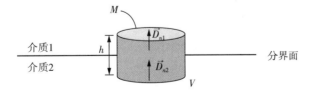

图 4-6　电场法向分量的边界条件

由式(4-17)可得

$$D_{n1} = D_{n2} \tag{4-18}$$

由式(4-18)、式(4-13)和式(4-14)，最终可得

$$\varepsilon_1 E_{n1} = \varepsilon_2 E_{n2} \tag{4-19}$$

这是电介质界面电场的第二个边界条件。从上面分析可知，界面上 $\varepsilon_1 E_{n1}$ 必须等于 $\varepsilon_2 E_{n2}$。需要说明的是，因为 $\varepsilon_1 \neq \varepsilon_2$，所以 E_{n1} 不等于 E_{n2}。

根据式(4-11)和式(4-19)可知，对于电场，切向分量在分界面处是连续的，即 $E_{t1} = E_{t2}$，但法向分量是不连续的，即 $E_{n1} \neq E_{n2}$。

例 4.1

假设介质1和介质2都是电介质，介电常数分别为 $\varepsilon_1 = 2\varepsilon_0$ 和 $\varepsilon_2 = 3\varepsilon_0$。假定它们的分界面位于 x-y 平面，分界面处介质1的电场为 $\vec{E_1} = 2\hat{x} + 3\hat{y} + 5\hat{z}$。请推导分界面处介质2的电场 $\vec{E_2}$。

解：

首先，将 $\vec{E_1}$ 分解为

$$\vec{E_1} = \vec{E}_{t1} + \vec{E}_{n1} ,$$

其中，$\vec{E}_{t1}$ 是分界面的切向分量，$\vec{E}_{n1}$ 是法向分量。分界面位于 x-y 平面，可得

$$\vec{E}_{t1} = 2\hat{x} + 3\hat{y}$$

$$\vec{E}_{n1} = 5\hat{z}$$

假设 $\vec{E_2}$ 由切向分量和法向分量组成，用 $\vec{E_2} = \vec{E}_{t2} + \vec{E}_{n2}$ 表示。根据式(4-11)中的第一个边界条件和式(4-19)中的第二个边界条件，有

$$E_{t1} = E_{t2} \Rightarrow \vec{E}_{t1} = \vec{E}_{t2}$$

$$\varepsilon_1 E_{n1} = \varepsilon_2 E_{n2} \Rightarrow \varepsilon_1 \vec{E}_{n1} = \varepsilon_2 \vec{E}_{n2}$$

进而，可得

$$\vec{E}_{t2} = \vec{E}_{t1} = 2\hat{x} + 3\hat{y}$$

$$\vec{E}_{n2} = \frac{\varepsilon_1}{\varepsilon_2} \vec{E}_{n1} = \frac{2}{3} \vec{E}_{n1} = \frac{10}{3}\hat{z}$$

最终，可得

$$\vec{E_2} = \vec{E}_{t2} + \vec{E}_{n2} = 2\hat{x} + 3\hat{y} + \frac{10}{3}\hat{z}$$

4.1.2 电介质与导体的分界面

当研究电磁波穿过电介质和导体之间的分界面时（例如空气和金属之间的分界面），必须考虑导体表面大量自由电子的影响。当电磁波入射到导体上时，相关电场使这些自

由电荷重新分布,从而形成表面电荷。假设有自由移动的电荷被表面上的入射电场吸引,如图 4-7 所示。在这种情况下,分界面处的电荷密度不为零。

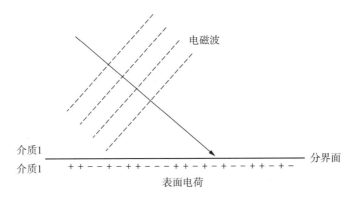

图 4-7　介质与导体的分界面

在图 4-7 中,根据法拉第定律和高斯定律,可得

$$\nabla \times \vec{E} = -\frac{\partial \vec{B}}{\partial t} \tag{4-20}$$

$$\nabla \times \vec{D} = \rho \tag{4-21}$$

其中 ρ 是电荷密度。比较式(4-20)及式(4-21)和式(4-1)及式(4-2)对于两种介质之间的分界面,可以发现式(4-20)与关于法拉第定律的式(4-1)相同。不同之处在于式(4-21)和式(4-2)中涉及高斯定律时的电荷密度。

类似于在式(4-3)~式(4-11)中根据法拉第定律推导出的结果,可以得到电场切向分量的相互关系

$$E_{t1} = E_{t2} \tag{4-22}$$

这是电介质和导体之间界面的第一个边界条件。它与式(4-11)描述的两种电介质分界面的情形相同。

接下来,推导法向分量 $\vec{E}_{n1}$ 和 $\vec{E}_{n2}$ 的关系。假设 V 是任意体积,对式(4-21)的两边进行体积分,可得

$$\int_V (\nabla \cdot \vec{D}) \mathrm{d}v = \int_V \rho \mathrm{d}v \tag{4-23}$$

利用散度定理,式(4-23)可以改写为

$$\oint_S \vec{D} \cdot \mathrm{d}\vec{s} = \int_V \rho \mathrm{d}v \tag{4-24}$$

其中 S 是 V 的表面。

设 V 是一个高度为 h 的柱体,顶面和底面面积为 M,如图 4-8 所示。假设 M 很小,因此顶面 D_{n1} 是一个常数,底面 D_{n2} 也是一个常数。此外,当高度 h 接近零时,即 $h \to 0$,顶面和底面将接近分界面。在这种情况下,侧壁对表面积分的贡献消失。因此,只需要考虑

顶面和底面的贡献,式(4-24)左侧的曲面积分可表示为

$$\oint_S \vec{D} \cdot \mathrm{d}\vec{s} = D_{n1} \cdot M - D_{n2} \cdot M = (D_{n1} - D_{n2}) \cdot M \tag{4-25}$$

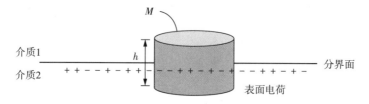

图 4-8   导体分界面电场法向分量边界条件

此外,当 $h \to 0$,两介质分界面处的表面电荷仍在相应体积内。因此,式(4-24)的右侧由下式给出

$$\int_V \rho \mathrm{d}v = Q \tag{4-26}$$

其中 Q 是相应体积内的总电荷。需要注意的是,当 $h \to 0$,体积 V 接近零。由于表面电荷仍然存在,电荷密度 ρ 将接近无穷大,因此 Q 不为零。

同时,可以想象当 $h \to 0$ 时,柱体变为面积为 M 的极薄圆盘。为了正确描述表面电荷的作用,定义一个新参数,称为表面电荷密度,即

$$\rho_s = \frac{Q}{M} \tag{4-27}$$

式中,ρ_s 表示单位面积的电荷密度,单位为 $(\mathrm{C/m^2})$。

由式(4-24)～式(4-27),可得

$$(D_{n1} - D_{n2}) \cdot M = Q = \rho_s \cdot M \tag{4-28}$$

进而可得

$$D_{n1} - D_{n2} = \rho_s \Rightarrow D_{n1} = D_{n2} + \rho_s \tag{4-29}$$

最终式(4-29)可以写成如下形式

$$\varepsilon_1 E_{n1} = \varepsilon_2 E_{n2} + \rho_s \tag{4-30}$$

式(4-30)是电介质和导体之间界面的第二个边界条件。

比较式(4-30)与式(4-19),可以很容易地发现不同之处是表面电荷密度 ρ_s。表面电荷的存在使得导体界面的边界条件不同于介质界面的边界条件。

例 4.2

假设介质1是电介质,介质2是导体。介质1的介电常数 $\varepsilon_1 = 2\varepsilon_0$,介质2的介电常数 $\varepsilon_2 = \varepsilon_0 = 8.85 \times 10^{-12} (\mathrm{F/m})$。假设分界面位于 x-y 平面,介质1中的电场 $\vec{E_1} = 5\hat{x} - 3\hat{y} + 4\hat{z}$。令表面电荷密度 $\rho_s = 10^{-11} (\mathrm{C/m^2})$。请推导介质2中的电场 $\vec{E_2}$。

解：

首先，将电场 $\vec{E}_1$ 分解为

$$\vec{E}_1 = \vec{E}_{t1} + \vec{E}_{n1}$$

其中，$\vec{E}_{t1}$ 是切向分量，$\vec{E}_{n1}$ 是法向分量。因为分界面位于 $x\text{-}y$ 平面，可得

$$\vec{E}_{t1} = 5\hat{x} - 3\hat{y}$$

$$\vec{E}_{n1} = 4\hat{z}$$

同时

$$\vec{E}_2 = \vec{E}_{t2} + \vec{E}_{n2}$$

根据式（4-22）和式（4-30）中的边界条件，有

$$E_{t1} = E_{t2}$$

$$\varepsilon_1 E_{n1} = \varepsilon_2 E_{n2} + \rho_s \Rightarrow E_{n2} = \frac{\varepsilon_1}{\varepsilon_2} E_{n1} - \frac{\rho_s}{\varepsilon_2}$$

进而，可得

$$\vec{E}_{t2} = \vec{E}_{t1} = 5\hat{x} - 3\hat{y}$$

$$\vec{E}_{n2} = E_{n2} \cdot \hat{z} = \left(\frac{\varepsilon_1}{\varepsilon_2} E_{n1} - \frac{\rho_s}{\varepsilon_2} \right) \cdot \hat{z} = 6.87\hat{z}$$

最终，可得

$$\vec{E}_2 = \vec{E}_{t2} + \vec{E}_{n2} = 5\hat{x} - 3\hat{y} + 6.87\hat{z}$$

4.1.3　小结

推导电场的边界条件需要花费大量精力。幸运的是，结果非常简单。

1. 对于两种介质之间的界面

$$E_{t1} = E_{t2} \tag{4-31}$$

$$\varepsilon_1 E_{n1} = \varepsilon_2 E_{n2} \tag{4-32}$$

2. 对于电介质和导体之间的界面

$$E_{t1} = E_{t2} \tag{4-33}$$

$$\varepsilon_1 E_{n1} = \varepsilon_2 E_{n2} + \rho_s \tag{4-34}$$

式中，ρ_s 为表面电荷密度。

根据上文分析，当电磁波穿过界面时，电场的切向分量总是连续的。另一方面，对应的法线分量在界面上是不连续的。此外，感应表面电荷使电介质和导体之间的边界条件比式（4-34）和式（4-32）所示的两种电介质的边界条件更复杂。

最后,分析中没有考虑两个导体之间的界面。原因很简单:因为电磁波在进入导体后迅速衰减,通常在遇到另一导体之前就消失了。因此,没有必要考虑两个导体之间的界面,因为它在实际中很少发生。

4.2 磁场的边界条件

学习电磁学时,很多初学者对"边界条件"这个术语感到困惑,不明白为什么需要学习这些条件。实际上,边界条件定义了电磁波在不同介质界面上的特性。通过学习这些条件,可以改变电磁波的特性,例如分界面处的传播方向。这使我们能够针对特定应用控制电磁波。

在上一节中,学习了电场的边界条件。本节将学习磁场的边界条件。

4.2.1 两种电介质之间的分界面

假设介质 1 和介质 2 为电介质,相关的介电常数和磁导率分别为 (ε_1, μ_1) 和 (ε_2, μ_2),其中 $\varepsilon_1 \neq \varepsilon_2$ 和 $\mu_1 = \mu_2 = \mu_0$。

首先,麦克斯韦方程在界面上成立。对于磁场的边界条件,利用安培定律和高斯磁场定律。假设这两种介质中的电流密度为零,即 $\vec{J} = 0$,可得

$$\nabla \times \vec{H} = \frac{\partial \vec{D}}{\partial t} \tag{4-35}$$

$$\nabla \cdot \vec{B} = 0 \tag{4-36}$$

其中,式(4-35)为安培定律,式(4-36)为高斯磁场定律。

对于介质 1 和介质 2 分界面处的任意磁场 $\vec{H}$,如图 4-9 所示,可以分解为切向分量 $\vec{H}_t$ 和法向分量 $\vec{H}_n$。因此,可得

$$\vec{H} = H_t \hat{a}_t + H_n \hat{a}_n \tag{4-37}$$

其中,$\hat{a}_t$ 和 $\hat{a}_n$ 是分别是平行和垂直于界面的单位向量,H_t 和 H_n 是对应的幅值。

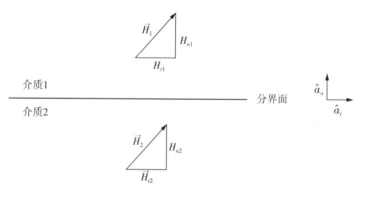

图 4-9 分界面磁场分解

如图 4-9 所示，介质 1 中的磁场 H_1 和介质 2 中的磁场 H_2 可以分解为

$$\overrightarrow{H}_1 = H_{t1}\hat{a}_t + H_{n1}\hat{a}_n \tag{4-38}$$

$$\overrightarrow{H}_2 = H_{t2}\hat{a}_t + H_{n2}\hat{a}_n \tag{4-39}$$

其中，H_{t1} 和 H_{t2} 是界面处的切向分量，H_{n1} 和 H_{n2} 是界面处的法向分量。与上一节分析电场的情况类似，对于不同的电介质 H_{t1} 和 H_{t2} 具有相同的关系，H_{n1} 和 H_{n2} 也是如此。在下面的内容，将介绍磁场的边界条件。

首先，根据安培定律推导 H_{t1} 和 H_{t2} 之间的关系。假设 S 是一个任意曲面，对式（4-35）的两边进行曲面积分，可得

$$\int_S (\nabla \times \overrightarrow{H}) \cdot \mathrm{d}\vec{s} = \int_s \frac{\partial \overrightarrow{D}}{\partial t} \cdot \mathrm{d}\vec{s} \tag{4-40}$$

在式（4-40）左侧应用斯托克斯定理，可得

$$\int_S (\nabla \times \overrightarrow{H}) \cdot \mathrm{d}\vec{s} = \oint_C \overrightarrow{H} \cdot \mathrm{d}\vec{l} \tag{4-41}$$

其中 C 是围绕 S 的闭合线。由式（4-40）和（4-41），可得

$$\oint_C \overrightarrow{H} \cdot \mathrm{d}\vec{l} = \int_s \frac{\partial \overrightarrow{D}}{\partial t} \cdot \mathrm{d}\vec{s} \tag{4-42}$$

式（4-42）表示 $\overrightarrow{H}$ 沿任意曲面 S 周围轮廓的线积分等于曲面 S 上 $\partial \overrightarrow{D}/\partial t$ 的面积分。

接下来，在介质 1 和介质 2 之间的分界面上应用式（4-42）。如图 4-10 所示，假定 S 是一个穿过分界面的矩形，长度为 L 和宽度为 w。假设 L 很短，因此 H_{t1} 和 H_{t2} 沿 L 保持不变。然后让 w 接近零，即 $w \to 0$，使 S 轮廓的路径 ab 和 cd 接近分界面。当 $w \to 0$，沿路径 bc 和 da 线积分的贡献为零。此时，式（4-42）的左侧变为

$$\oint_C \overrightarrow{H} \cdot \mathrm{d}\vec{l} = H_{t1}L - H_{t2}L = (H_{t1} - H_{t2}) \cdot L \tag{4-43}$$

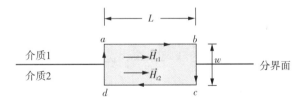

图 4-10　磁场切向分量的边界条件

另一方面，当 $w \to 0$，S 的面积也接近于零。因为电流密度的时变率 $\partial \overrightarrow{D}/\partial t$ 是有限的，式（4-42）的右侧为零，具体表达式为

$$\int_s \frac{\partial \overrightarrow{D}}{\partial t} \cdot \mathrm{d}\vec{s} = 0 \tag{4-44}$$

由式（4-42）～ 式（4-44），可得

$$(H_{t1} - H_{t2}) \cdot L = 0 \Rightarrow H_{t1} = H_{t2} \tag{4-45}$$

这是电介质分界面上磁场的第一个边界条件。

接下来,利用高斯磁场定律来确定法向分量 H_{n1} 和 H_{n2} 的边界条件。从分界面处的磁流密度开始,将其分解为如下形式

$$\vec{B} = B_t \hat{a}_t + B_n \hat{a}_n \tag{4-46}$$

其中,B_t 和 B_n 分别是分界处的切向分量和法向分量。由于 $\vec{B} = \mu \vec{H}$ 和 $\mu_1 = \mu_2 = \mu_0$,可得

$$B_{n1} = \mu_0 H_{n1} \tag{4-47}$$

$$B_{n2} = \mu_0 H_{n2} \tag{4-48}$$

假设 V 是任意体积,由式(4-35)可得

$$\int_V (\nabla \cdot \vec{B}) \, \mathrm{d}v = 0 \tag{4-49}$$

根据散度定理,有

$$\oint_V (\nabla \cdot \vec{B}) \, \mathrm{d}v = \oint_S \vec{B} \cdot \mathrm{d}\vec{s} = 0 \tag{4-50}$$

其中 S 是 V 的表面。式(4-50)表明体积 V 上的曲面积分 $\vec{B}$ 必须为零。将式(4-50)应用于图 4-11 所示的分界面,假定 V 是一个高度为 h 的柱体,顶面和底面的面积均为 M。假设 M 非常小,因此顶面上的 B_{n1} 和底面上的 B_{n2} 都是一个常数。此外,当高度 h 接近零时,即 $h \rightarrow 0$,顶面和底面接近分界面。在这种情况下,侧面对面积分的贡献为零。只需要考虑顶面和底面的贡献,式(4-50)中的曲面积分为

$$\oint_S \vec{B} \cdot \mathrm{d}\vec{s} = (B_{n1} - B_{n2}) \cdot M = 0 \tag{4-51}$$

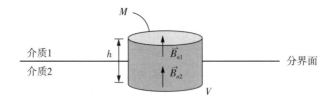

图 4-11 磁场法向分量的边界条件

由式(4-51)可得

$$B_{n1} = B_{n2} \tag{4-52}$$

由式(4-52)、式(4-47)和式(4-48),最终可得

$$H_{n1} = H_{n2} \tag{4-53}$$

这是电介质分界面处磁场的第二个边界条件。

根据分析可知,磁场的切向分量和法向分量都是连续的,即 $H_{t1} = H_{t2}$ 和 $H_{n1} = H_{n2}$。换句

话说,磁场在两种电介质的分界面上是连续的。即 $\overrightarrow{H}_1=\overrightarrow{H}_2$。显然,在这种情况下,磁场的边界条件比电场的边界条件简单。对于磁性介质,因为 $\mu_1 \neq \mu_0$ 或 $\mu_2 \neq \mu_0$,因此 $\overrightarrow{H}_1 \neq \overrightarrow{H}_2$。

例 4.3

假设有两个参数为 $\mu_1=\mu_2=\mu_0$ 的介质,介质 1 中的磁场由 $\overrightarrow{H}_1=4\hat{x}-2\hat{y}+\hat{z}$ 给出。请推导介质 2 中的磁场 $\overrightarrow{H}_2$。

解:

根据两种介质(非磁性介质)的边界条件,磁场是连续的。因此可得

$$\overrightarrow{H}_2=\overrightarrow{H}_1=4\hat{x}-2\hat{y}+\hat{z}$$

4.2.2　电介质和导体之间的分界面

和前一节讨论类似,当研究电介质和导体之间分界面上的电磁波特性时,需要考虑表面电荷,因为导体中存在大量的自由电子。这些表面电荷将被外加电场吸引,并形成如图 4 - 12 所示的表面电流。

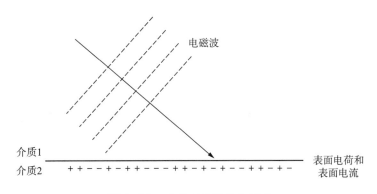

图 4 - 12　介质与导体的分界面

在分界面处,安培定律和高斯磁场定律分别由下式给出

$$\nabla \times \overrightarrow{H}=\overrightarrow{J}+\frac{\partial \overrightarrow{D}}{\partial t} \tag{4-54}$$

$$\nabla \cdot \overrightarrow{B}=0 \tag{4-55}$$

其中 $\overrightarrow{J}$ 是电流密度。比较式(4-54)和式(4-55)以及式(4-35)和式(4-36),可以发现唯一的差异来自电流密度 $\overrightarrow{J}$。

首先,分界面上的磁场可以分解为切向分量和法向分量,如式(4-38)和式(4-39)所示。随后利用安培定律导出 H_{t1} 和 H_{t2} 之间的关系。假设 S 是一个任意曲面,对式(4-54)的两边进行曲面积分,有

$$\int_s (\nabla \times \overrightarrow{H}) \cdot \mathrm{d}\vec{s} = \int_s \overrightarrow{J} \cdot \mathrm{d}\vec{s} + \int_s \frac{\partial \overrightarrow{D}}{\partial t} \cdot \mathrm{d}\vec{s} \tag{4-56}$$

应用斯托克斯定理,式(4-56)可以改写为

$$\oint_C \vec{H} \cdot \mathrm{d}\vec{l} = \int_S \vec{J} \cdot \mathrm{d}\vec{s} + \int_S \frac{\partial \vec{D}}{\partial t} \cdot \mathrm{d}\vec{s} \qquad (4-57)$$

其中 C 是围绕 S 的闭合曲线。

接下来,假定 S 是一个穿过分界面的矩形,其长度为 L 和宽度为 w,如图 4-13 所示。假设 L 很短,因此 H_{t1} 和 H_{t2} 沿 L 保持不变。然后让 w 接近零,即 $w \to 0$,使 S 轮廓的路径 ab 和路径 cd 接近分界面。在图 4-13 中,当宽度 $w \to 0$,沿路径 bc 和路径 da 线积分的贡献为零。因此,式(4-57)的左侧变为

$$\oint_C \vec{H} \cdot \mathrm{d}\vec{l} = H_{t1} \cdot L - H_{t2} \cdot L = (H_{t1} - H_{t2}) \cdot L \qquad (4-58)$$

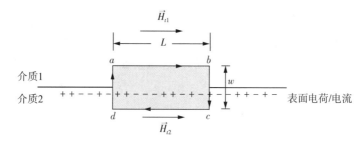

图 4-13　导体分界面磁场切向分量的边界条件

另一方面,当 $w \to 0$,S 的面积也接近于零。因为电流密度的时变率 $\partial \vec{D} / \partial t$ 有限,式(4-57)右侧的第二项消失。因此,由式(4-58)和(4-57),可得

$$(H_{t1} - H_{t2}) \cdot L = \int_S \vec{J} \cdot \mathrm{d}\vec{s} \qquad (4-59)$$

需要注意的是,当 $w \to 0$,S 的面积接近零。由于表面电流仍然在 S 中,电流密度 $\vec{J}$ 将接近无穷大,因此表面电流不为零

$$I = \int_S \vec{J} \cdot \mathrm{d}\vec{s} \qquad (4-60)$$

式中,I 为面积 S 中的总表面电流。

同时,可以想象当 $w \to 0$,矩形表面近似于长度为 L 的直线。为了正确描述表面电流的作用,定义一个新参数,称为表面电流密度,由下式给出

$$J_s = \frac{I}{L} \qquad (4-61)$$

式中,J_s 表示单位长度的电流密度,单位为(A/m)。J_s 实际上是一个方向垂直于磁场的矢量。为了简化这个问题,此处将其作为标量。

由式(4-59)～式(4-61),可得

$$(H_{t1} - H_{t2}) \cdot L = I = J_s \cdot L \qquad (4-62)$$

此时,H_{t1} 和 H_{t2} 之间的关系由下式给出

$$H_{t1} = H_{t2} + J_s \qquad (4-63)$$

这是电介质和导体分界面的第一个边界条件。

比较式(4-63)与式(4-45),可以发现两者之间的差别是表面电流密度 J_s。换言之,表面电流的存在使得导体界面关于磁场的边界条件不同于介质界面。

最后,利用高斯磁场定律推导法向分量 H_{n1} 和 H_{n2} 之间的关系。由于式(4-55)与式(4-36)相同,可得

$$H_{n1} = H_{n2} \qquad (4-64)$$

这是电介质和导体之间界面的第二个边界条件。这个条件与两个电介质之间界面的条件相同。

例 4.4

假设介质 1 是电介质,介质 2 是 $\mu_1 = \mu_2 = \mu_0$ 的导体。两介质的分界面是 $x\text{-}y$ 平面,介质 1 中的磁场由 $\vec{H}_1 = 3\hat{x} - 2\hat{z}$ 给出。假设表面电流密度 $J_s = 0.5(\text{A/m})$,方向垂直于磁场。请推导介质 2 中的磁场 $\vec{H}_2$。

解:

首先,$\vec{H}_1$ 可以分解为

$$\vec{H}_1 = \vec{H}_{t1} + \vec{H}_{n1}$$

其中 $\vec{H}_{t1}$ 和 $\vec{H}_{n1}$ 分别平行和垂直于分界面。因为分界面位于 xy 平面上,所以 $\vec{H}_{t1}$ 和 $\vec{H}_{n1}$ 由下式给出

$$\vec{H}_{t1} = 3\hat{x}$$

$$\vec{H}_{n1} = -2\hat{z}$$

对 $\vec{H}_2$ 进行分解得到

$$\vec{H}_2 = \vec{H}_{t2} + \vec{H}_{n2}$$

根据式(4-63)和式(4-64)中的边界条件,可得

$$H_{t1} = H_{t2} + J_s \Rightarrow H_{t2} = H_{t1} - J_s = 2.5$$

$$H_{n1} = H_{n2} \Rightarrow H_{n2} = -2$$

最终,可得

$$\vec{H}_2 = \vec{H}_{t2} + \vec{H}_{n2} = 2.5\hat{x} - 2\hat{z}$$

4.2.3 小结

磁场的边界条件总结如下。

1. 对于两种电介质之间的分界面

$$H_{t1} = H_{t2} \qquad (4-65)$$

$$H_{n1} = H_{n2} \qquad\qquad (4-66)$$

因此 $\vec{H}_1 = \vec{H}_2$。总之，磁场在界面上是连续的。

2. 对于电介质和导体之间的分界面

$$H_{t1} = H_{t2} + J_s \qquad\qquad (4-67)$$

$$H_{n1} = H_{n2} \qquad\qquad (4-68)$$

式中，J_s 为表面电流密度。显然，在这种情况下 $\vec{H}_{t1} \neq \vec{H}_{t2}$，磁场是不连续的。

4.3 电介质分界面的一般规律

在前面的章节中，讨论了定义两种介质之间电场和磁场的边界条件。本节将讨论电介质分界面的入射角、反射角和折射角之间的关系。众所周知，当电磁波从一种介质传播到另一种介质时，一部分反射，另一部分透射。例如，光是日常生活中最常见的电磁波。当光从空气传播到水中时，一部分光将被反射，其余的光将随着方向的改变（折射）传播到水中。下面讨论电磁波的入射、反射和折射之间的关系。

4.3.1 入射面

在图 4-14 中，有两种介质，分界面是 xy 平面。介质 1 和介质 2 的电磁特性参数为 (ε_1, μ_0) 和 (ε_2, μ_0)，其中 $\varepsilon_1 \neq \varepsilon_2$。当电磁波传播到介质 1 和介质 2 之间的分界面时，一部分返回介质 1（反射），另一部分传输到介质 2（折射）。在图 4-14 中，单位矢量 a_i 表示入射波的方向，单位矢量 a_r 表示反射波的方向，单位矢量 a_t 表示传输波进入介质 2 的方向。对于平面波，因为传播方向也是坡印廷矢量的方向，所以这些单位矢量 (a_i, a_r, a_t) 在三种情况下也显示了坡印廷矢量的方向，这意味着能量转移的方向。

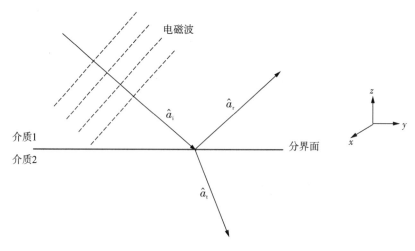

图 4-14　电介质分界面的电磁波入射（Ⅰ）

如图 4 - 14 所示,这三个重要矢量($\hat{a}_i, \hat{a}_r, \hat{a}_t$)位于 yz 平面,称之为入射面:

$$入射面 \equiv yz\ 平面$$

当分析分界面上电磁波的行为时,入射面是非常关键的。在这种情况下,它垂直于分界面,即 xy 平面。注意,与物理真实界面不同,入射面是一个假设平面,用于分析界面上的电磁波行为。

对于任意入射电场,可以将其分解为以下两个分量:

$$\vec{E} = \vec{E}_{/\!/} + \vec{E}_{\perp} \tag{4-69}$$

式中,$\vec{E}_{/\!/}$ 表示平行于入射平面的分量,$\vec{E}_{\perp}$ 表示垂直于入射平面的分量。换句话说,$\vec{E}_{/\!/}$ 是 $\vec{E}$ 在入射平面上的投影,而 $\vec{E}_{\perp}$ 是 $\vec{E}$ 在垂直于入射面的平面上的投影。

例 4.5

假设两种介质之间的分界面是 xy 平面,入射面是 yz 平面,如图 4 - 14 所示。假设入射电场为 $\vec{E} = 3\hat{x} - 2\hat{y} + 5\hat{z}$,请推导出相关的 $\vec{E}_{/\!/}$ 和 $\vec{E}_{\perp}$。

解:

首先,将电场分解为如下形式

$$\vec{E} = \vec{E}_{/\!/} + \vec{E}_{\perp}$$

因为入射面是 yz 平面,所以可得

$$\vec{E}_{/\!/} = -2\hat{y} + 5\hat{z}(平行于\ yz\ 平面)$$

$$\vec{E}_{\perp} = 3\hat{x}(垂直于\ yz\ 平面)$$

例 4.6

假设两个介质的分界面是 xy 平面,入射面是 yz 平面。请证明对于任意入射电场 $\vec{E} = a\hat{x} + b\hat{y} + c\hat{z}$,均可以分解为 $\vec{E} = \vec{E}_{/\!/} + \vec{E}_{\perp}$。

解:

因为入射面是 yz 平面,所以入射面 $\vec{E}$ 的平行分量等于

$$\vec{E}_{/\!/} = b\hat{y} + c\hat{z}$$

另一方面,入射面 $\vec{E}$ 的垂直分量为

$$\vec{E}_{\perp} = a\hat{x}$$

入射电场 $\vec{E}$ 是上述两个部分的组合,由下式给出

$$\vec{E} = \vec{E}_{/\!/} + \vec{E}_{\perp}$$

证明完毕。

通常,$\vec{E}_{/\!/}$ 和 $\vec{E}_{\perp}$ 在式(4 - 69)中不为零。在特定情况下,当入射电场与入射平面平行时,可以得到 $\vec{E}_{\perp} = 0$,从而得到

$$\vec{E} = \vec{E}_{/\!/} \tag{4-70}$$

在这种情况下,入射的电磁波称为平行极化波。另一方面,当入射电场垂直于入射平面时,可以得到 $\vec{E}_{/\!/} = 0$,因此

$$\vec{E} = \vec{E}_{\perp} \tag{4-71}$$

在这种情况下,入射的电磁波称为垂直极化波。需要注意的是,平行极化波和垂直极化波是根据入射平面而不是分界面来定义的。例如,在图 4-14 中,平行极化波的电场与 yz 平面平行,垂直极化波的电场垂直于 yz 平面,即其电场沿 $\hat{x}$ 或 $-\hat{x}$ 方向。

从实际结果来看,上述两种极化波在两种介质分界面上具有不同的行为。因此,通常需要单独分析这两种极化波。然而,这两种极化波也有一些共同的特性,称为介质界面的一般定律。这是本节所要学习的主题。

4.3.2 反射定律

在图 4-15 中,电磁波传播到分界面,入射面为 yz 面。如上一小节所定义,入射面包含三个重要的单位向量 $(\hat{a}_i, \hat{a}_r, \hat{a}_t)$。假设入射角 θ_i 是 z 轴(分界面的法线)和 $\hat{a}_i$(入射波)之间的角度,反射角 θ_r 是 z 轴和 $\hat{a}_r$(反射波)间的角度,透射角 θ_t 是 z 轴与 $\hat{a}_t$(透射波)的角度。这三个角度之间的关系很重要,因为它们决定了反射波和透射波的传播方向。

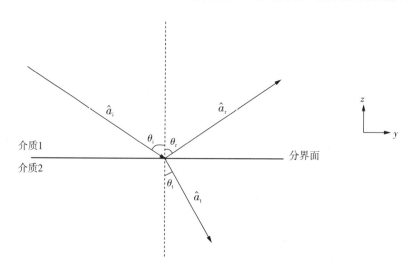

图 4-15 电介质分界面电磁波入射(Ⅱ)

首先,讨论入射角 θ_i 和对应反射角 θ_r 之间的关系。在图 4-16 中,假设有一个入射平面波,点 P 和 P' 位于同一平面(波前)。当波前从点 P 传播到 O 时,点 P' 也传播到 O',并且它们的传播距离相等:

$$\overline{PO} = \overline{P'O'} \tag{4-72}$$

接下来,当点 O 的电磁波反射到点 Q 时,点 O' 的波前也会传播到点 Q'。传播距离 $\overline{OQ}$ 和 $\overline{O'Q'}$ 相等,因此 Q 和 Q' 位于同一平面(波前)。

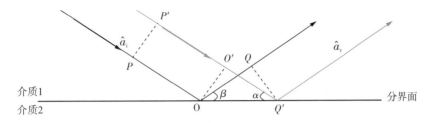

图 4-16　介质分界面的入射波和反射波

对比图 4-15 和图 4-16,可以得到角 α 和入射角 θ_i 之间的关系,即

$$\alpha = 90° - \theta_i \tag{4-73}$$

此外,角度 β 和反射角 θ_r 之间的关系由下式给出

$$\beta = 90° - \theta_r \tag{4-74}$$

从图 4-16 中,可以很容易地从三角函数中得到以下结果

$$\overline{OQ} = \overline{OQ'} \cdot \cos\beta = \overline{OQ'} \cdot \sin\theta_r \tag{4-75}$$

$$\overline{O'Q'} = \overline{OQ'} \cdot \cos\alpha = \overline{OQ'} \cdot \sin\theta_i \tag{4-76}$$

因为 $\overline{OQ} = \overline{O'Q'}$,由式(4-75)和式(4-76),可得

$$\sin\theta_i = \sin\theta_r \tag{4-77}$$

进而,可得

$$\theta_i = \theta_r \tag{4-78}$$

式(4-78)被称为反射定律,它表明反射角等于入射角。这个定律很重要,因为它可以精确预测反射波的方向。

例 4.7

在图 4-15 中,单位矢量 $\hat{a}_i$ 和 $\hat{a}_r$ 分别表示入射波和反射波的传播方向。假设 $\hat{a}_i = \frac{1}{2}\hat{y} - \frac{\sqrt{3}}{2}\hat{z}$,请推导 $\hat{a}_r$。

解:

根据反射定律,$\theta_i = \theta_r$。在图 4-15 中,$\hat{a}_r$ 的 y 分量应等于 $\hat{a}_i$ 的 y 分量。此外,$\hat{a}_i$ 的 z 分量与 $\hat{a}_r$ 的 z 分量大小相同,但方向相反。因此可得

$$\hat{a}_r = \frac{1}{2}\hat{y} + \frac{\sqrt{3}}{2}\hat{z}$$

4.3.3　折射定律(斯涅尔定律)

接下来,讨论入射角 θ_i 和对应透射角 θ_t 之间的关系。图 4-17 显示了入射平面,其中入射平面波的点 P 和点 P' 位于同一平面(波前)。在介质 1 中,当波前从点 P 传播到点 O

时,点 P' 的波前也会传播到 O',它们的传播距离相等:$\overline{PQ}=\overline{P'O'}$。平面波传播到介质 2 后,在 Δt 期间,点 O 的波前传播到点 Q。在同一时间段内,点 O' 处的波前会传播到介质 1 中的点 Q',其中 Q 和 Q' 位于同一平面(波前)。

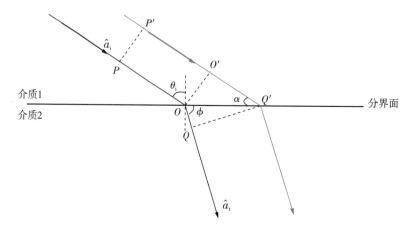

图 4-17　介质分界面的入射波和透射波

从图 4-15 和图 4-17 中,可以得到 $\alpha=90°-\theta_i$ 以及

$$\phi=90°-\theta_t \tag{4-79}$$

利用三角恒等式,可得

$$\overline{OQ}=\overline{OQ'}\cdot\cos\phi=\overline{OQ'}\cdot\sin\theta_t \tag{4-80}$$

$$\overline{O'Q'}=\overline{OQ'}\cdot\cos\alpha=\overline{OQ'}\cdot\sin\theta_i \tag{4-81}$$

需要注意的是,电磁波在两种介质中的传播速度不同。因此,有如下关系式

$$v_{p1}=\frac{c}{n_1} \tag{4-82}$$

$$v_{p2}=\frac{c}{n_2} \tag{4-83}$$

其中 v_{p1} 和 v_{p2} 分别是介质 1 和介质 2 中的相速度,n_1 和 n_2 分别是各自的折射率。在 Δt 期间,波在介质 1 中传播距离为 $\overline{O'Q'}$,在介质 2 中传播距离,从而有

$$\Delta t=\frac{\overline{O'Q'}}{v_{p1}}=\frac{\overline{OQ}}{v_{p2}} \tag{4-84}$$

将式(4-80)～式(4-83)代入式(4-84),最终可得

$$n_1\cdot\sin\theta_i=n_2\cdot\sin\theta_t \tag{4-85}$$

式(4-85)称为折射定律或斯涅尔定律。它定义了入射角 θ_i 和对应透射角 θ_t 之间的关系。该定律能精确预测两介质界面处的电磁波传播方向。

综上,以下定律适用于两种电介质之间的界面:

$$\theta_i = \theta_r（反射定律）$$

$$n_1 \cdot \sin\theta_i = n_2 \cdot \sin\theta_t（斯涅尔定律）$$

这两个定律对任何入射电磁波都是有效的,因此在处理两个电介质之间的界面问题时是非常重要的。

例 4.8

在图 4-15 中,单位矢量 $\hat{a}_i$ 和 $\hat{a}_t$ 分别表示入射波和透射波的传播方向。假定 $\varepsilon_1 = 4\varepsilon_0$, $\varepsilon_2 = 3\varepsilon_0$ 和 $\hat{a}_i = \frac{1}{2}\hat{y} - \frac{\sqrt{3}}{2}\hat{z}$。请推导出 $\hat{a}_t$。

解:

首先,由于 $\hat{a}_i$ 的 y 分量是 $1/2$,并且 $|\hat{a}_i| = 1$,因此,从图 4-15 可得

$$|\hat{a}_i| \cdot \sin\theta_i = \sin\theta_i = \frac{1}{2}$$

根据斯涅尔定律,有

$$n_1 \sin\theta_i = n_2 \sin\theta_t$$

因为 $n_1 = \sqrt{4} = 2$ 和 $n_1 = \sqrt{3}$,可得

$$\sin\theta_t = \frac{n_1}{n_2}\sin\theta_i = \frac{1}{\sqrt{3}}$$

根据三角恒等式,有

$$\cos\theta_t = \sqrt{1 - \sin\theta_t^2} = \sqrt{\frac{2}{3}}$$

由于 $|\hat{a}_t| = 1$,从图 4-15 可以看出 $\hat{a}_t$ 的 y 分量是 $\sin\theta_t$,而 $\hat{a}_t$ 的 z 分量是 $-\cos\theta_t$。因此

$$\hat{a}_t = \sin\theta_t \cdot \hat{y} - \cos\theta_t \cdot \hat{z} = \frac{1}{\sqrt{3}}\hat{y} - \sqrt{\frac{2}{3}}\hat{z}$$

4.3.4　全反射

当电磁波从介质传播到密度较小的介质时,即 $n_1 > n_2$,可能会出现一种称为全反射的有趣现象。它可以由斯涅尔定律验证。由式(4-85)可得

$$\sin\theta_t = \frac{n_1}{n_2}\sin\theta_i \qquad (4-86)$$

在式(4-86)中,当入射角 θ_i 为 $0°$ 时,透射角 θ_t 也为 $0°$,当 θ_i 增大时,θ_t 也增大。因为 $n_1 > n_2$,θ_t 必须大于 θ_i。可以预计,当 θ_i 增加到如图 4-18 所示的特定角度 θ_c 时,θ_t 将达到 $90°$。这种情况下,没有电磁波传输到介质 2 中。根据斯涅尔定律,可以推导出该特定角

度 θ_c，如下所示。设 θ_i 为 $90°$，由式（4-85），可得

$$n_1 \cdot \sin\theta_c = n_2 \cdot \sin 90° = n_2 \qquad (4-87)$$

因此 θ_c 由下式给出

$$\theta_c = \sin^{-1}\left(\frac{n_2}{n_1}\right) \qquad (4-88)$$

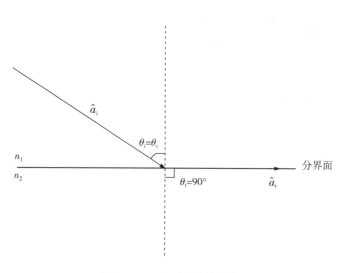

图 4-18　全反射和临界角

实际上，当入射角大于或等于 θ_c，即 $\theta_i \geqslant \theta_c$ 时，入射电磁波完全返回介质 1。这种现象称为全反射，θ_c 称为全反射的临界角。

综上所述，当下面两个条件得到满足时，会发生全反射：

1. 电磁波从折射率较大的介质传播到密度较小的介质，即 $n_1 > n_2$。

2. 入射角大于或等于临界角，即 $\theta_i \geqslant \theta_c = \sin^{-1}(n_2/n_1)$。

全反射最重要的应用之一是光纤通信。如图 4-19 所示，光纤由两部分组成，内芯是一种折射率为 n_1 的介质，它被另一种称为包层的介质包围，包层具有折射率 n_2，其中 $n_1 > n_2$。当以选定的角度向内芯传输光信号时，可以使光信号在这两种介质的分界面上发生全反射。此时，光信号完全保留在内芯中。因此，能量损失非常有限，信号可以传播很长的距离。这项技术繁荣了洲际通信，实现了全球联网。

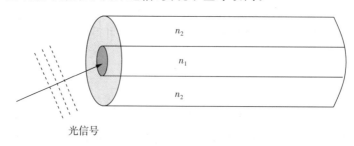

图 4-19　应用于光纤通信的全反射

例 4.9

如图 4-20 所示,有一个光纤,让一个光学信号从空气传输到折射率为 n_1 的内芯。假设 $n_1 > n_2$,空气的折射率为 $n=1$。如果想在该光纤中实现全反射(内芯和包层之间),请推导出空气和内芯之间的界面上 θ_i 的最大允许入射角。

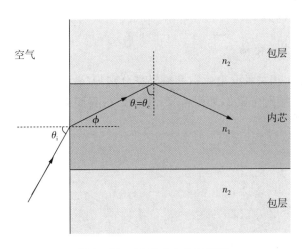

图 4-20　示例 4.9 的示意图

解:

在图 4-20 中,当内芯和包层之间的发生全发射时,相应的临界角为

$$\theta_c = \sin^{-1}\left(\frac{n_2}{n_1}\right)$$

根据斯涅尔定律,在空气($n=1$)和内芯之间的分界面处有以下关系:

$$1 \cdot \sin\theta_i = n_1 \cdot \sin\phi$$

因为 $\phi = 90° - \theta_c$,所以可得

$$\sin\theta_i = n_1 \cdot \sin\phi = n_1 \cdot \cos\theta_c = n_1 \cdot \sqrt{1 - \sin^2\theta_c} = \sqrt{n_1^2 - n_2^2}$$

因此,θ_i 的最大允许角度为

$$\theta_{max} = \sin^{-1}\left(\sqrt{n_1^2 - n_2^2}\right)$$

需要注意的是,从图 4-20 中可以看出,当 θ_i 大于 θ_{max} 时,内芯和包层之间的分界面不会出现全反射。

4.4　平行极化波

在上一节中,我们介绍了不同介质分界面上的两个重要定律:

$$\theta_i = \theta_r \tag{4-89}$$

$$n_1 \cdot \sin\theta_i = n_2 \cdot \sin\theta_t \qquad (4-90)$$

式(4-89)为反射定律,式(4-90)为折射定理(斯涅尔定律)。这两个定律清楚的描述了电磁波入射到不同介质分界面时的行为,可以确定发射波和入射波的方向。此外,任意入射波可以分解为两个分量:平行极化波和垂直极化波。在这一节中,我们讨论平行极化波在界面上的行为。

4.4.1 入射面上的电场

假设有两种介质,相关的介电常数和磁导率分别为(ε_1, μ_0)和(ε_2, μ_0),其中$\varepsilon_1 \neq \varepsilon_2$。让平面波从介质1传播到介质2,如图4-21所示。分界面为xy平面,入射面为yz平面,这两个平面相互垂直。

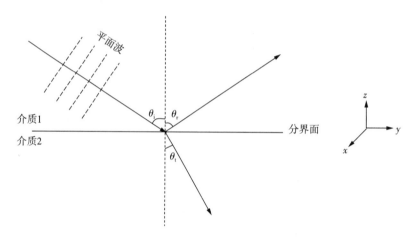

图4-21 介质分界面平行极化波(Ⅰ)

对于任意入射电磁波,电场$\vec{E}$可以分解为两个分量:

$$\vec{E} = \vec{E}_{/\!/} + \vec{E}_{\perp} \qquad (4-91)$$

其中,$\vec{E}_{/\!/}$平行于入射面,$\vec{E}_{\perp}$垂直于入射面。当入射电磁波$\vec{E}_{\perp}=0$,可得

$$\vec{E} = \vec{E}_{/\!/} \qquad (4-92)$$

在这种情况下,电磁波称为平行极化波,其电场与入射面平行。例如,在图4-21中,平行极化波的电场与y-z平面平行,其x分量为零。

平行极化波有一个有趣的特征:入射电场$\vec{E}_i$、反射电场$\vec{E}_r$和透射电场$\vec{E}_t$都位于入射面上。如图4-22所示,$\vec{E}_i$、$\vec{E}_r$和$\vec{E}_t$位于入射面(y-z平面),并且均垂直于电磁波的传播方向。在图4-22中,由于反射定律,反射角θ_r被入射角θ_i代替。此外,为了便于分析,图中绘制了三条平行于界面的虚线。

对于平行极化波,实际关注的是电场。一旦得到电场,就可以推导出相应磁场。例如,在图4-22中,一旦得到$\vec{E}_r$,反射磁场$\vec{H}_r$的大小可以很容易地由$|\vec{H}_r| = |\vec{E}_r| / \eta_1$得出,其中$\eta_1$是介质1的波阻抗。此外,反射波的坡印廷矢量$\vec{P}_r$的方向是其传播方向。因

为 $\vec{P}_r = \vec{E}_r \times \vec{H}_r$，我们可以从 $\vec{E}_r$ 和 $\vec{P}_r$ 的方向推导出 $\vec{H}_r$ 的方向。因此，一旦得到 $\vec{E}_r$，就可以推导出 $\vec{H}_r$。

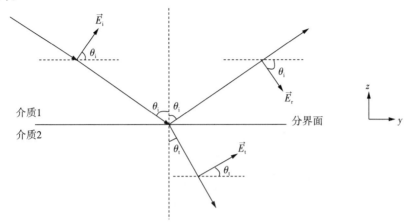

图 4 - 22　介质分界面处的平行极化波（Ⅱ）

4.4.2　反射系数和传输系数

根据第 4.1 节，两种介质分界面上的电场必须满足下列边界条件：

$$E_{t1} = E_{t2} \tag{4-93}$$

$$\varepsilon_1 E_{n1} = \varepsilon_2 E_{n2} \tag{4-94}$$

其中下标"t"表示平行于分界面的切向分量，下标"n"表示垂直于分界面的法向分量。

假设 E_i、E_r 和 E_t 分别表示入射电场、反射电场和透射电场的大小。根据式(4-93)和式(4-94)中的边界条件，可以推导出它们的关系。首先，考虑平行于分界面的切向分量。从图 4-22 中 $\vec{E}_i$ 和 $\vec{E}_r$ 的方向，可以得到介质 1 中的切向分量为

$$E_{t1} = E_i \cos\theta_i + E_r \cos\theta_i \tag{4-95}$$

另一方面，从 $\vec{E}_t$ 的方向，可以得到介质 2 中的切向分量为

$$E_{t2} = E_t \cdot \cos\theta_t \tag{4-96}$$

因为 $E_{t1} = E_{t2}$，可得

$$(E_i + E_r) \cdot \cos\theta_i = E_t \cdot \cos\theta_t \tag{4-97}$$

接下来，考虑垂直于分界面的法向分量。从图 4-22 中，可得

$$E_{n1} = E_i \cdot \sin\theta_i - E_r \cdot \sin\theta_i \tag{4-98}$$

$$E_{n2} = E_t \cdot \sin\theta_t \tag{4-99}$$

因为 $\varepsilon_1 E_{n1} = \varepsilon_2 E_{n2}$，可得

$$\varepsilon_1 (E_i - E_r) \cdot \sin\theta_i = \varepsilon_2 E_t \cdot \sin\theta_t \tag{4-100}$$

此外，根据斯涅尔定律，有

$$\sin\theta_t = \frac{n_1}{n_2}\theta_i = \sqrt{\frac{\varepsilon_1}{\varepsilon_2}} \cdot \sin\theta_i \qquad (4-101)$$

将式(4-101)代入式(4-100),可得

$$(E_i - E_r) = \sqrt{\frac{\varepsilon_1}{\varepsilon_2}} \cdot E_t \Rightarrow E_i - E_r = \frac{n_2}{n_1} \cdot E_t \qquad (4-102)$$

式(4-97)和式(4-102)是两个独立的方程,当 E_i 给定时,有两个未知变量 E_r 和 E_t。此时,有以下解决方法

$$E_r = \frac{n_1\cos\theta_t - n_2\cos\theta_i}{n_1\cos\theta_t + n_2\cos\theta_i} \cdot E_i \qquad (4-103)$$

$$E_t = \frac{2n_1\cos\theta_i}{n_1\cos\theta_t + n_2\cos\theta_i} \cdot E_i \qquad (4-104)$$

显然,式(4-103)给出了反射电场和入射电场之间的关系;式(4-104)给出了透射电场和入射电场之间的关系。

现在,进一步确定平行极化波的反射系数和透射系数。根据式(4-13)和(4-104)定义反射系数,具体表达式为

$$R_{/\!/} = \frac{E_r}{E_i} = \frac{n_1\cos\theta_t - n_2\cos\theta_i}{n_1\cos\theta_t + n_2\cos\theta_i} \qquad (4-105)$$

透射系数由下式给出

$$T_{/\!/} = \frac{E_t}{E_i} = \frac{2n_1\cos\theta_i}{n_1\cos\theta_t + n_2\cos\theta_i} \qquad (4-106)$$

这两个系数都取决于 (n_1, n_2) 和 $(\cos\theta_i, \cos\theta_t)$。

为了解释式(4-105)和式(4-106)的物理意义。选择特定入射角 $\theta_i = 0°$ 的例子,当 $\theta_i = 0°$ 时,根据斯涅尔定律,可以得到 $\theta_t = 0°$。因为 $\cos\theta_i = \cos\theta_t = 1$,可得

$$R_{/\!/} = \frac{n_1 - n_2}{n_1 + n_2} \qquad (4-107)$$

$$T_{/\!/} = \frac{2n_1}{n_1 + n_2} \qquad (4-108)$$

在这种情况下,有以下结论:

1. 当 $n_1 < n_2$ 时,例如,电磁波从空气传播到水中,从式(4-107)可以得到 $R_{/\!/} < 0$。另一方面,当 $n_1 > n_2$ 时,例如,电磁波从水中传播到空气,可以得到 $R_{/\!/} > 0$。

2. 从式(4-108)中,可知 $T_{/\!/}$ 必须为正。这意味着 E_t 和 E_i 有相同的符号。

3. 从式(4-107)中,可知当 n_1 和 n_2 之间的差值较大时, $|R_{/\!/}|$ 较大。另一方面,当 n_1 接近 n_2 时, $|R_{/\!/}|$ 消失,即当 $n_1 = n_2$, $R_{/\!/} = 0$。这个结果是合理的,因为反射可以被视为遇到介质变化时的电磁波响应。当变化较大时,反应很明显。当变化消失时,即 $n_1 = n_2$,电磁波传播时没有任何反射。

　　尽管上述原理是在 $\theta_i = 0°$ 的特定情况下发现的,但是它们适用于其他入射角。通常,反射和透射发生在两种介质之间。

例 4.10

　　对于图 4-22 所示的平行极化波,假设 $n_1 = 2$、$n_2 = 3$ 和 $\theta_i = 30°$。请推导反射系数 $R_{/\!/}$ 和透射系数 $T_{/\!/}$。

　　解:

　　首先,根据斯涅尔定律,有

$$n_1 \sin\theta_i = n_2 \sin\theta_t \Rightarrow \sin\theta_t = \frac{n_1}{n_2} \cdot \sin 30° = \frac{1}{3}$$

因为入射角 $\theta_i = 30°$,可得

$$\cos\theta_i = \cos 30° = \frac{\sqrt{3}}{2}$$

$$\cos\theta_t = \sqrt{1 - \sin^2\theta_t} = \frac{\sqrt{8}}{3}$$

最后,由式(4-105)和式(4-106),可得

$$R_{/\!/} = \frac{n_1 \cos\theta_t - n_2 \cos\theta_i}{n_1 \cos\theta_t + n_2 \cos\theta_i} = \frac{2 \times \dfrac{\sqrt{8}}{3} - 3 \times \dfrac{\sqrt{3}}{2}}{2 \times \dfrac{\sqrt{8}}{3} + 3 \times \dfrac{\sqrt{3}}{2}} = -0.16$$

$$T_{/\!/} = \frac{2n_1 \cos\theta_i}{n_1 \cos\theta_t + n_2 \cos\theta_i} = \frac{2 \times 2 \times \dfrac{\sqrt{3}}{2}}{2 \times \dfrac{\sqrt{8}}{3} + 3 \times \dfrac{\sqrt{3}}{2}} = 0.77$$

例 4.11

　　对于图 4-22 所示的平行极化波,假设 $n_1 = 4$,$n_2 = 3$,以及 $\theta_i = 30°$。请推导反射系数 $R_{/\!/}$ 和透射系数 $T_{/\!/}$。

　　解:

　　首先,根据斯涅尔定律,有

$$n_1 \sin\theta_i = n_2 \sin\theta_t \Rightarrow \sin\theta_t = \frac{n_1}{n_2} \cdot \sin 30° = \frac{2}{3}$$

因为入射角 $\theta_i = 30°$,可得

$$\cos\theta_i = \cos 30° = \frac{\sqrt{3}}{2}$$

$$\cos\theta_t = \sqrt{1 - \sin^2\theta_t} = \frac{\sqrt{5}}{3}$$

最后,由式(4-105)和式(4-106),可得

$$R_{/\!/} = \frac{n_1\cos\theta_t - n_2\cos\theta_i}{n_1\cos\theta_t + n_2\cos\theta_i} = \frac{4 \times \frac{\sqrt{5}}{3} - 3 \times \frac{\sqrt{3}}{2}}{4 \times \frac{\sqrt{5}}{3} + 3 \times \frac{\sqrt{3}}{2}} = 0.068$$

$$T_{/\!/} = \frac{2n_1\cos\theta_i}{n_1\cos\theta_t + n_2\cos\theta_i} = \frac{2 \times 4 \times \frac{\sqrt{3}}{2}}{4 \times \frac{\sqrt{5}}{3} + 3 \times \frac{\sqrt{3}}{2}} = 1.24$$

从上面两个例子来看,如前所述,反射系数 $R_{/\!/}$ 可能为正值或负值,且 $|R_{/\!/}| < 1$。此外,透射系数 $T_{/\!/}$ 必须为正值,并且 $T_{/\!/}$ 可能大于 1。稍后将继续讨论此问题。

4.4.3　布鲁斯特角

正如式(4-105)所示,当 $n_1\cos\theta_t = n_2\cos\theta_i$ 时,反射系数 $R_{/\!/}$ 的分子消失。实际上,当 $R_{/\!/} = 0$ 时,没有反射发生,平行极化波通过分界面完美地传输到介质 2 中。从实验结果来看,$R_{/\!/} = 0$ 只发生在称为布鲁斯特角的特定角度,该角度是以苏格兰科学家戴维·布鲁斯特的名字命名。

根据式(4-105),当 $R_{/\!/} = 0$ 时,可得

$$n_1\cos\theta_t = n_2\sin\theta_i \tag{4-109}$$

根据斯涅尔定律,有

$$n_1\sin\theta_i = n_2\sin\theta_t \tag{4-110}$$

由式(4-109)和式(4-110),可得

$$\cos^2\theta_t + \sin^2\theta_t = \left(\frac{n_2}{n_1}\right)^2\cos^2\theta_i + \left(\frac{n_1}{n_2}\right)^2\sin^2\theta_i = 1 \tag{4-111}$$

由于 $\cos^2\theta_i = 1 - \sin^2\theta_i$,式(4-111),可得

$$\sin\theta_i = \sqrt{\frac{n_2^2}{n_1^2 + n_2^2}} \tag{4-112}$$

此外,还可得

$$\cos\theta_i = \sqrt{1 - \sin^2\theta_i} = \sqrt{\frac{n_1^2}{n_1^2 + n_2^2}} \tag{4-113}$$

最后,由式(4-112)和式(4-113),可得

$$\tan\theta_i = \frac{\sin\theta_i}{\cos\theta_i} = \frac{n_2}{n_1} \tag{4-114}$$

根据式(4-114),可知 $R_{/\!/} = 0$ 是在特定入射角下获得的,该入射角取决于两种介质的

折射率比。这个角度称为布鲁斯特角,用 θ_B 表示。由式(4-114)可得

$$\theta_B = \tan^{-1}\left(\frac{n_2}{n_1}\right) \tag{4-115}$$

对于任意 n_1 和 n_2,总是可以导出 θ_B,这样入射波就可以完美地传输到介质2中,而不会产生任何反射。

如图4-23所示,当 $\theta_i = \theta_B$ 时,入射波完全透射到介质2中,这种现象称为全透射。与上一节中的全反射相比,全透射的条件似乎更具限制性。当 $n_1 > n_2$,并且 $\theta_i \geqslant \theta_c$,发生全反射。当 $\theta_i = \theta_B$ 时,无论 $n_1 > n_2$,或 $n_1 \leqslant n_2$,全透射均会发生。

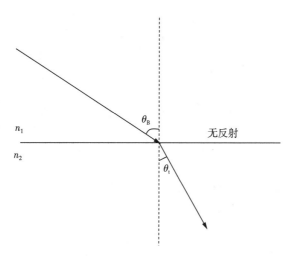

图 4-23　全透射和布鲁斯特角

例 4.12

假设 $n_1 = 3$ 和 $n_2 = 2$。请推导出发生全透射的角度,即 $\theta_i = \theta_B$。此外,请推导相关的反射系数 $R_{/\!/}$ 和透射系数 $T_{/\!/}$。

解:

首先,从式(4-114)中,可以推导出布鲁斯特角,如下式所示

$$\tan\theta_B = \frac{n_2}{n_1} = \frac{2}{3}$$

因此,在图4-24所示的三角形中有一个角度
θ_B,当 $\theta_i = \theta_B$ 时,可以从三角恒等式中获得以下
结果:

$$\sin\theta_i = \sin\theta_B = \frac{2}{\sqrt{13}}$$

$$\cos\theta_i = \cos\theta_B = \frac{3}{\sqrt{13}}$$

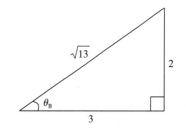

图 4-24　解释示例4.12中的三角恒等式

此外,根据斯涅尔定律,有

$$\sin\theta_t = \frac{n_1}{n_2}\sin\theta_i = \frac{3}{\sqrt{13}}$$

进而,可得

$$\cos\theta_t = \sqrt{1 - \sin^2\theta_t} = \frac{2}{\sqrt{13}}$$

最后,由式(4-105)和式(4-106),可得

$$R_{/\!/} = \frac{n_1\cos\theta_t - n_2\cos\theta_i}{n_1\cos\theta_t + n_2\cos\theta_i} = \frac{3 \times \dfrac{2}{\sqrt{13}} - 2 \times \dfrac{3}{\sqrt{13}}}{3 \times \dfrac{2}{\sqrt{13}} + 2 \times \dfrac{3}{\sqrt{13}}} = 0$$

$$T_{/\!/} = \frac{2n_1\cos\theta_i}{n_1\cos\theta_t + n_2\cos\theta_i} = \frac{2 \times 3 \times \dfrac{3}{\sqrt{13}}}{3 \times \dfrac{2}{\sqrt{13}} + 2 \times \dfrac{3}{\sqrt{13}}} = \frac{3}{2}$$

例 4.13

与例 4.12 相反,假设 $n_1 = 2$ 和 $n_2 = 3$。请推导布鲁斯特角,以便发生全透射。此外,请推导相关反射系数 $R_{/\!/}$ 和透射系数 $T_{/\!/}$。

解:

首先,从式(4-114)中,可以推导出布鲁斯特角,表达式如下

$$\tan\theta_B = \frac{n_2}{n_1} = \frac{3}{2}$$

如图 4-25 所示,在三角形中有一个角度 θ_B,当 $\theta_i = \theta_B$ 时,可以从三角恒等式得到

$$\sin\theta_i = \sin\theta_B = \frac{3}{\sqrt{13}}$$

$$\cos\theta_i = \cos\theta_B = \frac{2}{\sqrt{13}}$$

此外,根据斯涅尔定律,有

$$\sin\theta_t = \frac{n_1}{n_2}\sin\theta_i = \frac{2}{\sqrt{13}}$$

进而,可得

$$\cos\theta_t = \sqrt{1 - \sin^2\theta_t} = \frac{3}{\sqrt{13}}$$

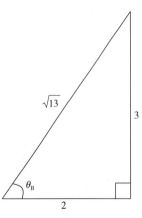

图 4-25 解释示例 4.13 中的三角恒等式

最后,由式(4-105)和式(4-106),可得

$$R_{/\!/} = \frac{n_1 \cos\theta_t - n_2 \cos\theta_i}{n_1 \cos\theta_t + n_2 \cos\theta_i} = \frac{2 \times \dfrac{3}{\sqrt{13}} - 3 \times \dfrac{2}{\sqrt{13}}}{2 \times \dfrac{3}{\sqrt{13}} + 3 \times \dfrac{2}{\sqrt{13}}} = 0$$

$$T_{/\!/} = \frac{2n_1 \cos\theta_i}{n_1 \cos\theta_t + n_2 \cos\theta_i} = \frac{2 \times 2 \times \dfrac{2}{\sqrt{13}}}{2 \times \dfrac{3}{\sqrt{13}} + 3 \times \dfrac{2}{\sqrt{13}}} = \frac{2}{3}$$

根据例 4.12 和例 4.13 可以发现,无论 $n_1 > n_2$ 还是 $n_1 < n_2$ 全透射都会发生。在日常生活中,无论从空气到水或从水到空气的光传输,都有各自的布鲁斯特角。此外,在例 4.13 中,由于反射系数 $R_{/\!/}$ 为零,读者可能会期望传输系数 $T_{/\!/}$ 为 1。但为什么得到 $T_{/\!/} = 2/3$？实际上,当 $R_{/\!/} = 0$ 时,$T_{/\!/}$ 不一定是 1。这可以用能量守恒定律来解释,该定律在下面的小节中介绍。

4.4.4　能量守恒定律

首先,讨论两种介质分界面上的能量分布,如图 4-26 所示。设 $(\vec{P}_i, \vec{P}_r, \vec{P}_t)$ 分别为入射波、反射波和透射波的坡印廷矢量。根据 3.3 节可知坡印廷矢量的方向正是电磁波的传播方向。假设入射波是均匀平面波,对应坡印廷矢量是 $\vec{P}_i$,可得

$$|\vec{P}_i| = |\vec{E}_i \times \vec{H}_i| = \frac{E_i^2}{\eta_1} \tag{4-116}$$

式中,η_1 为介质 1 的波阻抗,$|\vec{P}_i|$ 的单位为 W/m^2,即入射波的功率密度。此外,反射波和透射波的功率密度为

$$|\vec{P}_r| = |\vec{E}_r \times \vec{H}_r| = \frac{E_r^2}{\eta_1} \tag{4-117}$$

$$|\vec{P}_t| = |\vec{E}_t \times \vec{H}_t| = \frac{E_t^2}{\eta_2} \tag{4-118}$$

式中 η_2 为介质 2 的波阻抗。

在图 4-27 中,假设 M 是界面上的一个小区域。因为入射角是 θ_i,所以 M 的入射功率为

$$U_i = |\vec{P}_i| \cos\theta_i \cdot M \tag{4-119}$$

在式(4-119)中,$|\vec{P}_i| \cos\theta_i|$ 是 M 上的入射功率密度,U_i 是入射功率。同样,M 上的反射功率 U_r 和透射功率 U_t 分别为

$$U_r = |\vec{P}_r| \cos\theta_i \cdot M \tag{4-120}$$

$$U_t = |\vec{P}_t| \cos\theta_t \cdot M \tag{4-121}$$

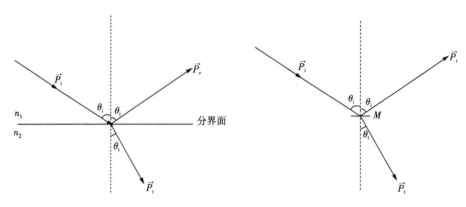

图 4-26　介质分界面处的功率分布　　　　图 4-27　界面区域处的功率分布

根据能量守恒定律，U_i 必须等于 U_r 和 U_t 之和，即

$$|\vec{P_i}|\cos\theta_i = |\vec{P_r}|\cos\theta_i + |\vec{P_t}|\cos\theta_t \tag{4-122}$$

将式(4-116)～式(4-118)代入式(4-122)，可得

$$\frac{E_i^2}{\eta_1}\cos\theta_i = \frac{E_r^2}{\eta_1}\cos\theta_i + \frac{E_t^2}{\eta_2}\cos\theta_t \tag{4-123}$$

式(4-123)可以改写为

$$1 = \frac{E_r^2}{E_i^2} + \frac{E_t^2}{E_i^2}\cdot\frac{\eta_1}{\eta_2}\cdot\frac{\cos\theta_t}{\cos\theta_i} \Rightarrow 1 = R_{/\!/}^2 + T_{/\!/}^2\cdot\frac{\eta_1}{\eta_2}\cdot\frac{\cos\theta_t}{\cos\theta_i} \tag{4-124}$$

因为

$$\eta_1 = \frac{\eta_0}{n_1} \tag{4-125}$$

$$\eta_2 = \frac{\eta_0}{n_2} \tag{4-126}$$

其中 η_0 是自由空间的波阻抗。由式(4-124)，可得

$$R_{/\!/}^2 + \frac{n_2\cos\theta_t}{n_1\cos\theta_i}\cdot T_{/\!/}^2 = 1 \tag{4-127}$$

根据能量守恒定律得出式(4-127)。如果将式(4-127)代入式(4-105)和式(4-106)并检查它们，可以发现它们满足能量守恒定律。这告诉我们，电磁波在分界面上的行为不仅符合麦克斯韦方程，而且符合能量守恒定律。

最后，根据式(4-127)，当 $R_{/\!/} = 0$ 时，有

$$T_{/\!/} = \sqrt{\frac{n_1\cos\theta_i}{n_2\cos\theta_t}} \tag{4-128}$$

显然，在这种情况下，$T_{/\!/}$ 可能不是1。这证明了例4.12和例4.13中给出的结果是正确的。

例 4.14

在例 4.11 中，$n_1 = 4$，$n_2 = 3$，入射角 $\theta_i = 30°$。假设入射电场大小 $|\vec{E_i}| = E_0$，M 是分界面上的很小区域。请推导 M 上的入射功率 U_i、反射功率 U_r 和透射功率 U_t。

解：

根据例 4.11 的结果，可得

$$\cos\theta_i = \frac{\sqrt{3}}{2}, \cos\theta_t = \frac{\sqrt{5}}{3}, R_{/\!/} = 0.068, T_{/\!/} = 1.24$$

由式（4-116）和式（4-119）可得，入射功率为

$$U_i = \frac{E_0^2}{\eta_1} \cdot \cos\theta_i \cdot M = \frac{E_0^2}{\eta_0/4} \cdot \frac{\sqrt{3}}{2} \cdot M = 3.46 \cdot \frac{E_0^2 M}{\eta_0}$$

类似地，由式（4-117）和式（4-120）可得，反射功率为

$$U_r = \frac{E_r^2}{\eta_1} \cdot \cos\theta_i \cdot M = \frac{(E_0 R_{/\!/})^2}{\eta_0/4} \cdot \cos\theta_i \cdot M = 0.02 \cdot \frac{E_0^2 M}{\eta_0}$$

由式（4-118）和式（4-121）可得，传输功率为

$$U_t = \frac{E_t^2}{\eta_2} \cdot \cos\theta_t \cdot M = \frac{(E_0 T_{/\!/})^2}{\eta_0/3} \cdot \cos\theta_t \cdot M = 3.44 \cdot \frac{E_0^2 M}{\eta_0}$$

根据上述结果，可以得出 $U_i = U_r + U_t$，符合能量守恒定律。

例 4.15

证明例 4.13 的结果符合能量守恒定律。

证明：

根据例 4.13 的结果，可得

$$\cos\theta_i = \frac{2}{\sqrt{13}}, \cos\theta_t = \frac{3}{\sqrt{13}}, R_{/\!/} = 0, T_{/\!/} = \frac{2}{3}$$

假设 M 是分界面上微小区域，入射电场大小 $|\vec{E_i}| = E_0$。根据式（4-116）～式（4-121），可得 M 上的入射功率为

$$U_i = \frac{E_0^2}{\eta_1} \cdot \cos\theta_i \cdot M = \frac{E_0^2}{\eta_0/2} \cdot \frac{2}{\sqrt{13}} \cdot M = \frac{4}{\sqrt{13}} \cdot \frac{E_0^2 M}{\eta_0}$$

M 上的反射功率和透射功率为

$$U_r = \frac{E_r^2}{\eta_1} \cdot \cos\theta_i \cdot M = 0$$

$$U_t = \frac{E_t^2}{\eta_2} \cdot \cos\theta_t \cdot M = \frac{(E_0 T_{/\!/})^2}{\eta_0/3} \cdot \frac{3}{\sqrt{13}} \cdot M = \frac{4}{\sqrt{13}} \cdot \frac{E_0^2 M}{\eta_0}$$

可以验证 $U_i = U_r + U_t$，这符合能量守恒定律。

4.5　垂直极化波

上一节学习了介质分界面上平行极化波的行为。本节将介绍垂直极化波的行为,即电场垂直于入射面。因为分界面也垂直于入射面,所以垂直极化波的电场平行于分界面。

由于垂直极化波的电场平行于分界面,没有垂直于界面的任何分量,因此电场只有一个边界条件,即 $E_{t1}=E_{t2}$,没有 $\varepsilon_1 E_{n1}=\varepsilon_2 E_{n2}$。不幸的是,一个边界条件不足以分析分界面上的相关行为。因此,在讨论垂直极化波的行为时,我们将重点放在对应的磁场上,以推导反射系数和透射系数。

4.5.1　入射平面上的磁场

假设有两种介质,相关的介电常数和磁导率分别为 (ε_1,μ_0) 和 (ε_2,μ_0),其中 $\varepsilon_1 \neq \varepsilon_2$。对于分界面处的入射电磁波,电场 $\vec{E}$ 可以分解为两个分量:

$$\vec{E}=\vec{E}_{/\!/}+\vec{E}_{\perp} \tag{4-129}$$

其中,$\vec{E}_{/\!/}$ 平行于入射面,$\vec{E}_{\perp}$ 垂直于入射面。当入射电磁波的 $\vec{E}_{/\!/}=0$ 时,可得

$$\vec{E}=\vec{E}_{\perp} \tag{4-130}$$

在这种情况下,电磁波称为垂直极化波,其电场垂直于入射面。

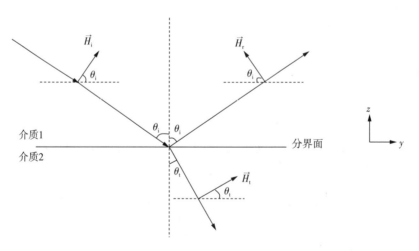

图 4-28　介质分界面垂直极化波

$\vec{H}_r$ 因为垂直极化波的磁场垂直于电场,所以它平行于入射面。因此,入射磁场 $\vec{H}_i$、反射磁场和透射磁场 $\vec{H}_t$ 都位于入射平面。如图 4-28 所示,$\vec{H}_i$、$\vec{H}_r$ 和 $\vec{H}_t$ 都位于入射面(y-z 平面),分界面为 x-y 平面。请注意,这些磁场的方向是这样确定的,即相应的入射电场 $\vec{E}_i$、反射电场 $\vec{E}_r$ 和透射电场 $\vec{E}_t$ 具有垂直进入入射面的参考方向。此外,由于反射定律,反射角 θ_r 被入射角 θ_i 代替。此外,为了便于分析,图中绘制了三条平行于分界面的虚

线。接下来,我们将推导垂直极化波的反射系数和透射系数。

4.5.2 反射系数和传输系数

根据第 4.2 节,两种介质分界面处的磁场必须满足下列边界条件:

$$H_{t1} = H_{t2} \tag{4-131}$$

$$H_{n1} = H_{n2} \tag{4-132}$$

其中下标"t"表示平行于分界面的切向分量,下标"n"表示垂直于分界面的法向分量。

假设 H_i、H_r 和 H_t 分别表示入射磁场、反射磁场和透射磁场的幅值。根据图 4-28 中 $\overrightarrow{H_i}$ 和 $\overrightarrow{H_r}$ 的方向,可以得到介质 1 中的切向分量,如下所示

$$H_{t1} = H_i \cdot \cos\theta_i - H_r \cdot \cos\theta_i \tag{4-133}$$

另一方面,从介质 2 中 $\overrightarrow{H_t}$ 的方向,可得

$$H_{t2} = H_t \cdot \cos\theta_t \tag{4-134}$$

由式(4-131)、式(4-133)和式(4-134),可得

$$(H_i - H_r) \cdot \cos\theta_i = H_t \cdot \cos\theta_t \tag{4-135}$$

接下来,考虑图 4-28 中分界面的法向分量时,有

$$H_{n1} = H_i \cdot \sin\theta_i + H_r \cdot \sin\theta_i \tag{4-136}$$

$$H_{n2} = II_t \cdot \sin\theta_t \tag{4-137}$$

由式(4-132)、式(4-136)和式(4-137),可得

$$(H_i + H_r) \cdot \sin\theta_i = H_t \cdot \sin\theta_t \tag{4-138}$$

此外,根据斯涅尔定律,有

$$\sin\theta_t = \frac{n_1}{n_2}\sin\theta_i \tag{4-139}$$

将式(4-139)代入式(4-138),可得

$$n_2 \cdot (H_i + H_r) = n_1 \cdot H_t \tag{4-140}$$

式(4-135)和式(4-140)是两个独立的方程。假设给定 H_i,根据式(4-135)和式(4-140),可以推导出 H_r 和 H_t 的具体表达式为

$$H_r = \frac{n_1\cos\theta_i - n_2\cos\theta_t}{n_1\cos\theta_i + n_2\cos\theta_t} \cdot H_i \tag{4-141}$$

$$H_t = \frac{2n_2\cos\theta_i}{n_1\cos\theta_i + n_2\cos\theta_t} \cdot H_i \tag{4-142}$$

式(4-141)和式(4-142)表示 H_i、H_r 和 H_t 之间的关系。显然,它们的关系取决于

角度(θ_i, θ_t)以及电介质的性质,即(n_1, n_2)。

为了与平行极化波的分析保持一致,这里仍然使用垂直极化波的电场来确定反射系数和透射系数。首先,让E_i、E_r和E_t分别为入射、反射和透射电场的大小。假设η是波阻抗,则$E = \eta H$。反射系数和透射系数由下式给出

$$R_\perp = \frac{E_r}{E_i} = \frac{\eta_1 H_r}{\eta_1 H_i} = \frac{H_r}{H_i} \tag{4-143}$$

$$T_\perp = \frac{E_t}{E_i} = \frac{\eta_2 H_t}{\eta_1 H_i} = \frac{n_1}{n_2}\frac{H_t}{H_i} \tag{4-144}$$

分别将式(4-141)和式(4-142)代入式(4-143)和式(4-144),最终得到

$$R_\perp = \frac{n_1\cos\theta_i - n_2\cos\theta_t}{n_1\cos\theta_i + n_2\cos\theta_t} \tag{4-145}$$

$$T_\perp = \frac{2n_1\cos\theta_i}{n_1\cos\theta_i + n_2\cos\theta_t} \tag{4-146}$$

将式(4-145)和式(4-146)与4.4节针对平行极化波的式(4-105)和式(4-106)作比较,可以发现它们是不同的,因此需要分别讨论两种情形。

最终,由式(4-145)和式(4-146),可得

$$T_\perp = 1 + R_\perp \tag{4-147}$$

该式表明对于垂直极化波,$R_\perp$和$T_\perp$之间有如式(4-147)所示的简单关系。然而,对于平行极化波,没有类似的关系。此外,从式(4-147)可知,当给定$T_\perp$时,可以立即得出$R_\perp$,反之亦然。

例 4.16
在图4-28中,假设$n_1 = 2$,$n_2 = 3$,$\theta_i = 30°$。请推导反射系数$R_\perp$和透射系数$T_\perp$。
解:
首先,根据斯涅尔定律,有

$$n_1\sin\theta_i = n_2\sin\theta_t \Rightarrow \sin\theta_t = \frac{2}{3}\sin 30° = \frac{1}{3}$$

进而,可得

$$\cos\theta_i = \cos 30° = \frac{\sqrt{3}}{2}$$

$$\cos\theta_t = \sqrt{1 - \sin^2\theta_t} = \frac{\sqrt{8}}{3}$$

根据式(4-145),可以得到相应的反射系数为

$$R_\perp = \frac{n_1\cos\theta_i - n_2\cos\theta_t}{n_1\cos\theta_i + n_2\cos\theta_t} = \frac{2\times\frac{\sqrt{3}}{2} - 3\times\frac{\sqrt{8}}{3}}{2\times\frac{\sqrt{3}}{2} + 3\times\frac{\sqrt{8}}{3}} = -0.24$$

由于 $R_\perp$ 是已知的，利用式(4-147)，可以得到透射系数为

$$T_\perp = 1 + R_\perp = 0.76$$

例 4.17

在图 4-28 中，假设 $n_1 = 4, n_2 = 3, \theta_i = 30°$。请推导反射系数 $R_\perp$ 和透射系数 $T_\perp$。

解：

首先，根据斯涅尔定律，有

$$n_1 \sin\theta_i = n_2 \sin\theta_t \Rightarrow \sin\theta_t = \frac{4}{3}\sin 30° = \frac{2}{3}$$

进而，可得

$$\cos\theta_i = \cos 30° = \frac{\sqrt{3}}{2}$$

$$\cos\theta_t = \sqrt{1 - \sin^2\theta_t} = \frac{\sqrt{5}}{3}$$

根据式(4-145)，可以得到相应的反射系数为

$$R_\perp = \frac{n_1\cos\theta_i - n_2\cos\theta_t}{n_1\cos\theta_i + n_2\cos\theta_t} = \frac{4 \times \frac{\sqrt{3}}{2} - 3 \times \frac{\sqrt{5}}{3}}{4 \times \frac{\sqrt{3}}{2} + 3 \times \frac{\sqrt{5}}{3}} = 0.215$$

由于 $R_\perp$ 是已知的，利用式(4-147)，可以得到透射系数为

$$T_\perp = 1 + R_\perp = 1.215$$

从上述两个例子中可以发现反射系数 $R_\perp$ 可能为正或为负。但透射系数 $T_\perp$ 总是正的，并且可能大于 1，这类似于平行极化波。

4.5.3　偏振器

根据 4.4 节可知当入射角等于布鲁斯特角时，平行极化波存在全透射，即 $\theta_i = \theta_B$。在这种情况下，没有发生反射($R_{//} = 0$)，波通过分界面完美传输到下一介质，这对许多应用都很有用。下面，将分析垂直极化波是否也发生了全透射。

首先，假设垂直极化波发生全透射。在这种情况下，相应的反射系数 $R_\perp = 0$，由式(4-145)可得

$$n_1\cos\theta_i = n_2\cos\theta_t \qquad\qquad (4-148)$$

此外，根据斯涅尔定律，有

$$n_1\sin\theta_i = n_2\sin\theta_t \qquad\qquad (4-149)$$

由式(4-148)和式(4-149)，可得

$$\sin^2\theta_i + \cos^2\theta_i = \left(\frac{n_2}{n_1}\right)^2 (\sin^2\theta_t + \cos^2\theta_t) \Rightarrow 1 = \left(\frac{n_2}{n_1}\right)^2 \qquad (4-150)$$

因为 $n_1 \neq n_2$，式（4-150）不能成立。因此，全透射（$R_\perp = 0$）不适用于垂直极化波。

幸运的是，可以利用这一优良特性——只有平行极化波才存在全透射，而垂直极化波不存在全透射来提取特定的极化波。如图4-29所示，假设入射电磁波（$\vec{E}_i$）分解为平行极化波（$\vec{E}_\parallel$）和垂直极化波（$\vec{E}_\perp$），即 $\vec{E}_i = \vec{E}_\parallel + \vec{E}_\perp$。当我们故意选择入射角，使 $\theta_i = \theta_B$，从而 $R_\parallel = 0$ 时，平行极化波完美地传输到介质2中。此时，反射电场 $\vec{E}_r$ 为

$$\vec{E}_r = R_\parallel \vec{E}_\parallel + R_\perp \vec{E}_\perp = R_\perp \vec{E}_\perp \qquad (4-151)$$

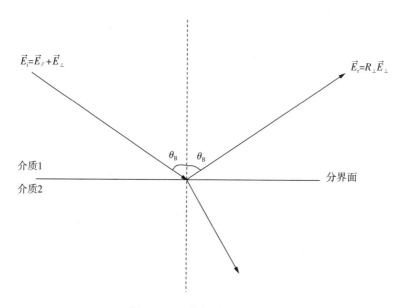

图 4-29　偏振器原理说明

图 4-30　偏振器的功能说明

因此，反射波仅由垂直极化波组成。从用户的角度来看，图4-29中实现的是一个偏振器，如图4-30所示，其中输入是入射波（$\vec{E}_i$），输出是反射波（$\vec{E}_r$）。偏振器完全消除平行极化波，输出仅由垂直极化波组成。此外，由于垂直极化波的电场与分界面平行，因此反射的电场 $\vec{E}_r$ 与分界面平行。因此，无论 $\vec{E}_i$ 具有何种形式，偏振器的输出都是极化良好的波，其中电场与分界面平行。偏振器广泛使用于多种光学应用。

例 4.18

在图4-29中，设 $n_1 = 2, n_2 = 3$，入射平面为 yz 平面，入射电场由 $\vec{E}_i = 2\hat{x} + 4\hat{y} + 3\hat{z}$ 给出。

（a）设 $\vec{E}_i = \vec{E}_\parallel + \vec{E}_\perp$，请导出 $\vec{E}_\parallel$ 和 $\vec{E}_\perp$。

（b）导出布鲁斯特角 θ_B。

(c) 当 $\theta_i = \theta_B$ 时，导出反射电场 $\vec{E}_r$。

解：

(a) 因为 $\vec{E}_{/\!/}$ 与入射平面（yz 平面）平行，所以可得

$$\vec{E}_{/\!/} = 4\hat{y} + 3\hat{z}$$

另一方面，$\vec{E}_\perp$ 垂直于入射面，由下式给出

$$\vec{E}_\perp = 2\hat{x}$$

(b) 布鲁斯特角为

$$\tan\theta_B = \frac{n_2}{n_1} = \frac{3}{2} \Rightarrow \theta_B = \tan^{-1}\left(\frac{3}{2}\right) = 56.4°$$

(c) 根据前面的讨论，当 $\theta_i = \theta_B$ 时，反射波仅由垂直极化波 $\vec{E}_\perp$ 组成。只考虑 $\vec{E}_\perp$ 时，当 $\theta_i = \theta_B$ 时，可得

$$\tan\theta_i = \tan\theta_B = \frac{3}{2}$$

当绘制如图 4-31 所示的对应三角形时，可得

$$\sin\theta_i = \frac{3}{\sqrt{13}}, \cos\theta_i = \frac{2}{\sqrt{13}}$$

接下来，根据斯涅尔定律，有

$$\sin\theta_t = \frac{n_1}{n_2}\sin\theta_i = \frac{2}{\sqrt{13}}$$

据此，可得

$$\cos\theta_t = \sqrt{1 - \sin^2\theta_t} = \frac{3}{\sqrt{13}}$$

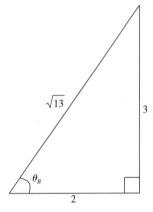

图 4-31　解释示例 4.18 中的三角恒等式

然后，根据式（4-145），可得到反射系数为

$$R_\perp = \frac{n_1\cos\theta_i - n_2\cos\theta_t}{n_1\cos\theta_i + n_2\cos\theta_t} = \frac{2 \times \dfrac{2}{\sqrt{13}} - 3 \times \dfrac{3}{\sqrt{13}}}{2 \times \dfrac{2}{\sqrt{13}} + 3 \times \dfrac{3}{\sqrt{13}}} = -\frac{5}{13}$$

最后，反射电场由下式给出

$$\vec{E}_r = R_\perp \cdot \vec{E}_\perp = -\frac{10}{13}\hat{x}$$

4.6   导体分界面处的特性

与电介质不同,导体含有大量自由电子。这些自由电子赋予导体比电介质更好的导电性。当电磁波照射到导体时,自由电子被吸引或排出,形成表面电荷。这些表面电荷将由于外部电场而移动,并动态形成表面电流。由于表面电荷和表面电流的存在,导体分界面的电磁波分析比介质分界面的分析更为复杂。

4.6.1   导体分界面

在图 4-32 中,假设介质 1 是电介质,介质 2 是导体。从上面的讨论中,可以知道介质 2 上存在表面电荷和表面电流。假设这两种介质的相关介电常数和磁导率分别为 (ε_1,μ_1) 和 (ε_2,μ_2),并且 $\varepsilon_1 \neq \varepsilon_2$。根据第 4.1 节,当均匀平面波照射导体分界面时,对应的电场必须满足以下边界条件:

$$E_{t1} = E_{t2} \tag{4-152}$$

$$\varepsilon_1 E_{n1} = \varepsilon_2 E_{n2} + \rho_s \tag{4-153}$$

式中,ρ_s 表示表面电荷密度。此外,根据第 4.2 节,对应磁场必须满足以下边界条件:

$$H_{t1} = H_{t2} + J_s \tag{4-154}$$

$$H_{n1} = H_{n2} \tag{4-155}$$

式中,J_s 为表面电流密度。在式(4-152)～式(4-155)中,左侧表示介质 1 的电场和磁场;右侧表示的是介质 2 的场。此外,下标"t"表示平行于分界面的切向分量,下标的"n"表示垂直于分界面的法向分量。

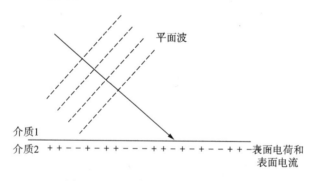

图 4-32   导体分界面的电磁波入射

由于存在表面电荷和表面电流,如式(4-153)和式(4-154)所示,导体分界面的电磁波分析非常复杂。为了帮助读者有效理解,下面内容将跳过复杂分析,以定性方式介绍。如图 4-32 所示,当电磁波照射分界面时会发生什么?

1. 反射定律仍然适用

在第 4.3 节讨论电界面时,反射定律成立,即 $\theta_i = \theta_r$,因为入射波和反射波必须在给定的时间内传播相同的距离。与此类似,在图 4-32 中,由于入射波和反射波都在介质 1 中传播,必须遵循相同的规则。因此,反射定律也适用于导体的分界面。

2. 斯涅尔定律不成立

在第 4.3 节中讨论电场分界面时,两种介质均为电介质。介质 1 中电磁波的相速度 $v_{p1} = c/n_1$,介质 2 中的相速度 $v_{p2} = c/n_2$,其中 n_1 和 n_2 是各自的折射率。由于相速度不同,入射波和透射波在特定时间段内的传播距离不同。基于这个特征,可以推导出斯涅尔定律为

$$n_1 \cdot \sin\theta_i = n_2 \cdot \sin\theta_t \qquad (4-156)$$

然而,对于图 4-32 所示的导体分界面,介质 2 是导体,不是电介质。根据第 3.4 节的分析,导体中电磁波的相速度较慢。因此,斯涅尔定律不适用于导体的分界面。这是电介质分界面和导体分界面之间的主要区别。

3. 反射系数 $R \approx 1$ 和传输系数 $T \approx 0$

从分析和实验结果来看,导体的分界面会反射大多数入射电磁波,只有极少数会进入导体。例如,铜是导电性为 $5.8 \times 10^7 (\text{S/m})$ 的良导体。对于大多数微波频谱,反射系数可能高达 0.999。这意味着几乎所有的电磁波都会反射回介质 1。

对于导体分界面,假设 E_i、E_r 和 E_t 分别表示入射、反射和透射电场的大小,因为大多数电磁波都会反射回来,所以 $E_r = E_i$ 和 $E_t \ll E_i$。因此反射系数 $R \approx 1$ 和传输系数 $T \approx 0$。由于透射系数很小,很有限的电磁波进入导体内部。由于电磁波在导体中衰减得很快,因此透射的电磁波传播很短的距离,然后消失。

4. 表面电阻

当电磁波照射导体表面时,导体中会感应生表面电荷,主要束缚在趋肤深度(δ)的距离内,如图 4-33 所示。因为趋肤深度 δ 通常很小,自由电子在这个小区域内相互排斥,所以被束缚的表面电流会遇到电阻。这种现象类似于自由电子通过电阻器时发生的情况。可以想象导体表面存在一个电阻,称之为表面电阻。与普通电阻器一样,表面电阻也消耗能量。

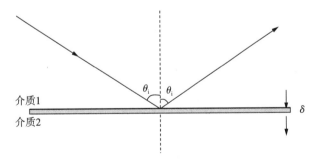

图 4-33 导体分界面反射定律和趋肤效应

综上所述,可以将导体视为良好的"电磁波反射器"。大多数入射电磁波都会被反射,导体表面消耗的能量非常有限。

4.6.2 表面电阻

表面电阻是导体的一个重要特征。如图 4-34 左侧所示,导体具有长度 L、宽度 W 和

厚度 H。当电磁波照射导体时,透射波将集中在趋肤深度 δ 的短距离上,形成表面电流。依据 3.4 节,趋肤深度由下式给出

$$\delta = \sqrt{\frac{1}{\pi f \mu \sigma}} \qquad (4-157)$$

其中,f 是频率,σ 是电导率,μ 是磁导率。由于透射波的所有显著行为都发生在 δ 深度内,可以将此导体视为厚度为 δ 的薄板,如图 4-34 右侧所示。在计算相应的表面电阻时,这极大简化了分析过程。

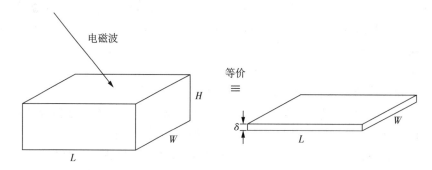

图 4-34　趋肤效应和表面电阻

根据经典电子学,当介质具有长度 L、横截面积 a 和电导率 σ 时,对应电阻与 L 成正比,与 a 和 σ 成反比,具体计算式为

$$R = \frac{L}{\sigma A} \qquad (4-158)$$

在图 4-34 中,设表面电流沿 L 流动。由于横截面积 $A = W \cdot \delta$,表面电阻由下式给出

$$R = \frac{1}{\sigma} \cdot \frac{L}{W\delta} \qquad (4-159)$$

式(4-159)通常改写为

$$R = \frac{1}{\sigma\delta} \cdot \frac{L}{W} = R_{\mathrm{S}} \cdot \frac{L}{W} \qquad (4-160)$$

式中,R_{S} 为导线单位长度和单位宽度的表面电阻,具体计算式为

$$R_{\mathrm{S}} = \frac{1}{\sigma\delta} = \sqrt{\frac{\pi f \mu}{\sigma}} \qquad (4-161)$$

显然,当 σ 减小时,R_{S} 增大。

上述分析方法可用于解决涉及导体的电磁问题。例如,在图 4-35 中,有一条长度为 L、半径为 a 的铜线。当该铜线传输高频电磁波(信号)时,感应电流并不是均匀分布在横截面上(πa^2)。相反,所有明显的电磁效应都集中在距离表面 δ 的深度内,如图 4-36 所示。因此,为了简化问题,可以将铜线视为如图 4-37 所示的薄板,其中长度为 L,厚度为 δ,宽度 W 等于原始铜线的情况,即 $W = 2\pi a$。因此,表面电阻为

$$R = R_{\text{s}} \cdot \frac{L}{W} = R_{\text{s}} \cdot \frac{L}{2\pi a} \tag{4-162}$$

一旦获得表面电阻,就可以得出铜线的功耗。

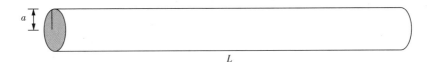

图 4-35　具有给定半径的铜线

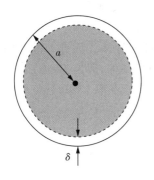

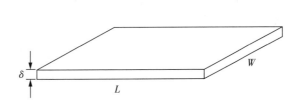

图 4-36　铜线的趋肤效应　　　　图 4-37　等效薄板的趋肤效应

例 4.19

假设铜线长度 $L = 0.1\text{m}$,半径 $a = 2\text{mm}$,电导率 $\sigma = 5.8 \times 10^7 (\text{S/m})$。请推导电磁波频率 $f = 100\text{MHz}$ 时的表面电阻。

解:

首先,由式(4-161)可得

$$R_{\text{s}} = \sqrt{\frac{\pi f \mu}{\sigma}} = \sqrt{\frac{\pi \times (10^8) \times (4\pi \times 10^{-7})}{5.8 \times 10^7}} = 2.6 \times 10^{-3} (\Omega)$$

根据式(4-162),得到的表面电阻为

$$R = R_{\text{s}} \cdot \frac{L}{2\pi a} = (2.6 \times 10^{-3}) \times \frac{0.1}{2\pi \times (2 \times 10^{-3})} = 0.021 (\Omega)$$

例 4.20

假设使用例 4.19 中的铜线传输信号,表面电流由 $I(t) = I_A \cdot \cos 2\pi f t$ 给出,其中 $I_A = 2(\text{mA})$。请推导平均功耗。

解:

根据例 4.19 中的结果,可以得到电阻值为

$$R = 0.021 (\Omega)$$

接下来,将铜线视为电阻 $R = 0.021(\Omega)$ 的电阻器。由于电流 $I(t) = I_A \cdot \cos 2\pi f t$,在特定时

间 t，功耗由下式给出

$$P(t) = I^2(t) \cdot R = I_A^2 R \cdot \cos^2 2\pi f t$$

对于正弦周期，$\cos^2 2\pi f t$ 的平均值等于 0.5。因此，平均功耗为

$$P_{avg} = \frac{1}{2} I_A^2 R = \frac{1}{2} \times (2 \times 10^{-3})^2 \times 0.021 = 4.2 \times 10^{-8} (W)$$

4.6.3 理想导体

理想导体的电导率接近无穷大，即 $\sigma \to \infty$。从式（4-157）中可知当 $\sigma \to \infty$ 时，趋肤深度 $\delta = 0$。零趋肤深度是理想导体的一个重要特征。

由于零表皮深度（$\delta = 0$），任何入射电磁波都不能穿透理想导体。因此，理想导体中不存在电场和磁场。根据式（4-152）～式（4-155）中的边界条件，因为 $E_{t1} = E_{n2} = 0$ 和 $E_{t2} = E_{n2} = 0$，所以可得

$$E_{t1} = 0 \qquad\qquad (4-163)$$

$$\varepsilon_1 E_{n1} = \rho_s \qquad\qquad (4-164)$$

$$H_{t1} = J_s \qquad\qquad (4-165)$$

$$H_{n1} = 0 \qquad\qquad (4-166)$$

显然，理想导体的边界条件比普通导体的边界条件更简单。这些条件将在下一章介绍传输线时分析。此外，根据式（4-161），因为 $\sigma \to \infty$，所以理想导体的表面电阻为零（$R_s = 0$），这意味着理想导体不会消耗功率，因此可当作一条理想的传输线。

小　结

在本章中学习了不同分界面的边界条件和电磁波特性，包括六个部分：

4.1：电场边界条件

对于两个电介质之间的分界面：

$$E_{t1} = E_{t2}$$

$$\varepsilon_1 E_{n1} = \varepsilon_2 E_{n2}$$

对于电介质和导体之间的分界面：

$$E_{t1} = E_{t2}$$

$$\varepsilon_1 E_{n1} = \varepsilon_2 E_{n2} + \rho_s$$

其中 ρ_s 为表面电荷密度。

4.2:磁场边界条件

对于两个电介质之间的分界面：

$$H_{t1} = H_{t2}$$

$$H_{n1} = H_{n2}$$

因此 $\vec{H}_1 = \vec{H}_2$。

对于电介质和导体之间的分界面：

$$H_{t1} = H_{t2} + J_s$$

$$H_{n1} = H_{n2}$$

式中，J_s 为表面电流密度。

4.3:介电界面的一般定律

（1）反射定律：$\theta_i = \theta_r$；

（2）斯涅尔定律：$n_1 \sin\theta_i = n_2 \sin\theta_t$；

（3）当 $n_1 > n_2$ 和 $\theta_i \geqslant \theta_c = \sin^{-1}(n_2/n_1)$ 时，发生全反射。

其中，θ_i 是入射角，θ_r 是反射角，θ_t 是透射角，以及 θ_c 是临界角。

4.4:介绍了平行极化波和布鲁斯特角的特性。

4.5:介绍了垂直极化波和偏振器的特性。

4.6:介绍了导体分界面上的电磁波特性。

以上知识使我们理解了电磁波遇到分界面时的特性。可以利用这些知识来控制电磁波，因为它必须满足边界条件。因此，可以设计电磁波遇到的边界，以调整电磁波的行为使其满足需求。这一概念在许多应用中得到了贯彻。在本书的剩余部分，我们将学习电磁波的应用。

习　题

1. 请以自己的方式推导出电场的边界条件

（a）两种介质；

（b）介质和导体。

（提示：请参阅第 4.1 节）。

2. 假设介质 A 具有 $\varepsilon_1 = 2\varepsilon_0$，另一介质 B 具有 $\varepsilon_2 = 4\varepsilon_0$，相应界面是 xy 平面。设 $\vec{E}_1$ 为界面处介质 A 的电场，$\vec{E}_2$ 为介质 B 的电场。在下列情况下，当给定 $\vec{E}_1$ 时，请计算 $\vec{E}_2$。

（a）$\vec{E}_1 = 5\hat{x} + 4\hat{y} - 2\hat{z}$；

（b）$\vec{E}_1 = 4\cos\left(\bar{\omega}t + \dfrac{\pi}{3}\right) \cdot \hat{x} - 3\sin\left(\bar{\omega}t - \dfrac{\pi}{4}\right) \cdot \hat{y} + 2\cos\bar{\omega}t \cdot \hat{z}$；

（c）$\vec{E}_1 = 6e^{j\frac{\pi}{5}} \cdot \hat{x} + 8e^{j\frac{\pi}{4}} \cdot \hat{y} - 5e^{j\frac{2\pi}{3}} \cdot \hat{z}$（矢量表示）。

（提示：例 4.1）。

3. 当界面垂直于单位向量 $\hat{n} = \dfrac{1}{\sqrt{2}}\hat{x} + \dfrac{1}{\sqrt{2}}\hat{y}$ 时，重复练习 2（a）。

4. 假设 A 是介质，B 是导体，它们的界面是 yz 平面。设 $\vec{E_1}$ 为界面处介质 A 的电场，$\vec{E_2}$ 为介质 B 的电场，当介质 A 的参数 $\varepsilon_1 = 3\varepsilon_0$，介质 B 的参数 $\varepsilon_2 = \varepsilon_0$，并且 ρ_s 是表面电荷密度，请在以下给定 $\vec{E_1}$ 的每种情况下，计算 $\vec{E_2}$。

(a) $\vec{E_1} = 3\hat{x} - 2\hat{y} + 7\hat{z}$；

(b) $\vec{E_1} = 6e^{j\frac{\pi}{5}} \cdot \hat{x} + 8e^{j\frac{\pi}{4}} \cdot \hat{y} - 5e^{j\frac{2\pi}{3}} \cdot \hat{z}$（矢量表示）。

（提示：例 4.2）。

5. 当界面垂直于单位向量 $\hat{n} = \frac{1}{\sqrt{2}}\hat{x} + \frac{1}{\sqrt{2}}\hat{y}$ 时，重复练习 4(a)。

6. 请以自己的方式推导磁场的边界条件

(a) 两种电介质；

(b) 电介质和导体。

（提示：请参阅第 4.2 节）。

7. 假设 A 和 B 是介电介质，其中 A 的参数 $\varepsilon_1 = 2\varepsilon_0$，B 的参数 $\varepsilon_2 = 4\varepsilon_0$，它们的界面是 xy 平面。假设 $\vec{H_1}$ 和 $\vec{H_2}$ 分别是界面处介质 A 和介质 B 的磁场。在以下给定 $\vec{H_1}$ 的情况下，请计算 $\vec{H_2}$。

(a) $\vec{H_1} = 3\hat{x} + \hat{y} - 5\hat{z}$；

(b) $\vec{H_1} = \cos\left(\bar{\omega}t + \frac{\pi}{3}\right) \cdot \hat{x} - 2\sin\left(\bar{\omega}t - \frac{\pi}{4}\right) \cdot \hat{y} - 4\cos\bar{\omega}t \cdot \hat{z}$。

8. 假设 A 是电介质，B 是导体，它们之间的界面是 xy 平面。设 A 的参数 $\varepsilon_1 = 3\varepsilon_0$，B 的参数 $\varepsilon_2 = \varepsilon_0$。假设 $\vec{H_1}$ 是界面处介质 A 的磁场，$\vec{H_2}$ 是介质 B 的磁场。J_s 是表面电流密度。如果 $\vec{H_1} = 3\hat{x} + 4\hat{y} + 6\hat{z}$，请计算 $\vec{H_2}$。

（提示：例 4.4）。

9. 假设介质 A 和 B 之间的界面是 xy 平面，其中 A 的参数 $\varepsilon_1 = 2\varepsilon_0$，B 的参数 $\varepsilon_2 = 4\varepsilon_0$。在介质 A 中传播的平面波碰撞介质 A 和 B 之间的界面。由于反射作用，入射波和反射波在介质 A 内共存，而透射波存在于介质 B 中。在界面上，假设 B 具有 $\vec{E_2} = 3\cos(\omega t + \theta) \cdot \hat{x}$，以及 $\vec{H_2} = H_2 \cdot \hat{y}$。透射波沿 $+z$ 方向传播。

(a) 请计算 H_2；

(b) 请推导出界面处介质 A 的电场和磁场，即 $\vec{E_1} = E_1 \cdot \hat{x}$ 和 $\vec{H_1} = H_1 \cdot \hat{y}$；

(c) $E_1/H_1 = \eta_1$（波阻抗）在介质 A 中有效吗？请解释原因。

10. 假设两个介质之间的界面为 xy 平面，yz 平面为入射平面。让 $\vec{E} = \vec{E_\parallel} + \vec{E_\perp}$，其中 $\vec{E_\parallel}$ 与入射面平行，而 $\vec{E_\perp}$ 与之垂直。请在以下情况下导出 $\vec{E_\parallel}$ 和 $\vec{E_\perp}$。

(a) $\vec{E} = 3\hat{x} - 2\hat{y} + 5\hat{z}$；

(b) $\vec{E} = 2\cos\left(\bar{\omega}t + \frac{\pi}{4}\right) \cdot \hat{x} + 3\sin\left(\bar{\omega}t - \frac{\pi}{4}\right) \cdot \hat{y} + 5\sin\omega t \cdot \hat{z}$；

(c) $\vec{E} = 2e^{j\frac{\pi}{5}} \cdot \hat{x} - 3e^{j\frac{\pi}{4}} \cdot \hat{y} - 3e^{j\frac{2\pi}{3}} \cdot \hat{z}$。

（提示：例 4.5）。

11. 在练习 10 中，让 $\vec{E} = \vec{E_t} + \vec{E_n}$，其中，$\vec{E_t}$ 平行于界面，$\vec{E_n}$ 垂直于界面。请导出 $\vec{E_t}$ 和 $\vec{E_n}$。

12. 波入射到介质 1 和介质 2 的界面上，其中 $n_1 = 2$ 和 $n_2 = 3$，假设入射角为 $\theta_i = 30°$。

(a) 请推导反射角 θ_r 和透射角 θ_t；

(b) 如果增加 θ_i，那么 θ_t 也会增加。θ_t 的最大值是多少？

（提示：参考 4.3 节）。

13. 波入射到两种介质的界面上，其中 $n_1 = 4$ 和 $n_2 = 2$。导出临界角 θ_c，并描述当 $\theta_i > \theta_c$ 时会发生

什么?

14. 平行极化波入射到两种介质之间的界面上,其中 $n_1 = 3$ 和 $n_2 = 5$。

(a) 请推导反射系数($R_{/\!/}$);

(b) 当 $\theta_i = 0°, 30°, 60°, 90°$ 时,请计算 $R_{/\!/}$;

(c) 请推导传输系数($T_{/\!/}$);

(d) 当 $\theta_i = 0°, 30°, 60°, 90°$ 时,计算 $T_{/\!/}$。

(提示:参考例 4.10)。

第 5 章　传输线

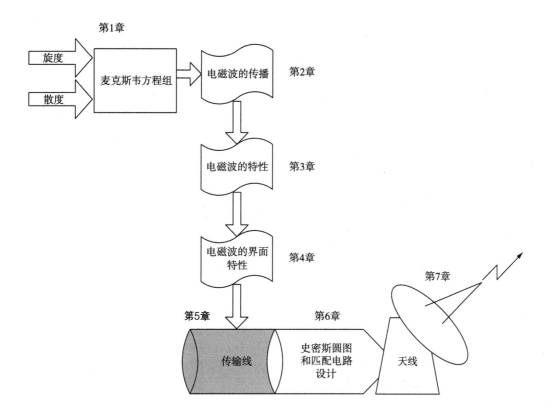

传输线可以将电磁波向远处传播。了解电磁波如何在传输线上传播,以及它为什么可以进行远距离传播是非常有趣且实用的。我们将运用直观的物理知识和简易的数学方法来逐步解答这些问题,具体如下:

步骤1:推导出传输线上的电磁场。

步骤2:将电磁场转换为更容易处理的电压和电流。

步骤3:介绍传输线上关键参数,例如特性阻抗、传播常数和反射系数。

步骤4:介绍如何利用传输线路产生高频电路组件和测量驻波的有用参数。

这里的每一个步骤都将以一种直观的方式来解释各个关键参数和基本原理。例如,从电路的角度出发,可以很容易地推导出传输线方程。而且我们会阐明传输线中最重要的现象——反射,而它则是一种电磁波解决阻抗失配问题的有效方法。此外,读者可以通过很多插图和实例来理解上述内容。因此,本章可以为诸如高频电路设计等领域的实际应用和后续研究奠定坚实基础。

5.1 传输线基本原理

前面的章节已经介绍了很多电磁波的特性。电磁波可以在包括自由空间在内的各种媒介中进行传播。我们当然希望能利用它们来传递信息。然而,没有适当的导引,电磁波可能会在开放空间中辐射到各个方向。例如,在通信中,我们通常希望将信息传递到某一特定终点。因此,需要找出一种使电磁波向某一特定方向传播的方法,以便终点处可以接收到足够的电磁能量,并提取出所需的信息。

传输线的发明可以满足这一需求。传输线是一对导体,它可以将电磁波从一处传输和引导到另一处。本章将介绍传输线的原理和应用。总共包括六节,每一节都将介绍传输线的一个重要概念或一个关键参数。学习这些知识将为微波工程师设计高频电路奠定坚实的背景知识。

5.1.1 传输线的种类

传输线在电气工程中应用广泛。例如配电线路、电信线路、测量仪器的同轴电缆和电路中的连接线都属于传输线。显然,由于大多数电信号都是通过传输线传输,因此传输线是电气工程中的关键部件。

传输线主要有以下三种类型。

1. 平行板传输线

如图5-1所示,平行板传输线由两块平行导体板所组成,其工作原理很容易理解。假设电磁波在两导体板之间进行传播,由于导体板(金属)可以有效反射电磁波,因此电磁波将在这两块导体板之间不断反射。如图5-1所示,电磁波将被限制在一个特定的空间内并向期望终点处进行传播。

平行板传输线的原理被广泛应用于印刷电路板(PCB)中。如图5-2所示,印刷电路板至少有两层,一层包括有导线的电路元件,另一层作为接地层。与在两块平行板之间

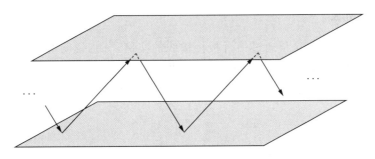

图 5-1　电磁波在平行板传输线上的传播

发生的情况类似,电磁波会在导线和接地层之间
进行传播。

这里要提醒读者注意,由于电磁波必须满足
在第四章所学习过的边界条件,因此可以利用这
些条件来引导电磁波进行定向传输以满足需求。
例如,把两块平行金属板放置在开放空间中,则电
磁波将不会全向辐射而是被限制且定向传播到所
期望的终点。这一理念同样适用于下面两种传输线。

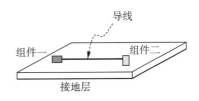

图 5-2　应用于印刷电路板的传输线

2. 平行双线

如图 5-3 所示,两根平行导线可作为电磁波的传输线路,其工作原理与两块平行导
体板的工作原理相类似:电磁波在两根金属导线之间来回反射并传向远处终点。由于两
块平行导体板的屏蔽性能更好,因此其传播损耗要小于两根平行导线。一般来说,平行
双线输电线路只适用于短距离传输。比如,它们被广泛用作家用电器的电线。

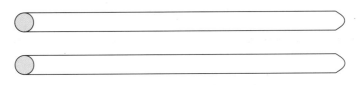

图 5-3　平行双线传输线

3. 同轴线

如图 5-4 所示,同轴传输线由导线和用绝缘介质制作的包裹导线的管状屏蔽层所组
成。其工作原理也类似于平行板传输线,电磁波在中间导线和包裹导线的屏蔽层之间来
回反射。因为导电屏蔽(金属)层可以有效地反射电磁波,因此它可以引导电磁波以很少
的传播损失传输到远处终点。对于电磁波传播,同轴线比上述两种传输线的屏蔽性能要
更好。

图 5-4　同轴传输线

5.1.2 TEM 波

为阐明传输线原理,这里通过平行板传输线的实例,分别说明电磁波是如何在两块金属板之间进行传播的。如图5-5所示,首先假设两块板位于 $x=0$ 和 $x=d$ 处,再假设两块板沿 y 轴无限延伸,且电磁波沿 z 轴进行传播。为分开两块平行板,在它们中间会填充绝缘介质。

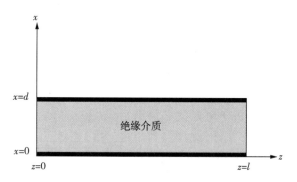

图 5-5 平行板传输线(两个板之间有绝缘介质)

一方面,虽然多种电磁波可以在平行板传输线中进行传播,但我们主要考虑一种简单情况,即横向电磁波(TEM 波)。术语"横向"意味着"垂直",强调其电场和磁场都垂直于传播方向。TEM 波示意图如图5-6所示,其中平面波沿 z 轴传播,而电场和磁场垂直于传播方向(z 轴)。另一方面,图5-7展示了一种非 TEM 波的例子。在图5-7中,传播方向是沿 z 轴的,但相应的电场和磁场可能并不垂直于传播方向。

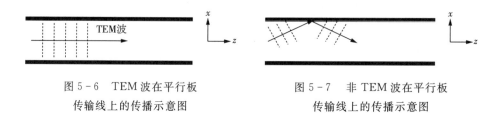

图 5-6 TEM 波在平行板
传输线上的传播示意图

图 5-7 非 TEM 波在平行板
传输线上的传播示意图

接下来,我们将研究 TEM 波是如何进行传播的。假设平行板都是理想导体,由 4.6 节可知,当电磁波从绝缘介质射向理想导体表面时,其电场和磁场必须满足以下边界条件:

$$E_{t1} = 0 \tag{5-1}$$

$$\varepsilon_1 E_{n1} = \rho_s \tag{5-2}$$

$$H_{t1} = J_s \tag{5-3}$$

$$H_{n1} = 0 \tag{5-4}$$

上述等式左侧表示的是在绝缘介质与金属板之间绝缘介质表面的电场和磁场。下标 t 表示的是平行于分界面的切向分量,下标 n 表示垂直于分界面的法向分量。ρ_s 表示表面电荷密度,J_s 表示表面电流密度。由式(5-1)和式(5-4)可知,平行于分界面的电场分量(E_{t1})为零,垂直于分界面的磁场分量(H_{n1})也为零。

如图 5-5 所示,假设一 TEM 波沿 z 轴传播,由于它是均匀平面波,所以 $x-y$ 轴平面上的所有点都具有相同的电场矢量(E)和磁场矢量(H)。故 E 和 H 都是关于 z 的函数,且可以分别表示为 $E=E(z)$ 和 $H=H(z)$。由于 TEM 波的电场和磁场垂直于传播方向(沿 z 轴),所以 E 和 H 并没有 z 分量,有

$$\vec{E}=E_x \cdot \hat{x}+E_y \cdot \hat{y} \tag{5-5}$$

$$\vec{H}=H_x \cdot \hat{x}+H_y \cdot \hat{y} \tag{5-6}$$

由于两块板都是理想导体,所以在 $x=0$ 和 $x=d$ 处必须满足式(5-1)。因此在 $x=0$ 和 $x=d$ 处,有

$$E_y=0 \tag{5-7}$$

$$H_x=0 \tag{5-8}$$

如式(5-7)和式(5-8)所示,因为是均匀平面波,一个 $x-y$ 平面的所有点都具有相同的 E_y 和 H_x 分量。因此式(5-5)和式(5-6)可以简化为

$$\vec{E}=E_x \cdot \hat{x} \tag{5-9}$$

$$\vec{H}=H_y \cdot \hat{y} \tag{5-10}$$

上述等式说明 TEM 波的电场只有 x 分量且磁场只有 y 分量。这两个场都是关于 z 的函数,例如 $E_x=E_x(z)$ 和 $H_y=H_y(z)$,如图 5-8 所示。需要注意的是,TEM 波的传播是被限制在两块平行板之间的。

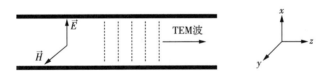

图 5-8 平行板传输线中的电场

如图 5-8 所示,TEM 波在两块平行板之间的绝缘介质中进行传播,其相关电场必须满足波动方程。假定电磁波频率为 ω,介质磁导率为 μ,且介电常数为 ε,则波动方程为

$$\nabla^2 E_x+\omega^2 \mu\varepsilon \cdot E_x=0 \tag{5-11}$$

由于前面已讨论过,E_x 是 z 的函数,故式(5-11)可以简化为

$$\frac{\mathrm{d}^2 E_x}{\mathrm{d}z^2}+\beta^2 E_x=0 \tag{5-12}$$

其中

$$\beta=\omega \sqrt{\mu\varepsilon}=\frac{n\omega}{c} \tag{5-13}$$

n 是两块平板之间电介质的折射率，要注意 β 与在电介质中传播的平面波波数 k 具有相同形式。

接下来，可以推导出式(5-12)的两个解：

（1）入射波

第一个解是入射波，有

$$E_x(z) = E_a e^{-j\beta z} \tag{5-14}$$

其中 E_a 是在 $z=0$ 处电场的矢量。假定 $E_a = Ae^{j\theta}$，则时变电场 $E_x(z,t)$ 为

$$E_x(z,t) = \mathrm{Re}\{E_x(z) \cdot e^{j\omega t}\} = A\cos(\omega t - \beta z + \theta) \tag{5-15}$$

其中，A 为振幅，β 为相位常数，它决定了相位沿传播方向($+z$)的变化率。

在式(5-15)中，沿着 $+z$ 方向传播的入射波的相速可表示为

$$v_p = \frac{\omega}{\beta} = \frac{1}{\sqrt{\mu\varepsilon}} = \frac{c}{n} \tag{5-16}$$

其波长为

$$\lambda = \frac{2\pi}{\beta} = \frac{\lambda_0}{n} \tag{5-17}$$

其中 λ_0 是真空中的波长。

（2）反射波

第二个解是反射波，有

$$E_x(z) = E_b e^{j\beta z} \tag{5-18}$$

其中 E_b 是在 $z=0$ 处电场矢量。假设 $E_b = j\phi$，则时变电场为

$$E_x(z,t) = \mathrm{Re}\{E_x(z) \cdot e^{j\omega t}\} = B\cos(\omega t + \beta z + \phi) \tag{5-19}$$

其中 B 为振幅，β 为相位常数。式(5-19)中表示的是沿 $-z$ 方向传播的反射波。该反射波具有与入射波相同的相速和波长。

例 5.1

假设一 TEM 波在一段平行板传输线上沿 z 方向进行传播。电场为 $E = E_x(z)$，绝缘介质的折射率 $n=2$，频率 $f=1\mathrm{GHz}$。

（a）假定入射波在 $z=0$ 处的电场为 $E_a = 10$(矢量)，请推导在 $z=5\mathrm{m}$ 处的电场。

（b）假定反射波在 $z=0$ 处的电场为 $E_b = 15e^{-j\frac{5\pi}{6}}$，请推导在 $z=5\mathrm{m}$ 处的电场。

解：

（a）首先，相位常数为

$$\beta = \frac{n\omega}{c} = \frac{2 \times (2\pi \times 10^9)}{3 \times 10^8} = \frac{40\pi}{3}$$

由于 $E_a = 10$，则 $z=5\mathrm{m}$ 处的电场为

$$E_x = 10\mathrm{e}^{-\mathrm{j}\left(\frac{40\pi}{3} \times 5\right)} = 10\mathrm{e}^{-\mathrm{j}\frac{200}{3}\pi} = 10\mathrm{e}^{-\mathrm{j}\frac{2}{3}\pi}$$

（b）由于 $E_b = 15\mathrm{e}^{\mathrm{j}\frac{5\pi}{6}}$，则在 $z = 5\mathrm{m}$ 处的电场为

$$E_x = 15\mathrm{e}^{\mathrm{j}\frac{\pi}{6}} \cdot \mathrm{e}^{\mathrm{j}\left(\frac{40\pi}{3} \times 5\right)} = 15\mathrm{e}^{\mathrm{j}\frac{\pi}{6}} \cdot \mathrm{e}^{\mathrm{j}\frac{2\pi}{3}} = 15\mathrm{e}^{\mathrm{j}\frac{5}{6}\pi}$$

例 5.2

在例 5.1 题干条件基础上，请推导出以下两种情况下在 $z = 5\mathrm{m}$ 处对应的时变电场。

解：

（a）由例 5.1，入射波在 $z = 5\mathrm{m}$ 处的电场矢量为

$$E_x = 10\mathrm{e}^{-\mathrm{j}\frac{2\pi}{3}}$$

故其相应时变电场为

$$E_x(t) = Re\left\{10\mathrm{e}^{-\mathrm{j}\frac{2\pi}{3}} \cdot \mathrm{e}^{\mathrm{j}\omega t}\right\} = 10\cos\left(\omega t - \frac{2}{3}\pi\right) = 10\cos\left((2\pi \times 10^9)t - \frac{2}{3}\pi\right)$$

（b）由例 5.1，反射波在 $z = 5\mathrm{m}$ 处的电场矢量为

$$E_x = 15\mathrm{e}^{\mathrm{j}\frac{5\pi}{6}}$$

故其相应时变电场为

$$E_x(t) = Re\left\{15\mathrm{e}^{\mathrm{j}\frac{5\pi}{6}} \cdot \mathrm{e}^{\mathrm{j}\omega t}\right\} = 15\cos\left((2\pi \times 10^9)t + \frac{5}{6}\pi\right)$$

5.1.3 传输线电压

根据前面结果，我们利用波动方程可以推导出平行板传输线的电场。一旦得到电场，就可以进一步推导出两块板之间的电压。同时在传输线中还发现一个有趣的现象：

当在传输线上传输一个低频信号（电磁波）时，该线上不同处的电压几乎相同。可是当在传输线上传输一个高频信号时，不同处的电压是变化的。

这一现象意味着高频信号的传输比低频信号的传输更为复杂。接下来将通过揭示传输线中相关机制来解释这一现象的原因。

如图 5-9 所示，假设一个平行板传输线的长度为 l，在某一点 z 处的相应电场为 $E = E_x(z)$，其中 $0 \leqslant z \leqslant l$。由基本电学定律可知，可以通过对两点之间的电场进行线积分来求出这两点之间的电压。因此两块平行板之间某一点 z 处的电压为

$$V(z) = -\int_0^d E_x(z) \cdot \mathrm{d}x \tag{5-20}$$

当考虑入射波时，电场为 $E_x(z) = E_a\mathrm{e}^{-\mathrm{j}\beta z}$。由于 $E_x(z)$ 是一个只与 z 有关的函数，因此式（5-20）中的 $E_x(z)$ 是一个常数。故

$$V(z) = -E_x(z) \cdot d = -E_a\mathrm{e}^{-\mathrm{j}\beta z} \cdot d \tag{5-21}$$

此外，若 $E_a = -A$，其中 A 为实数，则时变电压 $V(z, t)$ 可表示为

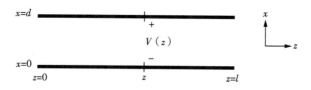

图 5 - 9   沿传输线的电压示意图

$$V(z,t) = Re\{V(z)e^{j\omega t}\} = Re\{Ad \cdot e^{-j\beta z} \cdot e^{j\omega t}\} = Ad \cdot \cos(\omega t - \beta z) \quad (5-22)$$

由式(5-22)可知,两块平行板之间的电压随 z 而变化,其中 $0 \leqslant z \leqslant l$。

在式(5-22)中,相位常数 β 可以表示为

$$\beta = \frac{2\pi}{\lambda} \quad (5-23)$$

其中 λ 是介电介质中的波长,有

$$\lambda = \frac{\lambda_0}{n} \quad (5-24)$$

λ_0 为真空中的波长。

众所周知,当频率越高时,电磁波对应波长越短。例如,当频率 $f=1\text{kHz}$ 时,相应真空中的波长为 $\lambda = \lambda_0 = c/f = 300\text{km}$。若传播介质的折射率为 $n=3$,则电磁波在该介质中的波长为 $\lambda = \lambda_0/n = 100\text{km}$。更进一步,当频率增加到 $f=1\text{MHz}$ 时,相应的波长减小到 $\lambda = 100\text{m}$。如果频率不断增加到 $f=1\text{GHz}$,则波长减少到 $\lambda = 0.1\text{m} = 10\text{cm}$。由上述例子可以看出,电磁波的频率决定了相应的波长。

现在我们来解释频率对于传输线上电压的影响。若平行板传输线的长度为 $l = 0.5\text{m}$,两个板之间的电介质折射率为 $n=3$。然后频率 $f=1\text{kHz}$ 时,相应波长 $\lambda = 100\text{km}$。显然在这种情况下,$l \ll \lambda$,因此有

$$\beta z = \frac{2\pi}{\lambda} \cdot z \approx 0 \quad (5-25)$$

其中 $0 \leqslant z \leqslant l$。因此由式(5-22)可知,$t=0$ 处的电压为

$$V(z,t) = Ad \cdot \cos(-\beta z) \approx Ad \quad (5-26)$$

其中 $0 \leqslant z \leqslant l$。式(5-26)表明,传输线上电压几乎是相同的,这意味着电压并不随位置不同而发生变化。

然而,如果在传输线上传输高频信号时,电压可能会随位置发生显著变化。例如,假定在上述传输线上存在一个频率为 $f=100\text{MHz}$ 的电磁波,则相应波长 λ 为 1m。因为 $l = 0.5\text{m} = \lambda/2$,故

当 $z=0$ 时, $\beta z = 0$ $(5-27)$

当 $z = \dfrac{L}{2}$ 时, $\beta z = \dfrac{\pi}{2}$ $(5-28)$

当 $z=l$ 时，$$\beta z=\pi \tag{5-29}$$

根据式(5-22)，在 $t=0$ 处

$$V(0)=Ad \tag{5-30}$$

$$V\left(\frac{l}{2}\right)=Ad \cdot \cos\frac{\pi}{2}=0 \tag{5-31}$$

$$V(l)=Ad \cdot \cos\pi=-Ad \tag{5-32}$$

　　显然，电压随位置不同会发生显著变化！如果我们还假设在传输线上的电压几乎仍然与低频信号具有相同特性，那就大错特错了。因此当传输高频信号时，不同位置的电压是不同的。

　　上述讨论研究的内容可以拓展应用到电路领域。例如，假设在电路板上通过传输线来传输信号，传输线的长度为 l。当信号的频率较低，即 $\lambda \gg l$ 时，在传输线各处的电压可以被视为相等。在这种情况下，就可以大大简化电路分析过程。反之，当信号频率较高时，波长 λ 可能与 l 具有一定关系。在这种情况下，必须考虑到在传输线不同位置处的电压不同。这就是高频电路分析比低频电路更为复杂的原因所在。

　　例 5.3

　　假设平行板传输线的长度为 $l=2$m，电介质的折射率为 $n=2$。电压为 $V(z,t)=3 \cdot \cos(\omega t-\beta z)$。在如下三种情况下：(a)$f=1$kHz；(b)$f=1$MHz；(c)$f=1$GHz。请推导当 $t=0$ 时在 $z=0$ 和 $z=l$ 处的电压。

　　解：

　　(a) 当 $f=1$kHz 时，对应波长为

$$\lambda=\frac{\lambda_0}{n}=\frac{c}{n \cdot f}=\frac{3 \times 10^8}{2 \times 10^3}=1.5 \times 10^5 (\text{m})$$

相位常数为

$$\beta=\frac{2\pi}{\lambda}=\frac{4\pi}{3} \times 10^{-5}$$

当 $t=0$ 时，在 $z=0$ 和 $z=l=2$m 处的电压分别为

$$V(0)=3 \cdot \cos(0)=3(\text{V})$$

$$V(l)=3 \cdot \cos\left(-\frac{4\pi}{3} \times 10^{-5} \times 2\right) \cong 3(\text{V})$$

　　(b) 当 $f=1$MHz 时，对应波长为

$$\lambda=\frac{c}{n \cdot f}=\frac{3 \times 10^8}{2 \times 10^6}=150(\text{m})$$

相位常数为

$$\beta=\frac{2\pi}{\lambda}=\frac{\pi}{75}$$

当 $t=0$ 时,在 $z=0$ 和 $z=l=2\mathrm{m}$ 处的电压分别为

$$V(0)=3 \cdot \cos(0)=3(\mathrm{V})$$

$$V(l)=3 \cdot \cos\left(-\frac{\pi}{75} \times 2\right)=2.99(\mathrm{V})$$

(c) 在 $f=1\mathrm{GHz}$ 时,对应波长为

$$\lambda=\frac{c}{n \cdot f}=\frac{3 \times 10^8}{2 \times 10^9}=\frac{3}{20}(\mathrm{m})$$

相位常数为

$$\beta=\frac{2\pi}{\lambda}=\frac{40\pi}{3}$$

当 $t=0$ 时,在 $z=0$ 和 $z=l=2\mathrm{m}$ 处的电压分别为

$$V(0)=3 \cdot \cos(0)=3(\mathrm{V})$$

$$V(l)=3 \cdot \cos\left(-\frac{40\pi}{3} \times 2\right)=-1.5(\mathrm{V})$$

由该例可以看出,当发射高频电磁波时,沿着传输线不同位置的电压可能会发生显著变化。

5.2 传输线方程

在前一节中,我们已经学习了 TEM 波是如何在平行板传输线中传播的以及相应的电场和电压情况。虽然不同类型的传输线可能有不同的结构,但是 TEM 波是传输电磁波的主要类型。此外,由于相应电场和磁场均垂直于传播方向,这也便于传输机理的分析。

当研究者试图分析 TEM 波在不同类型传输线中的传播时,他们会发现处理电压和电流比处理电场和磁场更容易,因此研究出传输线方程,用于描述传输线中电压和电流的变化规律。本节将介绍传输线方程及相应解。

5.2.1 传输线中的电流

在 5.1 节中,我们推导了 TEM 波的电场,得到两块平行板之间的电压。类似地,可以推导出 TEM 波的磁场,并由磁场得到电流。因为推导有点烦琐,这里跳过它,只介绍其关键结果。首先,如图 5-10 所示,有一段长度为 l 的传输线,且在传输线上的电流有两个显著特点:

1. 当频率较高时,在 $0<z<l$ 之间不同位置的电流可能会有所不同。换句话说,电流是一个关于位置 z 的函数。假定上面那根线的电流为 $\vec{I_1}$,下面那根线上的电流为 $\vec{I_2}$,两

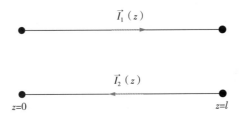

图 5-10　传输线上电流示意图

者都与 z 有关,可表示为 $\vec{I}_1 = \vec{I}_1(z)$ 和 $\vec{I}_2 = \vec{I}_2(z)$。

2. 在某一给定位置 z,$\vec{I}_1(z)$ 和 $\vec{I}_2(z)$ 大小相等,但方向相反。换句话说,当 $0 < z < l$ 时,$\vec{I}_1(z) = -\vec{I}_2(z)$。

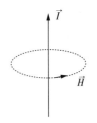

图 5-11　电流及其感应磁场

由于传输线的对称结构,可以预料到 $\vec{I}_1(z)$ 和 $\vec{I}_2(z)$ 大小相等,但为什么方向相反? 可以从磁场的角度来解释这一现象。首先,如图 5-11 所示,由安培定律可知电流将产生磁场。越接近电流 $\vec{I}$,其产生的磁场就越强。

如图 5-12 所示,若在 z 处 $\vec{I}_1 = \vec{I}_2$ 且方向相同,$\vec{I}_1$ 和 $\vec{I}_2$ 产生的磁场分别为 $\vec{H}_1$ 和 $\vec{H}_2$。上述两磁场之和为总磁场 $\vec{H}$

$$\vec{H} = \vec{H}_1 + \vec{H}_2 \tag{5-33}$$

由图 5-12 可知,当 $\vec{I}_1 = \vec{I}_2$ 时,显然 $\vec{H}_1$ 和 $\vec{H}_2$ 在 $x=0$ 和 $x=d$ 之间方向相反,这将使得其相互抵消。例如,在 $x=0$ 处,由于 $\vec{H}_2$ 大于 $\vec{H}_1$,则 $\vec{H} \neq 0$。在 $x=d/2$ 处,显然有 $\vec{H}_1 = -\vec{H}_2$,因此 $\vec{H} = 0$。因此,$\vec{H}$ 不是一个均匀磁场,这与具有均匀磁场的 TEM 波的特征相矛盾。

另一方面,如图 5-13 所示,若 $\vec{I}_1 = -\vec{I}_2$,这意味着它们方向相反。由图 5-13 可知,在 $x=0$ 和 $x=d$ 之间,显然 $\vec{H}_1$ 和 $\vec{H}_2$ 的方向相同。它们可以叠加起来形成一个均匀磁场。例如,在 $x=0$ 处,$\vec{H}_1$ 小于 $\vec{H}_2$。在 $x=d/2$ 处,$\vec{H}_1 = \vec{H}_2$。在 $x=d$ 处,$\vec{H}_1$ 大于 $\vec{H}_2$。因此,对于特定的位置 z,磁场是均匀的(对于 $0 \leqslant x \leqslant d$ 之间任意 x,总磁场 $\vec{H}$ 保持不变)。该结果与 TEM 波的特性一致。

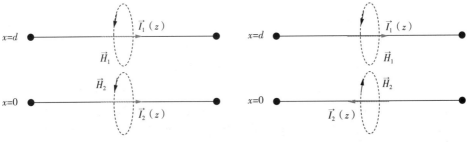

图 5-12　沿传输线上的方向　　　　图 5-13　沿传输线上的方向
相同的电流及其感应磁场　　　　　相反的电流及其感应磁场

如前所述,传输线一条导线上的电流与另一条导线上电流大小相等,但方向相反。因此,当分析传输线时,只需要考虑一条导线上的电流,这样自然就得到另一条导线上的电流。

5.2.2 传输线方程

传输线方程可以将电磁波的电场和磁场转换为电压和电流。因为电磁场是三维量,比一维电压和电流复杂得多,所以这种转换大大简化了传输线的分析过程。此外我们也可以应用很多在电路中所熟悉的概念。

如图5-14所示,有一段传输线长度为 l。首先,来看一下 z 和 $z+\Delta z$ 之间的这一小段传输线,在 z 和 $z+\Delta z$ 处的电压分别为 $V(z)$ 和 $V(z+\Delta z)$。假定电流的参考方向为 $+z$。例如,$I(z)=2\mathrm{mA}$ 表示 2mA 的电流流向 $+z$,$I(z)=-3\mathrm{mA}$ 表示 3mA 电流流向 $-z$。

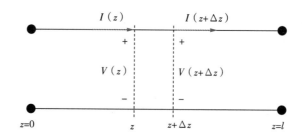

图5-14 沿着一小段传输线的电压和电流示意图

接下来,可以把 z 和 $z+\Delta z$ 之间的这一小段传输线看作是一个电路。然后根据电路原理,推导出该电路上的电压和电流。这一小段传输线上的等效电路如图5-15所示。该等效电路与传输线的物理性质相一致,如下所述。

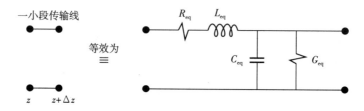

图5-15 一小段传输线的等效电路

R_{eq}:因为这两条平行线都是导体,所以当电磁波在它们之间传播时,导体的表面电阻会消耗一部分能量。这种效应可以用一个等效的电阻 R_{eq} 来表示。

L_{eq}:当电磁波在传输线中进行传播时,两导线之间的磁场会随时间发生变化。由法拉第电磁感应定律可知,磁场的变化将会产生电场,之后电场又会引起电压的变化。这类似于电感所产生的总体效应,因此可以用一个等效电感 R_{eq} 来表示。

C_{eq}:如图5-15所示,在两条导线之间填充了绝缘介质。从电子学角度来看,这正是一个电容的结构。该性质可以用等效电容 R_{eq} 来表示。

G_{eq}:在两条导线之间,电介质并非一个完美的绝缘体。假设电介质的等效电阻为

R_a,则相应的等效电导为 $R_{eq}=1/R_a$ 及单位为西蒙（$1\mathrm{Simon}=1\Omega^{-1}$）。

如图 5-15 所示,可以将一段长度为 Δz 的传输线转换为一个由 R_{eq},L_{eq},C_{eq} 和 G_{eq} 所组成的等效电路。随着长度 Δz 的增加,上述四种电路参数都按比例相应增加,因此可以表示为

$$R_{eq}=R\cdot\Delta z \tag{5-34}$$

$$L_{eq}=L\cdot\Delta z \tag{5-35}$$

$$C_{eq}=C\cdot\Delta z \tag{5-36}$$

$$G_{eq}=G\cdot\Delta z \tag{5-37}$$

其中

R:传输线每单位长度的等效电阻,单位为 Ω/m。

L:传输线每单位长度的等效电感,单位为 $\mathrm{H/m}$。

C:传输线每单位长度的等效电容,单位为 $\mathrm{F/m}$。

G:传输线每单位长度的等效电导,单位为 $\mathrm{S/m}$。

研究完等效电路后,如图 5-16 所示,我们将分析电压和电流。若 ω 是传输信号的频率,输入电压和电流分别为 $V(z)$ 和 $I(z)$,输出电压和电流分别为 $V(z+\Delta z)$ 和 $I(z+\Delta z)$。如图 5-16 所示,等效电感的阻抗为 $\mathrm{j}\omega L_{eq}$。由基尔霍夫电压定律,有

$$V(z+\Delta z)=V(z)-I(z)\cdot(R_{eq}+\mathrm{j}\omega L_{eq})$$
$$=V(z)-I(z)\cdot(R+\mathrm{j}\omega L)\cdot\Delta z \tag{5-38}$$

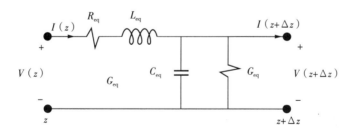

图 5-16　一小段传输线的等效电路图

由于等效电容的导纳为 $\mathrm{j}\omega C_{eq}$,由基尔霍夫电流定律,可知

$$I(z+\Delta z)=I(z)-V(z+\Delta z)\cdot(G_{eq}+\mathrm{j}\omega C_{eq})$$
$$=I(z)-V(z+\Delta z)\cdot(G+\mathrm{j}\omega C)\cdot\Delta z \tag{5-39}$$

式(5-38)和式(5-39)可转化为

$$\frac{V(z+\Delta z)-V(z)}{\Delta z}=-I(z)\cdot(R+\mathrm{j}\omega L) \tag{5-40}$$

$$\frac{I(z+\Delta z)-I(z)}{\Delta z}=-V(z+\Delta z)\cdot(G+\mathrm{j}\omega C) \quad\quad (5-41)$$

当 $\Delta z \to 0$ 时,有 $V(z+\Delta z)\to V(z)$ 和 $I(z+\Delta z)\to I(z)$。因此,式(5-40)和式(5-41)可以用下列微分方程来近似:

$$\frac{\mathrm{d}V(z)}{\mathrm{d}z}=-I(z)\cdot(R+\mathrm{j}\omega L) \quad\quad (5-42)$$

$$\frac{\mathrm{d}I(z)}{\mathrm{d}z}=-V(z)\cdot(G+\mathrm{j}\omega C) \qu\quad (5-43)$$

式(5-42)和式(5-43)称为传输线方程,它描述了传输线上电压和电流的工作规律。如式(5-42)和式(5-43)所示,四种电路参数 R、L、C 和 G 可能因不同的传输线而发生变化,但是都遵循相同形式的传输线方程。

5.2.3　传输线方程的解

式(5-42)和式(5-43)都是一阶微分方程,且很容易推导出相应的解。首先,在式(5-42)的两边进行微分,有

$$\frac{\mathrm{d}^2 V(z)}{\mathrm{d}z^2}=-\frac{\mathrm{d}I(z)}{\mathrm{d}z}\cdot(R+\mathrm{j}\omega L) \quad\quad (5-44)$$

代入式(5-43)到式(5-44),可得

$$\frac{\mathrm{d}^2 V(z)}{\mathrm{d}z^2}=(R+\mathrm{j}\omega L)(G+\mathrm{j}\omega C)\cdot V(z) \quad\quad (5-45)$$

现在定义一个参数 γ

$$\gamma=\sqrt{(R+\mathrm{j}\omega L)(G+\mathrm{j}\omega C)} \quad\quad (5-46)$$

则式(5-45)可改写为

$$\frac{\mathrm{d}^2 V(z)}{\mathrm{d}z^2}=\gamma^2 V(z) \quad\quad (5-47)$$

该二阶微分方程可计算传输线上电压的变化状态。

类似地,可以得到一个二阶微分方程来计算传输线上电流的状态。

$$\frac{\mathrm{d}^2 I(z)}{\mathrm{d}z^2}=\gamma^2 I(z) \quad\quad (5-48)$$

由式(5-47)和式(5-48),可得电压 $V(z)$ 和电流 $I(z)$ 具有类似的二阶微分方程形式,其参数为 γ。该参数称为传输线的传播常数。

此外,式(5-47)和式(5-48)有两个解,均可由指数函数推导得出。这两个解为

① 入射波

第一个解为

$$V(z)=V_a \mathrm{e}^{-\gamma z} \quad\quad (5-49)$$

$$I(z) = I_a e^{-\gamma z} \tag{5-50}$$

其中 $V(z)$ 和 $I(z)$ 以指数函数 $e^{-\gamma z}$ 的形式沿 z 轴进行传播。参数 V_a 和 I_a 分别为在 $z=0$ 处的电压矢量和电流矢量。该解表示传输线上的入射波。

②　反射波

第二个解为

$$V(z) = V_b e^{\gamma z} \tag{5-51}$$

$$I(z) = I_b e^{\gamma z} \tag{5-52}$$

其中 $V(z)$ 和 $I(z)$ 以指数函数 $e^{\gamma z}$ 的形式沿 z 轴进行传播。参数 V_b 和 I_b 分别为在 $z=0$ 处的电压矢量和电流矢量。该解表示传输线上的反射波。

一般来说,传播常数 γ 是一个复数,有

$$\gamma = \sqrt{(R + j\omega L)(G + j\omega C)} = \alpha + j\beta \tag{5-53}$$

其中 α 和 β 是实数。若

$$R + j\omega L = a \cdot e^{j\phi_1} \tag{5-54}$$

$$G + j\omega C = b \cdot e^{j\phi_2} \tag{5-55}$$

因为 R、L、G 和 C 都为正数,所以 a 和 b 都为正,且 $0 \leqslant \phi_1, \phi_2 \leqslant \dfrac{\pi}{2}$。由式(5-53)至式(5-55),可得

$$\alpha + j\beta = \sqrt{ab \cdot e^{j(\phi_1 + \phi_2)}} = \sqrt{ab} \cdot e^{j\frac{\phi_1 + \phi_2}{2}} \tag{5-56}$$

因此,

$$\alpha = \sqrt{ab} \cdot \cos\frac{\phi_1 + \phi_2}{2} \tag{5-57}$$

$$\beta = \sqrt{ab} \cdot \sin\frac{\phi_1 + \phi_2}{2} \tag{5-58}$$

因为 $0 \leqslant \phi_1, \phi_2 \leqslant \dfrac{\pi}{2}$,参数 α 和 β 都为正。如前所述,给定 R、L、G 和 C,即可推导出 α 和 β。

由式(5-53),式(5-49)可改写为

$$V(z) = V_a \cdot e^{-\alpha z} \cdot e^{-j\beta z} \tag{5-59}$$

因此

$$|V(z)| = |V_a| \cdot e^{-\alpha z} \tag{5-60}$$

如图 5-17 所示,$|V(z)|$ 沿着 z 方向减小。这是由于当入射波沿 $+z$ 方向传播时,能量会衰减,且衰减量与 $e^{-\alpha z}$ 成正比。

由式(5-59)可知,参数 α 描述了 $|V(z)|$ 的衰减程度,因此被称为衰减常数。参数 α 越大,$V(z)$ 沿着 z 方向的衰减率越大。另一个参数 β 被称为相位常数,它描述了相位变化

规律。α 和 β 都是传输线上的关键参数。

在式(5-59)中，$V(z)$ 是电压的相量。令 $V_a = A \cdot e^{j\theta}$，则时变电压可推导得出

$$V(z,t) = Re\{V(z)e^{j\omega t}\} = Ae^{-\alpha z} \cdot \cos(\omega t - \beta z + \theta) \tag{5-61}$$

因此，传输线上的电压取决于 z 和 t。同样，α 决定衰减率，β 决定相位变化率。

另一方面，对于式(5-51)中的反射波，可改写为

$$V(z) = V_b \cdot e^{\alpha z} \cdot e^{j\beta z} \tag{5-62}$$

因此

$$|V(z)| = |V_b| \cdot e^{\alpha z} \tag{5-63}$$

如图5-18所示，假设一个反射波从 $z=l$ 向 $z=0$ 进行传播，则 $|V(z)|$ 在 $z=l$ 时达到最大值，在 $z=0$ 时达到最小值。这里可认为 $V(z)$ 是沿 $-z$ 方向传播的反射波，则能量在从 $z=l$ 到 $z=0$ 的传播过程中逐渐衰减，且在 $z=0$ 时达到最小值。

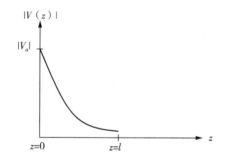

图 5-17 沿着传输线的入射波电压分布   图 5-18 沿着传输线的反射波电压分布

在式(5-62)中，$V(z)$ 是电压的相量。令 $V_b = B \cdot e^{j\phi}$，则时变电压为

$$V(z,t) = Re\{V(z)e^{j\omega t}\} = Be^{\alpha z} \cdot \cos(\omega t + \beta z + \phi) \tag{5-64}$$

因此，电压取决于 z 和 t。与式(5-61)中的入射波类似，衰减常数 α 决定衰减率，相位常数 β 决定相位变化率。

例 5.4

假定有一入射波和一反射波在传输线上进行传播。入射波的电压为 $V^+(z,t) = Ae^{-\alpha z} \cdot \cos(\omega t - \beta z)$，反射波的电压为 $V^-(z,t) = Be^{\alpha z} \cdot \cos(\omega t + \beta z - \pi)$。若 $A = B = 10(V)$，$\alpha = 0.01(m^{-1})$，$\beta = \pi(m^{-1})$，则当 $t=0$ 和 $z=5m$ 时，请推导

(a) 入射波的电压；

(b) 反射波的电压；

(c) 测量电压。

解：

(a) 当 $t=0$ 时，有

$$V^+(z) = Ae^{-\alpha z} \cdot \cos(-\beta z)$$

因此在 $z=5\mathrm{m}$ 时,入射波的电压为

$$V^+ (z) = 10\mathrm{e}^{-(0.01)\times 5} \cdot \cos\left(-\frac{\pi}{3}\times 5\right) = 4.76(\mathrm{V})$$

(b) 当 $t=0$ 时,有

$$V^- (z) = B\mathrm{e}^{\alpha z} \cdot \cos(\beta z - \pi)$$

因此在 $z=5\mathrm{m}$ 时,反射波的电压为

$$V^- (z) = 10\mathrm{e}^{(0.01)\times (5)} \cdot \cos\left(\frac{\pi}{3}\times 5 - \pi\right) = -5.26(\mathrm{V})$$

(c) 最后,在 $z=5\mathrm{m}$ 处的测量电压为两电磁波的电压之和,为

$$V(z) = V^+ (z) + V^- (z) = 4.76 + (-5.26) = -0.5(\mathrm{V})$$

5.2.4　衰减常数和相位常数

R、L、G 和 C 是构成传输线等效电路的重要参量,它们实际上决定了衰减常数 α 和相位常数 β。假设有一无损传输线,即在该传输线上不会发生损耗,则对应 $R=0$ 和 $G=0$。在这种情况中,由式(5-46),可得

$$\gamma = \sqrt{(\mathrm{j}\omega L)(\mathrm{j}\omega C)} = \mathrm{j}\omega\sqrt{LC} \tag{5-65}$$

由 $\gamma = \alpha + \mathrm{j}\beta$,可得

$$\alpha = 0 \tag{5-66}$$

$$\beta = \omega\sqrt{LC} \tag{5-67}$$

因此,对于无损传输线,衰减常数 $\alpha = 0$,相位常数 β 随频率的增加而增加。

然而,对于实际传输线来说,对应 R 和 G 不为零。式(5-46)可改写为

$$\gamma = \sqrt{(\mathrm{j}\omega L)(\mathrm{j}\omega C)\left(1+\frac{R}{\mathrm{j}\omega L}\right)\left(1+\frac{G}{\mathrm{j}\omega C}\right)}$$

$$= \mathrm{j}\omega\sqrt{LC} \cdot \sqrt{\left(1+\frac{R}{\mathrm{j}\omega L}\right)\left(1+\frac{G}{\mathrm{j}\omega C}\right)} \tag{5-68}$$

对于高频电路,通常有 $R \ll \omega L$ 和 $G \ll \omega C$。由于当 $x \ll 1$ 时,$\sqrt{1+x} \approx 1+\frac{x}{2}$,因此式(5-68)可以近似为

$$\gamma \approx \mathrm{j}\omega\sqrt{LC} \cdot \left(1+\frac{R}{2\mathrm{j}\omega L}\right)\left(1+\frac{G}{2\mathrm{j}\omega C}\right)$$

$$\approx \mathrm{j}\omega\sqrt{LC} \cdot \left[1+\frac{1}{2\mathrm{j}\omega}\left(\frac{R}{L}+\frac{G}{C}\right)\right]$$

$$= \frac{\sqrt{LC}}{2}\left(\frac{R}{L} + \frac{G}{C}\right) + j\omega\sqrt{LC} \tag{5-69}$$

由 $\gamma = \alpha + j\beta$，有

$$\alpha = \frac{\sqrt{LC}}{2}\left(\frac{R}{L} + \frac{G}{C}\right) \tag{5-70}$$

$$\beta = \omega\sqrt{LC} \tag{5-71}$$

因此，由式(5-70)可推导出传输线的衰减常数 α。需要注意的是，式(5-71)中的相位常数 β 与式(5-67)中无损传输线上的 β 形式相同。

例 5.5

假设有一段无损传输线，其等效电路参数 $R=0$、$L=4(\mu H/m)$、$C=1(pF/m)$、$G=0$。当频率 $f=100\text{MHz}$ 时，请推导衰减常数 α 和相位常数 β。

解：

因为是无损传输线，由式(5-66)和式(5-67)，可得

$$\alpha = 0$$

$$\beta = \omega\sqrt{LC} = (2\pi \times 10^8) \times \sqrt{(4 \times 10^{-6})(1 \times 10^{-12})} = \frac{2\pi}{5}(\text{m}^{-1})$$

例 5.6

若有一段传输线，其等效电路参数为 $R=0.1(\Omega/m)$、$L=10(\mu H/m)$、$C=10(pF/m)$、$G=10^{-6}(S/m)$。当频率 $f=100\text{MHz}$ 时，请推导衰减常数 α 和相位常数 β。

解：

由于 $R \ll \omega L$ 和 $G \ll \omega C$，由式(5-70)和式(5-71)，可得

$$\alpha = \frac{\sqrt{LC}}{2}\left(\frac{R}{L} + \frac{G}{C}\right) = \frac{\sqrt{(10^{-5}) \times 10^{-11}}}{2} \times \left(\frac{0.1}{10^{-5}} + \frac{10^{-6}}{10^{-11}}\right) = 5.5 \times 10^{-4}(\text{m}^{-1})$$

$$\beta = \omega\sqrt{LC} = (2\pi \times 10^8) \times \sqrt{(10^{-5})(10^{-11})} = 2\pi(\text{m}^{-1})$$

5.3 特性阻抗

我们生活在一个迷人的世界里，许多现象都可以用物理定律来阐述。例如，牛顿万有引力定律说明了两物体之间的引力，而库仑定律阐明了两电荷之间的电动力。有了这些物理定律，就可以运用数学公式来探索每个现象背后的机理，甚至预测其相应状态。

类似地，虽然不同传输线可能有不同的结构，但是传输线上的电压和电流却可以用传输线方程来描述。传输线方程由一些参数所组成，且每个参数代表一种传输线特性。本节将介绍一种传输线的重要特性：特性阻抗。

5.3.1　入射波

首先,研究入射波的电压和电流之间的关系。如图 5-19 所示,若有一入射波沿 $+z$ 方向传播,则相应电压和电流为

$$V(z) = V_a e^{-\gamma z} \tag{5-72}$$

$$I(z) = I_a e^{-\gamma z} \tag{5-73}$$

其中,γ 是传播常数,V_a 和 I_a 是在 $z=0$ 处的矢量。由式(5-72)和式(5-73)易得 $V(z)$ 与 $I(z)$ 成正比,其关系为

$$\frac{V(z)}{I(z)} = \frac{V_a}{I_a} = 常数 \tag{5-74}$$

式(5-74)表明,虽然 $V(z)$ 与 $I(z)$ 都随 z 的变化而变化,但二者之比是恒定常数。该比值称为特性阻抗,为

$$Z_0 = \frac{V(z)}{I(z)} \tag{5-75}$$

该命名方式来自电路,因为电压与电流之比被定义为阻抗。因为 Z_0 显著表征了传输线的特性,所以被称为特性阻抗。Z_0 表征了传输线的一个重要属性,稍后将详细说明。

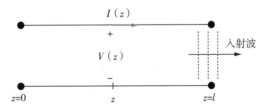

图 5-19　沿着传输线的入射波及其电压和电流

由上一节可知,传输线的电压和电流满足以下微分方程:

$$\frac{\mathrm{d}V(z)}{\mathrm{d}z} = -I(z) \cdot (R + \mathrm{j}\omega L) \tag{5-76}$$

另一方面,由式(5-72)可得

$$\frac{\mathrm{d}Vz}{\mathrm{d}z} = -\gamma \cdot V_a e^{-\gamma z} = -\gamma \cdot V(z) \tag{5-77}$$

代入式(5-77)到式(5-76)中,可得

$$-\gamma \cdot V(z) = -I(z) \cdot (R + \mathrm{j}\omega L) \tag{5-78}$$

因此,

$$\frac{V(z)}{I(z)} = \frac{R + \mathrm{j}\omega L}{\gamma} = Z_0 \tag{5-79}$$

此外,由

$$\gamma = \sqrt{(R + j\omega L)(G + j\omega C)} \tag{5-80}$$

可以得到

$$Z_0 = \frac{R + j\omega L}{\gamma} = \sqrt{\frac{R + j\omega L}{G + j\omega C}} \tag{5-81}$$

因此 Z_0 是由 R、L、C、G 和频率 ω 所决定。由于不同传输线的参数 R、L、C 和 G 一般不同,所以其特性阻抗不同。

对于高频电路,通常有 $R \ll \omega L$ 和 $G \ll \omega C$。在这种情况下,式(5-81) 可化为

$$Z_0 \approx \sqrt{\frac{j\omega L}{j\omega C}} = \sqrt{\frac{L}{C}} \tag{5-82}$$

特性阻抗可近似等于等效电感和等效电容之比的平方根。在实际应用中,通常设计传输线的特性阻抗 Z_0 为正数。例如,为传输电视信号,通常在高频电路采用 $Z_0 = 50\Omega$ 或 $Z_0 = 75\Omega$ 的传输线。

例 5.7

假定有一段传输线,其等效电路参数为 $R = 0.1(\Omega/m)$、$L = 2(\mu H/m)$、$G = 1(\mu S/m)$、$C = 100(pF/m)$。当频率 $f = 100MHz$ 时,请推导相应特性阻抗 Z_0。

解:

由式(5-81) 可得

$$Z_0 = \sqrt{\frac{R + j\omega L}{G + j\omega C}} = \sqrt{\frac{0.1 + j(2\pi \times 10^8)(2 \times 10^{-6})}{10^{-6} + j(2\pi \times 10^8)(100 \times 10^{-12})}}$$

$$= \sqrt{\frac{0.1 + j(4\pi \times 10^2)}{10^{-6} + j(2\pi \times 10^{-2})}} \approx \sqrt{2 \times 10^4}$$

$$= 100\sqrt{2} = 141.4(\Omega)$$

例 5.8

假定有一段传输线,其特征阻抗 $Z_0 = 100\Omega$、传播常数 $\gamma = 0.01 + j\frac{\pi}{4}$。当 $f = 100MHz$ 时,请推导下列等效电路参数(R、L、C、G)。

解:

由式(5-80) 和式(5-81),可得

$$\gamma = \sqrt{(R + j\omega L)(G + j\omega C)}$$

$$Z_0 = \sqrt{\frac{R + j\omega L}{G + j\omega C}}$$

因此

$$\gamma \cdot Z_0 = R + j\omega L$$

则

$$\left(0.01 + j\frac{\pi}{4}\right) \times (100) = R + j\omega L$$

因此,等效电阻和等效电感分别为

$$R = 0.01 \times 100 = 1(\Omega/m)$$

$$L = \frac{\left(\frac{\pi}{4}\right) \cdot 100}{\omega} = 1.25 \times 10^{-7}(H/m)$$

此外,由上述结果,有

$$\frac{\gamma}{Z_0} = G + j\omega C$$

因此

$$\frac{0.01 + j\frac{\pi}{4}}{100} = G + j\omega C$$

则

$$G = \frac{0.01}{100} = 1 \times 10^{-4}(S/m)$$

$$C = \frac{\frac{\pi}{4}}{\omega \times 100} = 1.25 \times 10^{-11}(F/m)$$

5.3.2　反射波

接下来,研究反射波电压和电流之间的关系。如图 5 - 20 所示,若有一反射波沿着 $-z$ 方向进行传播,则对应电压和电流为

$$V(z) = V_b e^{\gamma z} \tag{5-83}$$

$$I(z) = I_b e^{\gamma z} \tag{5-84}$$

其中,γ 是传播常数,V_b 和 I_b 是在 $z = 0$ 处的矢量。由式(5-83)和(5-84),可得

$$\frac{V(z)}{I(z)} = \frac{V_b}{I_b} = 常数 \tag{5-85}$$

因此,对于传输线上的反射波,$V(z)$ 与 $I(z)$ 的比值同样也是一个常数。现在存在这样一个问题:这个常数是否等于入射波在式(5-75)中的比值 Z_0?

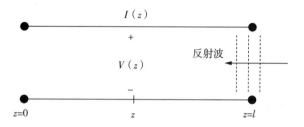

图 5 - 20　沿着传输线的反射波及其电压和电流

由上一节可知,反射波的电压 $V(z)$ 和电流 $I(z)$ 也满足式(5-76)中的微分方程。将式(5-83)中的微分方程代入式(5-76),可得

$$\gamma \cdot V(z) = -I(z) \cdot (R + \mathrm{j}\omega L) \qquad (5-86)$$

因此

$$\frac{V(z)}{I(z)} = -\frac{(R + \mathrm{j}\omega L)}{\gamma} = -Z_0 \qquad (5-87)$$

显然,反射波的 $V(z)$ 与 $I(z)$ 的比值是 $-Z_0$,这是入射波比值 Z_0 的负数。由于分析上的显著差异,读者要注意这个负号。

简而言之,总结如下:

① 对于入射波,有

$$V(z) = V_a \mathrm{e}^{-\gamma z}$$

$$I(z) = I_a \mathrm{e}^{-\gamma z}$$

$$\frac{V(z)}{I(z)} = Z_0$$

② 对于反射波,有

$$V(z) = V_b \mathrm{e}^{\gamma z}$$

$$I(z) = I_b \mathrm{e}^{\gamma z}$$

$$\frac{V(z)}{I(z)} = -Z_0$$

因此,对于传输线上的入射波或反射波,由已知的电流易得对应电压,反之亦然。

例 5.9

假定有一段传输线,其特性阻抗 $Z_0 = 50\Omega$。在传输线上某一点,一入射波电压为 $V^+ = 10\mathrm{V}$,一反射波电压为 $V^- = 4\mathrm{V}$。请推导(a)入射波和反射波的电流,(b)此处的测量电压和电流。

解：

（a）由式(5-75)，可得出入射波电流 I^+ 为

$$I^+ = \frac{V^+}{Z_0} = \frac{10}{50} = 0.2(\text{A})$$

由式(5-85)，可得出反射波电流 I^- 为

$$I^- = -\frac{V^-}{Z_0} = -\frac{4}{50} = -0.08(\text{A})$$

（b）因测量电压为 V_m 是 V^+ 和 V^- 之和，则有

$$V_m = V^+ + V^- = 14(\text{V})$$

另外，因测量电流 I_m 是 I^+ 和 I^- 之和，则有

$$I_m = I^+ + I^- = 0.2 + (-0.08) = 0.12(\text{A})$$

5.3.3　入射波和反射波同时存在的情况

当传输线上只有入射波或反射波时，电压与电流之间的关系很简单，可以用特性阻抗来表征。然而，当入射波和反射波在传输线上同时存在时，这种关系将变得更加复杂。

若 $V(z)$ 和 $I(z)$ 分别表示传输线上 z 处的电压和电流，当一入射波和一反射波同时存在时，$V(z)$ 和 $I(z)$ 分别为

$$V(z) = V^+(z) + V^-(z) \tag{5-88}$$

$$I(z) = I^+(z) + I^-(z) \tag{5-89}$$

其中 $V^+(z)$ 和 $I^+(z)$ 为入射波的电压和电流，而 $V^-(z)$ 和 $I^-(z)$ 为反射波的电压和电流。$V^+(z)$ 和 $I^+(z)$ 分别被称为入射电压和入射电流。类似地，$V^-(z)$ 和 $I^-(z)$ 分别被称为反射电压和反射电流。

由式(5-88)和式(5-89)可知，叠加电压 $V(z)$ 是入射电压和反射电压之和，叠加电流 $I(z)$ 是入射电流和反射电流之和。因为无论是电压表还是电流表都不能区分方向，所以，所测得的分别是叠加电压 $V(z)$ 和叠加电流 $I(z)$。

若在 $z=0$ 处的入射电压为 V_a 且反射电压为 V_b，则对于传输线上任一点 z，入射电压和反射电压分别为

$$V^+(z) = V_a e^{-\gamma z} \tag{5-90}$$

$$V^-(z) = V_b e^{\gamma z} \tag{5-91}$$

因此，叠加电压为

$$V(z) = V^+(z) + V^-(z) = V_a e^{-\gamma z} + V_b e^{\gamma z} \tag{5-92}$$

另一方面，入射电流和反射电流分别为

$$I^+ (z) = \frac{V^+ (z)}{Z_0} = \frac{V_a \mathrm{e}^{-\gamma z}}{Z_0} \qquad (5-93)$$

$$I^- (z) = -\frac{V^- (z)}{Z_0} = -\frac{V_b \mathrm{e}^{\gamma z}}{Z_0} \qquad (5-94)$$

因此,叠加电流为

$$I(z) = I^+ (z) + I^- (z) = \frac{V_a \mathrm{e}^{-\gamma z} - V_b \mathrm{e}^{\gamma z}}{Z_0} \qquad (5-95)$$

当入射波和反射波在传输线上同时存在时,由式(5-92)和(5-95),可得

$$\frac{V(z)}{I(z)} = Z_0 \cdot \frac{V_a \mathrm{e}^{-\gamma z} + V_b \mathrm{e}^{\gamma z}}{V_a \mathrm{e}^{-\gamma z} - V_b \mathrm{e}^{\gamma z}} \neq 常数 \qquad (5-96)$$

因此,$V(z)$ 与 $I(z)$ 的比值不是一个常数,且取决于位置 z。

简而言之,当入射波和反射波在传输线上同时存在时,电压与电流的比值不是一个常数。但是,我们仍然可以通过单独进行入射波分析和反射波分析来分析这种情况。这一点如下面的示例所示。

例 5.10

假设有一段传输线,其特征阻抗 $Z_0 = 50\Omega$,传播常数 $\gamma = \mathrm{j}\frac{\pi}{3}$。若在 $z = 0$ 处的入射电压为 $V_a = 10\mathrm{e}^{\mathrm{j}\frac{\pi}{6}}$,反射电压为 $V_b = 2\mathrm{e}^{\mathrm{j}\frac{\pi}{4}}$。请推导

(a) 在 $z = 5\mathrm{m}$ 处的电压和电流,

(b) 在 $z = 5\mathrm{m}$ 处的电压与电流的比值。

解:

(a) 假定 V^+ 和 V^- 分别表示在 $z = 5\mathrm{m}$ 处的入射电压和反射电压,由式(5-90)和式(5-91),可得

$$V^+ = V_a \mathrm{e}^{-\gamma z} = (10\mathrm{e}^{\mathrm{j}\frac{\pi}{6}}) \cdot (\mathrm{e}^{-\mathrm{j}\frac{\pi}{3} \times 5}) = 10\mathrm{e}^{-\mathrm{j}\frac{3\pi}{2}} = j10$$

$$V^- = V_b \mathrm{e}^{\gamma z} = (2\mathrm{e}^{\mathrm{j}\frac{\pi}{4}}) \cdot (\mathrm{e}^{\mathrm{j}\frac{\pi}{3} \times 5}) = 2\mathrm{e}^{\mathrm{j}\frac{23}{12}\pi}$$

由式(5-93)和式(5-94)可得,在 $z = 5\mathrm{m}$ 处的入射电流和反射电流分别为

$$I^+ = \frac{V^+}{Z_0} = \frac{\mathrm{j}10}{50} = \frac{\mathrm{j}}{5}$$

$$I^- = -\frac{V^-}{Z_0} = -\frac{2\mathrm{e}^{\mathrm{j}\frac{23}{12}\pi}}{50} = -\frac{\mathrm{e}^{\mathrm{j}\frac{23}{12}\pi}}{25}$$

因此,在 $z = 5\mathrm{m}$ 处的电压和电流分别为

$$V = V^+ + V^- = \mathrm{j}10 + 2\mathrm{e}^{\mathrm{j}\frac{23}{12}\pi}$$

$$I = I^+ + I^- = \frac{\mathrm{j}}{5} - \frac{\mathrm{e}^{\mathrm{j}\frac{23}{12}\pi}}{25}$$

(b)V 与 I 的比值为

$$\frac{V}{I} = \frac{\mathrm{j}10 + 2\mathrm{e}^{\mathrm{j}\frac{23}{12}\pi}}{\dfrac{\mathrm{j}}{5} - \dfrac{\mathrm{e}^{\mathrm{j}\frac{23}{12}\pi}}{25}} = \frac{\mathrm{j}250 + 50\mathrm{e}^{\mathrm{j}\frac{23}{12}\pi}}{j5 - \mathrm{e}^{\mathrm{j}\frac{23}{12}\pi}}$$

显然,该比值不等于 Z_0。

5.4　反　射

当向前扔一个球时,你可以很容易地预测它的运动方向和位置。但是当你把一个球扔到墙上,球会反弹,这时通常更难预测其运动方向和位置。类似地,在传输线上,当只有入射波时,电压和电流之间的关系很简单。然而如 5.3 节所述,当反射波也存在时,分析将变得更加困难。在这一节中,我们将研究传输线上反射波的来源及其影响。因为这给传输线特别是在高频电路设计中的应用带来了许多非常有趣且具有挑战性的结果,所以它是一个传输线上的关键问题。

5.4.1　反射的发生

如图 5-21 所示,假设有一条长度为 l 的传输线,其负载阻抗为 Z_L,有一电磁波从 $z=0$ 传播到 $z=l$ 处。刚开始,传输线上只有一入射波,其相应电压和电流分别为

$$V(z) = V_a \mathrm{e}^{-\gamma z} \tag{5-97}$$

$$I(z) = I_a \mathrm{e}^{-\gamma z} \tag{5-98}$$

其中 V_a 和 I_a 为 $z=0$ 处的矢量,γ 为传播常数。因为刚开始只有入射波,所以 $V(z)$ 与 $I(z)$ 的比值等于特性阻抗 Z_0。

$$\frac{V(z)}{I(z)} = Z_0 \tag{5-99}$$

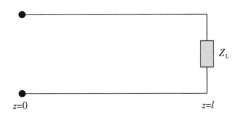

图 5-21　带有负载阻抗的传输线上的电磁波

当入射波传播到 $z=l$ 时,入射电压 V^+ 和入射电流 I^+ 为

$$V^+ = V_a \mathrm{e}^{-\gamma L} \tag{5-100}$$

$$I^+ = I_a \mathrm{e}^{-\gamma L} \tag{5-101}$$

基于传输线特性阻抗 Z_0 和负载阻抗 Z_L，需要考虑以下两种情况。

情况 1：$Z_L \neq Z_0$

当入射波到达 $z = l$ 时，入射电压 V^+ 和入射电流 I^+ 满足以下等式：

$$\frac{V^+}{I^+} = Z_0 \tag{5-102a}$$

另外，根据电路理论，在 $z = l$ 处流经 Z_L 的电压和电流必须满足以下关系：

$$\frac{V(z)}{I(z)} = Z_L \tag{5-102b}$$

现在存在这样一个问题，不仅需要满足式（5-102b）中负载阻抗 Z_L 这个条件，还需要满足式（5-102a）中特性阻抗 Z_0 这个条件，但是 $Z_L \neq Z_0$，如何能同时满足这两个等式呢？

从测量结果中，可以发现电磁波用了一个聪明的方法来解决这个问题，即它通过在 $z = l$ 处产生反射波并向 $z = 0$ 处传播来解决这个问题。因此，当 $Z_L \neq Z_0$ 时，会发生反射，这样入射波和反射波会同时存在。在这种情况下，流经 Z_L 的电压和电流就不只是 V^+ 和 I^+。

如图 5-22 所示，假定 V_L 是流经 Z_L 的电压，I_L 是流经 Z_L 的电流，当反射发生时，在 $z = l$ 处有以下关系：

$$V_L = V^+ + V^- \tag{5-103}$$

$$I_L = I^+ + I^- \tag{5-104}$$

其中 V^+ 是入射电压，V^- 是反射电压，I^+ 是入射电流，I^- 是反射电流。同时，入射波的 V^+ 和 I^+ 满足以下特性：

$$\frac{V^+}{I^+} = Z_0 \tag{5-105}$$

同样的，V^- 和 I^- 满足反射波的特性：

$$\frac{V^-}{I^-} = -Z_0 \tag{5-106}$$

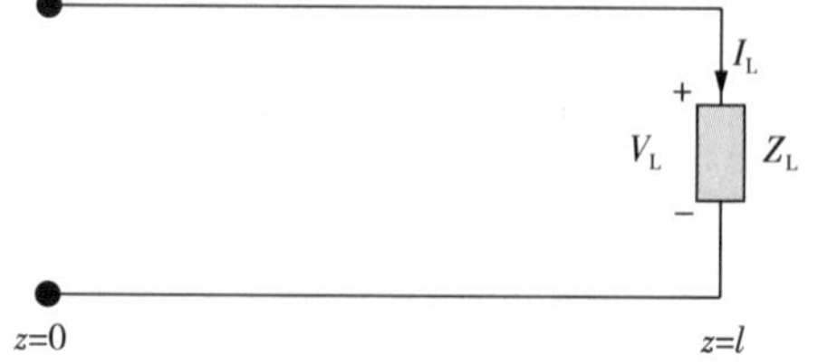

图 5-22　当发生反射时入射波和反射波示意图

此外，V_L 和 I_L 满足 Z_L 条件

$$\frac{V_L}{I_L} = \frac{V^+ + V^-}{I^+ + I^-} = Z_L \qquad (5-107)$$

式(5-105)～ 式(5-107)表明，通过反射可以同时满足负载阻抗 Z_L 和特性阻抗 Z_0 这两个条件。此外，当反射发生时，入射波和反射波在传输线上同时存在。对于传输线上的任一点，其电压和电流为

$$V(z) = V^+(z) + V^-(z) \qquad (5-108)$$

$$I(z) = I^+(z) + I^-(z) \qquad (5-109)$$

其中 $V^+(z)$ 为入射电压，$I^+(z)$ 为入射电流，$V^-(z)$ 为反射电压，和 $I^-(z)$ 是反射电流，并满足以下等式

$$\frac{V^+(z)}{I^+(z)} = Z_0 \qquad (5-110)$$

$$\frac{V^-(z)}{I^-(z)} = -Z_0 \qquad (5-111)$$

由式(5-110)和式(5-111)可知，当反射发生时，传输线仍然存在特性阻抗这项条件，即入射电压与入射电流的比值为一常数，反射电压与反射电流的比值也为一常数。这两个条件有助于分析传输线上的反射。

情况 2：$Z_L = Z_0$

当负载阻抗 Z_L 等于特性阻抗 Z_0 时，我们称其为阻抗匹配。在这种情况下，当一入射波从 $z=0$ 传播到 $z=l$ 时，$V(z)$ 和 $I(z)$ 满足式(5-99)中规定的特性阻抗条件。同时，在 $z=l$ 处，由于 $Z_L = Z_0$，入射电压 V^+ 和入射电流 I^+ 同样满足式(5-102b)中规定的负载阻抗条件，因此不发生反射。换句话说，当阻抗匹配时，传输线上只存在入射波。

简而言之，当 $Z_L \neq Z_0$ 时，在负载上会发生反射，因此传输线上同时存在入射波和反射波。另一方面，当 $Z_L = Z_0$ 时，在负载上不发生反射，传输线上只存在入射波。

5.4.2　反射系数

当 $Z_L \neq Z_0$ 时，传输线上发生反射，反射系数可定义为

$$\Gamma = \frac{V^-}{V^+} \qquad (5-112)$$

其中 V^+ 和 V^- 分别为在 $z=l$ 处的入射电压和反射电压。读者应注意，V^+ 和 V^- 都是相量，因此均为复数。所以反射系数 Γ 同样也是一个复数，可表示为

$$\Gamma = |\Gamma| \cdot e^{j\theta} \qquad (5-113)$$

其中，$|\Gamma|$ 为反射幅度，θ 为反射相位。此外通过直觉可以得出，反射电压应小于或等于输入电压。因此由式(5-112)，可得

$$|\Gamma| \leqslant 1 \qquad (5-114)$$

这是反射系数 Γ 一个非常重要的特性。由式(5-105)～式(5-107),可得

$$Z_L = \frac{V^+ + V^-}{I^+ + I^-} = Z_0 \cdot \frac{V^+ + V^-}{V^+ - V^-} \tag{5-115}$$

因为 $\Gamma = V^-/V^+$,故式(5-115)可化为

$$Z_L = Z_0 \cdot \frac{1+\Gamma}{1-\Gamma} \tag{5-116}$$

由式(5-116),可得反射系数为

$$\Gamma = \frac{Z_L - Z_0}{Z_L + Z_0} \tag{5-117}$$

因此给定 Z_L 和 Z_0,可立刻推导得出反射系数。式(5-117)是传输线中一个重要且有用的公式,在下面的章节中将会得到应用。

例 5.11

假设一段传输线具有以下特性:长度 $l = 3\mathrm{m}$,特征阻抗 $Z_0 = 50\Omega$,负载阻抗 $Z_L = 100\Omega$,传播常数 $\gamma = \mathrm{j}\frac{\pi}{3}$。若 $z=0$ 处的入射电压为 $V_a = 10\mathrm{e}^{\mathrm{j}\frac{\pi}{4}}$。在 $z=l$ 处,请推导

(a) 入射电压和入射电流;

(b) 反射电压和反射电流;

(c) 负载上的测量电压和电流。

解:

(a) 首先,由式(5-100)可得,在 $z=l$ 处的入射电压为

$$V^+ = V_a \mathrm{e}^{-\gamma l} = (10\mathrm{e}^{\mathrm{j}\frac{\pi}{4}}) \cdot \mathrm{e}^{-(\frac{\pi}{3} \times 3)} = -10\mathrm{e}^{\mathrm{j}\frac{\pi}{4}}$$

由式(5-105)可得,在 $z=l$ 处的入射电流为

$$I^+ = \frac{V^+}{Z_0} = -\frac{1}{5}\mathrm{e}^{\mathrm{j}\frac{\pi}{4}}$$

(b) 接下来,可推导出反射系数为

$$\Gamma = \frac{Z_L - Z_0}{Z_L + Z_0} = \frac{100 - 50}{100 + 50} = \frac{1}{3}$$

由式(5-112)和在(a)中的结果,可以推导出在 $z=l$ 处的反射电压为

$$V^- = \Gamma V^+ = -\frac{10}{3}\mathrm{e}^{\mathrm{j}\frac{\pi}{4}}$$

由式(5-106)可得,在 $z=l$ 处的反射电流为

$$I^- = -\frac{V^-}{Z_0} = \frac{1}{15}\mathrm{e}^{\mathrm{j}\frac{\pi}{4}}$$

(c) 负载上的测量电压和电流为

$$V_{\mathrm{L}} = V^+ + V^- = -\frac{40}{3}\mathrm{e}^{\mathrm{j}\frac{\pi}{4}}$$

$$I_{\mathrm{L}} = I^+ + I^- = -\frac{2}{15}\mathrm{e}^{\mathrm{j}\frac{\pi}{4}}$$

请注意,也可以从式(5-107)中推导出电流

$$I_{\mathrm{L}} = \frac{V_{\mathrm{L}}}{Z_{\mathrm{L}}} = -\frac{2}{15}\mathrm{e}^{\mathrm{j}\frac{\pi}{4}}$$

例 5.12

条件与例 5.11 相同,但传播常数为 $\gamma = \dfrac{1}{30} + \mathrm{j}\,\dfrac{\pi}{5}$。

解:

(a) 首先由式(5-100)可得,在 $z = l = 3\mathrm{m}$ 处的入射电压为

$$V^+ = V_a \mathrm{e}^{-\gamma l} = (10\mathrm{e}^{\mathrm{j}\frac{\pi}{4}}) \cdot \mathrm{e}^{-\left(\frac{1}{30}+\mathrm{j}\frac{\pi}{5}\right)\times 3} = 10\mathrm{e}^{-0.1} \cdot \mathrm{e}^{\mathrm{j}\left(\frac{\pi}{4}-\frac{3\pi}{5}\right)} \approx 9\mathrm{e}^{-\mathrm{j}\frac{7\pi}{20}}$$

由式(5-105)可得,在 $z = l$ 处的入射电流为

$$I^+ = \frac{V^+}{Z_0} = \frac{9}{50}\mathrm{e}^{-\mathrm{j}\frac{7\pi}{20}}$$

(b) 接下来,可推导得出反射系数为

$$\Gamma = \frac{Z_{\mathrm{L}} - Z_0}{Z_{\mathrm{L}} + Z_0} = \frac{100 - 50}{100 + 50} = \frac{1}{3}$$

由式(5-112)和在(a)中的结果,可以推导出在 $z = l$ 处的反射电压为

$$V^- = \Gamma V^+ = 3\mathrm{e}^{-\mathrm{j}\frac{7\pi}{20}}$$

由式(5-106)可得,在 $z = l$ 处的反射电流为

$$I^- = -\frac{V^-}{Z_0} = -\frac{3}{50}\mathrm{e}^{-\mathrm{j}\frac{7\pi}{20}}$$

(c) 负载上的测量电压和电流为

$$V_{\mathrm{L}} = V^+ + V^- = 12\mathrm{e}^{-\mathrm{j}\frac{7\pi}{20}}$$

$$I_{\mathrm{L}} = I^+ + I^- = \frac{3}{25}\mathrm{e}^{-\mathrm{j}\frac{7\pi}{20}}$$

请注意,也可以从式(5-107)中推导出负载电流

$$I_{\mathrm{L}} = \frac{V_{\mathrm{L}}}{Z_{\mathrm{L}}} = \frac{3}{25}\mathrm{e}^{-\mathrm{j}\frac{7\pi}{20}}$$

5.4.3　负载阻抗的特殊情况

反射系数 Γ 是一个与特性阻抗 Z_0 和负载阻抗 Z_{L} 密切相关的重要参数。下面将研究

在三种 Z_L 的特殊情况下的反射系数。

情况 1: $Z_L = 0$

如图 5-23 所示,使用一条导线作为负载,则其 $Z_L = 0$。之后由式(5-117)可得

$$\Gamma = \frac{-Z_0}{Z_0} = -1 \tag{5-118}$$

图 5-23　终端短路情况

因此,当负载短路时,相应的反射系数 $\Gamma = -1$。这是一个合理的结果,因为当 $Z_L = 0$ 时,无论 I_L 是多少,负载电压 V_L 为

$$V_L = I_L \cdot Z_L = 0 \tag{5-119}$$

由于 $V_L = V^+ + V^- = 0$,则

$$V^+ = -V^- \Rightarrow \Gamma = \frac{V^-}{V^+} = -1 \tag{5-120}$$

根据电路理论中的欧姆定律,易知当 $Z_L = 0$ 时,负载电压 $V_L = I_L \cdot Z_L = 0$。由传输线理论可进一步得知,$V_L = 0$ 是反射的结果,即入射波电压 V^+ 和反射波电压 V^- 相互抵消。它不仅解释了这种在 $z = l$ 处 $V_L = 0$ 的现象,而且也给出了在 $0 \leqslant z < l$ 之间任意点的电压。因此,传输线的反射给出了在这种情况下的一种更为通用的解释。

情况 2: $Z_L \to \infty$

如图 5-24 所示,在 $z = l$ 处为开路,这样 $Z_L \to \infty$,之后由式(5-117)可得

$$\Gamma = \frac{Z_L - Z_0}{Z_L + Z_0} = 1 \tag{5-121}$$

图 5-24　终端开路情况

因此对于开路情况,相应的反射系数 $\Gamma = 1$。这是合理的,因为对于一个开路电路,必有 $I_L = 0$。因此

$$I_{\mathrm{L}} = I^+ + I^- = \frac{V^+}{Z_0} - \frac{V^-}{Z_0} = 0 \qquad (5-122)$$

由式(5-122)可得

$$V^+ = V^- \Rightarrow \Gamma = \frac{V^+}{V^-} = 1 \qquad (5-123)$$

根据电路中的欧姆定律可知,当 $Z_{\mathrm{L}} \to \infty$ 时,$I_{\mathrm{L}} = V_{\mathrm{L}}/Z_{\mathrm{L}} = 0$。由传输线理论可知,$I_{\mathrm{L}} = 0$ 是反射的结果,即入射电流 I_+ 和反射电流 I_- 互相抵消。同样传输线理论也给出了这种情况下的一种更为通用的解释。

情况 3:$Z_{\mathrm{L}} = Z_0$

如图 5-25 所示,当阻抗匹配,即 $Z_{\mathrm{L}} = Z_0$ 时,由式(5-117)可得

$$\Gamma = \frac{Z_{\mathrm{L}} - Z_0}{Z_{\mathrm{L}} + Z_0} = 0 \qquad (5-124)$$

因此,当阻抗匹配时,不发生反射。在这种情况下,传输线上只存在入射波。

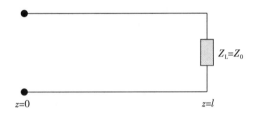

图 5-25　终端负载匹配情况

上述三种负载阻抗的特殊情况对应不同的反射系数值。当 $Z_{\mathrm{L}} = 0$ 或 $Z_{\mathrm{L}} \to \infty$ 时,反射系数的大小达到最大值,即 $|\Gamma| = 1$;另一方面,当 $Z_{\mathrm{L}} = Z_0$ 时,对应的反射系数 $\Gamma = 0$。在一般情况下,反射系数满足 $0 \leqslant |\Gamma| \leqslant 1$。当 Z_{L} 趋近于 Z_0 时,反射系数趋近于 0,反之亦然。这是传输线的一个重要性质。

例 5.13

假设有一段传输线,其特性阻抗 $Z_0 = 50\Omega$,有负载时的入射电压为 $V^+ = 5e^{j\frac{\pi}{4}}$。当负载阻抗(a)$Z_{\mathrm{L}} = 0$ 时,(b)$Z_{\mathrm{L}} \to \infty$ 时,请推导出负载电流 I_{L}。

解:

(a) 当 $Z_{\mathrm{L}} = 0$ 时,由式(5-117)可得,反射系数为

$$\Gamma = \frac{Z_{\mathrm{L}} + Z_0}{Z_{\mathrm{L}} - Z_0} = -1$$

由式(5-112)可得反射电压为

$$V^- = \Gamma V^+ = -5e^{j\frac{\pi}{4}}$$

因此,入射电流和反射电流分别为

$$I^+ = \frac{V^+}{Z_0} = \frac{1}{10}e^{j\frac{\pi}{4}}$$

$$I^- = -\frac{V^-}{Z_0} = \frac{1}{10}e^{j\frac{\pi}{4}}$$

最后,可得负载电流 I_L 为

$$I_L = I^+ + I^- = \frac{1}{5}e^{j\frac{\pi}{4}}$$

(b) 当 $Z_L = \infty$ 时,由式(5-117)可得,反射系数为

$$\Gamma = \frac{Z_L - Z_0}{Z_L + Z_0} = 1$$

由式(5-112)可得反射电压为

$$V^- = \Gamma V^+ = 5e^{j\frac{\pi}{4}}$$

因此,入射电流和反射电流分别为

$$I^+ = \frac{V^+}{Z_0} = \frac{1}{10}e^{j\frac{\pi}{4}}$$

$$I^- = -\frac{V^-}{Z_0} = -\frac{1}{10}e^{j\frac{\pi}{4}}$$

最后可得负载电流为

$$I_L = I^+ + I^- = 0$$

或者,由于 $Z_L \to \infty$,可由下式得出 I_L 为

$$I_L = \frac{V_L}{Z_L} = 0$$

　　反射是发生在传输线上的一个重要现象,它使得分析更为复杂,但也更为有趣。一般来说,反射可能会带来两种不良影响:

　　1. 能量不能有效地传输到负载上。

　　2. 反射信号可能会干扰传输信号。

　　因此,在设计高频电路时,通常采用阻抗匹配电路($Z_L = Z_0$)来避免发生反射。但在实践中不可能有完美的阻抗匹配,因此我们需要接受以下理念:

　　传输线上一般都会发生发射,因此通常都会同时存在入射波和反射波。

　　有了这一理念,当遇到传输线问题时,自然会考虑到反射,并会采用适当的方法来处理这个问题。

5.5　传输线电路组件

　　在日常生活中,大多数物体都是为某个特定目的而设计的。例如,蜡烛是用来照明的,瓶子是用来储存液体的,然而,我们想象一下,一个物体可能有不同的应用。例如,蜡

烛也可以用于装饰,瓶子则可以用于绿色建筑,因此,一个物体可能本来是有某一特定用途的,但是在实际中会有不同的应用,这取决于我们如何去使用它。

类似地,传输线本来是用于传输信号的,但它也有多种不同的用途。正如前几节所述,因为传输线的电压和电流有着特定的联系(即特性阻抗),有人提出这样一个设想:传输线可以作为一个电路组件。结果表明,通过简单设计,一段传输线可以用作高频电路中的电阻、电感或电容。

在本节中,我们将从电路设计的角度出发,看看如何将一段传输线用作各种高频电路的组件。

5.5.1　特性阻抗

如 5.3 节中所述,传输线的特性阻抗为

$$Z_0 = \sqrt{\frac{R + j\omega L}{G + j\omega C}} \tag{5-125}$$

其中,ω 为频率,(R, L, C, G) 为传输线的等效电路参数。如果为无损传输线,则 $R = 0$、$G = 0$,式(5-125)可化为

$$Z_0 = \sqrt{\frac{j\omega L}{j\omega C}} = \sqrt{\frac{L}{C}} = R_0 \tag{5-126}$$

其中 R_0 是一个正实数,称为特性阻抗。

实际中 $R \neq 0$、$G \neq 0$,但是由式(5-125)可得当频率较高时,有 $R \ll \omega L$ 和 $G \ll \omega C$,因此容易得出特性阻抗 Z_0。Z_0 是一个复数,趋近于式(5-126)中的实数特征电阻 R_0。在电气工程中,传输线路中比较常见的是 $R_0 = 50\Omega$ 或 $R_0 = 75\Omega$。例如,高频电路和测试设备通常采用 $R_0 = 50\Omega$ 的传输线。因此,下面将取 R_0 作为所考虑的传输线的特性阻抗。

当研究传输线的特性阻抗时,人们通常会想到这样一个问题:特性阻抗 R_0 和实际电阻之间有什么区别? 在深入研究之前,读者需要好好考虑一下这个问题。

如图 5-26 所示,有一实际电阻,其阻值 $R = 50\Omega$,V、I 分别表示流经电阻的电压和电流,则有以下关系

$$\frac{V}{I} = 50(\Omega) \tag{5-127}$$

例如,当流经电阻的电压为 10V 时,则流经电阻的电流为 0.2A,电阻会消耗能量。

另一方面,如图 5-27 所示,假定存在一传输线,其特性阻抗 $R_0 = 50\Omega$。在这种情况下,对于传输线上的任一点,入射电压 $V^+(z)$ 与入射电流 $I^+(z)$ 的比值是一个常数,为

图 5-26　电路中的实际电阻

$$\frac{V^+(z)}{I^+(z)} = R_0 \tag{5-128}$$

类似地,反射电压 $V^-(z)$ 与反射电流 $I^-(z)$ 的比值也是一个常数,为

$$\frac{V^-(z)}{I^-(z)} = -R_0 \tag{5-129}$$

要注意的是,特性阻抗 R_0 只是一个比值,并不是一个真正的电阻,因为没有电流流经 R_0。因此,在这种情况下没有消耗任何能量。简单来说,特性阻抗 R_0 不像实际电阻,它仅代表传输线上的电压与电流的一个比值,在物理上并不实际存在。

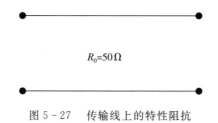

$R_0 = 50\,\Omega$

图 5-27 传输线上的特性阻抗

5.5.2 输入阻抗

如图 5-28 所示,有一段长度为 l 的传输线,其特性阻抗为 R_0,负载阻抗为 Z_L。若 $Z_L \neq R_0$,在这种情况下会发生反射,会同时存在入射波和反射波。由 5.4 节可知,对于传输线上的任一点 $z(0 \leqslant z \leqslant l)$,入射电压和反射电压分别为

$$V^+(z) = V_a e^{-\gamma z} \tag{5-130}$$

$$V^-(z) = V_b e^{\gamma z} \tag{5-131}$$

其中 V_a 和 V_b 分别为 $z=0$ 处的入射电压和反射电压,γ 为传播常数。

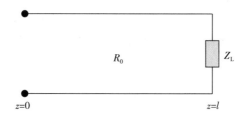

图 5-28 带负载的传输线

V^+ 和 V^- 分别表示 $z=l$ 处的入射电压和反射电压,由式(5-130) 和式(5-131),可得

$$V^+ = V_a e^{-\gamma l} \tag{5-132}$$

$$V^- = V_b e^{\gamma l} \tag{5-133}$$

根据反射系数的定义,有

$$\Gamma = \frac{V^-}{V^+} \tag{5-134}$$

此外，由 5.4 节中的式(5 - 117)，可得

$$\Gamma = \frac{Z_L - R_0}{Z_L + R_0} \tag{5-135}$$

如图 5 - 29 所示，考虑传输线上一点 $z = l - d$ 处，该点和负载之间的距离为 d。由式(5 - 130)～式(5 - 133)可得，该点处的入射电压和反射电压分别为

$$V^+ (z) = V_a e^{-\gamma(l-d)} = V_a e^{-\gamma l} \cdot e^{\gamma d} = V^+ \cdot e^{\gamma d} \tag{5-136}$$

$$V^- (z) = V_b e^{\gamma(l-d)} = V_b e^{\gamma l} \cdot e^{-\gamma d} = V^- \cdot e^{-\gamma d} \tag{5-137}$$

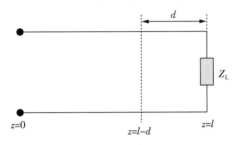

图 5 - 29　距离负载 $z = l - d$ 处的一点

设 $V(z)$ 为 $z = l - d$ 处的测量电压，则 $V(z)$ 应为 $V^+ (z)$ 和 $V^- (z)$ 之和，有

$$V(z) = V^+ e^{\gamma d} + V^- e^{-\gamma d} \tag{5-138}$$

式(5 - 138)表明，可以用 V^+，V^- 和 d 来表示在 $z = l - d$ 处的测量电压。

此外，$I_+(z)$ 和 $I_-(z)$ 分别表示在 $z = l - d$ 处的入射电流和反射电流，有

$$I^+ (z) = \frac{V^+ (z)}{R_0} = \frac{V^+ e^{\gamma d}}{R_0} \tag{5-139}$$

$$I^- (z) = -\frac{V^- (z)}{R_0} = -\frac{V^- e^{-\gamma d}}{R_0} \tag{5-140}$$

因此，在 $z = l - d$ 处的测量电流为

$$I(z) = I^+ (z) + I^- (z) = \frac{1}{R_0}(V^+ e^{\gamma d} - V^- e^{-\gamma d}) \tag{5-141}$$

由式(5 - 138)和式(5 - 141)可得，在 $z = l - d$ 处的电压和电流均为 V^+ 和 V^- 的函数。此外，它们取决于 d，而不是 l。

如图 5 - 30 所示，得到 $V(z)$ 和 $I(z)$ 之后，可以在 $z = l - d$ 处定义一个输入阻抗，其定义为

$$Z_i = \frac{V(z)}{I(z)} \tag{5-142}$$

显然，该定义类似于电路中输入电压与输入电流的比值的定义。由式(5 - 138)式

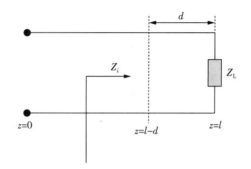

图 5-30　距负载一定距离处的输入阻抗（Ⅰ）

(5-141)，可得

$$Z_i = R_0 \cdot \frac{V^+ \mathrm{e}^{\gamma d} + V^- \mathrm{e}^{-\gamma d}}{V^+ \mathrm{e}^{\gamma d} - V^- \mathrm{e}^{-\gamma d}} \tag{5-143}$$

由式(5-134)、式(5-143)可化为

$$Z_i = R_0 \cdot \frac{\mathrm{e}^{\gamma d} + \Gamma \mathrm{e}^{-\gamma d}}{\mathrm{e}^{\gamma d} - \Gamma \mathrm{e}^{-\gamma d}} \tag{5-144}$$

因此输入阻抗 Z_i 取决于反射系数 Γ 和 d。利用这种特性，可将一段传输线作为电路组件。例如，图 5-31 中的一段长度为 d 的传输线，其输入阻抗可由式(5-144)所确定。给定一特性阻抗 R_0，则可以选择合适的 Γ 和 d，来获得具有期望输入阻抗的电路组件。

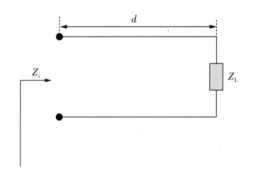

图 5-31　距负载一定距离处的输入阻抗（Ⅱ）

在式(5-144)中，传播常数由 $\gamma = \alpha + \mathrm{j}\beta$ 给出，其中 α 是衰减常数，β 是相位常数。对于传输线，传播损失通常极小，α 可以忽略，因此有

$$\gamma = \mathrm{j}\beta \tag{5-145}$$

式(5-144)可化为

$$Z_i = R_0 \cdot \frac{\mathrm{e}^{\mathrm{j}\beta d} + \Gamma \mathrm{e}^{-\mathrm{j}\beta d}}{\mathrm{e}^{\mathrm{j}\beta d} - \Gamma \mathrm{e}^{-\mathrm{j}\beta d}} \tag{5-146}$$

其中 β 为

$$\beta = \frac{2\pi}{\lambda} \tag{5-147}$$

请注意, λ 是电磁波的波长。

例 5.14

如图 5-31 所示, 假设有一段传输线, 其特性阻抗 $R_0 = 50\Omega$, 负载阻抗 $Z_L = 100\Omega$, $d = \lambda/6$。请推导出输入阻抗 Z_i。

解:

由式(5-135)可得反射系数为

$$\Gamma = \frac{Z_L - R_0}{Z_L + R_0} = \frac{100 - 50}{100 + 50} = \frac{1}{3}$$

由式(5-146)可得

$$Z_i = R_0 \cdot \frac{e^{j\beta d} + \Gamma e^{-j\beta d}}{e^{j\beta d} - \Gamma e^{-j\beta d}} = R_0 \cdot \frac{1 + \Gamma e^{-j2\beta d}}{1 - \Gamma e^{-j2\beta d}}$$

其中 $R_0 = 50\Omega$ 和 $\Gamma = \frac{1}{3}$。此外,

$$\beta d = \frac{2\pi}{\lambda} \cdot \frac{\lambda}{6} = \frac{\pi}{3}$$

因此,

$$e^{-j2\beta d} = e^{-j\frac{2\pi}{3}} = \cos\frac{2\pi}{3} - j\sin\frac{2\pi}{3} = -\frac{1}{2} - j\frac{\sqrt{3}}{2}$$

最后, 代入上述值到公式中, 可得

$$Z_i = 50 \cdot \frac{1 - \frac{1}{3}\left(\frac{1}{2} + j\frac{\sqrt{3}}{2}\right)}{1 + \frac{1}{3}\left(\frac{1}{2} + j\frac{\sqrt{3}}{2}\right)} = 50 \cdot \frac{5 - j\sqrt{3}}{7 + j\sqrt{3}}$$

5.5.3　作为电路组件的传输线

由于普通的集总元件在高频时也许不可用, 所以可以将传输线作为高频电路组件来使用。下面将介绍三种在高频电路设计中得到广泛应用的情况。

情况 1: $Z_L = 0$(终端短路)

如图 5-32 所示, 将一条传输线的两个端点用一条导线相连接, 则 $Z_L = 0$。在这种情况下, 从电路角度来看, 终端是"短路"的, 故反射系数为

$$\Gamma = \frac{Z_L - R_0}{Z_L + R_0} = -1 \tag{5-148}$$

代入 $\Gamma = -1$ 到式(5-146)中, 则该传输线的输入阻抗为

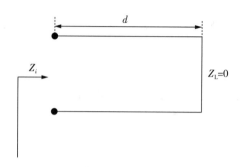

图 5 - 32　终端短路的输入阻抗

$$Z_i = R_0 \cdot \frac{e^{j\beta d} - e^{-j\beta d}}{e^{j\beta d} + e^{-j\beta d}} \tag{5 - 149}$$

由欧拉公式可知,对于实数 x,有

$$e^{jx} = \cos x + j\sin x \tag{5 - 150}$$

$$e^{-jx} = \cos x - j\sin x \tag{5 - 151}$$

因此

$$e^{jx} + e^{-jx} = 2\cos x \tag{5 - 152}$$

$$e^{jx} - e^{-jx} = j2\sin x \tag{5 - 153}$$

故式(5 - 149)可化为

$$Z_i = R_0 \cdot \frac{j2\sin\beta d}{2\cos\beta d} = jR_0\tan\beta d \tag{5 - 154}$$

显然,输入阻抗 Z_i 随着 d 的变化而变化。

根据电路理论可知,电感的阻抗为

$$Z = j\omega L \tag{5 - 155}$$

其中 L 为相应电感值。类似地,电容的阻抗为

$$Z = \frac{1}{j\omega C} = -j\frac{1}{\omega C} \tag{5 - 156}$$

其中 C 为相应电容值。由式(5 - 154)可知,如图 5 - 32 所示,选择一段长度为 d 的传输线,它是可以作为所需的电感或电容的。换句话说,它可以用作电路元件。

当长度小于四分之一波长时,即 $d < \dfrac{\lambda}{4}$,则 $\dfrac{2\pi d}{\lambda} < \dfrac{\pi}{2}$,有

$$\tan\frac{2\pi d}{\lambda} > 0 \tag{5 - 157}$$

由于 $\beta d = \dfrac{2\pi d}{\lambda}$,式(5 - 154)可化为

$$Z_i = jR_0 \tan\beta d = jB \tag{5-158}$$

其中

$$B = R_0 \tan\beta d（正数） \tag{5-159}$$

由式(5-158)和式(5-155)可得,当 $d < \frac{\lambda}{4}$ 时,这段传输线的阻抗类似于一个电感,因此,它可以作为高频电路中的电感。

另一方面,当长度大于四分之一波长、小于半波长时,即 $\frac{\lambda}{4} < d < \frac{\lambda}{2}$ 时,由于 $\frac{\pi}{2} < \frac{2\pi d}{\lambda} < \pi$,有

$$\tan\beta d < 0 \tag{5-160}$$

因此

$$Z_i = jR_0 \tan\beta d = -jB' \tag{5-161}$$

其中

$$B' = R_0 \cdot |\tan\beta d|（正数） \tag{5-162}$$

在这种情况下,这段传输线的阻抗类似于一个电容。因此,它可以作为高频电路中的电容。

简而言之,可以选择一段带有短路终端的传输线,以获得想要的电感或电容。当设计高频电路时,在印制电路板(PCB)中制造一段具有短路终端的传输线是很容易的,这是一项非常实用和有效的技术。

情况 2: $Z_L \to \infty$(终端开路)

如图 5-33 所示,移除负载并使其开路($Z_L \to \infty$)。在这种情况下,从电路角度来看,终端是"开路"的,反射系数为

$$\Gamma = \frac{Z_L - R_0}{Z_L + R_0} = 1 \tag{5-163}$$

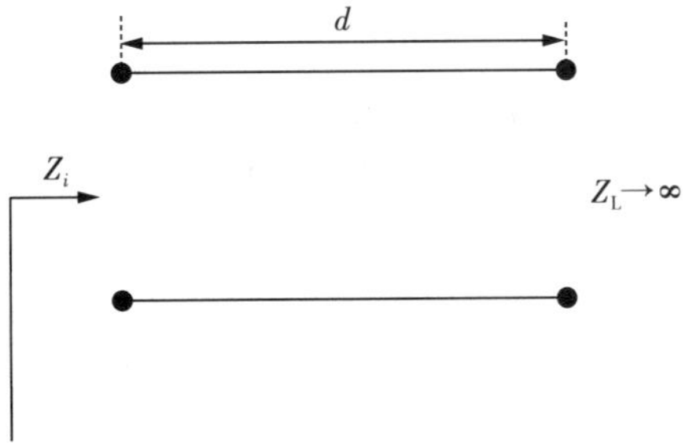

图 5-33　终端开路的输入阻抗

代入 $\Gamma = 1$ 到式(5-146)中,这段传输线的输入阻抗为

$$Z_i = R_0 \cdot \frac{e^{j\beta d} + e^{-j\beta d}}{e^{j\beta d} - e^{-j\beta d}} = R_0 \frac{\cos\beta d}{j\sin\beta d}$$

$$= -jR_0 \cdot \cot\beta d \qquad (5-164)$$

显然,输入阻抗 Z_i 取决于长度 d。

当长度小于四分之一波长,即 $d < \frac{\lambda}{4}$ 时,有 $\beta d = \frac{2\pi d}{\lambda} < \frac{\pi}{2}$,因此

$$\cot\beta d > 0 \qquad (5-165)$$

由式(5-164)可得

$$Z_i = -jR_0\cot\beta d = -jM \qquad (5-166)$$

其中

$$M = R_0\cot\beta d（正数） \qquad (5-167)$$

因此,当 $d < \frac{\lambda}{4}$ 时,这段传输线的阻抗类似于一个电容,因此,它可以作为一个在高频电路中的电容。

此外,当长度大于四分之一波长且小于半波长,即 $\frac{\lambda}{4} < d < \frac{\lambda}{2}$ 时,有 $\frac{\pi}{2} < \frac{2\pi d}{\lambda} < \pi$,因此

$$\cot\beta d < 0 \qquad (5-168)$$

由式(5-164)可得

$$Z_i = -jR_0\cot\beta d = jM' \qquad (5-169)$$

其中

$$M' = -R_0\cot\beta d（正数） \qquad (5-170)$$

因此,当 $\frac{\lambda}{4} < d < \frac{\lambda}{2}$ 时,这段传输线的阻抗类似于一个电感。因此,它可以作为高频电路中的电感。简而言之,可以选择一段带有终端开路的传输线,以获得想要的电感或电容。

由式(5-154)和式(5-164)可以发现如下关系:假设有一段长度为 d 的传输线,其中 Z_{sc} 是短路情况下的输入阻抗,Z_{oc} 是开路情况下的输入阻抗。由式(5-154)和(5-164),可得

$$Z_{sc} \cdot Z_{oc} = (jR_0\tan\beta d) \cdot (-jR_0\cot\beta d) = R_0^2 \qquad (5-171)$$

因此

$$R_0 = \sqrt{Z_{sc} \cdot Z_{oc}} \qquad (5-172)$$

需要注意,在式(5-172)中的对应关系并不取决于长度 d。这提示了一种测量传输

线特性阻抗的有效方法:取一段任意长度的传输线,然后设置成"开路"来测量 Z_{oc} 和设置成"短路"来测量 Z_{sc},最后由式(5-172)来计算出 R_0。

情况 3:$d = \dfrac{\lambda}{4}$(四分之一波长传输线)

如图 5-34 所示,假设传输线长度等于四分之一波长,即 $d = \dfrac{\lambda}{4}$,这种传输线被称为四分之一波长传输线(缩写为 $\lambda/4$ 传输线),并且它有着非常特殊的阻抗特性。首先,当 $d = \lambda/4$ 时,有

$$\beta d = \frac{2\pi d}{\lambda} = \frac{\pi}{2} \tag{5-173}$$

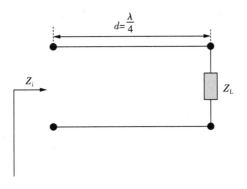

图 5-34　四分之一波长传输线的输入阻抗

因为

$$e^{j\frac{\pi}{2}} = j \tag{5-174}$$

$$e^{-j\frac{\pi}{2}} = -j \tag{5-175}$$

由式(5-146)可得输入阻抗为

$$Z_i = R_0 \cdot \frac{e^{j\frac{\pi}{2}} + \Gamma e^{-j\frac{\pi}{2}}}{e^{j\frac{\pi}{2}} - \Gamma e^{-j\frac{\pi}{2}}} = R_0 \frac{1 - \Gamma}{1 + \Gamma} \tag{5-176}$$

由于反射系数为

$$\Gamma = \frac{Z_L - R_0}{Z_L + R_0} \tag{5-177}$$

将式(5-177)代入式(5-176),可得

$$Z_i = \frac{R_0^2}{Z_L} \tag{5-178}$$

由式(5-178)可知,输入阻抗 Z_i 与负载阻抗 Z_L 成反比。这意味着一段 $\lambda/4$ 传输线可以用于阻抗变换。例如,假设 $R_0 = 50\Omega$,$Z_L = 100\Omega$,由式(5-178)可得输入阻抗为

$$Z_i = \frac{(50)^2}{100} = 25\Omega \qquad (5-179)$$

若 $Z_L = 1k\Omega$，输入阻抗变为

$$Z_i = \frac{(50)^2}{1000} = 2.5\Omega \qquad (5-180)$$

因此，负载阻抗 Z_L 越大，输入阻抗 Z_i 越小。

此外，当 $b > 0$ 时，则负载阻抗 $Z_L = jb$，可以作为电感。由式(5-178)可得

$$Z_i = \frac{R_0^2}{jb} = -j\frac{R_0^2}{b} \qquad (5-181)$$

由于 $-R_0^2/b < 0$，输入阻抗 Z_i 为电容性的。另一方面，如果负载阻抗 $Z_L = -jb$ 是电容性的，由式(5-178)可得

$$Z_i = \frac{R_0^2}{-jb} = j\frac{R_0^2}{b} \qquad (5-182)$$

由于 $R_0^2/b > 0$，输入阻抗 Z_i 是电感性的。由于一段 $\lambda/4$ 传输线可以用来阻抗逆变，它被称为阻抗逆变器或阻抗变换器。

以上介绍了三种在高频电路中广泛用作电路组件的传输线。我们可以通过一段终端短路($Z_L = 0$)或终端开路($Z_L \to \infty$)的具有合适长度 d 的传输线，来获得一个理想的电容或电感，并且也可以通过使用一段 $\lambda/4$ 的传输线来进行阻抗变换。

例 5.15

如图 5-31 所示，假设有一段传输线，其特性阻抗 $R_0 = 50\Omega$，$d = \dfrac{\lambda}{3}$，当(a)$Z_L = 0$，(b)$Z_L \to \infty$ 时，请推导出输入阻抗 Z_i。

解：

(a) 当 $Z_L = 0$ 时，由式(5-154)可得

$$Z_i = jR_0\tan\beta d = jR_0\tan\frac{2\pi}{3} = j(50)\cdot(-\sqrt{3}) = -j50\sqrt{3}$$

(b) 当 $Z_L \to \infty$ 时，由(5-164)可得

$$Z_i = -jR_0\cot\beta d = -jR_0\cot\frac{2\pi}{3} = -j(50)\cdot\left(-\frac{1}{\sqrt{3}}\right) = j\frac{50}{\sqrt{3}}$$

例 5.16

如图 5-31 所示，假设有一段传输线，其 $R_0 = 50\Omega$，$d = \dfrac{\lambda}{4}$。当(a)$Z_L \to \infty$，(b)$Z_L = 0$，(c)$Z_L = j5$，(d)$Z_L = 3 + j4$ 时，请推导出 Z_i。

解：

显然，这是一段 $\lambda/4$ 的传输线。由式(5-178)可得

$$Z_i = \frac{R_0^2}{Z_L} = \frac{2500}{Z_L}$$

因此

$$(a) Z_i = \frac{2500}{Z_L} = 0$$

$$(b) Z_i = \frac{2500}{Z_L} \rightarrow \infty$$

$$(c) Z_i = \frac{2500}{Z_L} = \frac{2500}{j5} = -j500$$

$$(d) Z_i = \frac{2500}{Z_L} = \frac{2500}{3+j4} = 300 - j400$$

5.6　驻　波

　　有时,当我们沿着海岸行走时,可能会发现海浪似乎"静止不动",每一个点都只是向上和向下移动。这被称为驻波,它实际上是由具有相同波长但移动方向相反的海浪所形成的。

　　驻波不仅发生在海上,而且也会发生在传输线中。在5.4节中,我们知道当阻抗不匹配($Z_L \neq R_0$)时,会发生反射,也就会同时存在入射波和反射波。入射波和反射波的叠加将会导致传输线上的驻波。事实上,传输线上电磁波的状态与合成驻波有密切关系。因此,可以通过相应驻波推导得出很多电磁波的关键传输参数。本节将介绍驻波的成因,以及如何利用它来推导出传输线上电磁波的重要参数。

5.6.1　驻波电压

　　已知传输线的反射系数取决于负载阻抗 Z_L 和特性电阻 R_0,有

$$\Gamma = \frac{Z_L - R_0}{Z_L + R_0} \tag{5-183}$$

　　当给定 Z_L 时,可由式(5-183)可得反射系数。然而,如果 Z_L 是未知的,该如何推导出 Γ 呢?下面研究如何通过驻波的测量电压来推出 Z_L 和 Γ。

　　如图5-35所示,有一段传输线,在 $z=l$ 处的负载阻抗为 Z_L,要注意 $Z_L \neq R_0$。假设 V^+ 和 V^- 分别表示在 $z=l$ 处的入射电压和反射电压,则在 $z=l$ 处的负载电压为

$$V_L = V^+ + V^- \tag{5-184}$$

反射系数可定义为

$$\Gamma = \frac{V^-}{V^+} \tag{5-185}$$

考虑 $z=l-d$ 处一点,由5.5节中结果可知该点处的电压为

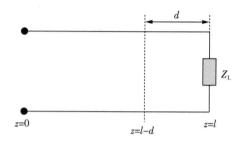

图 5-35　距负载一定距离处的电压

$$V(z) = V^+ \ e^{\gamma d} + V^- \ e^{-\gamma d} \tag{5-186}$$

其中 γ 是传播常数。由式（5-186）可知,在任一点处观测到的电磁波,均由一入射波（沿 $+z$ 传播）和一反射波（沿 $-z$ 传播）所组成。这种情况类似于海浪撞击到海岸时会产生驻波一样。接下来将推导驻波电压。

为简化起见,这里考虑一种衰减常数 $\alpha = 0$ 的无损传输线的情况。在这种情况下,传播常数为

$$\gamma = j\beta \tag{5-187}$$

其中 β 为相位常数。由式（5-187）和式（5-185）,式（5-186）可化为

$$V(z) = V^+ \ e^{j\beta d} + V^- \ e^{-j\beta d} = V^+ \ e^{j\beta d}(1 + \Gamma e^{-j2\beta d}) \tag{5-188}$$

注意,$V(z)$ 是一个复数,可表示为

$$V(z) = A(z) \cdot e^{j\phi(z)} \tag{5-189}$$

其中

$$A(z) = | \ V(z) \ | \tag{5-190}$$

$A(z)$ 为 $V(z)$ 的幅度,$\phi(z)$ 为 $V(z)$ 的相位。

由于 $V(z)$ 是在 $z = l - d$ 处的电压矢量,所以时变电压 $V(z,t)$ 为

$$V(z,t) = \mathrm{Re}\{V(z) \cdot e^{j\omega t}\} = A(z)\cos[\omega t + \phi(z)] \tag{5-191}$$

式（5-191）表明,$A(z)$ 的幅度大小取决于 z。当试图沿着传输线测量电压时,我们将在不同的位置得到不同的 $A(z)$ 值。这意味着测量电压随着位置不同而发生变化。

接下来推导 $z = l - d$ 处的 $A(z)$。因为 $| \ e^{j\beta d} | = 1$,由式（5-190）和（5-188）可得

$$A(z) = | \ V^+ | \cdot | \ 1 + \Gamma e^{-j2\beta d} \ | \tag{5-192}$$

反射系数 Γ 可表示为

$$\Gamma = | \ \Gamma \ | \cdot e^{j\theta} \tag{5-193}$$

其中,$| \ \Gamma |$ 为幅度,θ 为 Γ 的相位且 $-\pi \leqslant \theta < \pi$。将式（5-193）代入（5-192）可得

$$A(z) = | \ V^+ | \cdot | \ 1 + | \ \Gamma \ | \cdot e^{-j(2\beta d - \theta)} \ | \tag{5-194}$$

对于特定的 Z_L，$|\Gamma|$ 是一个常数，$A(z)$ 是位置参数 d 的函数。稍后会说明的是，$A(z)$ 是随着位置的变化而有规律变化的。这种有规律的变化与传输线的重要特性是密切相关的，这将在下一小节中介绍。

5.6.2　最大电压和最小电压

在式(5-194)中，在 $z=l-d$ 处的 $A(z)$ 取决于 d 和 Γ，其中 d 是被测点和负载之间的距离。让 m 取一个整数，当

$$2\beta d - \theta = m \cdot 2\pi \tag{5-195}$$

时，由于

$$e^{-j2m\pi} = 1 \tag{5-196}$$

由式(5-194)可知，在上述情况下 $A(z)$ 达到最大值，为

$$A(z) = V_{\max} = |V^+| \cdot |1 + |\Gamma|| \tag{5-197}$$

其中 $V_{\max}$ 表示驻波的最大电压。

在式(5-195)中，相位常数 β 为

$$\beta = \frac{2\pi}{\lambda} \tag{5-198}$$

其中 λ 为波长。由式(5-195)和式(5-198)可知，最大电压会出现在

$$d = d_{\max} = m \cdot \frac{\lambda}{2} + \frac{\theta}{4\pi} \cdot \lambda \tag{5-199}$$

其中，$m=0,1,2\cdots\cdots$。由式(5-199)可知，随着距离 d 的增加，最大电压会重复出现，周期为 $\lambda/2$ 距离。

同样由式(5-199)可知，当 $-\pi \leqslant \theta < \pi$ 时，第一个 $V_{\max}$ 取决于 θ。在图5-35中，d 为被测点与负载之间的距离，即 $d \geqslant 0$。如果 $0 \leqslant \theta < \pi$，因为在式(5-199)中 $d \geqslant 0$，第一个最大电压发生在 $m=0$ 时，其位置为

$$d = d_{\max,1} = \frac{\theta}{4\pi} \cdot \lambda \tag{5-200}$$

另一方面，如果 $-\pi \leqslant \theta < 0$，第一个最大电压发生在 $m=1$ 时，其位置为

$$d = d_{\max,1} = \frac{\lambda}{2} + \frac{\theta}{4\pi} \cdot \lambda \tag{5-201}$$

因此，第一个最大电压($d_{\max,1}$)的位置取决于 λ 和 θ。

一旦确定 $d_{\max,1}$，每重复 $\lambda/2$ 的距离，都会重复出现最大电压。因此，另一个最大值出现在

$$d_{\max,2} = d_{\max,1} + \frac{\lambda}{2}（第二最大电压）$$

$$d_{\max,3} = d_{\max,2} + \frac{\lambda}{2} = d_{\max,1} + 2 \cdot \frac{\lambda}{2}（第三最大电压）$$

$$\cdots$$

$$d_{\max,k} = d_{\max,k-1} + \frac{\lambda}{2} = d_{\max,1} + (k-1) \cdot \frac{\lambda}{2}（第\ k\ 最大电压）$$

图 5-36 表明，当确定了第一个最大电压 $d_{\max,1}$ 的位置后，就可以很容易利用 $\lambda/2$ 距离周期来确定剩余最大电压的位置，这是驻波的一个重要特性。

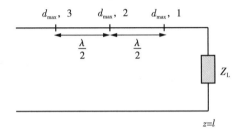

图 5-36　驻波最大电压位置

接下来，我们来研究一个驻波的最小电压及相应位置。在式(5-194)中，当

$$2\beta d - \theta = (2m+1)\pi \tag{5-202}$$

因为

$$e^{-j(2m+1)\pi} = -1 \tag{5-203}$$

所以会出现式(5-194)中的最小值 $A(z)$，为

$$A(z) = V_{\min} = |V^+| \cdot (|1-|\Gamma|) \tag{5-204}$$

其中 $V_{\min}$ 表示驻波的最小电压。注意，由式(5-197)和式(5-204)可知，$V_{\max}$ 会随着 $|\Gamma|$ 的增大而增大，$V_{\min}$ 会随着 $|\Gamma|$ 的增大而减小。

因为 $\beta = 2\pi/\lambda$，由式(5-202)可知，在以下位置会出现最小电压

$$d = d_{\min} = m \cdot \frac{\lambda}{2} + \left(\frac{\pi+\theta}{4\pi}\right) \cdot \lambda \tag{5-205}$$

其中，$m = 0,1,2,\cdots$。式(5-205)表明，当距离 d 增大时，最小电压会重复出现，周期为 $\lambda/2$ 距离。由于 $-\pi \leqslant \theta < \pi$ 且 $d \geqslant 0$，当 $m=0$ 时，式(5-205)中的第一个最小电压会出现，其位置为

$$d = d_{\min,1} = \left(\frac{\pi+\theta}{4\pi}\right) \cdot \lambda \tag{5-206}$$

因为第一个最小电压总是对应于 $m=0$，所以与最大电压的情况相比，$d_{\min,1}$ 和 θ 之间的关

系相对是比较容易的。该特性稍后将用于推导传输线的关键参数。

一旦确定 $d_{\min,1}$，每重复 $\lambda/2$ 距离，会重复出现最小电压。因此，其他的最小电压会出现在

$$d_{\min,2} = d_{\min,1} + \frac{\lambda}{2}（第二最小电压）$$

$$d_{\min,3} = d_{\min,2} + \frac{\lambda}{2} = d_{\min,1} + 2 \cdot \frac{\lambda}{2}（第三最小电压）$$

...

$$d_{\min,k} = d_{\min,k-1} + \frac{\lambda}{2} = d_{\min,1} + (k-1) \cdot \frac{\lambda}{2}（第 k 最小电压）$$

图 5-37 表明，当确定第一最小电压 $d_{\min,1}$ 的位置后，就很容易利用 $\lambda/2$ 距离周期来确定剩余最小电压的位置。

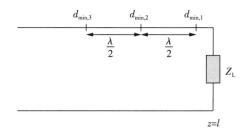

图 5-37   驻波最小电压位置

图 5-38 表明了沿着传输线的驻波 $A(z)$，其相邻最大电压之间的距离与相邻最小电压之间的距离均为 $\lambda/2$。此外，相邻最大电压与最小电压之间的距离为 $\lambda/4$。

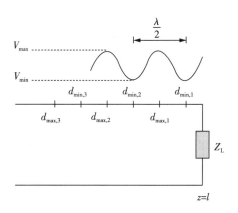

图 5-38   传输线上驻波示意图

例 5.17

假设有一段传输线，其 $R_0 = 50\Omega, Z_L = j50\Omega, \lambda = 4m$。请推导：(a) 第一最大电压的位

置,(b) 第二和第三最大电压的位置。

解:

(a) 首先,由式(5-183)可得,反射系数为

$$\Gamma = \frac{Z_L - R_0}{Z_L + R_0} = \frac{j50 - 50}{j50 + 50} = \frac{50\sqrt{2}\,e^{j\frac{3\pi}{4}}}{50\sqrt{2}\,e^{j\frac{\pi}{4}}} = e^{j\frac{\pi}{2}}$$

因此,Γ 的相位为 $\theta = \frac{\pi}{2}$。由式(5-200)可知,由于 $0 \leqslant \theta < \pi$,第一个最大电压发生在

$$d_{max,1} = \frac{\theta}{4\pi} \cdot \lambda = \frac{\lambda}{8} = 0.5(m)$$

(b) 因为每 $\lambda/2 = 2m$ 会出现一个最大电压,所以第二个和第三个最大电压分别出现在

$$d_{max,2} = d_{max,1} + \frac{\lambda}{2} = 2.5(m)$$

$$d_{max,3} = d_{max,2} + \frac{\lambda}{2} = 4.5(m)$$

例 5.18

假设有一段传输线,其 $R_0 = 50\Omega$, $Z_L = 100\Omega$, $\lambda = 12m$。请推导:(a) 第一最小电压的位置,(b) 第二和第三最小电压的位置。

解:

(a) 首先,由式(5-183)可得,反射系数为

$$\Gamma = \frac{Z_L - R_0}{Z_L + R_0} = \frac{50}{100 + 50} = \frac{1}{3}$$

因此,Γ 的相位为 $\theta = 0$。由式(5-206)可得,第一最小电压的位置为

$$d_{min,1} = \left(\frac{\pi + \theta}{4\pi}\right) \cdot \lambda = \frac{\lambda}{4} = 3(m)$$

(b) 因为每 $\lambda/2 = 6m$ 会出现一个最小电压,所以第二个和第三个最小电压会分别出现在

$$d_{min,2} = d_{min,1} + \frac{\lambda}{2} = 9(m)$$

$$d_{min,3} = d_{min,1} + \lambda = 15(m)$$

5.6.3 关键参数的推导

现在,假设有一段传输线,其特征电阻为 R_0。给定一电压表,是否有可能推导出波长 λ,负载阻抗 Z_L,以及反射系数 Γ?

答案为"是"! 如果合理利用驻波的特性,就可以得到传输线的如下关键参数:

步骤 1:

从负载开始,使用电压表来找出第一个最小电压($d_{\min,1}$)和第二个最小电压($d_{\min,2}$)的位置。

步骤 2:

因为两相邻最小电压之间的距离为 $\lambda/2$,所以有

$$d_{\min,2} - d_{\min,1} = \frac{\lambda}{2} \Rightarrow \lambda = 2(d_{\min,2} - d_{\min,1}) \qquad (5-207)$$

因此,通过测量 $d_{\min,1}$ 和 $d_{\min,2}$ 可推导得出波长。

步骤 3:

由式(5-206)可得,第一最小电压与负载之间的距离为

$$d_{\min,1} = \left(\frac{\pi + \theta}{4\pi}\right) \cdot \lambda \qquad (5-208)$$

其中 θ 为反射系数 Γ 的相位。由于在步骤 2 中已知 λ,可得相位为

$$\theta = \left(\frac{4d_{\min,1}}{\lambda} - 1\right) \cdot \pi \qquad (5-209)$$

步骤 4:

接下来,用电压表测量最大电压($V_{\max}$)和最小电压($V_{\min}$)。由式(5-197)和(5-204)可得,$V_{\max}$ 与 $V_{\min}$ 的比值为

$$\frac{V_{\max}}{V_{\min}} = \frac{1 + |\Gamma|}{1 - |\Gamma|} \qquad (5-210)$$

由式(5-210)可得

$$|\Gamma| = \frac{V_{\max} - V_{\min}}{V_{\max} + V_{\min}} \qquad (5-211)$$

因此,可以由测量的 $V_{\max}$ 和 $V_{\min}$ 得到 $|\Gamma|$。此外,由于已推导得出幅度 $|\Gamma|$ 和相位 θ(在第 3 步中得到),则反射系数可由 $\Gamma = |\Gamma| \mathrm{e}^{\mathrm{j}\theta}$ 得出。

步骤 5:

由式(5-183)可知,如果给定 Γ,则负载阻抗 Z_L 可以由下式得出

$$Z_L = R_0 \cdot \frac{1 + \Gamma}{1 - \Gamma} \qquad (5-212)$$

利用步骤 4 中得出的 Γ,最终可得出负载阻抗 Z_L。

上述过程可能有点乏味,但强调的是基本原理,即当我们充分地理解反射的原理(驻波、最大电压、最小电压等),就可以利用这些对原理的理解,通过一个电压表进一步推导得出诸如 λ、Γ 和 Z_L 等未知且重要的参数。

例 5.19

假定有一段传输线,$R_0 = 50\Omega$。利用电压表,可得第一最小电压发生在 $d = 3\mathrm{m}$,第二

最小电压发生在 $d = 7\,\mathrm{m}$。此外,测得的 $V_{\max} = 6\,\mathrm{V}$,$V_{\min} = 4\,\mathrm{V}$。请推导出:(a) 波长 λ,(b) 反射系数 Γ,(c) 负载阻抗 Z_{L}。

解:

(a) 因为相邻的最小电压之间的距离是 $\dfrac{\lambda}{2}$,所以有

$$\frac{\lambda}{2} = 7 - 3 \Rightarrow \lambda = 8\,(\mathrm{m})$$

(b) 由式(5-206)可得,Γ 的相位 θ 为

$$\theta = \left(\frac{4d_{\min,1}}{\lambda} - 1\right) \cdot \pi = \frac{\pi}{2}$$

此外,由式(5-211)可得

$$|\Gamma| = \frac{V_{\max} - V_{\min}}{V_{\max} + V_{\min}} = \frac{1}{5}$$

因此,反射系数为

$$\Gamma = |\Gamma| \cdot \mathrm{e}^{\mathrm{j}\theta} = \frac{1}{5}\mathrm{e}^{\mathrm{j}\frac{\pi}{2}} = \frac{\mathrm{j}}{5}$$

注意 $\mathrm{e}^{\mathrm{j}\frac{\pi}{2}} = j$。

(c) 最后,由式(5-212)可得,负载阻抗为

$$Z_{\mathrm{L}} = R_0 \cdot \frac{1+\Gamma}{1-\Gamma} = 50 \cdot \frac{1+\dfrac{\mathrm{j}}{5}}{1-\dfrac{\mathrm{j}}{5}} = 50 \cdot \frac{5+\mathrm{j}}{5-\mathrm{j}}$$

5.6.4　电压驻波比(VSWR)

在驻波的众多应用中,有一个被称为电压驻波比(VSWR)的重要参数。假设驻波有一最大电压 $V_{\max}$ 和一最小电压 $V_{\min}$,它们的比值 S 为

$$S = \frac{V_{\max}}{V_{\min}} \tag{5-213}$$

那么 S 就是该驻波的 VSWR。因为 $V_{\max}$ 和 $V_{\min}$ 都是非负的且 $V_{\max} \geqslant V_{\min}$,则 VSWR 必为正且满足

$$S \geqslant 1 \tag{5-214}$$

显然,VSWR 越大,$V_{\max}$ 与 $V_{\min}$ 的比值就越大。此外,VSWR 与反射系数 Γ 是密切相关的。当设计高频电路时,一旦得到 S,就可以很容易地导出关键参数 $|\Gamma|$。

由式(5-211)和式(5-213),可得

$$|\Gamma| = \frac{S-1}{S+1} \tag{5-215}$$

因此,得到 S 后,可以很容易地得出 $|\Gamma|$。由式(5-215)可知,当 S 减小时,$|\Gamma|$ 也会减小。而当 S 达到最小值,即 $S=1$ 时,则 $|\Gamma|=0$。这意味着不会发生反射。

此外,由式(5-215)可将 S 表示为

$$S = \frac{1+|\Gamma|}{1-|\Gamma|} \qquad\qquad (5-216)$$

因此,如果给定 Γ,就可以很容易得出 S。

在设计高频电路时,要尽量减少反射,这样可以使信号以较低能耗传输。因此,S 是表示反射幅度的有效指数。当 S 接近 1 时,反射会减少到最小。这意味着信号可以最小能耗进行传输。

例 5.20

假设有一段传输线,其特征电阻 $R_0 = 50\Omega$。请分别在如下情况下推导 VSWR:(a)$Z_L = 50\Omega$;(b)$Z_L = 50 + j50(\Omega)$;(c)$Z_L = 0$ (d)$Z_L \to \infty$。

解:

(a) 当 $Z_L = 50\Omega$ 时,反射系数为

$$|\Gamma| = \frac{Z_L - R_0}{Z_L + R_0} = 0$$

由式(5-216)可得 VSWR 为

$$S = \frac{1+|\Gamma|}{1-|\Gamma|} = 1$$

(b) 当 $Z_L = 50 + j50(\Omega)$ 时,反射系数为

$$|\Gamma| = \frac{Z_L - R_0}{Z_L + R_0} = \frac{j50}{100 + j50} = \frac{j}{2+j}$$

因此 $|\Gamma| = \frac{1}{\sqrt{5}}$。

由式(5-216)可得 VSWR 为

$$S = \frac{1+|\Gamma|}{1-|\Gamma|} = \frac{\sqrt{5}+1}{\sqrt{5}-1} = 2.62$$

(c) 当 $Z_L = 0$ 时,反射系数为

$$\Gamma = \frac{Z_L - R_0}{Z_L + R_0} = -1$$

由式(5-216)可得 VSWR 为

$$S = \frac{1+|\Gamma|}{1-|\Gamma|} \to \infty$$

（d）当 $Z_L \rightarrow \infty$ 时，反射系数为

$$\Gamma = \frac{Z_L - R_0}{Z_L + R_0} = 1$$

由式（5-216）可得 VSWR 为

$$S = \frac{1 + |\Gamma|}{1 - |\Gamma|} \rightarrow \infty$$

由例 5.20 可知，当负载阻抗与传输线的特征电阻相匹配，即 $Z_L = R_0$ 时，没有反射会发生且 $S = 1$。另一方面，当负荷阻抗偏离特性电阻，即 $Z_L = 0$ 或 $Z_L \rightarrow \infty$ 时，达到最大反射（$|\Gamma| = 1$），因此 $S \rightarrow \infty$。

小　结

5.1：介绍三种主要的传输线类型：平行板、双线和同轴传输线，同时还学习了入射波和反射波。

5.2：介绍涉及电压和电流的传输线方程，这样就可以应用电路理论及技术，从而大大简化对传输线的分析。

5.3：介绍传输线的特性阻抗 Z_0，它是入射电压与入射电流的比值。同时，反射电压和入射电流的比值为负值，即特性阻抗为 $-Z_0$。

5.4：学习了当传输线的特性阻抗不等于负载阻抗，即 $Z_L \neq Z_0$ 时，会发生反射。当发生阻抗不匹配时，可引出了反射系数来计算电磁波的反射量化程度。

5.5：学习了如何在不同高频电路中，采用一段传输线来作为诸如电容或电感之类的电路组件。

5.6：学习了在传输线中与电磁波特性密切相关的驻波。根据驻波就可以推导出电磁波的关键传输参数。

习　题

1. 如果想要让电磁波传播较长一段距离，下面哪一种传输线是更好的选择？

（a）同轴传输线；　　　　　　　　　　　（b）平行双线。

为什么？

2. 假设介电介质与理想导体之间的分界面为 xy 平面，且该介电介质有 $\varepsilon_1 = 2\varepsilon_0$。当电磁波射向分界面时，会发生完全反射，同时在理想导体中将没有电磁场。设 $\vec{E}$ 为分界面处电介质的电场，则 $\vec{E} = \vec{E}_i + \vec{E}_r$，其中 $\vec{E}_i$ 是入射电场，$\vec{E}_r$ 是反射电场。若 $\vec{E}_i = 2\hat{x} - 3\hat{y} + 7\hat{z}$，且表面电荷密度为 ρ_s，请推导 $\vec{E}_r$。（提示：4.6 节中理想导体的边界条件。）

3. 在练习 2 中，如果 $\vec{H}$ 是分界面上的电介质的磁场，则 $\vec{H} = \vec{H}_i + \vec{H}_r$，其中 $\vec{H}_i$ 是入射磁场，$\vec{H}_r$ 是反射磁场。若 $\vec{H}_i = 4\hat{x} + 3\hat{y} - 9\hat{z}$，且表面电流密度为 $\vec{J}_s$，请推导 $\vec{H}_r$。

4. 假定平行板传输线有 $\varepsilon = 4\varepsilon_0$，$f = 100\text{MHz}$，$\vec{E} = E_y(z) \cdot \hat{y}$。

（a）若入射波在 $z = 0$ 处有 $E_y = 5 \cdot e^{j\frac{\pi}{3}}$，请推导在 $z = 50\text{m}$ 处该入射波的矢量；

(b) 若入射波在 $z = 10\text{m}$ 处有 $E_y = 5e^{j\frac{\pi}{3}}$，请推导在 $z = 50\text{m}$ 处该入射波的矢量；

(c) 在(a)中，请推导在 $z = 50\text{m}$ 处和 $t = 20\text{ns}$ 时实电场(注:$1\text{ns} = 10^{-9}\text{s}$)。

（提示:例 5.1）。

5. 假定平行板传输线有 $\varepsilon = 4\varepsilon_0$，$f = 100\text{MHz}$，$\vec{E} = E_y(z) \cdot \hat{y}$。

(a) 若反射波在 $z = 0$ 处有 $E_y = 10e^{-j\frac{\pi}{6}}$，请推导在 $z = 50\text{m}$ 处该反射波的矢量；

(b) 若反射波在 $z = 25\text{m}$ 处有 $E_y = 10e^{-j\frac{\pi}{6}}$，请推导在 $z = 50\text{m}$ 处该反射波的矢量；

(c) 在(b)中，请推导其在 $z = 50\text{m}$ 处和 $t = 5\text{ns}$ 时的实电场。

6. 平行板传输线的长度为 $l = 5\text{m}$，$\varepsilon = 4\varepsilon_0$，$V(z,t) = 8 \cdot \cos\left(\omega t - \beta z + \frac{\pi}{4}\right)$，当 $t = 0$ 时，请在如下频率推导出在 $z = 0$ 和 $z = l$ 处的电压:

(a) $f = 10\text{kHz}$；　　　　(b) $f = 20\text{MHz}$；　　　　(c) $f = 1\text{GHz}$。

（提示:例 5.3）。

7. 在练习 6 中，当 $t = 0$ 时请推导 $z = 0$ 和 $z = L$ 之间的电压差。

8. 一平行板传输线的长度为 $l = 10\text{m}$，$\varepsilon = 4\varepsilon 0$，和 $V(z,t) = 6 \cdot \cos\left(\omega t - \beta z + \frac{\pi}{3}\right)$。请在如下频率大致画出当 $t = 0$ 时沿着传输线的电压:

(a) $f = 1\text{kHz}$；　　　　(b) $f = 10\text{MHz}$；　　　　(c) $f = 100\text{MHz}$。

9. 一段传输线在 $f = 100\text{MHz}$ 时具有以下参数:$R = 0.2(\Omega/\text{m})$，$L = 3(\mu\text{H/m})$，$C = 10(\text{pF/m})$，$G = 2(\mu\text{S/m})$。请推导出衰减常数 α、相位常数 β 和传播常数 γ。（提示:例 5.6）。

10. 一入射波沿着传输线进行传播，其中 $\alpha = 0.2(\text{m}^{-1})$，$\beta = \frac{\pi}{3}(\text{m}^{-1})$。

(a) 若在 $z = 0$ 处的电压矢量为 $V_a = 7$，请推导在 $z = 5\text{m}$ 处的实电压 $V(z,t)$；

(b) 若在 $z = 0$ 处的电压矢量为 $V_a = 7e^{-j\frac{\pi}{3}}$，请推导在 $z = 5\text{m}$ 处的实电压 $V(z,t)$；

(c) 若在 $z = 3\text{m}$ 处的电压矢量为 $V^+ = 2$，请推导在 $z = 10\text{m}$ 处的实电压 $V(z,t)$；

(d) 若在 $z = 3\text{m}$ 处的电压矢量为 $V^+ = 2e^{-j\frac{\pi}{3}}$，请推导在 $z = 15\text{m}$ 处的实电压 $V(z,t)$。

（提示:例 5.4）。

11. 一反射波沿着传输线进行传播，其中 $\alpha = 0.2(\text{m}^{-1})$ 和 $\beta = \frac{\pi}{6}(\text{m}^{-1})$。

(a) 若在 $z = 0$ 处的电压矢量为 $V_b = 4$，请推导在 $z = 8\text{m}$ 处的实电压 $V(z,t)$；

(b) 若在 $z = 0$ 处的电压矢量为 $V_b = 4e^{-j\frac{\pi}{3}}$，请推导在 $z = 8\text{m}$ 处的实电压 $V(z,t)$；

(c) 若在 $z = 3\text{m}$ 处的电压矢量为 $V^- = 2$，请推导在 $z = 10\text{m}$ 处的实电压 $V(z,t)$；

(d) 若在 $z = 3\text{m}$ 处的电压矢量为 $V^- = 2e^{-j\frac{\pi}{3}}$，请推导在 $z = -5\text{m}$ 处的实电压 $V(z,t)$。

12. 假设在一段传输线上同时存在入射和反射波，其中 $z = 0$ 处的电压矢量为 $V_a = V_b = 10$，$\alpha = 0.2(\text{m}^{-1})$，$\beta = \frac{\pi}{3}(\text{m}^{-1})$。在 $t = 0$ 时和 $z = 5\text{m}$ 处，请推导

(a) 入射电压；　　　　(b) 反射电压；　　　　(c) 测量电压。

13. 当 $V_a = 5e^{-j\frac{\pi}{4}}$ 和 $V_b = 3e^{-j\frac{\pi}{6}}$ 时，重复练习第 12 题。

14. 一段传输线在 $f = 100\text{MHz}$ 时有以下参数:$R = 0.1(\Omega/\text{m})$、$L = 2(\mu\text{H/m})$、$C = 100(\text{pF/m})$，$G = 2(\mu\text{S/m})$，请推导 γ 和 Z_0。

（提示:例 5.7）。

15. 一段传输线在 $f = 100\text{MHz}$ 处有以下参数:$Z_0 = 50\Omega$，$\alpha = 0.02(\text{m}^{-1})$，$\beta = \frac{\pi}{5}(\text{m}^{-1})$。假定 $\beta \approx$

$\omega\sqrt{LC}$,请推导传输线上的 R、L、C、G。

(提示:例 5.8)。

16. 假定一段传输线有以下参数:$Z_0 = 50\Omega$,$\alpha = 0.01(\mathrm{m}^{-1})$ 和 $\beta = \frac{\pi}{6}(\mathrm{m}^{-1})$。如果 $z = 0$ 处的电压矢量为 $V_a = 10e^{j\frac{\pi}{3}}$,请推导 $z = 18\mathrm{m}$ 处的实电压和电流。

(提示:例 5.9)。

17. 在练习 16 中,若在 $z = 0$ 处的电流矢量为 $I_a = 2e^{-j\frac{2\pi}{3}}$,请推导出 $z = 24\mathrm{m}$ 处的实电压和电流。

18. 假定一段传输线有以下参数:$Z_0 = 75\Omega$,$\alpha = 0.01(\mathrm{m}^{-1})$ 和 $\beta = \frac{\pi}{3}(\mathrm{m}^{-1})$。如果在 $z = 0$ 处的反射波的电压矢量为 $V_b = 9e^{j\frac{\pi}{4}}$,请推导 $z = 10\mathrm{m}$ 处的实电压和电流。

19. 在练习 18 中,若在 $z = 0$ 处的当前矢量是 $I_b = 0.1e^{j\frac{2\pi}{3}}$,请推导 $z = 24\mathrm{m}$ 处的实电压和电流。

20. 一段传输线在 $f = 200\mathrm{MHz}$ 处有以下参数:$Z_0 = 50\Omega$,$\alpha = 0.02(\mathrm{m}^{-1})$,$\beta = \frac{\pi}{5}(\mathrm{m}^{-1})$。若沿传输线同时存在入射波和反射波,其中 $z = 0$ 处的入射电压和反射电压分别为 $V^+(t) = 10\cos 2\pi f t$ 和 $V^-(t) = 8\cos 2\pi f t$。请推导

(a)$z = 0$ 处的测量电压和电流;

(b)$z = 12\mathrm{m}$ 处测量电压和电流;

(c)$z = -20\mathrm{m}$ 处测量电压和电流。

(提示:例 5.10)。

21. 从物理和数学角度解释,如果 $Z_L \neq Z_0$,为什么反射是必要的。

(提示:5.4 节)

22. 一段无损传输线有 $Z_0 = 50\Omega$,$Z_L = 30\Omega$,长度 $l = 10\mathrm{m}$,传播常数 $\gamma = j\beta = j\frac{\pi}{3}$。假设一入射波从 $z = 0$ 传播到 $z = l$,其中 $z = 0$ 处的入射电压为 $V_a = 4 \cdot e^{-j\frac{4\pi}{3}}$。请推导在 $z = l$ 处的以下矢量:

(a) 入射电压和电流;

(b) 反射电压和电流;

(c) 负载电压和电流。

(提示:例 5.11)。

23. 一段传输线有 $Z_0 = 50\Omega$,终点负载 $Z_L = 70\Omega$,负载上的测量电压为 $V_L(t) = 6\cos\omega t$。请推导

(a) 反射系数;

(b) 负载上的入射电压和反射电压;

(c) 负载上的入射电流和反射电流;

(d) 负载电流。

24. 当 $Z_L = 100 + j50(\Omega)$ 时,重复练习 23。

25. 一段无损传输线有 $Z_0 = 50\Omega$,长度 $l = 20\mathrm{m}$,传播常数 $\gamma = j\beta = j\frac{\pi}{3}$。假设一入射波从 $z = 0$ 传播到 $z = l$,其中 $z = 0$ 处的入射电压为 $V_a = 7 \cdot e^{j\frac{\pi}{4}}$。请推导在 $z = l$ 处不同负载时的入射电压、反射电压和负载电压:

(a)$Z_L = 0$;

(b)$Z_L = 50\Omega$;

(c)$Z_L \to \infty$。

(提示:例 5.13)。

26. 一段无损传输线，有 $R_0 = 75\Omega$，$\beta = \dfrac{\pi}{3}(\mathrm{m^{-1}})$。输入信号在 $z = 0$ 处，负载在 $z = 10\mathrm{m}$ 处。如果 $Z_L = 25\Omega$，测量的负载电压为 $V_L = 5$（矢量），请推导

 （a）在 $z = 10\mathrm{m}$ 处的入射电压 V^+ 和反射电压 V^-；

 （b）在 $z = 0$ 处的入射电压和反射电压；

 （c）在 $z = 0$ 处的入射电流和反射电流；

 （d）在 $z = 0$ 处的输入阻抗。

（提示：例 5.14）。

27. 当 $Z_L = \mathrm{j}75\Omega$ 时，重复练习 26。

28. 一段有损传输线，有 $R_0 = 75\Omega$，$\alpha = 0.02(\mathrm{m^{-1}})$，$\beta = \dfrac{\pi}{4}(\mathrm{m^{-1}})$。输入信号在 $z = 0$ 处，负载在 $z = 10\mathrm{m}$ 处。如果测量的负载电压为 $V_L = 5$（矢量）和 $Z_L = 50\Omega$。请推导

 （a）在 $z = 10\mathrm{m}$ 处的入射电压 V^+ 和反射电压 V^-；

 （b）在 $z = 3\mathrm{m}$ 处的入射电压和反射电压；

 （c）在 $z = 3\mathrm{m}$ 处的入射电流和反射电流；

 （d）在 $z = 3\mathrm{m}$ 处的输入阻抗。

29. 一段无损传输线，有 $R_0 = 50\Omega$，$\beta = 0.2\pi(\mathrm{m^{-1}})$。

 （a）请设计一个开路传输线电路，其输入阻抗 $Z_i = -\mathrm{j}20(\Omega)$；

 （b）请设计一个短路传输线电路，其 $Z_i = -\mathrm{j}20(\Omega)$；

 （c）请设计了一个 $\lambda/4$ 传输线电路，其 $Z_i = 10(\Omega)$。

（提示：参考 5.5C 节）。

30. 一段无损传输线，有 $R_0 = 50\Omega$，$\beta = \dfrac{4\pi}{3}(\mathrm{m^{-1}})$，终点处负载 $Z_L = 100\Omega$。如果测量的负载电压矢量为 $V_L = 4$。请推导

 （a）反射系数；

 （b）负载处的入射电压 V^+ 和反射电压 V^-；

 （c）驻波的最大电压（$V_{\max}$）和最小电压（$V_{\min}$）；

 （d）第二个和第三个最大电压及最小电压的位置；

 （e）VSWR。

（提示：例 5.17 和例 5.20）。

31. 当 $Z_L = 100 + \mathrm{j}50$ 时，重复练习 30。

32. 一段无损传输线，有 $R_0 = 50\Omega$，$\beta = \dfrac{\pi}{2}(\mathrm{m^{-1}})$，终点处负载 $Z_L = 30\Omega$。如果在负载处的入射电压矢量为 $V^+ = 6$，请推导

 （a）反射系数；

 （b）负载电压；

 （c）驻波的最大电压（$V_{\max}$）和最小电压（$V_{\min}$）；

 （d）第一和第二最大及最小电压的位置；

 （e）VSWR。

33. 当 $Z_L = 50 - \mathrm{j}50(\Omega)$ 时，重复练习 32。

34. 一段传输线有 $R_0 = 50\Omega$，驻波的第一个最小电压发生在 $d = 2\mathrm{m}$ 处，第一个最大电压出现在 $d = 5\mathrm{m}$ 处。如果 $V_{\max} = 5$，$V_{\min} = 1$，请推导

 （a）波长 λ；

(b) 反射系数 Γ；

(c) 负载 Z_{L}。

(提示：例 5.19)。

35. 一段传输线有 $R_0 = 50\Omega$，驻波的第一个最大电压出现在 $d = 0.5\mathrm{m}$ 处，第一个最小电压出现在 $d = 2\mathrm{m}$ 处。如果 VSWR 为 $S = 4$，请推导

(a) 波长 λ；

(b) 反射系数 Γ；

(c) 负载 Z_{L}。

36. 假定一段传输线有 $V_{\min} = 2V$，请推导以下情况的 $V_{\max}$ 和 $|\Gamma|$：

(a) $S = 1$；

(b) $S = 1.5$；

(c) $S = 3$。

37. 假定一段传输线有 $R_0 = 75\Omega$，请推导以下情况的 VSWR：

(a) $Z_{\mathrm{L}} = 75\Omega$；

(b) $Z_{\mathrm{L}} = 50 + \mathrm{j}100\Omega$；

(c) $Z_{\mathrm{L}} = 40 - \mathrm{j}60\Omega$。

第 6 章　　史密斯圆图和匹配电路设计

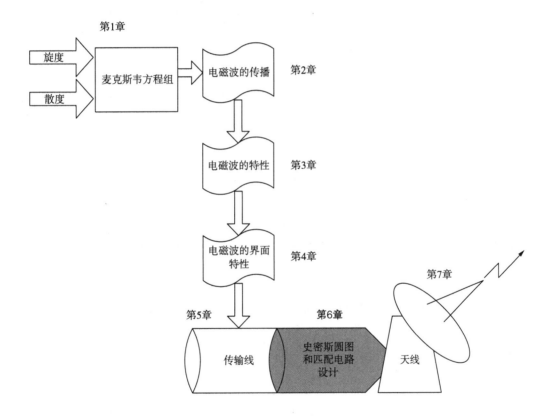

为什么设计 10GHz 放大器要比 10kHz 放大器复杂得多？这是许多相关专业学生心中的疑问。本章将解答以下问题。

1. 史密斯圆图的起源和构建

史密斯圆图是高频电路设计中最基本、最重要的工具。本章将以启发式的方式介绍史密斯圆图的起源，并展示如何一步一步地去构建，以便读者能够对史密斯圆图有着深刻的理解。

2. 史密斯圆图的应用

本章提供史密斯圆图的丰富实例，详细介绍各种应用的详细信息，以帮助读者了解在不同情况下如何应用史密斯圆图。

3. 阻抗匹配设计

阻抗匹配在高频电路设计中不可或缺，广泛用于避免反射和实现最大功率传输。本章介绍三种典型的阻抗匹配方法，以帮助读者掌握阻抗匹配的核心思想和技术。

4. 高频放大器设计

为了帮助读者更好地理解高频放大器的设计思路和方法，我们从设计 kHz 范围内的低频放大器开始，然后是 MHz 范围内的中等频率放大器，最终设计 GHz 范围内的高频放大器。同时介绍高频放大器设计的重要概念，例如 S 参数、最大功率传输定理和输入 / 输出匹配。

6.1　史密斯圆图的原理

一幅成功的画可以使画家闻名于世。类似地，一张有用的图可以使电气工程师在其专业领域内享誉全球。史密斯圆图由美国工程师菲利普·H·史密斯(Phillip H. Smith，1905—1987)发明，起因是为了借助图形降低计算复杂性。但是后来史密斯圆图得到广泛的应用，成为设计高频电路时的重要工具。

本章主要介绍史密斯圆图的原理和应用，解释了阻抗匹配的概念，重点是高频电路设计方法，最后给出了 BJT 放大器在信号源和负载之间的阻抗匹配示例。建议对电路设计感兴趣的读者在本章投入更多的时间和精力。

6.1.1　史密斯圆图的起源

假设 R_0 是输电线路的特征阻抗，Z_L 是负载阻抗。反射系数由下式得出：

$$\Gamma = \frac{Z_L - R_0}{Z_L + R_0} \tag{6-1}$$

在式(6-1)中，Z_L 是一个复数，可以表示为：

$$Z_L = R_L + jX_L \tag{6-2}$$

其中，R_L 和 X_L 分别是 Z_L 的实部和虚部。将式(6-2)代入式(6-1)，可得

$$\Gamma = \frac{(R_{\mathrm{L}} - R_0) + \mathrm{j}X_{\mathrm{L}}}{(R_{\mathrm{L}} + R_0) + \mathrm{j}X_{\mathrm{L}}} = \frac{[(R_{\mathrm{L}} - R_0) + \mathrm{j}X_{\mathrm{L}}] \cdot [(R_{\mathrm{L}} + R_0) - \mathrm{j}X_{\mathrm{L}}]}{[(R_{\mathrm{L}} + R_0) + \mathrm{j}X_{\mathrm{L}}] \cdot [(R_{\mathrm{L}} + R_0) - \mathrm{j}X_{\mathrm{L}}]} = \Gamma_r + \mathrm{j}\Gamma_i$$

$$(6-3)$$

其中 Γ_r 和 Γ_i 分别是 Γ 的实部和虚部。由式（6-3）可得

$$\Gamma_r = \frac{R_{\mathrm{L}}^2 + X_{\mathrm{L}}^2 - R_0^2}{(R_{\mathrm{L}} + R_0)^2 + X_{\mathrm{L}}^2} \tag{6-4}$$

$$\Gamma_i = \frac{2R_0 X_{\mathrm{L}}}{(R_{\mathrm{L}} + R_0)^2 + X_{\mathrm{L}}^2} \tag{6-5}$$

在 20 世纪 30 年代，电子计算机尚未发明。因此，需要手动计算式（6-4）和（6-5），计算难度大、耗时长，并且也很容易出错。因此，史密斯想到了一个主意：

有没有可能有一个图形工具，在给定负载阻抗（Z_{L}）的情况下，可以跳过手工计算，简单地借助该图推导出相应的反射系数（Γ）？

这是一个很好的主意，因为当时没有计算机可用。利用图形工具可以节省大量时间，同时可以避免手动计算的潜在错误。那么问题是：如何得到这个工具？

首先，由式（6-1）可得

$$\Gamma = \frac{\dfrac{Z_{\mathrm{L}}}{R_0} - 1}{\dfrac{Z_{\mathrm{L}}}{R_0} + 1} = \frac{u - 1}{u + 1} \tag{6-6}$$

其中

$$u = \frac{Z_{\mathrm{L}}}{R_0} \tag{6-7}$$

在式（6-7）中，u 是 Z_{L} 与 R_0 的比值，称为归一化负载阻抗。根据式（6-6），Γ 仅取决于 u。通常，u 是一个复数，可以用以下公式表示：

$$u = r + \mathrm{j}x \tag{6-8}$$

其中 r 是 u 的实部，x 是 u 的虚部。

在式（6-6）中，可以将 Γ 视为 u 的函数。史密斯设计的一个关键突破是将 u 反向视为 Γ 的函数。读者可能会问：为什么将 u 视为 Γ 的函数是一个关键突破？

原因很简单，因为反射系数的绝对值必须小于或等于 1，那就是：

$$|\Gamma| \leqslant 1 \tag{6-9}$$

因此：

$$|\Gamma|^2 = \Gamma_r^2 + \Gamma_i^2 \leqslant 1 \Rightarrow -1 \leqslant \Gamma_r \leqslant 1, -1 \leqslant \Gamma_i \leqslant 1 \tag{6-10}$$

因此，在二维复平面中，Γ_r 和 Γ_i 都在单位半径为 1 的圆内。

因为 $u=r+\mathrm{j}x$ 和 $\Gamma=\Gamma_r+\mathrm{j}\Gamma_i$,当我们将 u 视为 Γ 的函数时,可以将 (r,x) 表示为复平面中 (Γ_r,Γ_i) 的函数。因为 Γ_r 和 Γ_i 在单位圆内有界,则图表仅限于复平面内的单位圆中。否则,如果将 Γ 视为 u 的函数,因为 $0\leqslant r<\infty$ 和 $-\infty<x<\infty$,该图表将覆盖一半的复平面,这很难实现。因此,相反地将 u 视为 Γ 的函数是设计史密斯圆图的第一个关键突破点。

下面,尝试将 (r,x) 表示为 (Γ_r,Γ_i) 的函数。由式(6-6)可得:

$$u=\frac{1+\Gamma}{1-\Gamma} \tag{6-11}$$

由于 $u=r+\mathrm{j}x$ 和 $\Gamma=\Gamma_r+\mathrm{j}\Gamma_i$,可以将式(6-11)变换为

$$r+\mathrm{j}x=\frac{(1+\Gamma_r)+\mathrm{j}\Gamma_i}{(1-\Gamma_r)-\mathrm{j}\Gamma_i} \tag{6-12}$$

在式(6-12)的右侧,将分子和分母乘以 $(1-\Gamma_r)+\mathrm{j}\Gamma_i$,然后得到

$$r=\frac{1-\Gamma_r^2-\Gamma_i^2}{(1-\Gamma_r)^2+\Gamma_i^2} \tag{6-13}$$

$$x=\frac{2\Gamma_i}{(1-\Gamma_r)^2+\Gamma_i^2} \tag{6-14}$$

在式(6-14)和式(6-15)中,r 和 x 是 Γ_r 和 Γ_i 的函数。通过这两个方程,即可建立史密斯圆图。

6.1.2 Γ-平面

在进一步介绍史密斯圆图之前,首先了解一下 Γ 平面。

如前所述,反射系数 Γ 是一个复数,可以用 $\Gamma=\Gamma_r+\mathrm{j}\Gamma_i$ 表示。从数学上来说,可以通过二维直角坐标系表示 Γ,沿 x 轴(Γ_r 轴)实部和沿 y 轴(Γ_r 轴)的虚部。这个复杂的平面称为 Γ 平面,Γ 平面中的点 (a,b) 表示 $\Gamma=a+\mathrm{j}b$,如图6-1所示。例如,点 $(0.2,0.5)$ 表示反射系数 $\Gamma=0.2+\mathrm{j}0.5$ 点,点 $(0.3,0.7)$ 表示反射系数 $\Gamma=0.3-\mathrm{j}0.7$ 点。

另一方面,反射系数 Γ 可以用 Γ 平面上的极坐标系表示,并由下式得出:

$$\Gamma=|\Gamma|\,\mathrm{e}^{\mathrm{j}\theta} \tag{6-16}$$

其中 $|\Gamma|$ 是幅值,θ 是相位。如图6-2所示,$\Gamma=|\Gamma|\,\mathrm{e}^{\mathrm{j}\theta}$ 对应于极坐标中的一个点 $(|\Gamma|,\theta)$,其中 $|\Gamma|$ 是点和原点 O 之间的距离,θ 是相位角度。例如,点 $(0.6,30°)$ 表示反射系数 $\Gamma=0.6\mathrm{e}^{\mathrm{j}30°}$,点 $(0.4,-130°)$ 表示反射系数 $\Gamma=0.4\mathrm{e}^{-\mathrm{j}130°}$。注意,$\Gamma$ 平面上相位角 θ 的范围为 $-180°\leqslant\theta\leqslant180°$。对于上半平面,它对应于 $0°\leqslant\theta\leqslant180°$,对于下半平面,对应于 $-180°\leqslant\theta\leqslant0°$。

接下来,将介绍 Γ 平面上 (r,x) 和 (Γ_r,Γ_i) 之间的关系,在此基础上,最终可以得到一个精确描述它们关系的图形工具 —— 史密斯圆图。

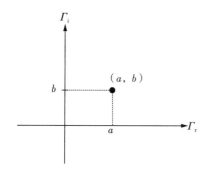

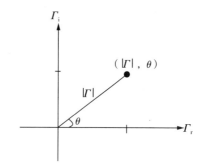

图 6-1　Γ - 平面示意图　　　　图 6-2　极坐标系中 Γ - 平面的示意图

6.1.3　r - 圆

根据式(6-14),可以重写 r 和 (Γ_r, Γ_i) 之间的关系

$$r \cdot \left[(1-\Gamma_r)^2 + \Gamma_i^2\right] = 1 - \Gamma_r^2 - \Gamma_i^2$$

$$\Rightarrow (1+r)\Gamma_r^2 - 2r\Gamma_r + (1+r)\Gamma_i^2 = 1 - r \tag{6-17}$$

由式(6-17) 可得

$$\left(\Gamma_r - \frac{r}{1+r}\right)^2 + \Gamma_i^2 = \left(\frac{1}{1+r}\right)^2 \tag{6-18}$$

根据几何知识,式(6-18)在 Γ 平面上形成一个圆。圆的中心为 $\left(\dfrac{r}{1+r}, 0\right)$,半径由下式给出:

$$h = \frac{1}{1+r} \tag{6-19}$$

因此,特定的 r 在 Γ 平面上产生特定的圆。圆心位于 Γ_r 轴上,半径 h 随 r 增大而减小($0 \leqslant r < \infty$)。四个特定的圆如图 6-3 所示:

(1) 当 $r=0$ 时,中心位于原点,半径 $h=1$。因此,它对应于单位圆。

(2) 当 $r=0.5$ 时,中心位于 $\left(\dfrac{1}{3}, 0\right)$,半径 $h = \dfrac{2}{3}$。

(3) 当 $r=1$ 时,中心位于 $\left(\dfrac{1}{2}, 0\right)$,半径 $h = \dfrac{1}{2}$。

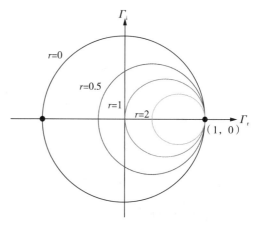

图 6-3　在 Γ 平面上的 r 圆

（4）当 $r=2$ 时，中心位于 $\left(\frac{2}{3},0\right)$，半径 $h=\frac{1}{3}$。

因此，r 的不同值对应不同的圆。这些圆被称为 r 圆。值得一提的是，所有 r 圆都必须通过点 $(\Gamma_r,\Gamma_i)=(1,0)$。原因是因为每个圆的中心位于 $\left(\frac{r}{1+r},0\right)$，相应半径为 $h=\frac{1}{1+r}$。因此

$$\frac{r}{1+r}+h=1 \qquad (6-20)$$

所以所有 r 圆都通过点 $(1,0)$。事实上，点 $(\Gamma_r,\Gamma_i)=(1,0)$ 是史密斯圆图的一个重要点，稍后将阐述这一结论。需要指出的是，当 r 不断增长并趋近于无穷大时，即 $r\rightarrow\infty$，中心趋近 $(1,0)$，半径趋近零。如图 6-4 所示。

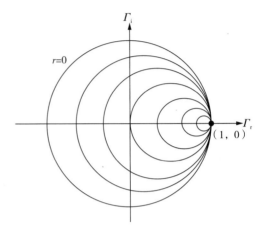

图 6-4　在 $\Gamma-$ 平面上的 $r-$ 圆

6.1.4　$x-$ 曲线

接下来探讨 x 和 (Γ_r,Γ_i) 之间的关系。需要注意的是 x 的值可能为正值或负值，因为 $-\infty<x<\infty$。根据式（6-15）可以得出 x 和 (Γ_r,Γ_i) 之间的关系式为

$$x\cdot\left[(1-\Gamma_r)^2+\Gamma_i^2\right]=2\Gamma_i$$

$$\Rightarrow (1-\Gamma_r)^2+\Gamma_i^2-\frac{2}{x}\cdot\Gamma_i=0 \qquad (6-21)$$

由式（6-21）可得：

$$(\Gamma_r-1)^2+\left(\Gamma_i-\frac{1}{x}\right)^2=\left(\frac{1}{x}\right)^2 \qquad (6-22)$$

与式（6-18）类似，式（6-22）在 Γ 平面上形成一个圆。圆心位于 $\left(1,\frac{1}{x}\right)$，半径 h 由以下公式得出：

$$h=\frac{1}{|x|} \qquad (6-23)$$

显然，对于特定的 x，圆心位于 $\Gamma_r=1$ 的直线上，半径随着 $|x|$ 增加而减小。此外，由于圆心位于 $\left(1,\frac{1}{x}\right)$，相应的半径为 $\frac{1}{|x|}$，因此圆必然通过点 $(1,0)$。在图 6-5 中，有 $x=\pm 0.5$、$x=\pm 1$ 和 $x=\pm 2$ 的示例。

（1）当 $x=0.5$ 时，相应圆的中心位于 $(1,2)$，半径为 $h=2$。

（2）当 $x=-0.5$ 时，相应圆的中心位于 $(1,-2)$，半径为 $h=2$。

（3）当 $x=1$ 时，相应圆的中心位于 $(1,1)$，半径为 $h=1$。

（4）当 $x=-1$ 时，对应圆的中心位于 $(1,-1)$，半径为 $h=1$。

（5）当 $x=2$ 时，相应圆的中心位于 $(1,1/2)$，半径为 $h=1/2$。

（6）当 $x=-2$ 时，对应圆的中心位于 $(1,-1/2)$，半径为 $h=1/2$。

所有的例子都遵循刚才讨论的规则。一般情况如图 6-6 所示，当 $x>0$ 时相应的圆位于上半平面；当 $x<0$ 时相应的圆位于下半平面。当 $|x|$ 减小时，半径增大，如式（6-23）所示。当 x 接近零时，即 $x \to 0$ 时，相应的半径接近无穷大，即 $h \to \infty$。

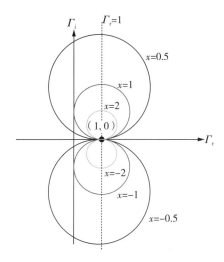

图 6-5　Γ 平面上对应于特定 x 的圆

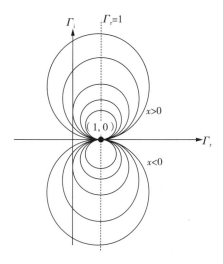

图 6-6　Γ 平面上对应于 x 的圆

最后，因为反射系数必须满足 $|\Gamma| \leqslant 1$ 的条件，所以只考虑那些落在单位圆内的点。因此将图 6-6 中的 x 圆与单位圆进行比较，得到如图 6-7 所示的结果。需要注意的是，被截断圆的其余部分在图 6-7 中形成了一条曲线，称之为 x 曲线。对于特定的 x 有一条对应的 x 曲线。当 $x>0$ 时，曲线位于上半平面；当 $x<0$ 时，曲线位于下半平面。当 $x=0$ 时，曲线变为 Γ_r 轴。图 6-7 中有多种 x 曲线，显示了单位圆内 x 和 (Γ_r, Γ_i) 之间的关系。

6.1.5　史密斯圆图

如前几小节所述，图 6-4 展示了 r 和反射系数 (Γ_r, Γ_i) 之间的关系，图 6-7 展示了 x 和 (Γ_r, Γ_i) 之间的关系。如果将这两个图结合在一起将会得到图 6-8，它展示了史密斯圆图的基本结构。在图 6-8 中，对于特定的 r 值有一个对应的 r 圆，对于特定的 x 值有一个对应的 x 曲线。史密斯圆图是在 Γ 平面上 r 圆和 x 曲线的图。典型的史密斯圆图是图 6-8 的改进版本，如图 6-9 所示。图 6-9 提高了 r 圆和 x 曲线的分辨率。

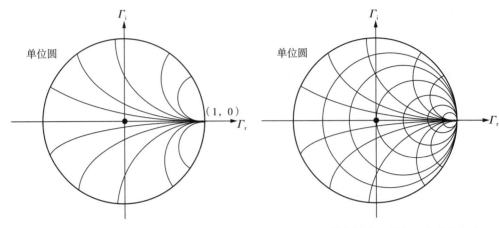

图 6-7　单位圆内的 x 曲线　　　　图 6-8　单位圆内 r 圆和 x 曲线的组合

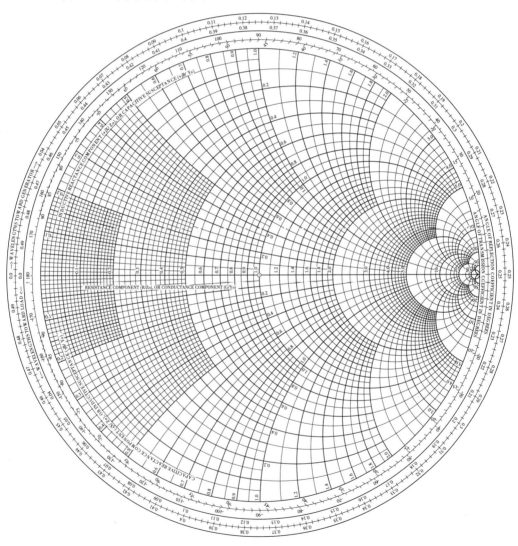

图 6-9　史密斯圆图

在图 6-9 中，史密斯圆图的中心是原点，横轴是 Γ_r 轴，纵轴是 Γ_i 轴。值得注意的是，典型的史密斯圆图既不符号化原点，也不符号化 Γ_r 轴和 Γ_i 轴。有效学习史密斯圆图的一个技巧是在自己的头脑中建立原点、Γ_r 轴和 Γ_i 轴。因此，可以轻松地通过史密斯圆图将 $\Gamma = (\Gamma_r, \Gamma_i)$ 与式（6-18）和式（6-22）中给出的 r 圆和 x 曲线联系起来。

此外，掌握史密斯圆图的一个便捷方法是一步一步地将其绘制出来。首先，可以从 r 圆开始，对于特定的 r 值可以绘制相应的圆。例如，在图 6-9 中，当 $r=0$ 时，绘制单位圆。然后，当 $r=0.1$ 时，绘制另一个半径为 $h = \dfrac{1}{1.1}$ 的圆，以此类推。对于典型的史密斯圆图，需要绘制 $r=0, 0.1, 0.2, 0.3, \cdots$ 的圆，最后当 $r \to \infty$，绘制点 $(\Gamma_r, \Gamma_i) = (1, 0)$。

接下来绘制 x 曲线。对于特定的 x 值，可以绘制相应的圆，然后将其截断为单位圆内的 x 曲线。当 $x>0$ 时，在上半 Γ 平面中绘制 x 曲线。当 $x<0$ 时，在下半 Γ 平面中绘制 x 曲线。需要指出的是，典型的史密斯圆图不包含负号"—"对应的下半平面中的 x 曲线。这被视为使用史密斯圆图的背景知识。

最后，如果能够一步一步耐心地画出每个 r 圆和 x 曲线，你会发现史密斯圆图其实很简单，并乐于使用它！

在使用史密斯圆图时，矩形（笛卡尔）坐标和极坐标都可以用于 Γ 平面。例如，直角坐标中的点 (Γ_r, Γ_i) 对应于反射系数 $\Gamma = (\Gamma_r, \Gamma_i)$。因此圆图中点 $(0.3, 0.5)$ 对应于 $\Gamma = 0.3 - j0.5$。此外，极坐标系中的一个点 $(|\Gamma|, \theta)$ 对应于反射系数 $\Gamma = |\Gamma| e^{j\theta}$，其中 $|\Gamma|$ 是点和原点之间的距离，θ 是与 Γ_r 轴的方位角。为了帮助使用者找到 θ，它用单位圆周围的度数进行标记，如图 6-9 所示。θ 的范围为 $-180° \leqslant \theta \leqslant 180°$。例如，点 $(\Gamma_r, \Gamma_i) = (1, 0)$ 在极坐标中可以表示为 $\Gamma = |\Gamma| e^{j\theta} = 1^{j0°}$，相角 $\theta = 0°$。类似地，点 $(0.2, 0.2)$ 可以表示为 $\Gamma = \sqrt{0.08}\, e^{j45°}$，相角 $\theta = 45°$。除了相角的刻度外，还有围绕单位圆圆周的其他刻度。稍后将解释它们的含义。

最后，当仔细观察图 6-9 时，会发现每个 r 圆和每个 x 曲线只有一个交点。这意味着，对于归一化负载阻抗 $u = r + jx$，在史密斯圆图中只有一个对应的反射系数。例如，假设 A 是 $r = r_1$ 圆和 $x = x_1$ 曲线的交点，则点 A 对应的归一化负载阻抗为 $u = r_1 + jx_1$。如果 A 在直角坐标系中由 (a, b) 表示，相应的反射系数为 $\Gamma = a + jb$。因此，$u = r_1 + jx_1$ 对应于 $\Gamma = a + jb$，即给定 $u = r_1 + jx_1$，可以利用史密斯圆图立即得到相应的反射系数 $\Gamma = a + jb$。这正是史密斯最初的想法。

例 6.1

假设有如下的反射系数

(a) $\Gamma = 0.4 + j0.8$；

(b) $\Gamma = -0.3 + j0.5$；

请分别在史密斯圆图中找到对应的点 P 和 Q。

解：

(a) 当 $\Gamma = 0.4 + j0.8$ 时，对应点用 Γ 平面上的直角坐标，即 $\Gamma = 0.4 + j0.8$。假设在图 6-10 中，单位圆的半径长度为 l。首先从原点开始，水平向右移动 $0.4l$，然后垂直向上移动 $0.8l$，到达相应的点 P。

（b）当 $\Gamma = -0.3 + j0.5$，Γ 平面中的对应点为 $(\Gamma_r, \Gamma_i) = (-0.3, 0.5)$。假设在图 6-10 中，单位圆的半径长度为 l。首先从原点开始，水平向左移动 $0.3l$，然后垂直向上移动 $0.5l$，到达相应的点 Q。

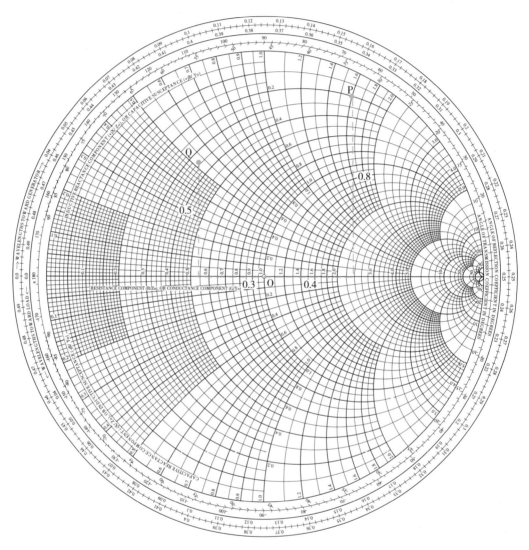

图 6-10　例 6.1 对应的史密斯圆图

例 6.2

假设有如下的反射系数：

（a）$\Gamma = 0.5e^{j20°}$；

（b）$\Gamma = 0.35e^{-j110°}$；

请分别在史密斯圆图中找到对应的点 P 和 Q。

解：

当 $\Gamma = 0.5e^{j20°}$ 时，对应点用极坐标在 Γ 平面上表示，对应幅值为 $|\Gamma| = 0.5$，相角为

20°。假设在图 6-11 中，单位圆的半径长度为 l。首先在上半平面单位圆的圆周上找到标记 $\theta = 20°$ 的点。然后在这一点和原点之间画一条线。在这条线上，距离原点 $0.5l$ 的点即为 P 点。

当 $\Gamma = 0.35e^{-j110°}$ 时，在 Γ 平面内对应幅值为 $|\Gamma| = 0.35$，相角为 $-110°$。假设在图 6-11 中，单位圆的半径长度为 l。首先在 Γ 平面中单位圆的圆周上找到标记 $\theta = -110°$ 的点（相角的负号表示下半 Γ 平面），然后在这一点和原点之间画一条线。在这条线上，点 Q 距离原点 $0.35l$。

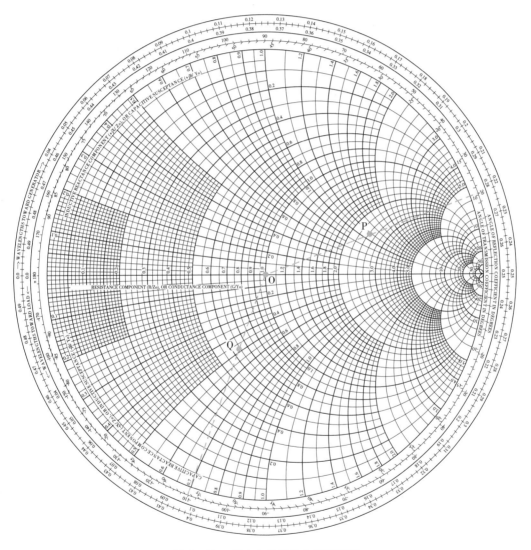

图 6-11　例 6.2 对应的史密斯圆图

例 6.3

假设有归一化负载阻抗：

(a) $u = 0.6 + j2$；

（b）$u=1-\mathrm{j}1.7$；

请分别在史密斯圆图中找到对应的点 P 和 Q。

解：

（a）当归一化负载阻抗 $u=0.6+\mathrm{j}2$ 时，在史密斯圆图的上平面中找到 $r=0.6$ 圆和 $x=2$ 曲线，如图 6-12 所示。$r=0.6$ 圆和 $x=2$ 曲线的交点是所需点 P。

（b）当归一化负载阻抗 $u=1-\mathrm{j}1.7$，在史密斯圆图的下平面中找到 $r=1$ 的圆和 $x=-1.7$ 的曲线，如图 6-12 所示（注：史密斯圆图未明确标记 x 轴上的负号"—"）。$r=1$ 的圆和 $x=-1.7$ 曲线交点是所需的点 Q。

在例 6.3 中，一旦在史密斯圆图中确定了所需的点 P 或 Q，可以通过简单的计算立即获得相应的几何反射系数。这将在下一节中详细讲解。

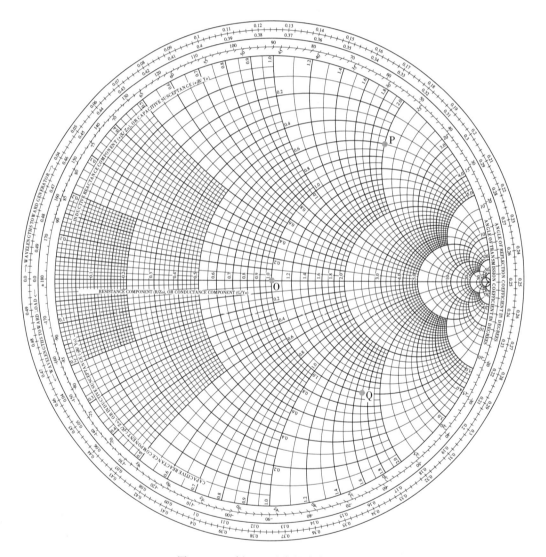

图 6-12　例 6.3 对应的史密斯圆图

6.2　史密斯圆图的应用

在上一节中,我们通过数学公式介绍了史密斯圆图,并说明了如何逐步构建圆图。本节将重点介绍史密斯圆图的应用方法。总体来说,史密斯圆图是描述归一化负载阻抗 $u = r + jx$ 以及相应反射系数 $\Gamma = \Gamma_r + j\Gamma_i$ 之间关系的重要图形工具。在设计高频电路时可以用来解决许多实际问题。接下来首先概要阐述 Γ 平面中的复数运算,然后给出了史密斯圆图的一些常用应用。

6.2.1　Γ 平面上的复数运算

史密斯圆图建立在水平 Γ_r 轴和垂直 Γ_i 轴的 Γ 平面上。在 Γ 平面中,每个点表示复反射系数 Γ,由下式给出:

$$\Gamma = \Gamma_r + j\Gamma_i \tag{6-24}$$

因此可以在直角坐标系中指定两个数字 ——(Γ_r, Γ_i) 来表示反射系数。 例如,点 $(0.2, 0.4)$ 表示 $\Gamma = 0.2 + j0.4$,点 $(-0.3, 0.7)$ 表示 $\Gamma = -0.3 + j0.7$。另一方面,可以等价地表示为

$$\Gamma = |\Gamma| e^{j\theta} \tag{6-25}$$

在这种情况下,采用极坐标并通过两个数字 $(|\Gamma|, \theta)$ 表示反射系数 Γ。例如,点 $(0.4, 70°)$ 表示 $\Gamma = 0.4e^{j70°}$,点 $(0.5, -20°)$ 表示 $\Gamma = 0.5e^{-j20°}$。

在图 6-13 中,假设 $\Gamma = \Gamma_r + j\Gamma_i$。然后有

$$|\Gamma| = \sqrt{\Gamma_r^2 + \Gamma_i^2} \tag{6-26}$$

$$\theta = \tan^{-1}\frac{\Gamma_i}{\Gamma_r} \tag{6-27}$$

当 $-180° \leqslant \theta \leqslant 180°$ 时,式(6-26)和式(6-27)显示了如何将点从直角坐标转换为极坐标。另一方面,给定 $\Gamma = |\Gamma| e^{j\theta}$,可得

$$\Gamma_r = |\Gamma| \cdot \cos\theta \tag{6-28}$$

$$\Gamma_i = |\Gamma| \cdot \sin\theta \tag{6-29}$$

式(6-28)和式(6-29)显示了如何将点从极坐标转换为直角坐标。

此外,当有另一个由下式给出的反射系数时

$$\Gamma' = \Gamma \cdot e^{-j\phi} \tag{6-30}$$

可以得到

$$\Gamma' = |\Gamma| e^{j\theta} \cdot e^{-j\phi} = |\Gamma| \cdot e^{j(\theta-\phi)} \qquad (6-31)$$

因为 $|\Gamma'|$ 可以用 $|\Gamma'| \cdot e^{j\theta'}$ 表示,与式(6-31)相比,可得

$$|\Gamma'| = |\Gamma| \qquad (6-32)$$

$$\theta' = \theta - \phi \qquad (6-33)$$

式(6-31)~式(6-33)的物理意义如图6-14所示。在图6-14中,假设 $\Gamma = |\Gamma| \cdot e^{j\theta}$ 由 Γ 面中的一个点表示。使用相同的幅值 $|\Gamma|$ 并顺时针旋转相位角 ϕ,得到由 $\Gamma' = \Gamma \cdot e^{-j\phi}$ 表示的点。

Γ 平面上的上述运算实际上在复域中是非常常见的。在实际使用史密斯圆图时,它们是最基本的计算法则。

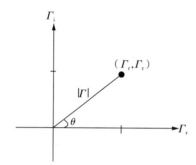

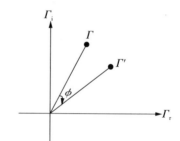

图6-13 极坐标系中的 Γ-平面 　　　　图6-14 Γ-平面上的相位旋转

6.2.2 反射系数

根据史密斯的最初想法,在给定负载阻抗 Z_L 时,希望不通过复杂计算即从几何角度获得对应的反射系数。由史密斯圆图可以实现,具体步骤如下:

步骤1:推导归一化负载阻抗 $u = \dfrac{Z_L}{R_0} = r_1 + jx_1$。

步骤2:如图6-15所示,在史密斯圆图中找到 r_1 圆和 x_1 曲线。它们有一个交点,将其指定为点 P。

步骤3:假设点 P 对应的反射系数为 $\Gamma = |\Gamma| \cdot e^{j\theta}$,从原点 O 通过点 P 画一条线到单位圆的圆周。然后读取相位角的值得到 θ。

步骤4:设 l 为单位圆的半径,即 $l = 1$(单位长度)。通过将 l 与线 $\overline{OP}$ 的长度进行比较,得到了幅值 $|\Gamma|$。例如,如果 l 的长度为6cm,则6cm相当于1单位长度。假设 $\overline{OP}$ 线的长度为3cm。然后 $|\Gamma| = 3\text{cm}/6\text{cm} = 0.5$。

步骤5:在得到 θ 和 $|\Gamma|$ 的值之后,可以立即得到相应的反射系数 $\Gamma = |\Gamma| \cdot e^{j\theta}$。

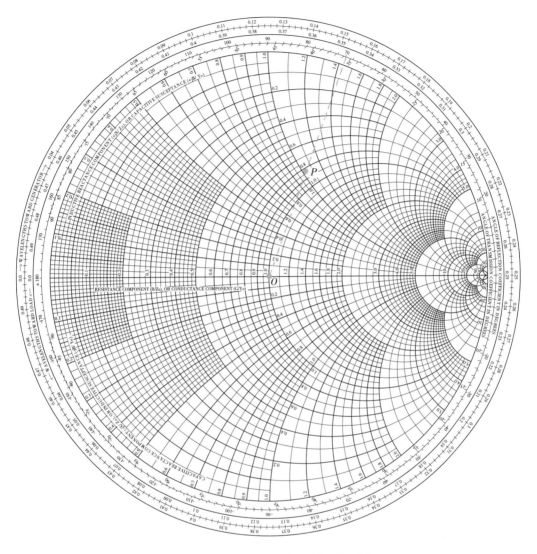

图 6-15 通过史密斯圆图计算反射系数

例 6.4

假设一个传输线的特征阻抗 $R_0=50\Omega$，负载阻抗为 $Z_L=30+j60(\Omega)$，请推导反射系数 Γ。

解：

步骤 1：首先通过 $u=\dfrac{Z_L}{R_0}=0.6+j1.2$ 推导归一化负载阻抗。

步骤 2：如图 6-16 所示，找到 $r=0.6$ 圆和 $x=1.2$ 曲线的交点，将其指定为点 P。

步骤 3：从原点 O 通过点 P 画一条线到单位圆的圆周，然后读取相位角，得到 $\theta=71.7°$。

步骤 4：假设单位圆的半径为 l。由于线 $\overline{OP}$ 的长度为 $0.63l$，由 $|\Gamma|=0.63$ 得出反射

系数的大小。

步骤 5：反射系数 $\Gamma = 0.63e^{j71.7°}$。

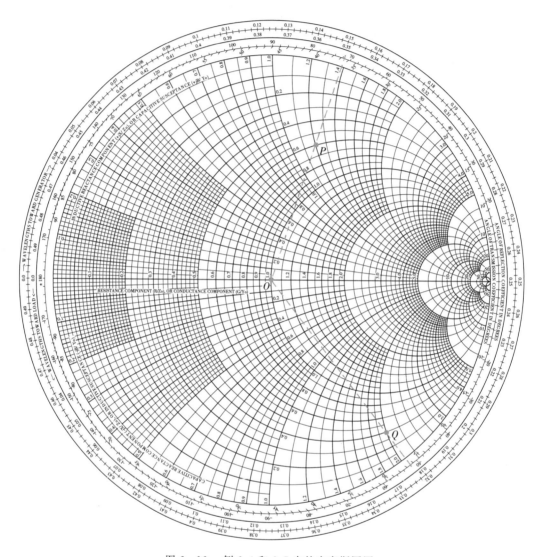

图 6-16   例 6.4 和 6.5 中的史密斯圆图

例 6.5

假设一个传输线的特征阻抗为 $R_0 = 50\Omega$，负载阻抗为 $Z_L = 20 - j100(\Omega)$。请推导反射系数 Γ。

解：

步骤 1：首先，通过 $u = \dfrac{Z_L}{R_0} = 0.4 - j2$ 推导归一化负载阻抗；

步骤 2：如图 6-16 所示，找到 $r = 0.4$ 圆和 $x = -2$ 曲线的交点（在 Γ 平面的下半部分中），将其指定为点 Q；

步骤 3：从原点 O 通过点 Q 画一条线到单位圆的圆周，然后读取相位角，得

到 $\theta=-51.7°$；

步骤 4：假设单位圆的半径为 l，由于线 $\overline{OQ}$ 的长度为 $0.85l$，由 $|\Gamma|=0.85$ 得到反射系数的大小；

步骤 5：反射系数 $\Gamma=0.85e^{-j51.7°}$。

在以上两个例子中，可以使用史密斯圆图从给定的 Z_L 推导反射系数。与手工计算相比，它节省了大量时间，避免了可能出现的计算错误。

6.2.3　负载阻抗

上一节中，使用史密斯圆图可以从给定的负载阻抗 Z_L 推导反射系数。另一方面，也可以从给定的反射系数推导负载阻抗 Z_L。步骤如下：

步骤 1：给定反射系数 Γ，可以在史密斯圆图的 Γ 平面中找到相关点 P。

步骤 2：从距离点 P 最近的 r 圆和 x 曲线，得到 r 和 x 的近似值，其交点为点 P。

步骤 3：根据归一化负载阻抗 $u=r+jx$，可以得到相应的负载阻抗 $Z_L=R_0 \cdot u=R_0 \cdot (r+jx)$。

例 6.6

假设一个传输线的特征阻抗为 $R_0=50\Omega$，反射系数 $\Gamma=0.7e^{j128°}$，请推导相应的负载阻抗 Z_L。

解：

步骤 1：假设图 6-17 中单位圆的半径为 l。根据给定的反射系数 $\Gamma=0.7e^{j128°}$，幅值长度由 $|\Gamma|=0.7l$ 得出。接下来，从沿圆周的相位角刻度中，找到 $\theta=128°$ 的点。在该点和原点之间画一条线。那么沿着这条线距离原点 $0.7l$ 的点就是点 P。

步骤 2：在史密斯圆图中可以找到 r（圆）和 x（曲线）的最佳估计值，其交点是点 P。由此，得到归一化负载阻抗 $r+jx$，其中 $r=0.22, x=0.47$。

步骤 3：根据归一化负载阻抗公式，得到相应的负载阻抗 $Z_L=R_0 \cdot (r+jx)=11+j23.5(\Omega)$。

例 6.7

假设一个传输线的特征阻抗为 $R_0=50\Omega$，反射系数 $\Gamma=0.5-j0.3$，请推导相应的负载阻抗 Z_L。

解：

步骤 1：假设图 6-17 中单位圆的半径为 l。反射系数由直角坐标 $(\Gamma_r, \Gamma_i)=(0.5, -0.3)$ 表示。因此，从原点开始水平向右移动 $0.5l$，垂直向下移动 $0.3l$。然后到达所需的点 Q。

步骤 2：在史密斯圆图中，可以找到 r（圆）和 x（曲线）的最佳估计值，交点点 Q。由此，得到归一化负载阻抗 $r+jx$，其中 $r=1.95, x=-1.75$。需要注意的是，史密斯圆图中不显示负号，需要在 Γ 平面的下半部分为 x 加一个负号。

步骤 3：根据归一化负载阻抗公式，得到的相应负载阻抗 $Z_L=R_0 \cdot (r+jx)=97.5-j87.5(\Omega)$。

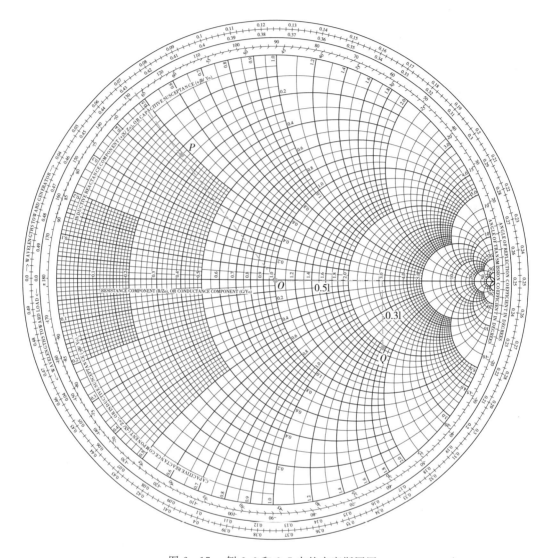

图 6-17　例 6.6 和 6.7 中的史密斯圆图

6.2.4　无损传输线的输入阻抗

本小节将介绍史密斯圆图的另一个应用。假设有一条传播常数 $\gamma = \mathrm{j}\beta$ 的无损传输线，其中 $\beta = 2\pi/\lambda$。如图 6-18 所示，想从距离 d 处的负载方向推导输入阻抗 Z_i。换言之，想要推导一段传输线的输入阻抗。

首先，反射系数 $\varGamma$ 和归一化负载阻抗 u 之间的关系由下式得出：

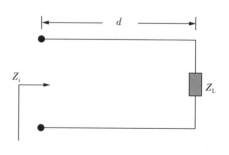

图 6-18　TX 线路的输入阻抗

$$u = \frac{1+\Gamma}{1-\Gamma} \tag{6-34}$$

从 5.5 节的结果来看,该传输线的输入阻抗由下式给出:

$$Z_i = R_0 \cdot \frac{e^{j\beta d} + \Gamma e^{-j\beta d}}{e^{j\beta d} - \Gamma e^{-j\beta d}} = R_0 \cdot \frac{1+\Gamma e^{-j2\beta d}}{1-\Gamma e^{-j2\beta d}} \tag{6-35}$$

将归一化输入阻抗定义为

$$u_i = \frac{Z_i}{R_0} \tag{6-36}$$

设

$$\Gamma' = \Gamma \cdot e^{-j2\beta d} \tag{6-37}$$

式(6-35)可以写为

$$u_i = \frac{1+\Gamma'}{1-\Gamma'} \tag{6-38}$$

显然,式(6-38)的形式与式(6-34)相同。因此可以使用史密斯圆图从给定的 Γ' 得到 u_i,正如从给定的 Γ 得到 u 一样。首先分析如何在史密斯圆图中从 Γ 中导出 Γ',假设:

$$\Gamma = |\Gamma| \cdot e^{j\theta} \tag{6-39}$$

并且 $\phi = 2\beta d$。

根据式(6-37)和式(6-39),Γ' 由下式得出:

$$\Gamma' = \Gamma \cdot e^{-j\phi} = |\Gamma| \cdot e^{j(\theta-\phi)} \tag{6-40}$$

由式(6-40)可得 $|\Gamma'| = |\Gamma|$。这意味着 Γ' 和 Γ 具有相同的幅值,但相位角不同。根据式(6-40),从相位角 θ 开始,可以顺时针旋转一个角度 ϕ,然后获得 Γ' 的相位角,即 $\theta' = \theta - \phi$。

由于传播常数为 $\beta = 2\pi/\lambda$,当 $d = 0.01\lambda$ 时,相角为

$$\phi = 2\beta d = 2 \cdot \frac{2\pi}{\lambda} \cdot (0.01\lambda) = 0.04\pi = 7.2° \cdot (\pi = 180°) \tag{6-41}$$

类似地,当 $d = 0.02\lambda$ 时,相角为 $\phi = 14.4°$,当 $d = 0.25\lambda$ 时,则相角 $\phi = 180°$。当 $d = 0.5\lambda$ 时,相角 $\phi = 360°$,这是一个完整的循环。

在史密斯圆图中,为了帮助使用者从 Γ 中得到 Γ',单位圆的最外层刻度表示 d 和 $\phi = 2\beta d$ 之间的关系,单位为波长。如图 6-19 所示,可以看到文字"朝向发射器的波长"和数字 $0.04, 0.05, \cdots, 0.48, 0.49$。它显示了每 0.01 波长变化是 d 和 ϕ 之间的关系。如图 6-19 所示,从 $(\Gamma_r, \Gamma_i) = (-1, 0)$ 和 $d = 0$ 开始,即 Γ_r 轴的最左侧点,并顺时针旋转。

在 $(\Gamma_r, \Gamma_i) = (0, 1)$ 处到达 $d = 0.125\lambda$,继续在 $(\Gamma_r, \Gamma_i) = (1, 0)$ 处顺时针旋转到 $d =$

0.25λ。类似地,在$(0,-1)$处得到$d=0.375\lambda$,最后回到$(-1,0)$,表示$d=0.5\lambda$。

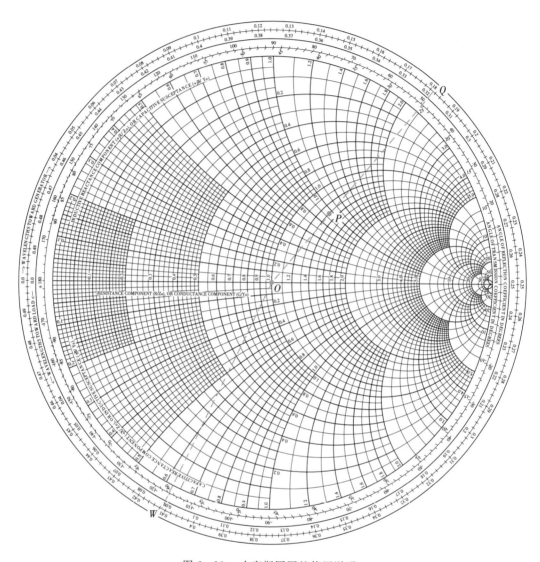

图 6-19 史密斯圆图的使用说明

在下面的例子中,将分析最外层的波长刻度的重要作用,这样就可以很容易地在史密斯圆图中由Γ得到Γ'。

例6.8

假设一个传输线的反射系数$\Gamma=0.4 \cdot e^{j49.5°}$,如果该传输线的长度为$d=0.23\lambda$,请推导这段传输线的反射系数$\Gamma'$。

解:

步骤1:与例6.6类似,可以在史密斯圆图中找到表示Γ的点P,如图6-19所示。

步骤2:在原点O和点P之间画一条线,并将线$\overline{OP}$延伸到单位圆的最外层。交点是点Q,可以读取刻度为$0.181(\lambda)$。

步骤 3：由于传输线的长度为 $d=0.23\lambda$ 和 $0.181+0.23=0.411(\lambda)$，顺时针转动到 $0.411(\lambda)$ 的刻度，并在最外层的刻度处到达点 W 单位圆。

步骤 4：连接原点 O 和点 W，然后可以读取 $\theta'=-116°$ 对应的相角。根据上述讨论，θ' 是 Γ' 的相位角，因此反射系数 $\Gamma'=|\Gamma| \cdot e^{-j116°}=0.4e^{-j116°}$。

例 6.9

假设一个传输线的反射系数 $\Gamma=0.3e^{-j129.5°}$，如果该传输线的长度为 $d=0.2\lambda$，请推导这段传输线的反射系数 Γ'。

解：

步骤 1：与例 6.6 类似，可以在史密斯圆图中找到表示 Γ 的点 P，如图 6-20 所示。

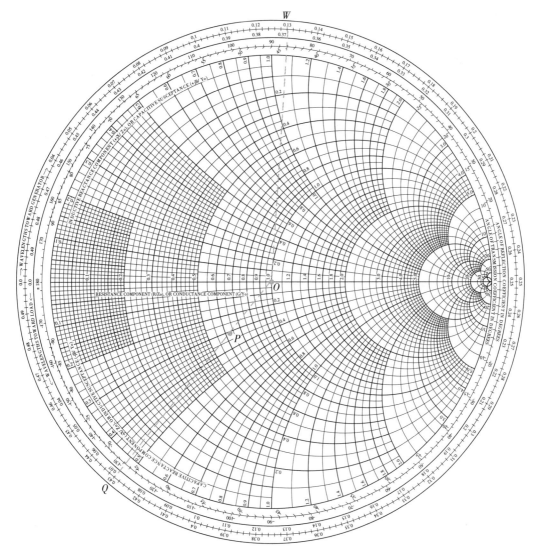

图 6-20　例 6.9 中史密斯圆图示

步骤 2：在原点 O 和点 P 之间画一条线，并将线 $\overline{OP}$ 延伸到单位圆的最外层。交点是点 Q，可以读取比例为 $0.43(\lambda)$。

步骤 3：根据传输线的长度 $d=0.2\lambda$，计算出 $0.43+0.2=0.63(\lambda)=0.13(\lambda)$（注意，每半个波长 0.5λ 重置一次）。接下来，顺时针旋转到 $0.13(\lambda)$ 的刻度，到达点 W。

步骤 4：连接原点和点 W，然后可以读取 $\theta'=86°$ 相应的相角。根据前面的讨论，θ' 是 Γ' 的相位角，因此反射系数为 $\Gamma'=|\Gamma|\cdot e^{j86°}=0.3e^{j86°}$。

根据例 6.8 和例 6.9 中可以看出，在给定 Γ 的情况下，只需在史密斯圆图中进行一些"旋转"，即可获得一段传输线的反射系数 Γ'。类似地，给定负载阻抗 Z_L，同样可以使用史密斯圆图推导具有特定长度 d 的 TX 线路的输入阻抗 Z_i。

步骤 1：给定负载阻抗 Z_L，可以通过 $u=Z_L/R_0=r+jx$ 导出归一化阻抗；

步骤 2：类似于在例 6.4 中方法，从 u 出发可以在史密斯圆图中找到对应的点 P，然后得到相应的反射系数 Γ；

步骤 3：类似于在例 6.8 中的方法，可以从 Γ 导出 Γ'；

步骤 4：一旦获得 Γ' 就可以推导出相应的归一化输入阻抗 $u_i=r'+jx'$，这与例 6.6 中所采用的方法类似；

步骤 5：最后，得到输入阻抗 $Z_i=R_0\cdot u_i=R_0\cdot(r'+jx')$。

例 6.10

在图 6-18 中，假设一个传输线的特征阻抗 $R_0=50\Omega$，负载阻抗 $Z_L=30+j60(\Omega)$，请推导 $d=0.03\lambda$ 的传输线的输入阻抗 Z_i。

解：

步骤 1：首先，推导出归一化负载阻抗 $u=\dfrac{Z_L}{R_0}=0.6+j1.2$。

步骤 2：在图 6-21 中找到 $r=0.6$ 圆和 $x=1.2$ 曲线的交点，并将其指定为点 P。

步骤 3：在原点 O 和点 P 之间绘制一条线，并将线 $\overline{OP}$ 延伸到单位圆的最外层。交点 Q，可以读取刻度为 $0.15(\lambda)$。

步骤 4：由于传输线的长度为 $d=0.03\lambda$，并且 $0.15+0.03=0.18(\lambda)$，顺时针旋转到 $0.18(\lambda)$ 的刻度，并沿着单位圆的最外层刻度到达点 W。

步骤 5：连接原点 O 和点 W。沿着 $\overline{OW}$ 可以选定一个点 X，使 $\overline{OX}=\overline{OP}$。然后点 X 表示 Γ'。（因为 $|\Gamma|=\overline{OP}$ 和 $|\Gamma'|=\overline{OX}$，有 $|\Gamma|=|\Gamma'|_{r'}$）。

步骤 6：从史密斯圆图中，可以发现点 X 是 $r'=1$ 圆和 $x'=1.65$ 曲线的交点。因此，可得归一化输入阻抗 $u_i=1+j1.65$。

步骤 7：最后，得到输入阻抗 $Z_i=R_0\cdot u_i=50+j82.5(\Omega)$。

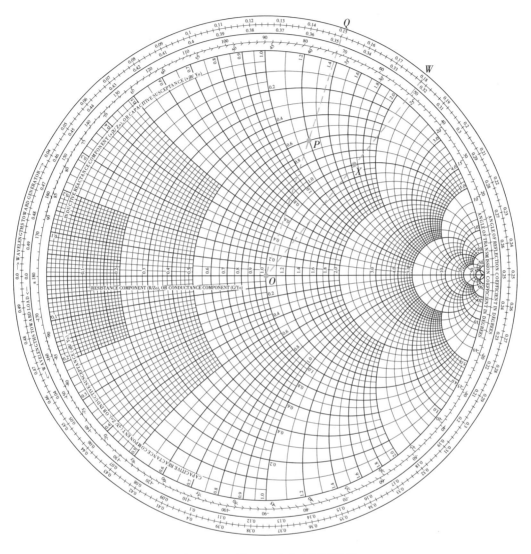

图 6-21 例 6.10 中史密斯圆图示

例 6.11

在图 6-18 中,假设一个传输线的特征阻抗 $R_0 = 50\Omega$,负载阻抗 $Z_L = 10 - \text{j}150(\Omega)$。请推导 $d = 0.27\lambda$ 的传输线的输入阻抗 Z_i。

解:

步骤 1:首先,推导出归一化负载阻抗 $u = \dfrac{Z_L}{R_0} = 0.2 - \text{j}3$。

步骤 2:在图 6-22 中找到 $r = 0.2$ 圆和 $x = -3$ 曲线的交点,并将其指定为点 P。

步骤 3:在原点 O 和点 P 之间绘制一条线,并将线 $\overline{OP}$ 延伸到单位圆的最外层。交点 Q,可以读取刻度为 $0.301(\lambda)$。

步骤 4:由于传输线的长度为 $d = 0.27\lambda$,计算出 $0.301 + 0.27 = 0.571(\lambda) =$

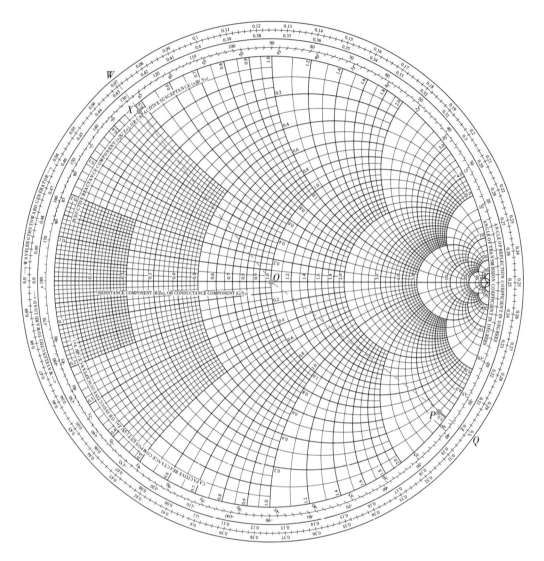

图 6-22　例 6.11 中史密斯圆图示

0.071(λ)。注意,每半波长(0.5λ)需要重置一次。因此,顺时针旋转到 0.071(λ) 的比例,并沿着单位圆的最外层比例到达点 W。

步骤 5:连接原点 O 和点 W。沿着 $\overline{OW}$ 选定一个点 X,使 $\overline{OX} = \overline{OP}$,点 X 代表 Γ'。

步骤 6:在史密斯圆图中发现点 X 是 $r' = 0.02$ 圆和 $x' = 0.48$ 曲线的交点。因此,可得归一化输入阻抗 $u_i = 0.02 + j0.48$。

步骤 7:最后,得到输入阻抗 $Z_i = R_0 \cdot u_i = 1 + j24 (\Omega)$。

6.2.5　有损传输线的输入阻抗

如前所述,对于有损传输线,传播常数包括实部,并用 $\gamma = \alpha + j\beta$ 表示,其中 $\alpha > 0$,根据第 5.5 节中的式(5-144),可得输入阻抗为:

$$Z_i = R_0 \cdot \frac{e^{\gamma d} + \Gamma e^{-\gamma d}}{e^{\gamma d} - \Gamma e^{-\gamma d}} = R_0 \cdot \frac{1 + \Gamma e^{-2\gamma d}}{1 - \Gamma e^{-2\gamma d}} \qquad (6-42)$$

令

$$\Gamma^* = \Gamma e^{-2\gamma d} \qquad (6-43)$$

然后根据式(6-42),可得归一化输入阻抗为:

$$u_i = \frac{Z_i}{R_0} = \frac{1 + \Gamma^*}{1 - \Gamma^*} \qquad (6-44)$$

注意式(6-44)与式(6-38)相似。因此可以采用类似的步骤,通过史密斯圆图推导有损传输线的输入阻抗。唯一的区别是 Γ' 和 Γ^* 之间的转换。

因为 $\gamma = \alpha + j\beta$,式(6-43)可以改写为

$$\Gamma^* = \Gamma \cdot e^{-j2\beta d} \cdot e^{-2\alpha d} = \Gamma' \cdot e^{-2\alpha d} \qquad (6-45)$$

其中 Γ' 是无损传输线的反射系数。由于 $\alpha > 0$ 且 $d > 0$,式(6-45)中的最后一项是小于1的正实数,即 $0 < e^{-2\alpha d} < 1$。此外,从式(6-45)中得到 Γ',即可将其与 $e^{-2\alpha d}$ 相乘得到 Γ^*。

下面提供示例。

例 6.12

在图 6-18 中,假设一个传输线的特征阻抗 $R_0 = 50\Omega$,波长 $\lambda = 10\text{cm}$,衰减常数 $\alpha = 0.2/\text{cm}$,负载阻抗 $Z_L = 10 - j150(\Omega)$。请推导 $d = 1\text{cm}$ 的传输线的输入阻抗 Z_i。

解:

步骤 1:首先,推导出归一化负载阻抗 $u = \dfrac{Z_L}{R_0} = 0.2 - j3$。

步骤 2:如图 6-23 所示,找到 $r = 0.2$ 圆和 $x = -3$ 曲线的交点,并将其指定为点 P。

步骤 3:在原点 O 和点 P 之间画一条线,并将线 $\overline{OP}$ 延伸到单位圆的最外层。交点 Q,可以读取刻度为 $0.301(\lambda)$。

步骤 4:由于传输线的长度为 $d = 1\text{cm} = 0.1\lambda$,计算 $0.301 + 0.1 = 0.401(\lambda)$。因此,顺时针旋转到 $0.401(\lambda)$ 的刻度,到达点 W。

步骤 5:因为 $d = 1\text{cm}$,$\alpha = 0.2/\text{cm}$,有衰减系数 $e^{-2\alpha d} = e^{-0.4} = 0.67$,连接原点 O 和点 W。沿着 $\overline{OW}$ 选定一个点 X,使 $\overline{OX} = (0.67)\,\overline{OP}$。(因为 $|\Gamma'| = |\overline{OP}|$ 和 $|\Gamma^*| = |\overline{OX}|$,有 $|\Gamma^*| = |\Gamma'| \cdot e^{-2\alpha d}$)。那么点 X 表示 Γ^*。

步骤 6:从史密斯圆图中发现点 X 是 $r = 0.32$ 圆和 $x = -0.66$ 曲线的交点(在 Γ 平面的下半部分中)。因此,得到归一化输入阻抗为 $u_i = 0.32 - j0.66$。

步骤 7:最后,得到输入阻抗为 $Z_i = R_0 \cdot u_i = 16 - j33(\Omega)$。

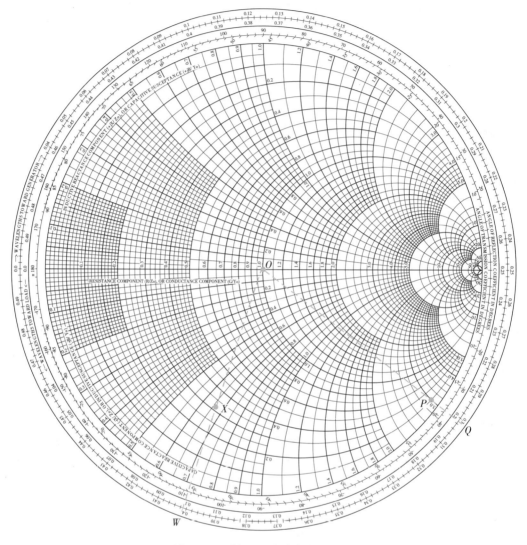

图 6-23　例 6.12 中史密斯圆图示

例 6.13

在图 6-18 中，一段传输线的长度 $d=3\mathrm{cm}$，特征阻抗 $R_0=50\Omega$，波长 $\lambda=15\mathrm{cm}$，衰减常数 $\alpha=0.1/\mathrm{cm}$。假设测量的输入阻抗 $Z_i=70-\mathrm{j}30$，请推导负载阻抗 Z_L。

解：

在本例中注意它与例 6.12 不同。在例 6.12 中是从给定负载阻抗 Z_L 推导出输入阻抗 Z_i。在这个例子中，需要从给定的输入阻抗 Z_i 推导出负载阻抗 Z_L。

步骤 1：首先，推导归一化输入阻抗，以波长为单位的长度 d 和转换因子 $\mathrm{e}^{2\alpha d}$，由下式得出：

$$u_i=\frac{Z_i}{R_0}=1.4-\mathrm{j}0.6$$

$$d=\frac{3}{15}=0.2(\lambda)$$

$$\mathrm{e}^{2ad} = \mathrm{e}^{0.6} = 1.82$$

步骤 2：如图 6-24 所示，找到 $r=1.4$ 圆和 $x=-0.6$ 曲线的交点，并将其指定为点 X，在史密斯圆图中表示 Γ^*。

步骤 3：在原点 O 和点 X 之间画一条线，并将线 $\overline{OX}$ 延伸到单位圆的最外层。交点是 W 点，可以读取刻度为 $0.308(\lambda)$。

步骤 4：由于传输线的长度为 $d=0.2\lambda$，计算 $0.308-0.2=0.108(\lambda)$，因此，进行逆时针旋转，到达点 Q。

步骤 5：连接原点 O 和点 Q。然后选定一个点 P，使 $\overline{OP} = \mathrm{e}^{2ad} \cdot \overline{OX} = (1.82) \cdot \overline{OX}$（因为 $|\Gamma^*| = \overline{OX}$ 和 $|\Gamma| = \overline{OP}$，根据式（6-45）有 $|\Gamma| = \mathrm{e}^{2ad} \cdot |\Gamma^*|$）。在史密斯圆图中点 P 表示 Γ。

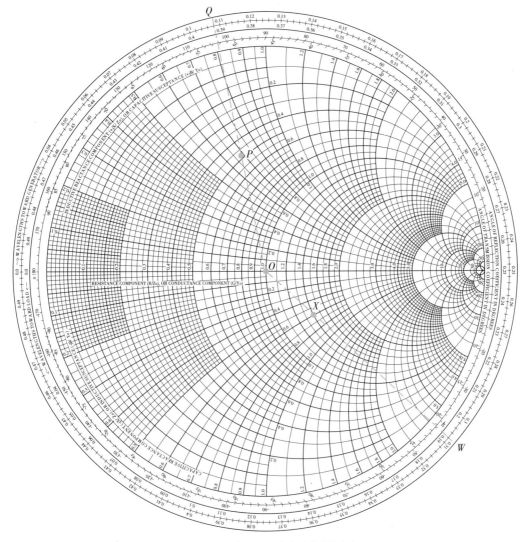

图 6-24　例 6.13 中史密斯圆图示

步骤 6：从史密斯圆图中发现点 P 是 $r=0.48$ 圆和 $x=0.68$ 曲线的交点。因此，可得归一化负载阻抗为 $u=0.48+\mathrm{j}0.68$。

步骤 7：最后，得到负载阻抗 $Z_\mathrm{L}=R_0 \cdot u=24+\mathrm{j}34(\Omega)$。

6.2.6　负载导纳

假设对应于反射系数 Γ 的归一化负载阻抗 u 由下式给出：

$$u=\frac{1+\Gamma}{1-\Gamma} \tag{6-46}$$

假设 u' 是另一个具有相应反射系数 $-\Gamma$ 的归一化负载阻抗，可以得到

$$u'=\frac{1+(-\Gamma)}{1-(-\Gamma)}=\frac{1-\Gamma}{1+\Gamma}=\frac{1}{u} \tag{6-47}$$

因此，以下关系成立：

如果 u 对应于 Γ，则 $u'=\frac{1}{u}$ 对应于 $-\Gamma$。

在史密斯圆图中 $-\Gamma$ 相对于原点对称。因此，如果得到 u，即可以通过史密斯圆图很容易地得到 $u'=\frac{1}{u}$。步骤如下：

步骤 1：首先，在史密斯圆图中找到对应于 $u=r+\mathrm{j}x$ 的点 P，那么 P 表示反射系数 Γ；

步骤 2：接下来找到相对于原点 O 与 P 对称的点 Q；

步骤 3：最后，因为 Q 代表反射系数 $-\Gamma$，可以立即在史密斯圆图中找到对应的归一化负载阻抗 $u'=r'+\mathrm{j}x'$。

例 6.14

假设一段传输线具有归一化负载阻抗 $u=0.2+\mathrm{j}0.5$，请推导出 $u'=\frac{1}{u}$。

解：

步骤 1：在图 6-25 中可以找到点 P，它是史密斯圆图中 $r=0.2$ 圆和 $x=0.5$ 曲线的交点；

步骤 2：然后找到点 Q 相对于原点 O 的对称点 P，如图 6-25 所示；

步骤 3：在史密斯圆图中可以立即发现点 Q 是 $r'=0.7$ 圆和 $x'=-1.72$ 曲线的交点，那么有 $u'=\frac{1}{u}=0.7-\mathrm{j}1.72$；

从例 6.14 中可以看出，如果给定 u，可以使用史密斯圆图立即推导出 $u'=\frac{1}{u}$，而无需任何计算。

现在，让 Z_L 作为负载阻抗，相应的负载导纳定义为

$$Y_\mathrm{L}=\frac{1}{Z_\mathrm{L}} \tag{6-48}$$

此外，设 R_0 为特征阻抗。对应的特征导纳定义为

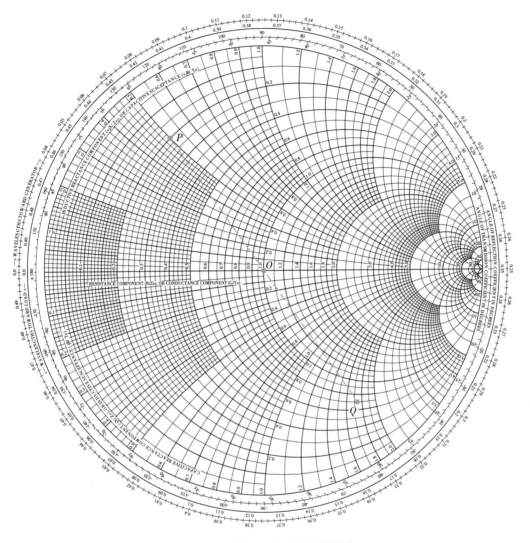

图 6-25 例 6.14 中史密斯圆图示

$$Y_0 = \frac{1}{R_0} \qquad (6-49)$$

根据上述定义,可以将归一化负载导纳定义为

$$y = \frac{Y_L}{Y_0} \qquad (6-50)$$

根据式(6-48)～式(6-50),y 和 u 之间的关系如下:

$$y = \frac{R_0}{Z_L} = \frac{1}{u} \qquad (6-51)$$

需要注意的是,在电路中,导纳是阻抗的倒数。因此,式(6-51)中的结果与我们在电路中学到的一致。此外,因为使用史密斯圆图可以很容易地从 u 中推导出 $\frac{1}{u}$,所以当 u 如

例 6.14 所示时,可以很容易地推导出 y。因此,当给定负载阻抗 Z_L 时,可以很容易地推导出相应的负载导纳 Y_L。下面提供了两个示例。

例 6.15

假设一段传输线的特征阻抗 $R_0 = 50\Omega$,负载阻抗 $Z_L = 30 + j60(\Omega)$。请推导负载导纳 Y_L。

解:

步骤 1:首先,通过给出的 $u = \dfrac{Z_L}{R_0} = 0.6 + j1.2$ 推导出归一化负载阻抗;

步骤 2:在图 6-26 中可以找到点 P,它是史密斯圆图中 $r=0.6$ 圆和 $x=1.2$ 曲线的交点;

步骤 3:然后找到相对于原点 O 对称于点 P 的点 Q;

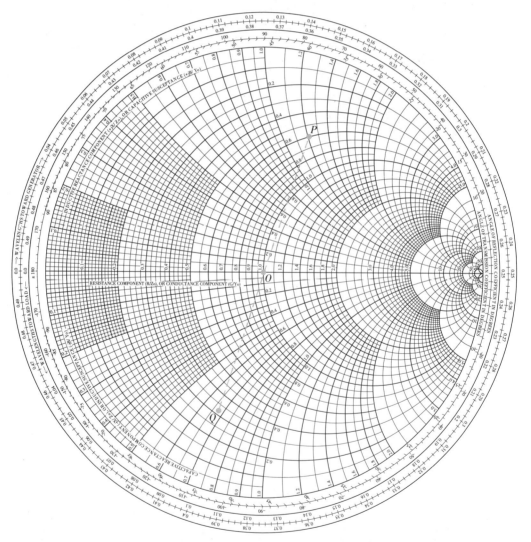

图 6-26　例 6.15 中史密斯圆图示

步骤 4:在史密斯圆图中可以发现点 Q 是 $r'=0.33$ 圆和 $x'=-0.67$ 曲线的交点,因此 $y=\dfrac{1}{u}=0.33-j0.67$;

步骤 5:最后,$Y_L=y \cdot Y_0=\dfrac{y}{R_0}=0.0066-j0.0134(\Omega^{-1})$。

例 6.16

假设一段传输线的特征阻抗 $R_0=50\Omega$,负载阻抗 $Z_L=10-j20(\Omega)$。请推导负载导纳 Y_L。

解:

步骤 1:首先,推导出由 $u=\dfrac{Z_L}{R_0}=0.2-j0.4$ 给出的归一化负载阻抗;

步骤 2:在图 6-27 中找到点 P,即 $r=0.2$ 圆和 $x=-0.4$ 曲线的交点;

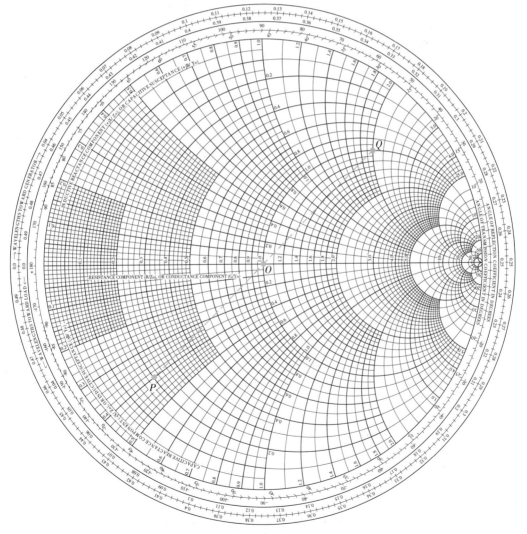

图 6-27　例 6.16 中史密斯圆图示

第 3 步：然后找到相对于原点 O 对称于点 P 的点 Q；

步骤 4：在史密斯圆图中发现点 Q 是 $r' = 1$ 圆和 $x' = 2$ 曲线的交点，因此 $y = \dfrac{1}{u} = 1 + j2$；

步骤 5：最后，$Y_L = yY_0 = \dfrac{y}{R_0} = 0.02 + j0.04 (\Omega^{-1})$。

在上面的例子中，对于给定的 u 可以使用史密斯圆图推导 y。因此归一化阻抗 u 和相关导纳 y 实际上是一对一的映射。这意味着史密斯圆图中的每个点对应一个唯一的 y。

因此，史密斯圆图也可以用作导纳图，用来推导出给定 y 的反射系数 Γ，推导过程类似于给定 u 的过程。

总　结

在本节中主要介绍了史密斯圆图的一些常见应用，包括：

(1) 给定负载阻抗 Z_L 推导反射系数 Γ。

(2) 给定反射系数 Γ 推导负载阻抗 Z_L。

(3) 给定负载阻抗 Z_L 推导出无损传输线的输入阻抗 Z_i。

(4) 给定负载阻抗 Z_L 推导出有损传输线的输入阻抗 Z_i。

(5) 给定负载阻抗 Z_L 推导出相关的负载导纳 Y_L。

一旦进行更多练习并熟悉史密斯圆图，上述应用将变得相当容易。此外，史密斯圆图还有许多其他应用。例如在设计高频电路时，通常需要在不同电路之间实现阻抗匹配，以避免反射或实现最大功率传输。史密斯圆图是实现这一目标的重要工具，在下面章节中将进行详细阐述。

6.3　阻抗匹配设计

在前几节中介绍了如何使用史密斯圆图推导传输线的负载阻抗和输入阻抗。在高频电路设计中，阻抗匹配是一项重要的工作，可以减少反射并实现最大功率传输。图 6-28 中给出了一个示例，使用传输线将信号从功率放大器传输到天线，然后将信号辐射到空间。需要指出的是，功率放大器和天线是无线通信系统中的重要元件。

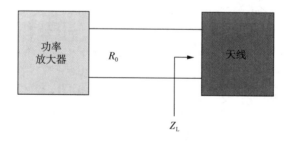

图 6-28　通过传输线从功率放大器到天线的信号传输

设 R_0 为传输线的特征阻抗，Z_L 为天线的输入阻抗。假设 $Z_L \neq R_0$。在这种情况下，由于发生反射，放大器无法有效地向天线传输信号功率。

为了解决上述问题，在功率放大器和天线之间设计了阻抗匹配电路，如图 6-29 所示。设 Z_i 为匹配电路的输入阻抗。当 $Z_L = R_0$ 时，匹配电路的输入端没有反射。此时，来自放大器的所有信号功率都可以传输到匹配电路。由于匹配电路由无损元件组成，例如电容、电感或传输线，几乎所有的信号功率都将传输至天线。下面将介绍匹配电路的基本思想及实现方法。

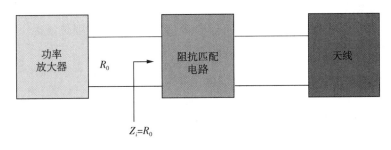

图 6-29　阻抗匹配电路示意图

由于匹配电路可以用集总元件或分布式元件实现，在此首先介绍这两种元件。设 l 为电路元件的物理长度，λ 为工作波长。根据 l 和 λ 之间的相对大小，电路元件可以被视为集总元件或分布式元件，如下所示：

1. 集总元件

当电路元件的物理尺寸远小于工作波长，即 $l \ll \lambda$ 时，该元件被视为集总元件。在这种情况下，电路元件的电压和电流几乎与位置无关。因此可将电压和电流作为时间的函数，即 $V = V(t)$ 和 $I = I(t)$。简而言之，集总元件是一种电路元件，其电压和电流仅是时间的函数。

在低频电路中，由于波长较长，几乎所有电路组件都被视为集总元件。在高频电路中有许多专门设计的电感器、电容器和电阻器，它们的物理长度通常比工作波长小得多，即使频率很高（$l \ll \lambda$），以上结论仍然成立。因此，在高频电路中使用这些电路元件时，它们也被视为集总元件，所以只需要考虑其电压和电流随时间的变化，不考虑其空间依赖性。

2. 分布式元件

当电路元件的物理尺寸与工作波长相当时，例如 l 和 λ 相当，电路元件被视为分布式元件。在这种情况下，电路元件的电压和电流不仅取决于时间，也取决于位置。传输线是一个分布式元件例子，因为其长度通常与波长类似。因此，传输线的电压和电流是关于时间和位置的函数，即 $V = V(t, z)$ 和 $I = I(t, z)$，其中 z 表示位置。

由于电压和电流的空间依赖性，设计和分析分布式电路比集总电路复杂得多。集总元件和分布式元件都广泛应用在高频电路中，从而实现预期功能。由于使用集总元件设计匹配电路相对容易，因此在下文中，首先介绍该设计方法，以掌握匹配电路的核心思想。

6.3.1 集总元件匹配电路

图 6-30 显示的是待设计的匹配电路,其中阻抗为 Z_S 的集总元件与负载串联,阻抗为 Z_P 的另一集总元件与负载并联。允许

$$Z_S = jS \qquad (6-52)$$

$$Z_P = jP \qquad (6-53)$$

其中 S 和 P 是实数。

注意,由于使用了电容器或电感器,Z_S 和 Z_P 都是纯虚数。理想情况下,这两个组件不消耗任何功率。

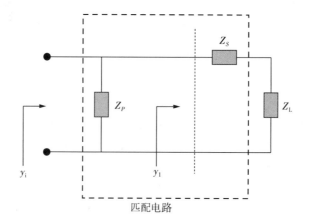

图 6-30 使用集总元件的阻抗匹配设计(Ⅰ)

假设 Z_i 是匹配电路的输入阻抗。然后由下式得出归一化输入阻抗

$$z_i = \frac{Z_i}{R_0} \qquad (6-54)$$

假设负载阻抗为

$$Z_L = R_L + jX_L \qquad (6-55)$$

则归一化负载阻抗为

$$u = \frac{Z_L}{R_0} \qquad (6-56)$$

在设计匹配电路时,更倾向于使用导纳,而不是阻抗。根据式(6-54)和式(6-56),可以得到匹配电路的归一化输入导纳和负载导纳,分别为

$$y_i = \frac{1}{z_i} = \frac{R_0}{Z_i} \qquad (6-57)$$

$$y_L = \frac{1}{u} = \frac{R_0}{Z_L} \qquad (6-58)$$

这两个参数是电路设计的关键。注意,当阻抗匹配时 $Z_i = R_0$,可得

$$y_i = 1 \tag{6-59}$$

因此,匹配电路的目标是将 y_L 传输到 y_i,并且 $y_i = 1$。如图 6-30 所示,假设 y_1 是 Z_S 和 Z_L 串联的归一化导纳,由下式得出:

$$y_1 = \frac{R_0}{Z_S + Z_L} \tag{6-60}$$

匹配电路的核心思想是通过两个步骤达到 $y_i = 1$ 目标:

1. 首先,使用串联组件 Z_S 将 Y_L 转换为 y_1,其中 $y_1 = 1 + jb$,b 是实数。

2. 接下来,使用并联组件 Z_P 消除 y_1 中的虚部"jb",将 $y_1 = 1 + jb$ 转换为 y_i。从而实现 $y_i = 1$ 的目标。

如果理解了上述步骤,你会发现匹配电路的设计实际上非常容易。接下来,分两步详细说明实现匹配电路的方法。

步骤 1:将 y_L 转换为 y_1,并且 $y_1 = 1 + jb$。

由式(6-52)、式(6-55)和式(6-60),可得

$$y_1 = \frac{R_0}{R_L + j(S + X_L)} = \frac{R_0 R_L - jR_0(S + X_L)}{R_L^2 + (S + X_L)^2} \tag{6-61}$$

当满足条件 $y_1 = 1 + jb$ 时,得到以下结果:

$$1 = \frac{R_0 R_L}{R_L^2 + (S + X_L)^2} \tag{6-62}$$

$$b = -\frac{R_0(S + X_L)}{R_L^2 + (S + X_L)^2} \tag{6-63}$$

当满足式(6-62)和式(6-63),成功地将 y_L 转换为 $y_1 = 1 + jb$。

在式(6-62)中很容易看出,如果 $R_L > R_0$,公式无法成立。这意味着在这种情况下无法实现 $y_1 = 1 + jb$。因此,该匹配电路仅适用于 $R_L < R_0$ 的情况。

接下来,假设 $R_L < R_0$。根据式(6-62),很容易得到

$$S = -X_L \pm \sqrt{R_0 R_L - R_L^2} \tag{6-64}$$

注意,S 有两个可能的解,它们都是有效的,因为 S 可以是任何实数。

此外,当满足式(6-62)时,可得

$$R_L^2 + (S + X_L)^2 = R_0 R_L \tag{6-65}$$

此时,将式(6-65)代入式(6-63),得到 b 的表达式

$$b = -\frac{S + X_L}{R_L} \tag{6-66}$$

根据式(6-66),当得到 S 时,即获得相应 b 的值。

步骤 2:将 y_1 转换为 y_i,$y_1 = 1$。在图 6-30 中,并联分量的归一化导纳如下式所示:

$$y_P = \frac{R_0}{Z_P} = \frac{R_0}{\mathrm{j}P} \qquad (6-67)$$

因为 Z_P 与 Z_S 和 Z_L 并联,可得

$$y_i = y_1 + y_P \qquad (6-68)$$

通过设计,使 y_P 满足以下条件

$$y_P = -\mathrm{j}b \qquad (6-69)$$

因此 y_i 由下式得出:

$$y_i = (1+\mathrm{j}b) + (-\mathrm{j}b) = 1 \qquad (6-70)$$

通过使用 y_P 来消除 y_1 中的虚部"$\mathrm{j}b$",达到 $y_i = 1$ 的目标。

最后,由式(6-67)、式(6-69)和式(6-66),可得

$$P = \frac{R_0}{\mathrm{j}y_P} = \frac{R_0}{b} = -\frac{R_0 R_L}{S + X_L} \qquad (6-71)$$

在理解了上述两个步骤背后的思想后,很容易地使用式(6-64)和式(6-71)来设计 S 和 P。然后可以使用无功元件,即电感和电容来实现匹配电路。从而得到,电感的阻抗为:

$$Z = \mathrm{j}\omega L \qquad (6-72)$$

其中 ω 是频率,L 是电感。如果 S 是正数,可以使用电感作为串联组件。相应的电感通过下式计算:

$$\mathrm{j}\omega L = \mathrm{j}S \Rightarrow L = \frac{S}{\omega} \qquad (6-73)$$

另一方面,电容的阻抗如下所示:

$$Z = \frac{1}{\mathrm{j}\omega C} = \frac{-\mathrm{j}}{\omega C} \qquad (6-74)$$

其中 C 是电容。如果 S 是负数,可以使用电容作为串联组件。相应的电容通过以下公式计算:

$$\frac{-\mathrm{j}}{\omega C} = -\mathrm{j}\,|S| \Rightarrow C = \frac{1}{\omega\,|S|} \qquad (6-75)$$

因此,根据 S 的符号,可以选择电感或电容来充当串联组件。同样的思想也可以用于并联组件的设计。

例 6.17

对于使用集总元件的匹配电路设计,如图 6-30 所示,假设 $R_0 = 50\Omega$,$Z_L = 30 - \mathrm{j}100(\Omega)$,工作频率为 $f = 1\mathrm{GHz}$,请设计匹配电路。

解：

首先，在式（6-64）中取负号，然后得到 S

$$S = -X_{\mathrm{L}} - \sqrt{R_0 R_{\mathrm{L}} - R_{\mathrm{L}}^2}$$

因为 $R_{\mathrm{L}} = 30$ 和 $X_{\mathrm{L}} = 80$，可得

$$S = -(80 + 10\sqrt{6})$$

由式（6-71）可得

$$P = -\frac{R_0 R_{\mathrm{L}}}{S + X_{\mathrm{L}}} = 25\sqrt{6}$$

接下来，因为 S 是负数，使用电容器来实现串联组件。根据式（6-75）可得，相关电容为：

$$C = \frac{1}{2\pi f |S|} = 1.52 \times 10^{-12}(\mathrm{F})$$

由于 P 是一个正数，使用一个电感来实现并联组件。因此，根据式（6-72）可得

$$Z_P = \mathrm{j}P = \mathrm{j}\omega L$$

然后，电感由下式得出：

$$L = \frac{P}{2\pi f} = 9.75 \times 10^{-9}(\mathrm{H})$$

综上所述，图6-30所示的匹配电路仅适用于 $R_{\mathrm{L}} < R_0$ 的情况。如果 $R_{\mathrm{L}} > R_0$，可以使用图6-31所示的另一个匹配电路来得到 $Z_i = R_0$。该匹配电路的设计思想与前一种类似，不同之处在于，首先使用与负载并联的无功组件，然后使用与负载串联的另一无功组件。该电路的工作原理描述如下：

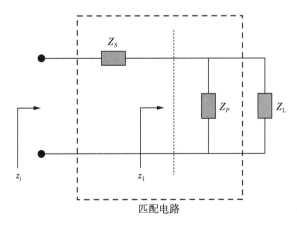

图6-31　使用集总元件的阻抗匹配设计（Ⅱ）

步骤1：使用阻抗为 Z_P 的并联组件将归一化负载阻抗 u 转换为归一化阻抗 z_1，其中

$z_1 = 1 + jh$,h 为实数。

步骤 2:使用阻抗为 Z_S 的串联组件来抵消 z_1 中的"jh"项。然后得到归一化输入阻抗 $z_i = 1$,即 $Z_i = R_0$。由于这种匹配电路的设计和实现与前述匹配电路类似,在此不再赘述,将其留给读者自行思考。

6.3.2 分布式元件的匹配电路

在介绍使用集总元件(即 $l \ll \lambda$)设计匹配电路后,现在介绍使用分布式元件进行设计,即组件的物理尺寸 l 与工作波长 λ 相当。因为传输线可以轻松在印刷电路板(PCB)上实现,它们是这方面的最佳应用对象。当负载连接到传输线时,其输入阻抗随线路长度而变化。此外,传输线的一段可以用作电路元件。这两个特征很适用于阻抗匹配电路。

接下来,介绍一种使用传输线的匹配电路,称为单短截线匹配电路。该匹配电路的设计如下:

步骤 1:首先,对于给定的负载阻抗,通过式(6-58)得到归一化负载导纳 y_L。

步骤 2:如图 6-32 所示,沿传输线选择一个点,该点与负载的距离为 d,因此该点的归一化输入导纳为

$$y_1 = 1 + jb \qquad (6-76)$$

其中 b 是实数。注意,在式(6-76)中,y_1 的实部必须是 1,b 可以是任意数。

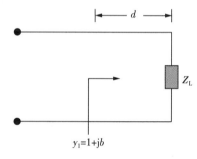

图 6-32 使用分布式元件的阻抗匹配(Ⅰ)

步骤 3:如图 6-33 所示,取另一条长度为 l 的传输线,通过选择特定的长度 l,使这一条线的归一化输入导纳满足下式:

$$y_2 = -jb \qquad (6-77)$$

其中 b 是我们在步骤 2 中设定的数值。

步骤 4:最后,将短路的传输线并联到步骤 2 中得到的传输线,结果如图 6-34 所示。假设 y_i 是该电路的归一化输入导纳,有:

$$y_i = y_1 + y_2 \qquad (6-78)$$

因此,可得:

$$y_i = (1 + jb) + (-jb) = 1 \qquad (6-79)$$

此时,实现了阻抗匹配。

读者可能已经发现,该电路的设计思想与图 6-30 基本相同,不同之处在于使用两段传输线而不是两个集总元件来实现电路。下面给出了一个用史密斯圆图实现上述思想的示例。

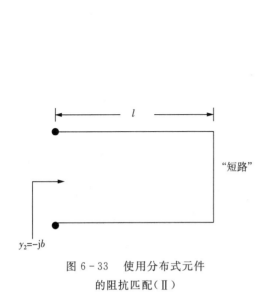

图 6-33　使用分布式元件
的阻抗匹配(Ⅱ)

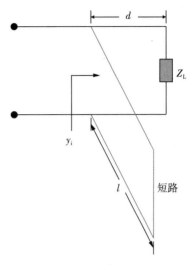

图 6-34　使用分布式元件
的阻抗匹配(Ⅲ)

例 6.18

对于使用分布元件设计匹配电路,如图 6-34 所示,假设有一条传输线,其特征阻抗 $R_0 = 50\Omega$,波长 $\lambda = 10\text{cm}$,负载阻抗 $Z_L = 30 - \text{j}100(\Omega)$。请设计阻抗匹配电路,使得 $Z_i = R_0$。

解:

步骤 1:首先,根据式(6-58)中得到归一化负载导纳:

$$y_L = \frac{R_0}{Z_L} = 0.14 + \text{j}0.46$$

在图 6-35 中将史密斯圆图视为导纳图,可以找到一个点 P 对应 y_L。在这个图表中,y_L 的使用方式与第 6.2 节中归一化负载阻抗 u 的方式是一样的。

步骤 2:在图 6-35 中,考虑一个圆心位于原点 O 的圆,其半径是线 $\overline{OP}$ 的长度。考虑顺时针旋转,这个圆与 $y = 1$ 圆交点为 Q。根据史密斯圆图中的刻度,点 Q 对应于归一化导纳为

$$y_1 = 1 + \text{j}2.6$$

从单位圆对应的波长刻度来看,$\overline{OP}$ 线的对应波长为 0.07λ,$\overline{OQ}$ 线的对应波长为 0.198λ。因此可得距离:

$$d = 0.198 - 0.07 = 0.128(\lambda)$$

在距离负载 $d = 0.128\lambda = 1.28\text{cm}$ 的位置,归一化输入导纳为 $y_1 = 1 + \text{j}2.6$。

步骤 3:接下来设计具有短路端子的传输线,如图 6-33 所示,使长度为 l,归一化输入

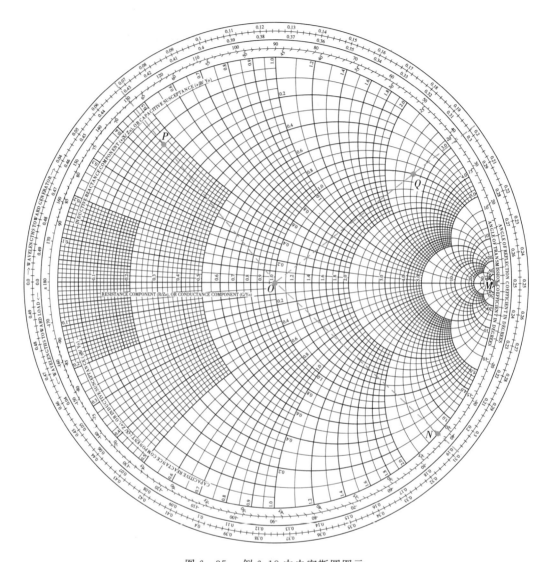

图 6-35　例 6.18 中史密斯圆图示

导纳由下式给出：

$$y_2 = -j2.6$$

由于端子短路，相应的归一化导纳由 $y_{\text{short}} \to \infty$ 得出。在图 6-35 中，$y_{\text{short}} \to \infty$ 对应于史密斯圆图中 r 轴最右边的点 M。然后，考虑一个圆心位于原点 O 的圆，半径为线 $\overline{OM}=1$ 的长度。考虑顺时针旋转，该圆与 $y=-j2.6$ 曲线的交点为 N。

从单位圆对应的波长刻度来看，$\overline{OM}$ 线的对应波长为 0.25λ，$\overline{ON}$ 线的对应波长为 0.308λ。因此，可得

$$l = 0.308 - 0.25 = 0.058(\lambda)$$

因此,得到 $l = 0.058(\lambda) = 0.58\text{cm}$,传输线的归一化导纳为 $y_2 = -\text{j}2.6$。

步骤 4:如图 6-36 所示,将第 3 步中的传输线与第 2 步中原始电路的传输线并联。由此得到的归一化输入导纳(y_i):

$$y_i = y_1 + y_2 = (1 + \text{j}2.6) + (-\text{j}2.6) = 1$$

$Z_i = R_0$,阻抗匹配。

从数学角度来看,当想要将任意归一化负载导纳 $y_L = p + \text{j}q$ 转换为 $y_i = 1$ 时,至少需要两个组件来调整它。在电路中,这两个组件可以是两个集总元件,如图 6-30 所示,也可以是两个分布式元件,如图 6-34 所示,这取决于哪一个是最佳选择。

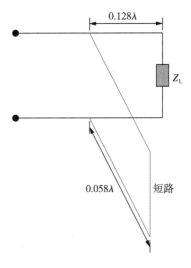

图 6-36　阻抗匹配设计例 6.18

6.3.3　四分之一波长匹配电路

设 l 为传输线的长度,λ 为工作波长。当 $l = \lambda/4$ 时,该线称为四分之一波长传输线,缩写为 $\lambda/4$ 传输线。如图 6-37 所示,$\lambda/4$ 传输线可用于匹配电阻负载。

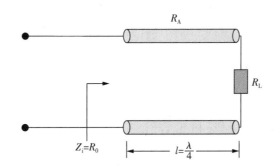

图 6-37　使用四分之一波长传输线的阻抗匹配电路

图 6-37 是使用 $\lambda/4$ 传输线将电阻负载 R_L 传输到 R_0 的匹配电路。设 R_A 为 $\lambda/4$ 传输线的特征阻抗。从 5.5 节的结果来看,$\lambda/4$ 传输线的输入阻抗由下式得出:

$$Z_i = \frac{R_A^2}{R_L} \tag{6-80}$$

因为需要 $Z_i = R_0$,可得

$$R_A = \sqrt{R_L R_0} \tag{6-81}$$

因此,通过使用式(6-81)中给出的特征阻抗 R_A 的 $\lambda/4$ 传输线,得到阻抗匹配,即 $Z_i = R_0$。需要注意的是,如果是阻抗 $Z_L = R_L + \text{j}X_L$ 的复杂负载,就不能使用 $\lambda/4$ 传输线实现阻抗匹配,因为无法使用一个变量来调整两个参数(R_L,X_L)。因此,$\lambda/4$ 传输线通常用于匹配电阻负载,而不是复杂负载。

例 6.19

设 $R_L = 200\Omega$ 为负载电阻,$R_0 = 50\Omega$ 为传输线的特征阻抗。请设计一条具有特征阻抗 R_A 的 $\lambda/4$ 传输线,以实现阻抗匹配,即 $Z_i = R_0$。

解:

由式(6-81)可得

$$R_A = \sqrt{R_L R_0} = \sqrt{200 \times 50} = 100(\Omega)$$

6.4 高频放大器设计简介

在介绍了上一节匹配电路设计后,接下来继续研究其在高频放大器中的应用。在电子电路中,放大器是一个重要的组成部分,并且得到广泛应用。在实际应用中,需要放大的信号频率从低于 1Hz 到数 10GHz 之间。在如此大的信号频率范围内,放大器设计时考虑的因素会非常多。在下文中,介绍在不同频率范围下放大器的设计考虑,特别是高频放大器。此外,假设读者已经熟悉双极性晶体管(BJT),下面以 BJT 放大器为例。

6.4.1 低频放大器

图 6-38 显示的是 NPN BJT,其中三个端子是基极(B)、发射极(E)和集电极(C)。BJT 的功能描述如下:

$$I_C = I_S \cdot e^{\frac{V_{BE}}{V_T}} \left(1 + \frac{V_{CE}}{V_A}\right) \quad (6-82)$$

其中 I_S 是反向饱和电流,V_T 是热电压,V_A 是早期饱和电流。
式(6-82)表明集电极电流(I_C)主要通过基极 — 发射极电压(V_{BE})控制,因此可以将 BJT 视为压控电流器件。

在低频范围,例如 $f = 1\text{kHz}$,放大器的设计很简单。例如图

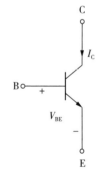

图 6-38 NPN BJT

6-39 是一个典型的共发射极(C_E)放大器,其中有四个电阻器(R_1,R_2,R_3,R_4)用于设置适当的偏置电压和电流,以及三个电容器(C_B,C_E,C_C)用于直流隔断和交流旁路。

在设计低频放大器时,通常使用小信号等效电路简化电路分析的模型。图 6-40 是小信号等效模型 BJT,其中 r_π 是基极和发射极之间的等效电阻,r_0 是集电极和发射极之间的等效电阻,$g_m v_\pi$ 是由基极 — 发射极电压控制的电流源,是 BJT 的核心功能。小信号等效模型可以用来计算关键放大器参数,例如,电压 / 电流增益、输入电阻和输出电阻。但是当频率超过 1MHz 时,该模型不再有效。

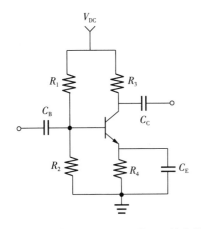

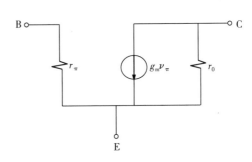

图 6-39　使用 NPN BJT 的 CE 放大器　　　图 6-40　低工作频率下 BJT 的小信号等效模型

6.4.2　中频放大器

当工作频率增加到 MHz 范围时,BJT 仍然可认为是压控电流器件,其功能由式(6-82)描述。然而,由于频率高,在 BJT 中不能忽视寄生电容的影响。如图 6-41 所示,有两个寄生在 BJT 中的电容器:基极-发射极电容器 C_π 和集电极-基极电容器 C_μ。因此,图 6-40 的小信号等效模型应修改为包括这两个寄生电容器。图 6-42 显示的是修改后的小信号等效模型,其中包含 C_π 和 C_μ。

此时可能有一个疑问:为什么在 MHz 范围内必须考虑这两个电容器?

BJT 的典型寄生电容约为几皮法拉($1\text{pF} = 10^{-12}\text{F}$)。例如,假设 BJT 的 $C_\mu = 5\text{pF}$。C_μ 的阻抗由下式得出:

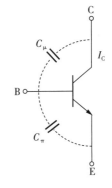

图 6-41　BJT 的寄生电容

$$Z = \frac{1}{\text{j}\omega C_\mu}$$

其中 ω 是弧度频率。当工作频率较低时,例如,$f = 10\text{kHz}$,Z 的幅值为:

$$|Z| = \left|\frac{1}{\text{j}\omega C_\mu}\right| = \frac{1}{2\pi f C_\mu} = \frac{1}{2\pi \times 10^4 \times 5 \times 10^{-12}} = 3.18 \times 10^6 (\Omega) = 3.18(\text{M}\Omega)$$

由于 $|Z|$ 非常大,可以将 C_μ 视为开路,忽略其影响。因此,在这种情况下,考虑图 6-40 中的小信号等效模型,而不是图 6-42。当 $f = 10\text{MHz}$ 时,有

$$|Z| = \left|\frac{1}{\text{j}\omega C_\mu}\right| = \frac{1}{2\pi f C_\mu} = \frac{1}{2\pi \times 10^7 \times 5 \times 10^{-12}} = 3.18 \times 10^3 (\Omega) = 3.18(\text{k}\Omega)$$

在这种情况下,$|Z|$ 的幅值与小信号模型的等效电阻的幅值相当。此外,由于电子学中米勒效应,放大器增益大大增强了 C_μ 对电路的影响,这将导致增益显著下降。因此 C_μ

不能被忽略。由于寄生电容的影响,中频放大器的分析比低频放大器的分析复杂得多。

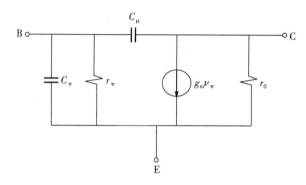

图 6-42　中工作频率 BJT 的小信号等效模型

6.4.3　高频放大器

例如,当工作频率持续升高时,$f=1\mathrm{GHz}$,频率很高对应的波长很小。这不仅是 BJT 的寄生电容,甚至是与之相关的引线电感器件,都可能会对放大器性能产生显著影响。此外传输线的固有反射也不容忽视,因为它会严重降低放大器性能。因此,需要寻求另一种描述 BJT 在高频范围内特性的方法 —— 散射参数法。

如图 6-43 所示,散射参数的思想是将 BJT 视为黑匣子,其行为由该黑匣子的入射波和反射波来描述。也就是说,如图 6-43b 所示,将 BJT 视为两端口网络,在两个端口有两个入射波(a_1,a_2)和两个反射波(b_1,b_2)。四个波(a_1,a_2,b_1,b_2)之间的关系如下所示:

$$\begin{bmatrix} b_1 \\ b_2 \end{bmatrix} = \begin{bmatrix} S_{11} & S_{12} \\ S_{21} & S_{22} \end{bmatrix} \begin{bmatrix} a_1 \\ a_2 \end{bmatrix} \qquad (6-83)$$

其中,a_1 波进入端口 1,

　　　a_2 波进入端口 2,

　　　b_1 波离开端口 1,

　　　b_2 波离开端口 2。

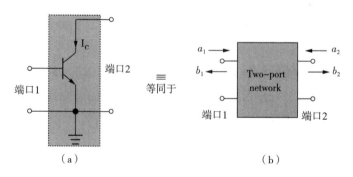

（a）　　　　　　　　　　　　　　　（b）

图 6-43　高工作频率下 BJT 的双端口网络模型

在式(6-83)中,S_{11},S_{12},S_{21}和S_{22}称为散射参数,缩写为S参数,其值由 BJT 的特性确定。通常,上述波可以表示电压波、电流波或功率波。在高频放大器设计中,通常将其视为归一化电压波。从式(6-83)中,得到以下关系:

$$b_1 = S_{11}a_1 + S_{12}a_2 \qquad (6-84)$$

$$b_2 = S_{21}a_1 + S_{22}a_2 \qquad (6-85)$$

其中,四个S参数定义为:

S_{11} 端口 1 处的反射系数,

S_{22} 端口 2 处的反射系数,

S_{12} 端口 2 到端口 1 的传输系数,

S_{21} 端口 1 到端口 2 的传输系数。

请特别注意S_{12}和S_{21}的定义,因为很容易将S_{12}误认为"从端口 1 到端口 2 的传输系数",S_{21}也是如此。传输系数S_{ij}的定义是"从端口j到端口i",而不是"从端口i到端口j"。定义中的顺序在某种程度上与直觉相反,因此很容易导致错误。

此外,式(6-84)展示了离开端口 1 的波,即b_1,由两个分量组成:一个是端口 1($S_{11}a_1$)处的反射波,另一个是从端口 2 到端口 1($S_{12}a_2$)的发射波。同时,式(6-85)展示了离开端口 2 的波,即b_2,由两个分量组成:一个是端口 2 处的反射波($S_{22}a_2$),另一个是从端口 1 到端口 2 的发射波($S_{21}a_1$)。

其次,BJT 的S参数不仅取决于频率,还取决于偏置电压和电流。例如,对于特定偏置条件,高频 BJT 在不同频率下可能具有以下S参数:

$$f = 1\text{GHz}: s_{11} = 0.42\text{e}^{\text{j}130°}, S_{21} = 5.57\text{e}^{\text{j}66°}, s_{12} = 0.88\text{e}^{\text{j}47°}, s_{22} = 0.23\text{e}^{-\text{j}59°}$$

$$f = 2\text{GHz}: S_{11} = 0.44\text{e}^{\text{j}120°}, s_{21} = 2.43\text{e}^{\text{j}56°}, s_{12} = 0.09\text{e}^{\text{j}53°}, s_{22} = 0.21\text{e}^{-\text{j}90°}$$

$$f = 3\text{GHz}: s_{11} = 0.47\text{e}^{\text{j}115°}, s_{21} = 1.66\text{e}^{\text{j}47°}, s_{12} = 0.11\text{e}^{\text{j}61°}, s_{22} = 0.25\text{e}^{-\text{j}87°}$$

此外,当$f = 1\text{GHz}$时,对于不同的偏置条件,高频 BJT 可能具有以下S参数:

$$V_{CE} = 1\text{V}, I_C = 10\text{mA}: S_{11} = 0.62\text{e}^{\text{j}170°}, S_{21} = 4.65\text{e}^{\text{j}176°}, S_{12} = 0.075\text{e}^{\text{j}97°}, S_{22} = 0.41\text{e}^{-\text{j}85°}$$

$$V_{CE} = 3\text{V}, I_C = 10\text{mA}: S_{11} = 0.66\text{e}^{\text{j}160°}, S_{21} = 6.2\text{e}^{\text{j}86°}, S_{12} = 0.082\text{e}^{\text{j}92°}, S_{22} = 0.33\text{e}^{-\text{j}82°}$$

$$V_{CE} = 5\text{V}, I_C = 10\text{mA}: S_{11} = 0.62\text{e}^{\text{j}155°}, S_{21} = 6.5\text{e}^{\text{j}93°}, S_{12} = 0.086\text{e}^{\text{j}77°}, S_{22} = 0.32\text{e}^{-\text{j}777°}$$

实际上,数据表中提供了不同频率和偏置条件下的S参数。电路设计人员必须在不同工作频率下找到具有适当参数的 BJT,并设计相应的偏置电路以满足要求。

例 6.20

假设在电路中有一个适当偏置的 BJT,则在工作频率$f = 3\text{GHz}$下的S参数为:

$$S = \begin{bmatrix} 0.1\text{e}^{\text{j}30°} & 0.02\text{e}^{\text{j}50°} \\ 8\text{e}^{\text{j}75°} & 0.4\text{e}^{-\text{j}40°} \end{bmatrix}$$

如果端口 1 处的入射波为 $a_1 = 2e^{j0°}$，端口 2 处的值为 $a_2 = 0.3e^{j60°}$，请分别推导出离开两个端口（即 b_1 和 b_2）的波。

解：

由式（6-83）可得

$$\begin{bmatrix} b_1 \\ b_2 \end{bmatrix} = \begin{bmatrix} S_{11} & S_{12} \\ S_{21} & S_{22} \end{bmatrix} \begin{bmatrix} a_1 \\ a_2 \end{bmatrix} = \begin{bmatrix} 0.1e^{j30°} & 0.02e^{j50°} \\ 8e^{j75°} & 0.4e^{-j40°} \end{bmatrix} \begin{bmatrix} 2e^{j0°} \\ 0.3e^{j60°} \end{bmatrix}$$

因此

$$b_1 = 0.2e^{j30°} + 0.006e^{j110°}$$

$$b_2 = 16e^{j75°} + 0.12e^{j20°}$$

6.4.4 高频放大器设计

由于在设计过程中可以考虑放大器电路的内反射，因此使用 S 参数方法可以使高频放大器的设计变得容易。下面简要介绍高频放大器的设计方法。

首先介绍在高频电路设计中非常关键的最大功率传输定理。如图 6-44 所示，有一个具有源阻抗 Z_S 的信号源和一个具有阻抗 Z_L 的负载。通常，源阻抗表示为：

$$Z_S = R_S + jX_S \tag{6-86}$$

其中 R_S 是实部，X_S 是虚部。类似地，Z_L 可以表示为

$$Z_L = R_L + jX_L \tag{6-87}$$

其中 R_L 是实部，X_l 是虚部。

对于给定的 Z_S，如果满足以下条件，最大功率可以从电源传输到负载：

$$Z_L = Z_S^* \tag{6-88}$$

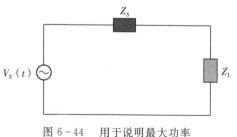

图 6-44 用于说明最大功率传输定理的电路模型

其中 Z_S^* 是 Z_S 的复共轭。也就是说，如果 $R_L = R_S$ 和 $X_L = -X_S$，那么可以实现最大功率传输。这个定理在电路设计中很有用，能够实现从电源到负载的最大功率传输，或者说，从一个电路到另一个电路的最大功率传输。

接下来介绍高频放大器的设计。设计包括两个步骤。

步骤 1：直流偏置电路的设计

直流偏置电路是设置适当的 BJT 电压和电流，以获得所需的 S 参数。例如，如果在 $V_{CE} = 3V$ 和 $I_C = 10mA$ 时给定了 BJT 的所需 S 参数，设计偏置电路使 BJT 在 $V_{CE} = 3V$ 和 $I_C = 10mA$ 时工作。

高频放大器的偏置电路与低频放大器的偏置电路基本相同。首先，从 BJT 数据表中

选择特定偏置电压／电流下所需的 S 参数。然后，使用
电阻器获得所需的偏置电压／电流，并使用电容器进行
直流隔断和交流旁路。此外，由于电感的阻抗在直流时
为零，并且在频率足够高时接近无穷大，因此可以将其
视为直流短路和高频开路。如图 6-45 所示，电感器 L_1
将电阻器 R_1 和 R_2 设置的偏置电压带到 BJT 的基极，而
消除 R_1 和 R_2 对输入信号的影响，因为 L_1 在高频下相当
于开路。

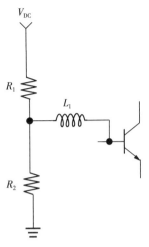

注意，高频放大器中使用的电感和电容是专门选择
的，因此相关的寄生效应被最小化。同时，可以设计自
动偏置控制电路以实现稳定的偏置条件。

步骤 2：设计输入和输出匹配电路

由于反射可能会减少传输功率并干扰输入信号，因
此必须处理高频放大器中的反射，这是高频放大器和低
频放大器之间的主要区别。图 6-46 显示了具有两个匹

图 6-45　带有电感器的直流
偏置电路的设计

配电路的典型高频放大器：输入匹配电路（IMC）处理信号源和 BJT 之间的反射，输出匹
配电路（OMC）处理 BJT 和负载之间的反射。假设 $R_0 = 50\Omega$ 是传输线的特征阻抗。为简
单处理，假设源阻抗 $Z_S = 50\Omega$，负载阻抗 $Z_L = 50\Omega$。一般来说，BJT 的输入阻抗和输出阻
抗并不是 50Ω。

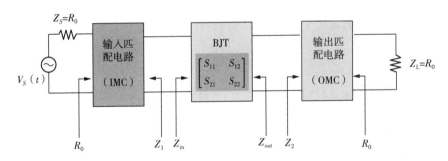

图 6-46　使用 IMC 和 OMC 的阻抗匹配设计

IMC 的目标有两个。首先，如图 6-46 所示，其输入阻抗应与 R_0 匹配，以便在 IMC 输
入处不会发生反射。在这种情况下，来自源的所有信号功率将传递给 IMC。其次，假设
IMC 的输出阻抗为 Z_1，BJT 的输入阻抗为 Z_{in}。根据最大功率传输定理，当 $Z_1 = Z_{in}^*$ 时，最
大功率可以从 IMC 传输到 BJT。当满足上述两个条件时，可以得到从信号源到 BJT 的最
大功率传输。

另一方面，OMC 的目标也是双重的。首先，其输出阻抗应与 R_0 匹配，以便 OMC 的
所有输出功率可以传递到 $Z_L = R_0$ 的负载。其次，假设 OMC 的输入阻抗为 Z_2，BJT 的输
出阻抗为 Z_{out}。根据最大功率传输定理，当 $Z_2 = Z_{out}^*$ 时，最大功率可以从 BJT 传输到
OMC。当满足上述两个条件时，可以获得从 BJT 到负载的最大功率传输。

根据上述 IMC 和 OMC 的描述，当两个匹配电路的设计目标都满足时，将获得从信

号源到 BJT,然后从 BJT 到负载的最大功率传输。综上,可以得到从信号源到负载的最大功率传输。

为了帮助读者更深入地了解高频放大器的设计,下面介绍了几个重要参数之间的关系。首先,如图 6-47 所示,用 Γ_{in} 表示的 BJT 输入处的反射系数,如下所示:

$$\Gamma_{in} = \frac{Z_{in} - R_0}{Z_{in} + R_0} \tag{6-89}$$

其中,Z_{in} 是 BJT 的输入阻抗。

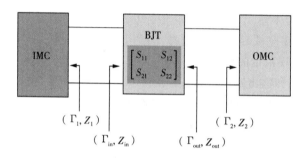

图 6-47 IMC、BJT 和 OMC 之间的阻抗匹配设计

设 Γ_1 为 IMC 输出处的反射系数。Γ_1 和 IMC 输出阻抗(即 Z_1)之间的关系如下:

$$\Gamma_1 = \frac{Z_1 - R_0}{Z_1 + R_0} \tag{6-90}$$

当 $Z_1 = Z_{in}^*$ 时,即最大功率从 IMC 传输到 BJT,有

$$\Gamma_1 = \frac{Z_{in}^* - R_0}{Z_{in}^* + R_0} = \Gamma_{in}^* \tag{6-91}$$

因此,如果 (Z_1, Z_{in}) 是复共轭对,那么 (Γ_1, Γ_{in}) 也是复共轭对。而为了实现最大功率传输,应满足式(6-91)。

接下来考虑 BJT 输出处的反射系数 Γ_{out}。如图 6-47 所示,Γ_{out} 和 Z_{out} 之间的关系如下所示:

$$\Gamma_{out} = \frac{Z_{out} - R_0}{Z_{out} + R_0} \tag{6-92}$$

其中 Z_{out} 是 BJT 的输出阻抗。

设 Γ_2 为 OMC 输入处的反射系数。Γ_2 和 OMC 输入阻抗之间的关系,即 Z_2 由下式得出:

$$\Gamma_2 = \frac{Z_2 - R_0}{Z_2 + R_0} \tag{6-93}$$

因此,如果 $Z_2 = Z_{out}^*$,即最大功率从 BJT 传输到 OMC,有

$$\Gamma_2 = \frac{Z_{out}^* - R_0}{Z_{out}^* + R_0} = \Gamma_{out}^* \tag{6-94}$$

因此,如果 (Z_2, Z_{out}) 是复共轭对,那么 (Γ_2, Γ_{out}) 也是复共轭对。而为了实现最大功率传输,应满足式(6-94)。

上面推导了 BJT 输入端 Γ_{in} 和 Γ_1 之间的关系,以及 BJT 输出端 Γ_{out} 和 Γ_2 之间的关系。现在继续寻找 Γ_{in} 和 S 参数之间的关系。首先,由于非零参数 S_{12},BJT 输入处的反射实际上与 OMC 有关。而图 6-47 中 BJT 输出和 OMC 之间存在多次反射,因此 Γ_{in} 为(例6.21 中给出了证明)

$$\Gamma_{in} = S_{11} + \frac{S_{12}S_{21}\Gamma_2}{1 - S_{22}\Gamma_2} \tag{6-95}$$

式(6-95)表明 Γ_{in} 不仅取决于 S_{11},还取决于其他三个 S 参数和 Γ_2,即 OMC 输入处的反射系数。另一方面,由于 S 参数 S_{21} 非零,BJT 输出处的反射系数 Γ_{out} 实际上与 IMC 有关。类似于式(6-95),Γ_{out} 表示为:

$$\Gamma_{out} = S_{22} + \frac{S_{12}S_{21}\Gamma_1}{1 - S_{11}\Gamma_1} \tag{6-96}$$

式(6-96)表明 Γ_{out} 不仅取决于 S_{22},还取决于其他三个 S 参数和 Γ_1。上述结果显示了高频放大器设计中关键参数之间的相互作用。从式(6-95)中发现 Γ_{in} 是 Γ_2 的函数,从式(6-96)中发现 Γ_{out} 是 Γ_1 的函数。此外,式(6-91)和式(6-94)中发现为了实现从电源到负载的最大功率传输,应满足以下两个条件:

$$\Gamma_{in} = \Gamma_1^* \Rightarrow S_{11} + \frac{S_{12}S_{21}\Gamma_2}{1 - S_{22}\Gamma_2} = \Gamma_1^* \tag{6-97}$$

$$\Gamma_{out} = \Gamma_2^* \Rightarrow S_{22} + \frac{S_{12}S_{21}\Gamma_1}{1 - S_{11}\Gamma_1} = \Gamma_2^* \tag{6-98}$$

对于给定的一组 $(S_{11}, S_{22}, S_{12}, S_{21})$,必须设计 Z_1 和 Z_2 使相应的 Γ_1 和 Γ_2 满足式(6-97)和式(6-98)。这在实践中不是一项容易的任务,这就是为什么高频放大器的设计通常比低频放大器的设计困难得多的原因。

以上简要介绍了高频放大器设计中的阻抗匹配。如果读者对这个主题感兴趣,可以参加"高频放大器设计"的高级课程,在那里你可以了解有关概念和实践的更多细节。

例 6.21

在图 6-47 中,假设 OMC 输入端的反射系数为 Γ_2。证明式(6-95),即 BJT 输入端的反射系数,如下所示:

$$\Gamma_{in} = S_{11} + \frac{S_{12}S_{21}\Gamma_2}{1 - S_{22}\Gamma_2}$$

解:

设 a_1 为图 6-47 中 BJT 的入射波。然后离开 BJT 输入的波为:

$$b_1 = S_{11}a_1 + S_{12}a_2 \tag{6-99}$$

其中 a_2 是 BJT 输出处的入射波。由于 OMC 的反射系数为 Γ_2,可以将 a_2 表示为

$$a_2 = v + v \cdot S_{22}\Gamma_2 + v \cdot (S_{22}\Gamma_2)^2 + v \cdot (S_{22}\Gamma_2)^3 + \cdots, \qquad (6-100)$$

其中

$$v = S_{21}a_1 \cdot \Gamma_2$$

v 表示 a_1 穿过 BJT 并被 OMC 反射后的波;项 $v \cdot S_{22}\Gamma_2$ 表示波 a_1 被 BJT 和 OMC 进一步反射;项 $v \cdot (S_{22}\Gamma_2)^2$ 表示波 $v \cdot S_{22}\Gamma_2$ 再次被 BJT 和 OMC 反射。

因此,由于 BJT 和 OMC 之间的多次反射,由式(6-100)可得

$$a_2 = v[1 + S_{22}\Gamma_2 + (S_{22}\Gamma_2)^2 + (S_{22}\Gamma_2)^3 + \cdots$$

$$= \frac{v}{1 - S_{22}\Gamma_2}$$

$$= \frac{S_{21}a_1\Gamma_2}{1 - S_{22}\Gamma_2} \qquad (6-101)$$

最后,由式(6-99)和式(6-101),可得

$$b_1 = S_{11}a_1 + \frac{S_{12}S_{21}\Gamma_2}{1 - S_{22}\Gamma_2}a_1$$

因此,BJT 输入处的反射系数为

$$\Gamma_{\text{in}} = \frac{b_1}{a_1}$$

$$= S_{11} + \frac{S_{12}S_{21}\Gamma_2}{1 - S_{22}\Gamma_2}$$

证明完毕。

按照与上述相同的逻辑可以证明式(6-96),请读者自行尝试。

最后,在介绍了高频放大器设计的阻抗匹配概念后,下一章准备介绍无线通信系统的一个非常重要的组件——天线,它用于在自由空间中有效地发射和接收电磁波。这一主题将在下一章中进行介绍。

小　结

6.1:介绍史密斯圆图的原理以及如何一步一步地构建它。

6.2:介绍如何在不同应用中使用史密斯圆图作为图形工具。

6.3:介绍使用集总元件或分布式元件设计阻抗匹配电路的概念。

6.4:了解了在不同频率范围内放大器的设计考虑,重点介绍了高频阻抗匹配设计。

习　题

请使用史密斯圆图解决以下问题。假设在所有问题中 $R_0 = 50\Omega$。

1. 如果 $Z_L = 10 + j30(\Omega)$，请推导反射系数 Γ。（提示：例 6.4）。

2. 如果 $Z_L = 90 - j50(\Omega)$，请推导反射系数 Γ。

3. 如果 $\Gamma = 0.3e^{j30^\circ}$，请推导负载阻抗 Z_L。（提示：例 6.6）。

4. 如果 $\Gamma = 0.5e^{-j120^\circ}$，请推导负载阻抗 Z_L。

5. 如果 $V = 0.4 + j0.7$，请推导负载阻抗 Z_L。（提示：例 6.7）。

6. 如果 $\Gamma = 0.2 - j0.3$，请推导负载阻抗 Z_L。

7. 假设 $\Gamma = 0.2e^{j80^\circ}, d = 0.15\lambda$，请导出 $\Gamma' = \Gamma e^{-j2\beta d}$。（提示：例 6.8）。

8. 假设 $\Gamma = 0.7e^{-j110^\circ}, d = 0.3\lambda$。请导出 $\Gamma' = \Gamma e^{-j2\beta d}$。

9. 在图 6-18 中，如果 $Z_L = 10 + j20(\Omega), d = 0.08\lambda$，请推导输入阻抗 Z_i。（提示：例 6.10）。

10. 在图 6-18 中，如果 $Z_L = 20 - j80(\Omega), d = 0.3\lambda$，请推导输入阻抗 Z_i。

11. 在图 6-18 中，假设 $Z_L = 50 - j50(\Omega), d = 2cm$，衰减常数 $\alpha = 0.2/cm$，波长 $\lambda = 10cm$。请推导输入阻抗 Z_i。（提示：例 6.12）。

12. 在图 6-18 中，假设 $Z_L = 20 + j15(\Omega), d = 3cm, \alpha = 0.2/cm, \lambda = 10cm$。请推导输入阻抗 Z_i。

13. 在图 6-18 中，假设 $d = 1cm, \alpha = 0.1/cm, \lambda = 10cm$。如果测量的输入阻抗为 $Z_i = 40 - j30$，请推导负载阻抗 Z_L。（提示：例 6.13）。

14. 在图 6-18 中，假设 $d = 3cm, \alpha = 0.1/cm, \lambda = 10cm$。如果测量的输入阻抗 $Z_i = 70 + j30$，请推导负载阻抗 Z_L。

15. 假设 $u = 0.4 + j0.6$。请推导 $u' = 1/u$。（提示：例 6.14）。

16. 假设 $u = 0.2 - j0.4$。请推导 $u' = 1/u$。

17. 假设 $Z_L = 15 + j20(\Omega)$。请导出 Y_L。（提示：例 6.15）。

18. 假设 $Z_L = 30 - j40(\Omega)$。请导出 Y_L。

19. 电路中集总元件和分布式元件的含义是什么？解释它们之间的区别。（提示：请参阅第 6.3 节）。

20. 对于使用集总元件的匹配电路设计，如图 6-30 所示，假设 $R_0 = 75\Omega$ 和 $Z_L = 15 + j50(\Omega)$。工作频率为 $f = 3GHz$。请设计匹配电路。（提示：例 6.17）。

21. 对于使用图 6-34 所示传输线的匹配电路设计，假设 $R_0 = 50\Omega$ 和 $Z_L = 50 + j150(\Omega)$。请设计匹配电路，使 $Z_i = R_0$。（提示：例 6.18）。

22. 假设 $R_0 = 50\Omega, Z_L = 100 - j50(\Omega)$。请使用图 6-34 所示的传输线设计匹配电路，使 $Z_i = R_0$。（提示：例 6.18）。

23. 假设 $R_L = 300\Omega$ 是负载电阻，$R_0 = 75\Omega$ 是输电线路的特征阻抗。如果想要使用具有特征阻抗 R_A 的 $\lambda/4$ 传输线来实现阻抗匹配，即 $Z_i = R_0$，请推导 R_A。（提示：例 6.19）。

24. 请参阅第 6.4 节，解释为什么 BJT 放大器在低频和中频有不同的模型。

25. 请画一个双端口网络，并解释 S 参数的含义。（提示：请参阅第 6.4 节）。

26. 假设电路中有一个适当偏置的 BJT，其在工作频率 $f = 1GHz$ 下的 S 参数为：

$$S = \begin{bmatrix} 0.05e^{j80^\circ} & 0.3e^{j30^\circ} \\ 4e^{j65^\circ} & 0.2e^{-j15^\circ} \end{bmatrix}$$

如果端口 1 处的入射电压波为 $a_1 = 3e^{j0^\circ}$ 端口 2 处的值为 $a_2 = 0.2e^{j50^\circ}$，请推导 b_1 和 b_2。（提示：例 6.20）。

27. 假设图 6 - 47 中有一个 BJT，其 S 参数为：

$$S = \begin{bmatrix} 0.1e^{j30°} & 0.04e^{j50°} \\ 7e^{j75°} & 0.4e^{-j40°} \end{bmatrix}$$

如果 OMC 输入端的反射系数为 $\Gamma_2 = 0.2$。请推导 BJT 输入端的反射系数 Γ_{in}。（提示：例 6.21）。

28. 按照例 6.21 中推导式(6 - 95)相同的逻辑，请推导式(6 - 96)。

29. 假设图 6 - 47 中的 BJT 具有与练习 27 中给出的相同的 S 参数。如果 BJT 输出处的反射系数为 $\Gamma_{out} = 0.3e^{j30°}$，请推导 IMC 输出处的反射系数 Γ_1。

第7章 天 线

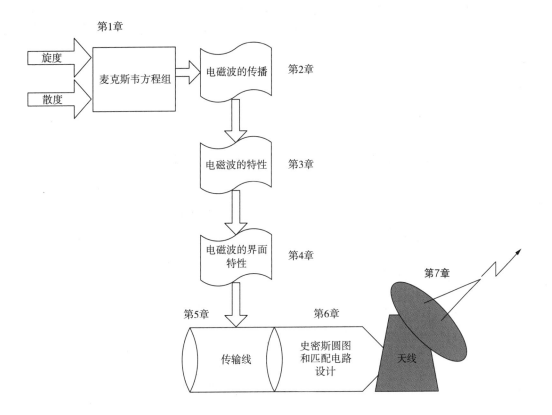

自由，是每个人与生俱来的追求。不仅是人类，还有电磁波也喜欢自由！当电磁波被限制在一个有限的空间时，它就像一个囚犯，试图逃离这个空间。利用电磁波的这种特性和一些物理定律，我们可以将电磁波限制在一个特定的空间中，并在一个期望的时间和场景中释放它（让它辐射）。

对于电磁波来说，天线发挥的作用与传输线不同。传输线的功能是在特定的空间内有效地传输信号。例如，一个平面传输线将电磁波限制在两个金属板之间，以便将波传送到目标目的地。在这种情况下，我们要尽量减少辐射，以防止功率损失。对于天线来说，我们尝试尽可能多地辐射电磁波，以便传输和接收更多的功率。因此，如何有效地辐射电磁波是设计天线的关键。

本章将重点关注天线，共分六个小节。每一节都将介绍一个具有诸多关键参数的重要原理。

首先从天线最基本的概念出发，介绍最简单的天线，然后逐步讨论天线的重要概念，最后，会讨论发射天线和接收天线的关系。这些章节将帮助读者了解天线的特性，建立一个坚实的天线背景。

7.1 介　绍

本节首先介绍一个在设计天线时常用的坐标系。然后，讨论天线和传输线之间的区别，以进一步探讨天线的基本原理。

7.1.1 球坐标系

在处理天线问题时，我们发现球坐标系在很多情况下比直角（笛卡尔）坐标系更有用，因为球坐标可以很好地指定空间变化的电磁场。下面首先介绍球坐标系。

首先，在二维平面中，运用极坐标，通过两个数字指定一个点的位置：该点到原点的径向距离及其方位角。如图 7-1 所示，设 A 为平面上的一点，O 为原点。设 O 点与 A 点的距离为 r，即 $\overline{OA}$ 的长度为 r，ϕ 为 x 轴与 $\overline{OA}$ 之间的方位角。因此，给定距离 r 和角度 ϕ，就可以精确地确定 A 点的位置。

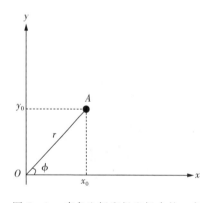

图 7-1　直角坐标和极坐标中的一点

确定 A 点的位置。这就是极坐标的基本思想。点 A 在极坐标系中位于 (r, ϕ) 处，这意味着可以从原点沿着方位角 ϕ 指定的方向出发，走完距离 r 后，到达 A 点。由图 7-1 可知，按照以下公式将点 A 从极坐标 (r, ϕ) 转换为直角坐标 (x_0, y_0)

$$x_0 = r \cdot \cos\phi \tag{7-1}$$

$$y_0 = r \cdot \sin\phi \tag{7-2}$$

反过来,根据图 7-1,可以通过以下公式将 A 点从直角坐标 (x_0, y_0) 转换为极坐标 (r, ϕ)

$$r = \sqrt{x_0^2 + y_0^2} \tag{7-3}$$

$$\phi = \tan^{-1} \frac{y_0}{x_0} \tag{7-4}$$

利用式(7-1)～式(7-4),极坐标与直角坐标的转换可以很容易实现。

将极坐标的概念推广到三维(3-D),即可得到球坐标。如图 7-2 所示,设 A 为三维空间中的一个点,O 为原点。设 O 点到 A 点的距离为 R,即 $\overline{OA}$ 的长度为 R,θ 为 $\overline{OA}$ 与 z 轴之间的夹角。设 $\overline{OB}$ 为 $\overline{OA}$ 在 xy 平面上的投影,ϕ 为 x 轴与 $\overline{OB}$ 之间的方位角,给定距离 R、角度 θ 与 ϕ,可以精确地确定 A 点的位置,A 点的球坐标为 (R, θ, ϕ)。这意味着我们可以从原点出发,沿着 (θ, ϕ) 指定的方向,走完距离 R,到达 A 点。例如,假设点 A 位于 $(7, 30°, 43°)$。说明 A 点到原点的距离是 7 个单位长度,$\overline{OA}$ 和 z 轴之间的角度是 30°,x 轴和 $\overline{OB}$ 之间的方位角是 43°。即从原点沿着指定的方向 $(\theta=30°, \phi=43°)$ 出发,在 7 个单位长度的距离后,即可到达 A 点。

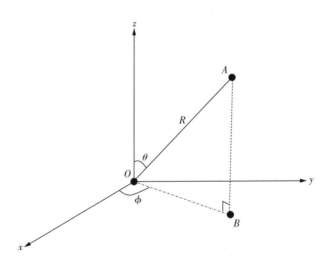

图 7-2 球坐标上的一点

在三维空间中,球坐标转换为直角坐标很容易,反之亦然。设点 A 在球坐标系 (R, θ, ϕ) 处,由图 7-2 可知,$x_0 = \overline{OB} \cdot \cos\phi = R \cdot \sin\theta \cdot \cos\phi$。因此,可以将位置转换为直角坐标 (x_0, y_0, z_0)

$$x_0 = \overline{OB} \cdot \cos\phi = R \cdot \sin\theta \cdot \cos\phi \tag{7-5}$$

$$y_0 = \overline{OB} \cdot \sin\phi = R \cdot \sin\theta \cdot \sin\phi \tag{7-6}$$

$$z_0 = R \cdot \cos\theta \tag{7-7}$$

另一方面,设点 A 位于直角坐标系的 (x_0,y_0,z_0)。根据图 7-2,可以将位置转换为球坐标 (R,θ,ϕ)。

$$R = \sqrt{x_0^2 + y_0^2 + z_0^2} \tag{7-8}$$

$$\theta = \cos^{-1}\frac{z_0}{R} = \cos^{-1}\frac{z_0}{\sqrt{x_0^2 + y_0^2 + z_0^2}} \tag{7-9}$$

$$\phi = \tan^{-1}\frac{y_0}{x_0} \tag{7-10}$$

注意,在球坐标下,θ 的取值范围为 $0 \leqslant \theta \leqslant \pi$,而 ϕ 为 $-\pi \leqslant \phi \leqslant \pi$。

例 7.1

假设点 A 位于球面坐标的 $(4,30°,120°)$,点 B 位于直角坐标的 $(2,-3,6)$,请推导 (a) $\overline{AB}$ 的长度;(b) $\overrightarrow{OA}$ 和 $\overrightarrow{OB}$ 之间的角。

解:

(a) 设 A 点的直角坐标为 (x_0,y_0,z_0),由式 (7-5) 到式 (7-7),可得

$$x_0 = R \cdot \sin\theta \cdot \cos\phi = 4 \cdot \sin30° \cdot \cos120° = -1$$

$$y_0 = R \cdot \sin\theta \cdot \sin\phi = 4 \cdot \sin30° \cdot \sin120° = \sqrt{3}$$

$$z_0 = R \cdot \cos\theta = 4 \cdot \cos30° = 2\sqrt{3}$$

因此点 A 位于坐标 $(-1,\sqrt{3},2\sqrt{3})$,$\overline{AB}$ 的长度为

$$\overline{AB} = \sqrt{(-1-2)^2 + \left[\sqrt{3}-(-3)\right]^2 + (2\sqrt{3}-6)^2} = \sqrt{69-18\sqrt{3}}$$

(b) 由此,可得

$$\overrightarrow{OA} = (-1,\sqrt{3},2\sqrt{3})$$

$$\overrightarrow{OB} = (2,-3,6)$$

两个矢量 $\overrightarrow{OA}$ 和 $\overrightarrow{OB}$ 点乘的结果可以表示为

$$\overrightarrow{OA} \cdot \overrightarrow{OB} = (-1\times2) + \left[\sqrt{3}\times(-3)\right] + (2\sqrt{3}\times6) = 9\sqrt{3}-2$$

从点乘的定义,可知

$$\overrightarrow{OA} \cdot \overrightarrow{OB} = |\overrightarrow{OA}| \cdot |\overrightarrow{OB}| \cdot \cos\angle\theta_{AB}$$

其中 $\angle\theta_{AB}$ 是 $\overrightarrow{OA}$ 和 $\overrightarrow{OB}$ 之间的角度,如果

$$|\overrightarrow{OA}| = R = 4$$

$$|\overrightarrow{OB}| = \sqrt{2^2 + (-3)^2 + 6^2} = 7$$

最后,可得

$$\theta_{AB} = \cos^{-1} \frac{\overrightarrow{OA} \cdot \overrightarrow{OB}}{|\overrightarrow{OA}| \cdot |\overrightarrow{OB}|} = \cos^{-1}\left(\frac{9\sqrt{3}-2}{28}\right)$$

在矢量分析中,可以为球坐标系中的每个点定义相关的单位矢量。如图 7-3 所示,在球坐标系中,点 A 位于 (R,θ,ϕ)。可以定义三个长度等于 1 个单位的单位矢量 $(\hat{a}_R,\hat{a}_\theta,\hat{a}_\phi)$,即,$|\hat{a}_R|=|\hat{a}_\theta|=|\hat{a}_\phi|=1$,它们是相互正交的,即 $\hat{a}_R \perp \hat{a}_\theta \perp \hat{a}_\phi$。这三个单位矢量如下所示。

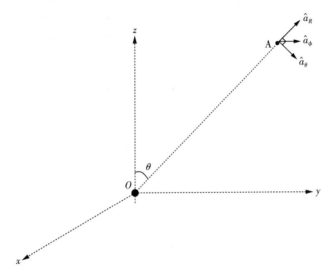

图 7-3 球坐标单位矢量

$\hat{a}_R$:关于 R 的单位矢量,与矢量 $\overrightarrow{OA}$ 方向相同。

$\hat{a}_\theta$:关于 θ 的单位矢量。位于 z 轴和矢量 $\overrightarrow{OA}$ 所形成的平面上,并垂直于 $\hat{a}_R$。

$\hat{a}_\phi$:关于 ϕ 的单位矢量。公式为 $\hat{a}_\phi = \hat{a}_R \times \hat{a}_\theta$。

由此,可以用下列公式在直角坐标系中表示 $(\hat{a}_R,\hat{a}_\theta,\hat{a}_\phi)$:

$$\hat{a}_R = \sin\theta\cos\phi \cdot \hat{x} + \sin\theta\sin\phi \cdot \hat{y} + \cos\theta \cdot \hat{z} \tag{7-11}$$

$$\hat{a}_\theta = \cos\theta\cos\phi \cdot \hat{x} + \cos\theta\sin\phi \cdot \hat{y} - \sin\theta \cdot \hat{z} \tag{7-12}$$

$$\hat{a}_\phi = -\sin\phi \cdot \hat{x} + \cos\phi \cdot \hat{y} \tag{7-13}$$

对于空间中的不同点,有不同的单位矢量 $(\hat{a}_R,\hat{a}_\theta,\hat{a}_\phi)$。这三个矢量在天线设计中非常有用,因为它们可以有效地指定由天线引起的电磁场变化。

例 7.2

假设点 A 的坐标位于球坐标系 $(4,30°,120°)$,请推导出相关的单位矢量 $(\hat{a}_R,\hat{a}_\theta,\hat{a}_\phi)$。

解:

因为 $\theta=30°$ 和 $\phi=120°$。由式 $(7-11)$ 到式 $(7-13)$,可得

$$\hat{a}_R = \sin\theta\cos\phi \cdot \hat{x} + \sin\theta\sin\phi \cdot \hat{y} + \cos\theta \cdot \hat{z}$$

$$= \left(\frac{1}{2}\right)\left(-\frac{1}{2}\right) \cdot \hat{x} + \left(\frac{1}{2}\right)\left(\frac{\sqrt{3}}{2}\right) \cdot \hat{y} + \left(\frac{\sqrt{3}}{2}\right) \cdot \hat{z}$$

$$= -\frac{1}{4} \cdot \hat{x} + \frac{\sqrt{3}}{4} \cdot \hat{y} + \frac{\sqrt{3}}{2} \cdot \hat{z}$$

$$\hat{a}_\theta = \cos\theta\cos\phi \cdot \hat{x} + \cos\theta\sin\phi \cdot \hat{y} - \sin\theta \cdot \hat{z}$$

$$= \left(\frac{\sqrt{3}}{2}\right)\left(-\frac{1}{2}\right) \cdot \hat{x} + \left(\frac{\sqrt{3}}{2}\right)\left(\frac{\sqrt{3}}{2}\right) \cdot \hat{y} - \left(\frac{1}{2}\right) \cdot \hat{z}$$

$$= -\frac{\sqrt{3}}{4} \cdot \hat{x} + \frac{3}{4} \cdot \hat{y} - \frac{1}{2} \cdot \hat{z}$$

$$\hat{a}_\phi = -\sin\phi \cdot \hat{x} + \cos\phi \cdot \hat{y}$$

$$= -\frac{\sqrt{3}}{2} \cdot \hat{x} - \frac{1}{2} \cdot \hat{y}$$

请读者自行验证 $|\hat{a}_R| = |\hat{a}_\theta| = |\hat{a}_\phi| = 1$ 和 $\hat{a}_R \perp \hat{a}_\theta \perp \hat{a}_\phi$。

7.1.2　天线原理

在 2.1 节中，我们从麦克斯韦方程开始，稍微想象一下，就可以意识到电磁波如何从导线向外传播，如图 2-8 所示。本节将开始介绍天线——一种将电能转换为辐射电磁波的设备。

首先，天线主要由一些导体块组成。当电流流过导管时，从安培定律来看，有

$$\nabla \times \vec{H} = \vec{J} \tag{7-14}$$

其中 $\vec{J}$ 为电流密度，$\vec{H}$ 为感应磁场。由式（7-14）可知，当一个时变电流流过一个导体时，在垂直于电流方向的平面上会产生一个磁场 $\vec{H}$。感应磁场 $\vec{H}$ 会产生一个电场 $\vec{E}$，然后 $\vec{E}$ 会产生另一个磁场 $\vec{H}$，以此类推。因此，电磁波向外传播（辐射），如图 2-8 所示。

现在，问题是：

如何才能有效地辐射电磁波？

如图 7-4 所示，信号 $V_S(t)$ 通过传输线送至天线，再从天线辐射出去。这里，需要解释为什么传输线不能有效地辐射电磁波，而天线则可以完成它。

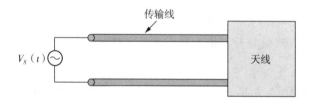

图 7-4　通过传输线实现从源极到天线的信号传输

假设有一条沿 y 轴的传输线，如图 7-5 所示。它由两条平行导线组成：A 线和 B 线。从传输线的特性来看，对于特定位置 $z = z_0$，则线 A 中电流的大小等于线 B 中相应电流的

大小,但它们的流动方向相反。也就是说,如果 $I_0\hat{y}$ 在 A 线流,那么 $-I_0\hat{y}$ 在 B 线流。

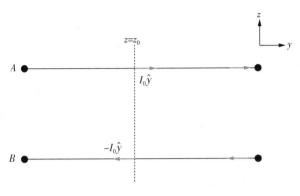

图 7-5　说明传输线中的电流

现在,想象一下我们离传输线非常远,回头看看传输线。在这种情况下,因为距离太远,实际上无法区分 A 线和 B 线,所以它们似乎组合在一起作为一行,而不是两条分开的线。合并线的电流是两个电流的总和(相同的幅度与相反的方向),由此产生的电流似乎相互抵消了。换句话说,传输线就像是一条没有电流流动的导线。因此,从很远的地方来看,传输线似乎没有辐射出电磁波。

事实上,我们确实希望传输线产生尽可能少的辐射,以减少传输过程中的功率损失。在这种情况下,信号可以更有效地传送到目的地。然而,从图 7-5 中得到的显然不是一个很好的候选天线。

在图 7-5 中做一个小的改变,如图 7-6 所示。线 A 和线 B 的一小段分别弯曲到 $+z$ 和 $-z$。在这个变化之后,虽然 A 线和 B 线的电流可能与图 7-5 相同,但对于一个远距离的观察者来说,它看起来非常不同。由于 A 线和 B 线的小弯曲段上的电流方向相同,所以组合电流不被抵消。在这种情况下,两个弯曲的段看起来像一个导线,具有非零电流。换句话说,弯曲的部分形成了一个简单的天线,可以辐射电磁波。

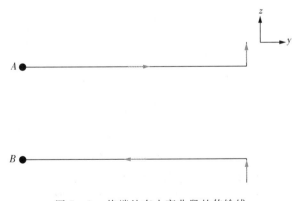

图 7-6　终端处有小弯曲段的传输线

由上例可知,只要对导线稍加修改,就可以有效地辐射最初保存在传输线中的电磁功率。

7.1.3 小导线的辐射

无论天线的结构多么复杂,它都可以被分成很多导电片,每个导电片都对整体辐射有自己的贡献。例如,当使用一根导线作为天线时,可以把它切成许多小段。导线的辐射电磁场实际上是每个微小的部分贡献各自的辐射场。因此,学习由微小导线产生的辐射电磁场是理解天线如何工作的一个很好的开始。

假设有一条作为天线的微小导线,其长度为 dl,其中 dl 比辐射电磁波的波长 λ_0 要小得多。因此,整个线路的电流可以看作是一个特定时间的常数,为

$$i(t) = I \cdot \cos\omega t \tag{7-15}$$

其中,I 是一个常数,ω 是频率。假设该线位于原点处,并指向 $+z$,如图 7-7 所示。如前所述,这条微小的导线会辐射出电磁功率。假设有一个具有球坐标的点 $P(R,\theta,\phi)$,如果想知道这条线在 P 点处的感应电磁场,则可以用麦克斯韦方程来推导。因为推导有些复杂,为了重点关注天线的原理,这里跳过推导,直接给出结果。P 点的感应电磁场为

$$\vec{H} = H_\phi \cdot \hat{a}_\phi$$

$$= -\frac{Idl}{4\pi}\beta^2\sin\theta \cdot \mathrm{e}^{-\mathrm{j}\beta R}\left[\frac{1}{\mathrm{j}\beta R} + \frac{2}{(\mathrm{j}\beta R)^2}\right] \cdot \hat{a}_\phi \tag{7-16}$$

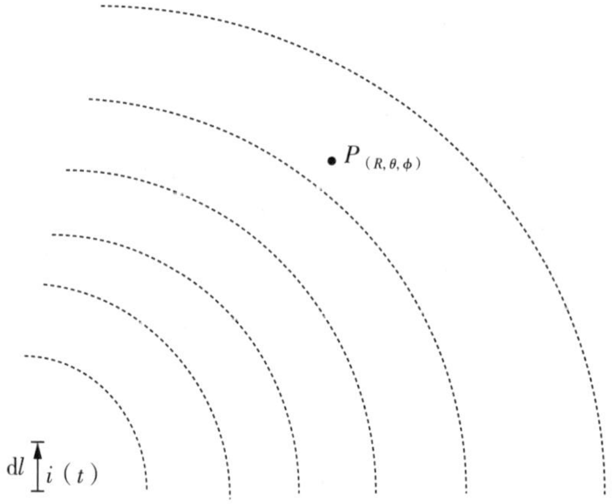

图 7-7 一条微小的导线的辐射

式(7-16)给出了 P 点的感应磁通,其中,$\hat{a}_\phi$ 为 ϕ 方向的单位矢量,H_ϕ 为 $\vec{H}$ 沿 $\hat{a}_\phi$ 的分量,相位常数 $\beta = 2\pi/\lambda_0$。由式(7-16)可知,当电流 $i(t)$ 沿 z 轴流动,P 点的感应磁场 $\vec{H}$ 沿 $\hat{a}_\phi$ 方向流动。$\vec{H}$ 的大小与长度 dl 成正比,并随着距离 R 的增加而减小。另外,H_ϕ 依赖于 $\sin\theta$。最大值发生在 $\theta=90°$,最小值发生在 $\theta=0°$ 和 $\theta=180°$($H_\phi=0$)。因此,当它垂直于 z 轴时,磁场最大($\theta=90°$);当它平行于 z 轴时,磁场最小($\theta=0°$ 或 $\theta=180°$)。换句话说,在垂直于 $i(t)$ 方向有最大的磁场,平行于 $i(t)$ 方向有最小的磁场。结果与安培定律一致,即 $\nabla\times\vec{H} = \vec{J}$,这表明感应磁场主要垂直于电流密度 $\vec{J}$ 的方向。

在推导出磁场 $\vec{H}$ 后,可以很容易地从麦克斯韦方程中推导出 P 点处的相关电场 $\vec{E}$。

因为在自由空间中 $\vec{J}=0$，有

$$\nabla \times \vec{H}=\mathrm{j}\omega\varepsilon_0\,\vec{E} \tag{7-17}$$

其中 ε_0 为自由空间的介电常数。P 点处的电场可通过式(7-17)求得

$$\vec{E}=\frac{\nabla \times \vec{H}}{\mathrm{j}\omega\varepsilon_0}=E_R \cdot \hat{a}_R + E_\theta \cdot \hat{a}_\theta \tag{7-18}$$

其中，E_R 和 E_θ 分别是 $\vec{E}$ 沿 $\hat{a}_R$ 和 $\hat{a}_\theta$ 的分量。因为 $\vec{E} \perp \vec{H}$，$\vec{E}$ 沿 $\hat{a}_\phi$ 的分量为空。从式(7-16)和式(7-18)中，可以得到 E_R 和 E_θ 的表达式分别如下：

$$E_R = -2M\cos\theta \cdot \mathrm{e}^{-\mathrm{j}\beta R} \cdot \left[\frac{1}{(\mathrm{j}\beta R)^2}+\frac{1}{(\mathrm{j}\beta R)^3}\right] \tag{7-19}$$

$$E_\theta = -M\sin\theta \cdot \mathrm{e}^{-\mathrm{j}\beta R} \cdot \left[\frac{1}{\mathrm{j}\beta R}+\frac{1}{(\mathrm{j}\beta R)^2}+\frac{1}{(\mathrm{j}\beta R)^3}\right] \tag{7-20}$$

其中

$$M=\frac{I\mathrm{d}l}{4\pi}\eta_0\beta^2 = 30I\mathrm{d}l\beta^2 \tag{7-21}$$

请注意，η_0 是自由空间的波阻抗，同时 $\eta_0=120\pi$。从式(7-19)到(7-21)中，可以发现 $\vec{E}$ 的大小与长度 $\mathrm{d}l$ 成正比，当距离 R 的增加时，它会减小。这些特征类似于 $\vec{H}$。

7.1.4 近场和远场

近区和远区代表天线周围的两个电磁场区域。在图 7-7 中，当 P 点与原点(天线)之间的距离远小于一个波长，即 $R \ll \lambda_0$ 时，P 点位于近区，而相关的电磁场被称为近场。在这种情况下，有

$$\beta R=\frac{2\pi}{\lambda_0} \cdot R \ll 1 \tag{7-22}$$

因此

$$\frac{1}{(\beta R)^3} \gg \frac{1}{(\beta R)^2} \gg \frac{1}{(\beta R)} \tag{7-23}$$

同时

$$\mathrm{e}^{-\mathrm{j}\beta R} \approx 1 \tag{7-24}$$

根据式(7-23)和式(7-24)，式(7-17)、式(7-19)和式(7-20)中的磁场和电场可以近似描述为如下形式：

$$H_\phi \approx \frac{I\mathrm{d}l}{4\pi R^2}\sin\theta \tag{7-25}$$

$$E_R \approx -\mathrm{j}\,\frac{2M\cos\theta}{(\beta R)^3} \tag{7-26}$$

$$E_\theta \approx -\mathrm{j}\,\frac{M\sin\theta}{(\beta R)^3} \tag{7-27}$$

另一方面,当点 P 与原点(天线)之间的距离远远大于一个波长,即 $R \gg \lambda_0$ 时,P 点位于远区,相关的电磁场称为远场。在这种情况下,有

$$\frac{1}{\beta R} \gg \frac{1}{(\beta R)^2} \gg \frac{1}{(\beta R)^3} \tag{7-28}$$

因此,式(7-16)、式(7-19)和式(7-20)可近似为

$$H_\phi \approx \mathrm{j}\,\frac{Idl \cdot \beta\sin\theta}{4\pi R} \cdot \mathrm{e}^{-\mathrm{j}\beta R} \tag{7-29}$$

$$E_R \approx \frac{2M\cos\theta}{(\beta R)^2} \cdot \mathrm{e}^{-\mathrm{j}\beta R} \tag{7-30}$$

$$E_\theta \approx \mathrm{j}\,\frac{M\sin\theta}{\beta R} \cdot \mathrm{e}^{-\mathrm{j}\beta R} \tag{7-31}$$

在大多数应用中,如无线通信,人们往往关注的是远场电磁波的行为,因为用户通常都在这个区域。因此,下面将重点讨论式(7-29)～式(7-31)。

在远场中,因为 $\beta R \ll (\beta R)^2$,由式(7-30)和式(7-31),可得 $|E_\theta| \gg |E_R|$。因此,电场可以进一步简化为

$$\vec{E} = E_R \cdot \hat{a}_R + E_\theta \cdot \hat{a}_\theta \approx E_\theta \cdot \hat{a}_\theta \tag{7-32}$$

式(7-32)表示远场的电场由 E_θ 控制。如图7-8所示,电流 $i(t)$ 沿着 z 流动。从以上讨论来看,在远场,电场主要有 $\hat{a}_\theta$ 分量,磁场主要有 $\hat{a}_\phi$ 分量。由于 $\hat{a}_\theta \times \hat{a}_\phi = \hat{a}_R$,坡印廷矢量($\vec{P} = \vec{E} \times \vec{H}$)的方向与 $\hat{a}_R$ 一致。它正是电磁辐射的方向,即天线在 P 点直接沿 $\hat{a}_R$ 方向传输电磁功率。

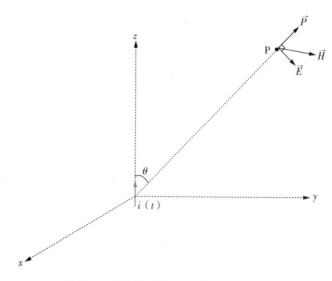

图 7-8　辐射电磁场和相关的坡印廷向量

此外,由式(7-21)、式(7-29)和式(7-31),可得 E_θ 与 H_ϕ 的比值为

$$\frac{E_\theta}{H_\phi} = 120\pi = \eta_0 \qquad (7-33)$$

这个结果并不令人惊讶,因为在远场,受辐射的电磁波非常接近一个平面波。因此,电场与磁场的比值等于波阻 η_0。

最后,由式(7-21)和式(7-31),可得

$$E_\theta = \text{j}30Idl \cdot \beta\sin\theta \cdot \left(\frac{\text{e}^{-\text{j}\beta R}}{R}\right) \qquad (7-34)$$

在式(7-34)中,远场的电场依赖于 θ,与距离 R 成反比,相关相位随 $\text{e}^{-\text{j}\beta R}$ 的变化而变化,这是辐射电磁波的一个重要特性。

例 7.3

假设在原点有一条很小的导线,它指向 $+z$,如图 7-8 所示。其长度为 $dl=1\text{cm}$,电流为 $i(t)=2\cdot\cos2\pi ft$,其中 $f=100\text{MHz}$。假设 P 点在 (R,θ,ϕ) 处,其中 $R=1\text{km}$,$\theta=30°$ 和 $\phi=70°$。请推导出 P 点处的电场和磁场。

解:

首先,工作频率 $f=100\text{MHz}$ 的对应波长为

$$\lambda_0 = \frac{c}{f} = \frac{3\times10^8}{100\times10^6} = 3(\text{m})$$

因为 $R\gg\lambda_0$,P 点位于远场。从式(7-34)可知

$$E_\theta = \text{j}30Idl \cdot \beta\sin\theta \cdot \left(\frac{\text{e}^{-\text{j}\beta R}}{R}\right)$$

其中

$$\beta = \frac{2\pi}{\lambda_0} = \frac{2\pi}{3}$$

$$\beta R = \frac{2\pi}{3}\times1000 = \frac{2000\pi}{3}$$

$$\sin\theta = \sin30° = \frac{1}{2}$$

可以推导出电场

$$E_\theta = \text{j}30\times2\times0.01\times\frac{2\pi}{3}\times\frac{1}{2}\times\frac{\text{e}^{-\text{j}\frac{2000\pi}{3}}}{1000} = \text{j}\frac{\pi}{5000}\cdot\text{e}^{-\text{j}\frac{2\pi}{3}}$$

$$= \frac{\pi}{5000}\text{e}^{-\text{j}\frac{\pi}{6}}$$

请注意,$j = e^{j\frac{\pi}{2}}$。最终可得

$$\vec{E} = E_\theta \cdot \hat{a}_\theta = \frac{\pi}{5000} e^{-j\frac{\pi}{6}} \cdot \hat{a}_\theta$$

由式(7-33)可得

$$H_\phi = \frac{E_\theta}{\eta_0} = \frac{1}{600000} e^{-j\frac{\pi}{6}}$$

而磁场则是

$$\vec{H} = H_\phi \cdot \hat{a}_\phi = \frac{1}{600000} e^{-j\frac{\pi}{6}} \cdot \hat{a}_\phi$$

7.2   偶极子天线

根据安培定律($\nabla \times \vec{H} = \vec{J}$),当电流在一条很小的导线中流动时,电磁波会辐射。当考虑天线辐射电磁波时,情况更复杂。因为一个天线是由许多微小的导线组成的。此外,每条导线的长度和电流分布都影响其产生的辐射电磁场。在这一节中,我们研究一个简单的天线 —— 偶极子天线,以探索天线的基本性质。

7.2.1   远场

如图7-9所示,有一个偶极子天线连接到传输线,偶极子天线由两条小导线组成,每条导线的长度都为h。这两条导线可以作为传输线的组成部分,但分别向$+z$和$-z$弯曲。由于弯曲,电磁波会辐射到空间中。

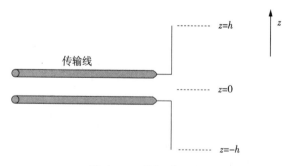

图7-9   偶极子天线

假设图7-9中的天线的中心在$z=0$处,两条导线的端子分别在$z=h$和$z=-h$处。因为两个端子都是开路的,在$z=h$和$z=-h$处的相关电流必须为零。如果输入信号是一个正弦信号,在$z=h$和$z=-h$处,两条导线中的电流矢量为

$$I(z) = I_0 \sin\beta(h - |z|), \quad -h \leqslant z \leqslant h \tag{7-35}$$

其中,$\beta = 2\pi/\lambda_0$ 为相位常数,λ_0 为自由空间中的波长。由式(7-35)可知,电流分布为正弦分布,在两个端子处消失,即 $z = \pm h$。

假设偶极子天线位于原点(O)处,如图 7-10 所示。设点 P 位于 (R, θ, ϕ) 处,并且它与原点的距离远远大于波长,即 $R \gg \lambda_0$。因此,P 是在远场。下面推导 P 点处偶极子天线的远场。

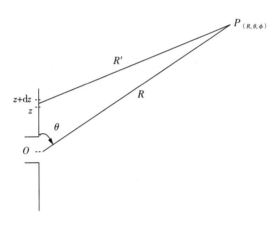

图 7-10　偶极子天线和远场一点

首先,关注偶极子天线在 z 和 $z + \mathrm{d}z$ 之间的小段。它的长度是 $\mathrm{d}z$,且 $\mathrm{d}z \to 0$。这段流动的电流为 $I(z)$。在图 7-10 中,原点与 P 点的距离为 R,小段与 P 点的距离为 R'。请注意,R 和 R' 并不相等,尽管它们可能非常接近。接下来,假设 $R \gg h$ 是合理的,根据余弦定律,可以很容易地得到 R' 和 R 之间的关系是

$$R' = \sqrt{R^2 + z^2 - 2Rz\cos\theta} \approx R - z\cos\theta \tag{7-36}$$

因为小段的长度是 $\mathrm{d}z$,电流是 $I(z)$,从 7.1 节的结果可以看出,P 点的辐射电场为 $\mathrm{d}\vec{E} = \mathrm{d}E_\theta \cdot \hat{a}_\theta$,其中

$$\mathrm{d}E_\theta = \mathrm{j}30\beta\sin\theta \cdot I(z)\mathrm{d}z \cdot \frac{\mathrm{e}^{-\mathrm{j}\beta R'}}{R'} \tag{7-37}$$

当考虑从 $z = -h$ 到 $z = h$ 的整个偶极子时,P 点处的总辐射场是来自每个小段的所有辐射的和,其值为

$$\vec{E} = E_\theta \cdot \hat{a}_\theta \tag{7-38}$$

其中

$$E_\theta = \int \mathrm{d}E_\theta = \mathrm{j}30\beta\sin\theta \cdot \int_{-h}^{h} I(z) \cdot \frac{\mathrm{e}^{-\mathrm{j}\beta R'}}{R'} \mathrm{d}z \tag{7-39}$$

式(7-39)中的积分不易求出,精确的结果只有通过数值方法得到。然而,如果做出一个

合理的假设，就可以将它转换为一个可积函数，如下：

首先，假设 $1/R' \approx 1/R$，所以在式（7-39）中 $1/R'$ 可以移出积分。另外利用式（7-35），可以重写式（7-39）为

$$E_\theta = \frac{\mathrm{j}30I_0\beta\sin\theta}{R} \cdot \int_{-h}^{h} \sin\beta(h-|z|) \cdot \mathrm{e}^{\mathrm{j}\beta R'} \mathrm{d}z \tag{7-40}$$

将式（7-36）插入式（7-40），可得

$$E_\theta = \frac{\mathrm{j}30I_0\beta\sin\theta}{R} \cdot \mathrm{e}^{-\mathrm{j}\beta R} \cdot \int_{-h}^{h} \sin\beta(h-|z|) \cdot \mathrm{e}^{-\mathrm{j}\beta z\cos\theta} \mathrm{d}z \tag{7-41}$$

虽然式（7-41）看起来很复杂，它实际上是可积的。经过推导，最终得到 E_θ，即

$$E_\theta = \mathrm{j}\frac{60I_0\mathrm{e}^{-\mathrm{j}\beta R}}{R} \cdot F(\theta) \tag{7-42}$$

其中

$$F(\theta) = \frac{\cos(\beta h\cos\theta) - \cos\beta h}{\sin\theta} \tag{7-43}$$

在式（7-42）中，R 为 P 点与偶极子天线之间的距离。因此，E_θ 的大小与距离 R 成反比。这是远场的一个重要性质。此外，式（7-43）中，E_θ 依赖于 θ，其中 θ 是 $\overline{OP}$ 与 z 轴之间的夹角。请注意，z 轴是偶极子天线的指向方向。同时，E_θ 并不依赖于 ϕ，这意味着不同的 ϕ 具有相同的电场。

最后，考虑一个特殊的情况，$\theta = 0$ 时，在式（7-43）中，$F(\theta)$ 的分子和分母都是零，从微积分的基本定理出发，当 $\theta \to 0$ 时，有

$$F(\theta) = \lim_{\theta \to 0} \frac{\cos(\beta h\cos\theta) - \cos\beta h}{\sin\theta} = \frac{\dfrac{\mathrm{d}}{\mathrm{d}\theta}\left[\cos(\beta h\cos\theta) - \cos\beta h\right]}{\dfrac{\mathrm{d}}{\mathrm{d}\theta}\sin\theta} = \Big|_{\theta=0}$$

$$= \frac{\sin(\beta h\cos\theta) \cdot (\beta h\sin\theta)}{\cos\theta}\Big|_{\theta=0}$$

$$= 0$$

同样可以证明当 $\theta = \pi$，$F(\theta)$ 也为零。因此，无论 h 值是多少，$\theta = 0$ 或 $\theta = \pi$ 的偶极子天线的电场都会消失。

图 7-11 展示的是 P 点的电磁场。电场的方向为 $\hat{a}_\theta$，磁场的方向为 $\hat{a}_\phi$。由此产生的电磁波沿着 $\hat{a}_R$ 方向传播。

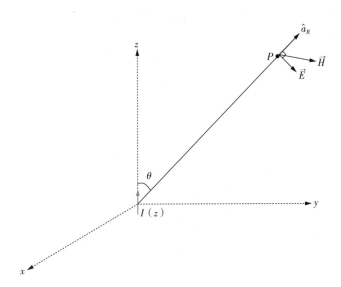

图 7-11 一个偶极子天线的电磁场

7.2.2 辐射方向图

当偶极子天线的长度发生变化时,将在天线中有不同的电流分布,在远场有不同的电场。下面将讨论以下几个案例。

(1)半波长偶极子天线

在图 7-9 中,天线的长度为 $2h$。假设天线长度等于半波长,即 $2h = \lambda_0/2$,我们称之为半波长偶极子天线。因为 $2h = \lambda_0/2$,有

$$\beta h = \frac{2\pi}{\lambda_0} \cdot \frac{\lambda_0}{4} = \frac{\pi}{2} \tag{7-45}$$

当 $\beta h = \pi/2$ 时,从式(7-35)中,可以得到的电流分布为

$$I(z) = I_0 \sin\beta h \left(1 - \frac{|z|}{h}\right) = I_0 \sin \frac{\pi}{2}\left(1 - \frac{|z|}{h}\right) \tag{7-46}$$

图 7-12 中的虚线表示式(7-46)中的电流分布。显然,在这种情况下,电流在两端消失($z = \pm h$),并在中心达到最大 $I_0(z = 0)$。

另外,当 $\beta h = \pi/2$ 时,由式(7-43)可得

$$F(\theta) = \frac{\cos(\beta h \cos\theta) - \cos\beta h}{\sin\theta} = \frac{\cos\left(\frac{\pi}{2}\cos\theta\right)}{\sin\theta} \tag{7-47}$$

$F(\theta)$ 显示了电场如何随 θ 的变化。当 $\theta = 0$ 时,它对应

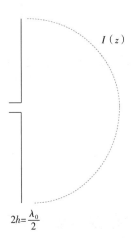

图 7-12 $2h = \lambda_0/2$ 时偶极子天线的电流分布

于沿＋z轴的电场。当$\theta=\pi/2$时,它对应于垂直于z轴的电场。当$\theta=\pi$时,它对应于沿－z轴的电场。下面,列出了5个案例,并揭示$F(\theta)$如何随θ而变化。

① 当$\theta=0$时,$F(\theta)=0$

② 当$\theta=\dfrac{\pi}{4}$时,$F(\theta)=\dfrac{\cos\left[\dfrac{\pi}{2}\cdot\cos\dfrac{\pi}{4}\right]}{\sin\dfrac{\pi}{4}}=0.63$

③ 当$\theta=\dfrac{\pi}{2}$时,$F(\theta)=\dfrac{\cos\left[\dfrac{\pi}{2}\cdot\cos\dfrac{\pi}{2}\right]}{\sin\dfrac{\pi}{2}}=1(\text{maximum})$

④ 当$\theta=\dfrac{3\pi}{4}$时,$F(\theta)=\dfrac{\cos\left[\dfrac{\pi}{2}\cdot\cos\dfrac{3\pi}{4}\right]}{\sin\dfrac{3\pi}{4}}=0.63$

⑤ 当$\theta=\pi$时,$F(\theta)=0$

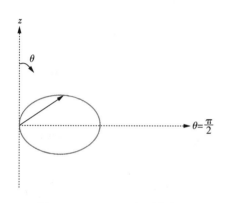

图 7 - 13　$2h=\lambda_0/2$ 时偶极子天线的辐射方向图

综上所述,图7-13显示了$F(\theta)$随θ的变化情况。当$\theta=0$和$\theta=\pi$时,$F(\theta)$的值最小,即在平行于天线的方向上,相关的电场消失。另一方面,当$\theta=\dfrac{\pi}{2}$时,$F(\theta)$的值最大,这意味着在垂直于天线的方向上,相关的电场达到最大值。事实上,如图7-13所示,$|F(\theta)|$被称为辐射方向图或天线方向图,辐射方向图有效地显示了天线的电场随角度θ的变化。

（2）其他长度的偶极子天线

对于半波长偶极子天线,天线长度为$2h=\lambda_0/2$,辐射方向图如图7-13所示。当长度增加时,相应的辐射方向图也会发生变化。

首先,考虑长度为$2h=\lambda_0$。在这种情况下,有

$$\beta h=\frac{2\pi}{\lambda_0}\cdot\frac{\lambda_0}{2}=\pi \tag{7-48}$$

从式(7-35)中,可得到的电流分布为

$$I(z)=I_0\sin\pi\left(1-\frac{|z|}{h}\right) \tag{7-49}$$

$I(z)$的分布情况如图7-14所示。与半波长偶极子天线相比,$I(z)$的最大值出现在$z=\pm h/2$处,最小值即$I(z)=0$出现在$z=0$和$z=\pm h$处。将$\beta h=\pi$代入式(7-43)中,可得

$$F(\theta)=\frac{\cos(\pi\cos\theta)+1}{\sin\theta} \tag{7-50}$$

式(7-50)确定了辐射方向图,如图7-15所示。该方向图与图7-13所示的半波长偶极子天线相似。受辐射的能量集中于 $\theta = \pi/2$,即垂直于天线的方向。

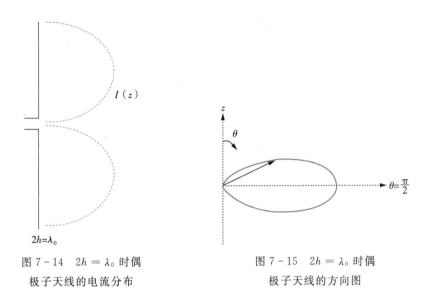

图 7-14　$2h = \lambda_0$ 时偶
极子天线的电流分布

图 7-15　$2h = \lambda_0$ 时偶
极子天线的方向图

接下来,让长度不断增加,使 $2h = 3\lambda_0/2$,可得

$$\beta h = \frac{2\pi}{\lambda_0} \cdot \frac{3\lambda_0}{4} = \frac{3}{2}\pi \tag{7-51}$$

在这种情况下,电流分布为

$$I(z) = I_0 \sin \frac{3\pi}{2} \left(1 - \frac{|z|}{h}\right) \tag{7-52}$$

如图7-16所示,电流分布有点复杂。此外,将 $\beta h = 3\pi/2$ 插入式(7-43),可得辐射方向图($|F(\theta)|$),如图7-17所示。

$$F(\theta) = \frac{\cos\left(\dfrac{3\pi}{2}\cos\theta\right)}{\sin\theta} \tag{7-53}$$

比较图7-13和图7-15,可发现一个很大的不同。$|F(\theta)|$ 的最大值出现在 $\theta = \pi/4$ 和 $\theta = 3\pi/4$ 处,而不是出现在 $\theta = \pi/2$ 处。这意味着辐射能量主要集中在 $\theta = 45°$ 和 $\theta = 135°$,而不是垂直于偶极子天线的方向。根据上述情况,可以采用不同的天线长度来调整辐射的方向。

最后,让长度不断增加,使 $2h = 2\lambda_0$,可得

$$\beta h = \frac{2\pi}{\lambda_0} \cdot \lambda_0 = 2\pi \tag{7-54}$$

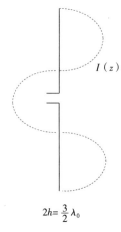

图 7-16 $2h = 3\lambda_0/2$ 时偶
极子天线的电流分布

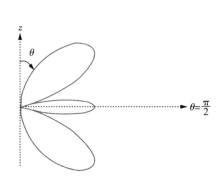

图 7-17 $2h = 3\lambda_0/2$ 时偶
极子天线的辐射方向图

在这种情况下,电流分布为

$$I(z) = I_0 \sin 2\pi \left(1 - \frac{|z|}{h}\right) \tag{7-55}$$

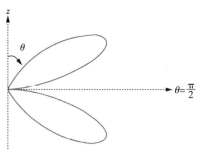

图 7-18 $2h = 2\lambda_0$ 时偶极子
天线的辐射方向图

这里鼓励读者练习绘制式(7-55)中的电流分布 $I(z)$,它将是有趣的,并能提供更多关于天线中电流分布的见解。此外,将 $\beta h = 2\pi$ 代入到式(7-43)中,可得

$$F(\theta) = \frac{\cos(2\pi\cos\theta) - 1}{\sin\theta} \tag{7-56}$$

辐射方向图($|F(\theta)|$)如图 7-18 所示。辐射能量集中在 $\theta = 0.32\pi$ 和 $\theta = 0.68\pi$ 附近,在 $\theta = \pi/2$ 处消失,与图 7-17 的差异最大。

如上所述,当天线的长度发生变化时,电流分布和相关的辐射方向图也发生变化。因此,通过调整天线的长度,可以获得不同辐射方向图。

例 7.4

假设偶极子天线的长度为 $2h$,电流分布为 $I(z) = I_0 \sin\beta(h - |z|)$,其中 $h = 5/8\text{m}$,$\beta = 2\pi/\lambda_0$ 和 $I_0 = 2\text{A}$。当 $R = 10\text{km}$ 和 $\theta = 60°$,请在下列情况下推导电场的大小,即 $|E|$,(a)$f = 1\text{MHz}$,(b)$f = 30\text{MHz}$,(c)$f = 60\text{MHz}$,(d)$f = 120\text{MHz}$。

解:

(a)当 $f = 1\text{MHz}$ 时,波长为

$$\lambda_0 = \frac{c}{f} = \frac{3 \times 10^8}{10^6} = 300(\text{m})$$

从式(7-42)和式(7-43)中,可求出电场的大小

$$|\vec{E}| = \frac{60I_0}{R} \cdot |F(\theta)|$$

其中

$$F(\theta) = \frac{\cos(\beta h \cos\theta) - \cos\beta h}{\sin\theta}$$

当 $\lambda_0 = 300\text{m}, h = \dfrac{5}{8}m$,同时 $\theta = 60°$,可得

$$\beta h = \frac{2\pi}{\lambda_0} \cdot h = \frac{\pi}{240}$$

$$F(\theta) = \frac{\cos(\beta h \cos\theta) - \cos\beta h}{\sin\theta} = 7.42 \times 10^{-5}$$

因此,在 $R = 10\text{km}$ 处的电场的大小为

$$|\vec{E}| = \frac{60I_0}{R} \cdot |F(\theta)| = \frac{60 \times 2}{10 \times 10^3} \times (7.42 \times 10^{-5}) = 8.9 \times 10^{-7} \,(\text{V/m})$$

(b) 当 $f = 30\text{MHz}$ 时,波长为

$$\lambda_0 = \frac{c}{f} = \frac{3 \times 10^8}{30 \times 10^6} = 10 \,(\text{m})$$

在这种情况下,天线的长度 $(2h)$ 等于 $\lambda_0/8$。当 $\lambda_0 = 10\text{m}$ 和 $\theta = 60°$ 时,可得

$$\beta h = \frac{2\pi}{\lambda_0} \cdot h = \frac{\pi}{8}$$

$$F(\theta) = \frac{\cos(\beta h \cos\theta) - \cos\beta h}{\sin\theta} = 6.57 \times 10^{-2}$$

因此,在 $R = 10\text{km}$ 处的电场的大小为

$$|\vec{E}| = \frac{60I_0}{R} \cdot |F(\theta)| = \frac{60 \times 2}{10 \times 10^3} \times (6.57 \times 10^{-2}) = 7.88 \times 10^{-4} \,(\text{V/m})$$

(c) 当 $f = 60\text{MHz}$ 时,波长为

$$\lambda_0 = \frac{c}{f} = \frac{3 \times 10^8}{60 \times 10^6} = 5 \,(\text{m})$$

在这种情况下,天线的长度 $(2h)$ 等于 $\lambda_0/4$,这是一个四分之一波长的偶极子天线。当 $\lambda_0 = 5\text{m}$ 和 $\theta = 60°$ 时,可得

$$\beta h = \frac{2\pi}{\lambda_0} \cdot h = \frac{\pi}{4}$$

$$F(\theta) = \frac{\cos(\beta h \cos\theta) - \cos\beta h}{\sin\theta} = 0.25$$

因此,在 $R=10\text{km}$ 处的电场的大小是

$$|\vec{E}| = \frac{60 I_0}{R} \cdot |F(\theta)| = \frac{60 \times 2}{10 \times 10^3} \times (0.25) = 3 \times 10^{-3} (\text{V/m})$$

(d) 当 $f = 120\text{MHz}$ 时,波长为

$$\lambda_0 = \frac{c}{f} = \frac{3 \times 10^8}{120 \times 10^6} = 2.5(\text{m})$$

在这种情况下,天线的长度 $(2h)$ 等于 $\lambda_0/2$,这是一个半波长的偶极子天线。当 $\lambda_0 = 2.5\text{m}$ 和 $\theta = 60°$ 时,有

$$\beta h = \frac{2\pi}{\lambda_0} \cdot h = \frac{\pi}{2}$$

$$F(\theta) = \frac{\cos(\beta h \cos\theta) - \cos\beta h}{\sin\theta} = 0.82$$

因此,在 $R=10\text{km}$ 处的电场的大小为

$$|\vec{E}| = \frac{60 I_0}{R} \cdot |F(\theta)| = \frac{60 \times 2}{10 \times 10^3} \times (0.82) = 9.84 \times 10^{-3} (\text{V/m})$$

虽然偶极子天线很简单,但它揭示了天线的基本原理。当长度增加时,辐射方向图可能会发生显著的变化。这是因为电流的分布天线发生了变化,因此产生的辐射方向图也发生了变化。大多数天线比偶极子天线要复杂得多,而且通过数学分析很难得到它们的辐射方向图。事实上,借助计算机的数值方法被广泛应用于获得实际天线的辐射方向图。此外,从例 7.4 的结果中,可以得到当天线的长度远小于工作波长时,辐射效率很低。在实践中,一个天线的长度通常需要至少是四分之一波长,即 $\lambda_0/4$,以达到可接受的辐射效率。这也解释了为什么手机需要在高频(几个 GHz)下运行。

7.3 辐射方向图

在研究天线的辐射时,通常采用球坐标系,因为径向距离 R、仰角 θ 和方位角 ϕ 可以精确地描述辐射场。在远场中,辐射波近似于平面波,电场和磁场的大小与径向距离成反比。因此,辐射场与径向距离 R 之间的关系是简单的。然而,辐射方向图依赖于 (θ, ϕ),而且要复杂得多。它通常是天线设计的关键点。在前一节中,我们已经了解了一个偶极子天线的辐射方向图。本节将扩展到天线的一般辐射方向图,并介绍它的性质和参数。

7.3.1 辐射方向图的绘制

偶极子天线是一种最简单的天线,相关的电场只取决于仰角 θ,即 $E = E(\theta)$。对于大多数天线来说,情况并非如此。电场通常同时取决于 θ 和 ϕ,并且可以表示为两个角度的函数,即 $E = E(\theta, \phi)$。当绘制关于 θ 和 ϕ 的 $|E(\theta, \phi)|$ 时,它是一个三维图,并不易观察。

因此,通常用两个图来表示辐射方向图。一个显示 E 和 θ 之间的关系,另一个显示 E 和 ϕ 之间的关系,如下所示。

1. 对于一个特定的 ϕ_0,可绘制 $|E(\theta)|$,其中 $0 \leqslant \theta \leqslant \pi$。

2. 对于一个特定的 θ_0,可绘制 $|E(\phi)|$,其中 $-\pi \leqslant \phi \leqslant \pi$。

在这两种情况下,它们都是二维图,并且很容易提取出天线的性质。第一种情况,可选择 $\phi = \phi_0$,并绘制关于 θ 函数的电场。第二种情况,可选择 $\theta = \theta_0$,并绘制关于 ϕ 函数的电场。

图 7-19 显示了一个半波长偶极子天线的 $|E(\theta)|$ 的例子,其中 ϕ_0 是被任意选择的。从图 7-19 可知,$\theta = \pi/2$ 时电场达到最大值,$\theta = 0$ 时电场值最小。此外,当选择 $\theta = \pi/2$ 时,相关的 $|E(\phi)|$ 如图 7-20 所示。从 7.2 节的讨论中可以得知,偶极子天线的电场不依赖于 ϕ。因此,$E(\phi)$ 是一个关于 ϕ 的常数,其中 $-\pi \leqslant \phi \leqslant \pi$。如图 7-20 所示,其中 $E(\phi)$ 形成了一个圆。

上面的例子也充分解释了辐射电场是如何分别依赖于 θ 和 ϕ。

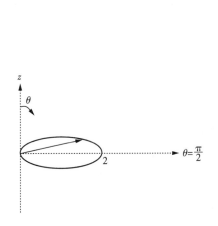

图 7-19 辐射模式示例(Ⅰ)

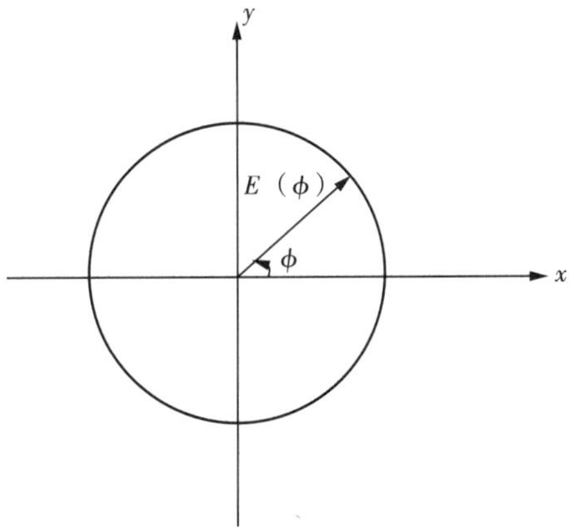

图 7-20 辐射模式示例(Ⅱ)

7.3.2 球面坐标和矩形坐标

图 7-19 展示的球面坐标系下的辐射方向图,其中偶极子天线沿 z 轴,θ 是仰角。其优点是可以在空间中显示 θ 的辐射方向图。例如,从图 7-19 中,可以很容易地看到,最小的电场沿着 z 轴出现,而当垂直于 z 轴时,电场达到了最大值。然而,缺点是不能立即判断电场的大小。例如,在图 7-19 中,当 $\theta = \pi/3$ 时,则无法分辨出电场的大小。因此,在某些应用中,球面坐标系并不是一个

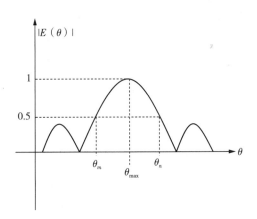

图 7-21 矩形坐标系辐射图

很好的选择。

为了立即分辨出不同角度的电场的大小,可以采用矩形坐标系来显示辐射方向图。令 θ 是 x 轴,$|E(\theta)|$ 是 y 轴。如图 7-21 所示,为矩形坐标中的每个角度 θ 指定辐射方向图 $|E(\theta)|$。在这种情况下,可以很容易地得出一个给定的 θ 的 $|E(\theta)|$ 值。例如,当 $\theta = \theta_{\max}$ 时,可以立即得到 $|E(\theta)|$ 的最大值点,而当 $\theta = \theta_m$ 和 $\theta = \theta_n$ 时,可以立即得到最大值一半的点。

在实践中,通常使用这两种坐标系来显示辐射方向图。它们相互补充,有效地揭示了天线的重要特征。

7.3.3　波束宽度

半波长偶极子天线易于分析,电场的大小仅仅取决于仰角 θ。对于大多数天线,方向图取决于 θ 和方位角 ϕ。因此,为了绘制方向图,需要将 ϕ 固定,然后在矩形坐标系中绘制 $|E(\theta)|$,如图 7-22 所示,其中 $0 \leqslant \theta \leqslant \pi$。从图 7-22 中可以看出能量主要在 θ_1 和 θ_2 之间辐射。θ_1 和 θ_2 之间的波束为主瓣,其他波束为旁瓣。一般来说,天线有一个主瓣和几个旁瓣。

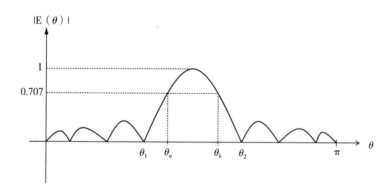

图 7-22　天线方向图的主瓣、旁瓣和波束宽度(Ⅰ)

假设对天线方向图进行归一化(使最大幅度为单位)。然后,根据 $1/\sqrt{2} = 0.707$ 可求得对应的角度值 θ_a 和 θ_b,θ_a 和 θ_b 之间的宽度,定义为波束宽度,简称为 BW,为

$$BW = |\theta_a - \theta_b| \tag{7-57}$$

波束宽度是天线的一个重要参数,度量了辐射能量是如何集中的。

类似的概念也适用于图 7-23 中天线的 $|E(\phi)|$,其中 $-\pi \leqslant \phi \leqslant \pi$。从图 7-23 中,可以发现辐射能量集中在 ϕ_1 和 ϕ_2 之间,因此它们之间被定义为主瓣。另外,如果对天线方向图进行归一化,则可以找到与 $1/\sqrt{2}$ 对应的两个方位角 ϕ_a 和 ϕ_b。ϕ_a 和 ϕ_b 之间的角宽度即是波束宽度,为

$$BW = |\phi_a - \phi_b| \tag{7-58}$$

在大多数应用中,主瓣决定了天线的覆盖范围,旁瓣表示多余的能量。因此,在设计天线时,通常会增强主瓣,减少旁瓣。

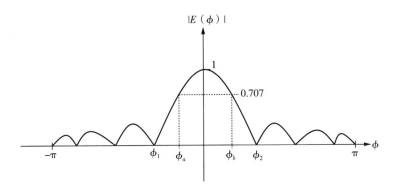

图 7-23 天线方向图的主瓣、旁瓣和波束宽度（Ⅱ）

7.4 方向性

如果电磁波是人,它应该更喜欢天线而不是传输线。因为传输线就像一个监狱,它将电磁波限制在一个特定的空间内,而天线就像是监狱的门,电磁波可以从门逃到天空。

当我们通过天线释放电磁波传播到某一特定的方向时,主要依赖于天线的方向性。在本节中,我们将介绍一个参数,它可以很好地定义天线的方向性。

7.4.1 平均辐射功率

辐射电磁场的功率流由其坡印廷矢量来定义,其值为

$$\vec{P} = \vec{E} \times \vec{H} \tag{7-59}$$

在式(7-59)中,$\vec{P}$的方向是辐射流的方向,也是电磁波的传播方向。请注意,$\vec{P}$表示功率密度,而不是功率。它的单位是 W/m^2,即单位面积的功率。对于一个平面波,因为$\vec{E} \perp \vec{H}$,由式(7-59)可得

$$|\vec{P}| = |\vec{E}| \cdot |\vec{H}| = \frac{|\vec{E}|^2}{\eta_0} \tag{7-60}$$

其中,$\eta_0 = 120\pi = 377\Omega$ 为自由空间中的波阻抗。

在图 7-24 中,假设有一个偶极子天线位于原点(O),并且辐射波会向外全方位传播。在半径为 R 的球体表面 S 处具有相同相位的波前。当 $R \gg \lambda_0$ 时,表面 S 处的电磁场被视为远场,相关的电磁波近似于平面波,其中$\vec{E} = E_\theta \cdot \hat{a}_\theta$ 和 $\vec{H} = H_\phi \cdot \hat{a}_\phi$。很明显,相关的坡印廷矢量的方向

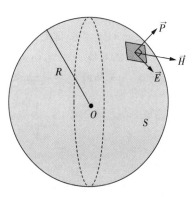

图 7-24 天线辐射功率示意图

为 a_R。由于 a_R 垂直于球面,所以坡印廷矢量 $\vec{P}$ 垂直于球面。

如图 7-24 所示,假设 $\vec{E}$ 是电场表面 S 上的某一点的矢量。从 3.3 节的结果来看,时间平均功率密度为

$$P_d = \frac{|\vec{E}|^2}{2\eta_0} \tag{7-61}$$

当在 S 的表面对 P_d 做积分时,得到天线的总辐射功率

$$P_r = \oint_S P_d \cdot ds = \oint_S \frac{|\vec{E}|^2}{2\eta_0} ds \tag{7-62}$$

在球面坐标系中,有 $ds = R^2 \sin\theta \cdot d\theta d\phi$,其中有 $0 \leqslant \theta \leqslant \pi$ 和 $-\pi \leqslant \phi \leqslant \pi$。因此,式(7-62)可以重写为

$$P_r = \frac{R^2}{2\eta_0} \int_{-\pi}^{\pi} \int_0^{\pi} |\vec{E}|^2 \sin\theta \cdot d\theta d\phi \tag{7-63}$$

式(7-63)适用于各种天线,它表明总辐射功率 P_r 可以由球面 S 上的电场推导而得。

下面来讨论两种天线的辐射功率。

案例 1:全向天线

首先,考虑一个全向天线,其电场对所有方向都是一个常数,即 $|\vec{E}| = E_0$,它不依赖于 θ 和 ϕ。将该常数代入到式(7-63)中,有

$$P_r = \frac{R^2}{2\eta_0} \cdot E_0^2 \cdot \int_{-\pi}^{\pi} \int_0^{\pi} \sin\theta \cdot d\theta d\phi = (4\pi R^2) \cdot \left(\frac{E_0^2}{2\eta_0}\right) \tag{7-64}$$

请注意 $\int_0^{\pi} \sin\theta d\theta = 2$。在式(7-64)中,$4\pi R^2$ 为 S 的面积,$E_0^2/2\eta_0$ 为 S 上的平均功率密度,其乘积为总辐射功率 P_r。

式(7-64)操作简单,易于计算。通过使用式(7-64),可以推导出 P_r。另一方面,当 P_r 给定时,可以推导出 E_0。然而,式(7-64)不能适用于一般情况,因为大多数天线都是定向天线,这将在下面进行讨论。

案例 2:定向天线

大多数天线都可以在指定方向进行功率辐射,而辐射的电场依赖于 (θ, ϕ)。如图 7-24 所示,假设原点处有一个定向天线,球面 S 上的电场用 $\vec{E} = \vec{E}(\theta, \phi)$ 表示。设 $P_d(\theta, \phi)$ 是在 S 上的某一点的时间平均功率密度,并且 Ω 是 $P_d(\theta, \phi)$ 在 S 上的平均值,则

$$\Omega = \frac{\oint_S P_d(\theta, \phi) \cdot ds}{area} = \frac{P_r}{4\pi R^2} \tag{7-65}$$

请注意,在式(7-65)中,$P_d(\theta, \phi)$ 在 S 上的面积分为 P_r,S 的面积为 $4\pi R^2$。因为 P_r 是总辐射功率,实际上是表面 S 上的平均功率密度。Ω 的单位为 W/m^2。

接下来,定义

$$\Omega = \frac{E_{\text{av}}^2}{2\eta_0} \tag{7-66}$$

其中 E_{av} 是电场在 S 上的平均大小。式(7-65)和式(7-66)中,可得到 P_r 和 E_{av} 之间的关系

$$P_r = (4\pi R^2) \cdot \left(\frac{E_{\text{av}}^2}{2\eta_0} \right) \tag{7-67}$$

比较式(7-67)与式(7-64),可发现定向天线的 E_{av} 与全向天线的 E_0 相对应。这意味着可以把定向天线视为电场强度为 E_{av} 的全向天线。

最后,值得一提的是,$|\vec{E}(\theta,\phi)|$ 是沿 θ 和 ϕ 定义的方向的电场幅度。另一方面,E_{av} 是 S 上的平均电场大小,不依赖于 (θ,ϕ)。探索 $|\vec{E}(\theta,\phi)|$ 和 E_{av} 之间的关系有利于定义天线的方向性。下一小节将对此进行讨论。

例 7.5

在图 7-24 中,假设原点处有一个全向天线。在 $R=5\text{km}$ 的球面 S,$P_d=0.02\text{W/m}^2$。请推导出总辐射功率 P_r 和电场大小 E_0。

解:

因为 P_d 是表面 S 上的功率密度,所以

$$P_r = 4\pi R^2 \cdot P_d = 4\pi \times (5 \times 10^3)^2 \times 0.02 = 6.3 \times 10^6 (\text{W})$$

因为 P_d 和 E_0 之间的关系是

$$P_d = \frac{E_0^2}{2\eta_0}$$

可得

$$E_0 = \sqrt{2\eta_0 P_d} = \sqrt{2 \times 377 \times 0.02} = 3.88(\text{V/m})$$

例 7.6

如图 7-24 所示,假设有一个定向天线,在 $R=10\text{km}$ 的球面上的总辐射功率为 20W。请推导 Ω 和 E_{av}。

解:

首先,由式(7-65)可得

$$\Omega = \frac{P_r}{4\pi R^2} = \frac{20}{4\pi \times (10^4)^2} = 1.6 \times 10^{-8}(\text{W/m}^2)$$

然后,由式(7-66)可得

$$E_{\text{av}} = \sqrt{2\eta_0 \Omega} = \sqrt{2 \times 377 \times (1.6 \times 10^{-8})} = 3.47 \times 10^{-3}(\text{V/m})$$

7.4.2　方向性

假设有一个定向天线,其远场的 $|E(\theta,\phi)|$ 与距离 R 成反比,则

$$|\vec{E}(\theta,\phi)| = \frac{Y(\theta,\phi)}{R} \tag{7-68}$$

其中,$0 \leqslant \theta \leqslant \pi$ 和 $0 \leqslant \phi \leqslant 2\pi$。在式(7-68)中,$Y(\theta,\phi)$ 是 θ 和 ϕ 的一个正函数,它不依赖于 R。例如,假设有一个半波长的偶极子天线,如 7.2 节中所讨论,在距离 R 处相关的 $|\vec{E}(\theta,\phi)|$ 为

$$|\vec{E}(\theta,\phi)| = \frac{60 I_0}{R} \cdot \frac{\cos\left(\frac{\pi}{2}\cos\theta\right)}{\sin\theta} \tag{7-69}$$

其中 I_0 是天线中的电流。在这种情况下,函数 $Y(\theta,\phi)$ 为

$$Y(\theta,\phi) = 60 I_0 \cdot \frac{\cos\left(\frac{\pi}{2}\cos\theta\right)}{\sin\theta} \tag{7-70}$$

请注意,式(7-68)适用于各种天线,但不同的天线有不同的 $Y(\theta,\phi)$。将式(7-68)代入式(7-63),可得总辐射功率为

$$P_r = \frac{1}{2\eta_0} \int_0^{2\pi} \int_0^{\pi} Y^2(\theta,\phi)\sin\theta \cdot d\theta d\phi \tag{7-71}$$

式(7-71)表明,可以直接从 $Y(\theta,\phi)$ 获得总辐射功率,而不涉及距离 R。由(7-67)和(7-71)可得

$$E_{av}^2 = \frac{\eta_0 P_r}{2\pi R^2} = \frac{1}{4\pi R^2} \cdot \int_0^{2\pi} \int_0^{\pi} Y^2(\theta,\phi)\sin\theta \cdot d\theta d\phi \tag{7-72}$$

在(7-72)式中,E_{av} 依赖于 R。这是合理的,因为距离 R 越大,S 的表面积越大,因此 E_{av} 越小。

现在,定义方向性增益(或天线增益)为

$$G_D(\theta,\phi) = \frac{|\vec{E}(\theta,\phi)|^2}{E_{av}^2} \tag{7-73}$$

其中,$|\vec{E}(\theta,\phi)|$ 是沿 (θ,ϕ) 方向的电场大小,E_{av} 是平均电场的大小。在式(7-73)中,因为功率密度与 $|\vec{E}(\theta,\phi)|^2$ 成正比,方向性增益 G_D 实际上是沿该方向的功率密度 (θ,ϕ) 与 S 上的平均功率密度之比。

接下来,将式(7-68)和式(7-72)代入式(7-73),可得

$$G_D(\theta,\phi) = \frac{4\pi Y^2(\theta,\phi)}{\int_0^{2\pi} \int_0^{\pi} Y^2(\theta,\phi)\sin\theta \cdot d\theta d\phi} \tag{7-74}$$

显然,G_D 依赖于 (θ,ϕ),而不依赖于 R,这就是引入 $Y(\theta,\phi)$ 的原因。如果 $G_D(\theta,\phi) > 1$,则表示沿 (θ,ϕ) 方向的功率密度大于 S 上的平均功率密度,另一方面,如果 $G_D(\theta,\phi) < 1$,这意味着沿 (θ,ϕ) 方向的功率密度小于 S 上的平均功率密度。基于此,方向性增益 G_D 为工程师实现不同方向的辐射功率分布提供了一个简单有效的指标。

对于一个全向天线,有 $Y(\theta,\phi)=Y_0$,它是一个常数。在这种情况下,式(7-74)可以简化为

$$G_D(\theta,\phi) = \frac{4\pi Y_0{}^2}{\int_0^{2\pi}\int_0^{\pi} Y_0{}^2\sin\theta \cdot \mathrm{d}\theta\mathrm{d}\phi} = \frac{4\pi Y_0^2}{4\pi Y_0^2} = 1 \tag{7-75}$$

这意味着全向天线的方向性增益在所有方向是一个统一值。对于定向天线,方向性增益 G_D 在某些方向上可能大于这个值,而在其他一些方向可能小于这个值。如果一个天线在一个特定的方向 (θ_0,ϕ_0) 上有一个很大的 G_D,这意味着沿着这个方向可辐射大量的功率。因此,这个天线是非常具有"方向"的。为了量化这个特征,可定义一个参数,称为方向性,

$$D = G_{D(\max)} = \frac{4\pi Y^2(\theta,\phi)\max}{\int_0^{2\pi}\int_0^{\pi} Y^2(\theta,\phi)\sin\theta \cdot \mathrm{d}\theta\mathrm{d}\phi} \tag{7-76}$$

其中,$G_{D(\max)}$ 为 $G_D(\theta,\phi)$ 的最大值。方向性 D 越大,天线的方向性就越强。显然,对于一个全向天线,方向性为 $D=1$。对于定向天线,方向性大于 1,即 $D>1$。

例 7.7

假设天线具有总辐射功率 $P_r=10\mathrm{W}$,并且沿 $(\theta=\pi/6,\phi=\pi/4)$ 方向的方向性增益为 $G_D(\theta,\phi)=3$。请在半径 $R=2\mathrm{km}$ 的球体表面,沿着这个方向推导出电场的大小。

解:

首先,由式(7-67)可得

$$P_r = (4\pi R^2) \cdot \left(\frac{E_{\mathrm{av}}^2}{2\eta_0}\right)$$

因此

$$E_{\mathrm{av}}^2 = \frac{\eta_0 P_r}{2\pi R^2} = \frac{120\pi \times 10}{2\pi \times (2\times 10^3)^2} = 1.5\times 10^{-4}$$

接下来,根据式(7-73),可得沿 $(\theta=\pi/6,\phi=\pi/4)$ 方向的方向性增益为

$$G_D(\theta,\phi) = \frac{|\vec{E}(\theta,\phi)|^2}{E_{\mathrm{av}}^2} = 3$$

$$|\vec{E}(\theta,\phi)| = \sqrt{G_D \cdot E_{\mathrm{av}}^2} = 0.021(\mathrm{V/m})$$

例 7.8

使用长度为 $\mathrm{d}l$ 的一小段导线作为天线。远场处辐射电子场的大小为

$$|\vec{E}| = \frac{30I \cdot \mathrm{d}l \cdot \beta}{R} \cdot \sin\theta$$

其中,I 为天线中的电流,R 为距离,$\beta=2\pi/\lambda$ 为相位常数。请根据该天线分别沿着方向 $(\theta=\pi/6,\phi=\pi/4)$ 和 $(\theta=\pi/2,\phi=\pi/2)$ 写出方向性增益。

解：

由式(7-68)可得

$$|\vec{E}(\theta,\phi)| = \frac{30 I \mathrm{d}l\beta}{R} \cdot \sin\theta = Y(\theta,\phi) \cdot \frac{1}{R}$$

因此

$$Y(\theta,\phi) = K \cdot \sin\theta$$

其中

$$K = 30 I \mathrm{d}l\beta$$

为了得到方向性增益，首先推导出了二重积分

$$\int_0^{2\pi} \int_0^{\pi} Y^2(\theta,\phi)\sin\theta \cdot \mathrm{d}\theta \mathrm{d}\phi = \int_0^{2\pi}\mathrm{d}\phi \int_0^{\pi} K^2 \sin^3\theta \mathrm{d}\theta = \frac{8\pi}{3} \cdot K^2$$

请注意 $\int_0^{\pi} \sin^3\theta \mathrm{d}\theta = \frac{4}{3}$

接下来，从式(7-74)可得方向性增益为

$$G_D(\theta,\phi) = \frac{4\pi Y^2(\theta,\phi)}{\displaystyle\int_0^{2\pi}\int_0^{\pi} Y^2(\theta,\phi)\sin\theta \cdot \mathrm{d}\theta \mathrm{d}\phi} = \frac{4\pi \cdot K^2 \sin^2\theta}{\dfrac{8\pi}{3}K^2} = \frac{3}{2}\sin^2\theta$$

因此沿方向($\theta = \pi/6, \phi = \pi/2$)，方向性增益为

$$G_D(\theta,\phi) = \frac{3}{2}\sin^2\left(\frac{\pi}{6}\right) = \frac{3}{8}$$

沿着方向($\theta = \pi/2, \phi = \pi/2$)，方向性增益为

$$G_D(\theta,\phi) = \frac{3}{2}\sin^2\left(\frac{\pi}{2}\right) = \frac{3}{2}$$

例 7.9

对于半波长偶极子天线，远场的电场的大小为

$$|\vec{E}(\theta,\phi)| = \frac{60 I}{R} \cdot \frac{\cos\left(\dfrac{\pi}{2}\cos\theta\right)}{\sin\theta}$$

其中，I 是天线中的电流，R 是距离。请推导出方向性。

解：

由式(7-68)可得

$$|\vec{E}(\theta,\phi)| = \frac{60 I}{R} \cdot \frac{\cos\left(\dfrac{\pi}{2}\cos\theta\right)}{\sin\theta} = Y(\theta,\phi) \cdot \frac{1}{R}$$

因此

$$Y(\theta,\phi) = K \cdot \frac{\cos\left(\frac{\pi}{2}\cos\theta\right)}{\sin\theta}$$

其中

$$K = 60I$$

为了得到方向性,首先推导二重积分

$$\int_0^{2\pi}\int_0^{\pi} Y^2(\theta,\phi)\sin\theta \cdot \mathrm{d}\theta\mathrm{d}\phi = \int_0^{2\pi}\int_0^{\pi} K^2 \frac{\cos^2\left(\frac{\pi}{2}\cos\theta\right)}{\sin\theta}\mathrm{d}\theta\mathrm{d}\phi = (2.44)\pi K^2$$

请注意

$$\int_0^{\pi} \frac{\cos^2\left(\frac{\pi}{2}\cos\theta\right)}{\sin\theta}\mathrm{d}\theta = 1.22$$

其次,因为

$$Y(\theta,\phi)_{\max} = K \cdot \frac{\cos\left(\frac{\pi}{2}\cos\theta\right)}{\sin\theta}\Big|_{\theta=\frac{\pi}{2}} = K$$

由式(7-74)可得

$$D = \frac{4\pi Y^2(\theta,\phi)_{\max}}{\int_0^{2\pi}\int_0^{\pi} Y^2(\theta,\phi)\sin\theta \cdot \mathrm{d}\theta\mathrm{d}\phi} = \frac{4\pi K^2}{(2.44)\pi K^2} = 1.64$$

7.5 辐射效率

天线的目标是向空间辐射电磁波。因此,在实践中,我们想知道它能否有效地实现这个目标。因为天线是由导电元件组成的,所以导电元件的排列和相关电流的分布都对辐射效率有影响。此外,辐射效率的分析通常是复杂的。

在本节中,我们首先采用一种基于电路的方法来研究天线的功耗,然后介绍辐射效率及其相关参数。

7.5.1 一个天线的功耗

如图 7-25 所示,信号 $V_s(t)$ 通过传输线传递给天线,天线将电磁波辐射到空间中。当采用基于电路的方法时,天线被视为传输线的一个负载,它的阻抗 Z_a 为

$$Z_a = R_a + jX_a \tag{7-77}$$

其中 R_a 是 Z_a 的实部,X_a 是虚部。从电路的原理出发,可知只有实部 R_a 消耗功率,而虚部

X_a 不消耗功率。因此,一个天线的所有功耗都是由 R_a 决定的。由于天线由导电元件组成,而这些导电元件的表面电阻会消耗功率,因此 R_a 的功率消耗包括辐射损失和表面电阻损失。R_a 可以分解为两部分:

$$R_a = R_{rad} + R_{loss} \tag{7-78}$$

其中 R_{rad} 为表示辐射损失的辐射电阻,R_{loss} 为表示表面电阻功耗的损失电阻。

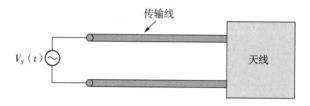

图 7-25 通过传输线实现从源到天线的信号传输

7.5.2 能量之间的关系

如图 7-26 所示,将一个天线作为传输线的负载,其阻抗为 Z_a。假设传输线的特征电阻为 R_0,其中 $Z_a \neq R_0$。在这种情况下,反射就会发生在天线的输入端。因此,在传输线上既有入射波,也有反射波。设 V^+ 和 V^- 分别为天线输入端的入射电压和反射电压。从第六章的结果可知

$$V^- = \Gamma V^+ \tag{7-79}$$

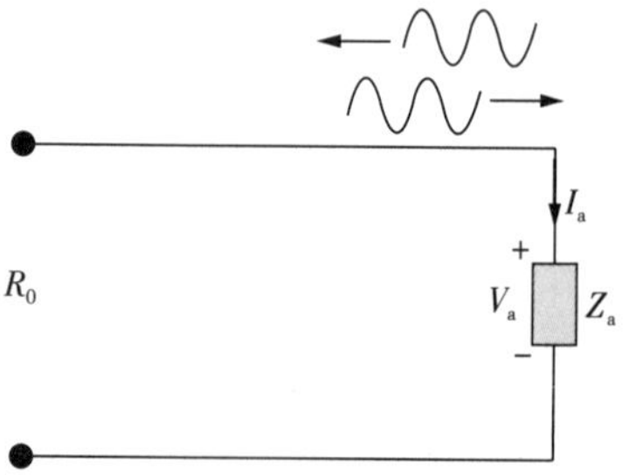

图 7-26 天线发生反射时,
入射波和反射波共存

其中 Γ 为由 R_0 和 Z_a 确定的反射系数,

$$\Gamma = \frac{Z_a - R_0}{Z_a + R_0} \tag{7-80}$$

设 V_a 是穿过 Z_a 的电压,可得

$$V_a = V^+ + V^- = V^+ \cdot (1 + \Gamma) \tag{7-81}$$

假设 P_F 是入射波的平均功率,从传输线的性质可得,正向电流 $I_+ = V^+ / R_0$。因此,P_F 为

$$P_F = \frac{1}{2} |V^+ I^+| = \frac{|V^+|^2}{2R_0} \tag{7-82}$$

同样,反射波的平均功率为

$$P_B = \frac{|V^-|^2}{2R_0} \tag{7-83}$$

另外,假设 I_a 是通过 Z_a 的电流,可得

$$I_{\mathrm{a}} = \frac{V_{\mathrm{a}}}{Z_{\mathrm{a}}} \tag{7-84}$$

由于 $Z_{\mathrm{a}} = R_{\mathrm{a}} + \mathrm{j}X_{\mathrm{a}}$ 且仅 R_{a} 消耗功率,可得 Z_{a} 的平均功耗为

$$P_{\mathrm{a}} = \frac{1}{2}R_{\mathrm{a}}\mid I_{\mathrm{a}}\mid^{2} \tag{7-85}$$

注意,由于 $X_{\mathrm{a}},R_{\mathrm{a}}$ 之间的电压不是 V_{a}。因此,则需要先推导出 I_{a},然后是 P_{a}。

从式(7-83)~式(7-85),可得

$$P_{\mathrm{B}} + P_{\mathrm{a}} = \frac{\mid V^{-}\mid^{2}}{2R_{0}} + \frac{R_{\mathrm{a}}}{2}\cdot\frac{\mid V_{\mathrm{a}}\mid^{2}}{\mid Z_{\mathrm{a}}\mid^{2}} = \frac{1}{2R_{0}}\Big(\mid V^{-}\mid^{2} + R_{0}R_{\mathrm{a}}\frac{\mid V_{\mathrm{a}}\mid^{2}}{\mid Z_{\mathrm{a}}\mid^{2}}\Big) \tag{7-86}$$

根据式(7-79)~式(7-82),可重写式(7-86)如下

$$P_{\mathrm{B}} + P_{\mathrm{a}} = \frac{\mid V^{+}\mid^{2}}{2R_{0}}\Big(\mid\varGamma\mid^{2} + \frac{R_{0}R_{\mathrm{a}}}{\mid Z_{\mathrm{a}}\mid^{2}}\cdot\mid 1+\varGamma\mid^{2}\Big) = P_{\mathrm{F}}\cdot\Big(\mid\varGamma\mid^{2} + \frac{R_{0}R_{\mathrm{a}}}{\mid Z_{\mathrm{a}}\mid^{2}}\cdot\mid 1+\varGamma\mid^{2}\Big) \tag{7-87}$$

使用式(7-80),可以证明以下等式成立:

$$\mid\varGamma\mid^{2} + \frac{R_{0}R_{\mathrm{a}}}{\mid Z_{\mathrm{a}}\mid^{2}}\cdot\mid 1+\varGamma\mid^{2} = 1 \tag{7-88}$$

最后,将式(7-88)代入式(7-87),有

$$P_{\mathrm{F}} = P_{\mathrm{B}} + P_{\mathrm{a}} \tag{7-89}$$

即

入射波的平均功率 = 反射波的平均功率 + 天线消耗的平均功率。

这是一个合理的结果,因为当入射波到达天线时,有一部分会反射回来,其余的被天线消耗。

由上可知,在设计一个天线时,应尽可能多地减少反射,以便信号功率能有效地传输到天线上。因此,为了避免反射,我们通常会在传输线与天线之间设计一个阻抗匹配电路。

例 7.10

如图 7-26 所示,假设有 $R_{0} = 50\Omega$ 和 $Z_{\mathrm{a}} = 30 + \mathrm{j}10\Omega$。如果天线输入处的入射电压为 $V^{+} = 10\mathrm{e}^{\mathrm{j}\frac{\pi}{3}}$。请求出天线的平均功耗。

解:

首先从式(7-80)中,可推导出的反射系数为

$$\varGamma = \frac{Z_{\mathrm{a}} - R_{0}}{Z_{\mathrm{a}} + R_{0}} = \frac{-2 + \mathrm{j}}{8 + \mathrm{j}}$$

接下来,从式(7-81)中,可推导出通过天线的电压和电流为

$$V_a = V^+ (1 + \Gamma) = (10e^{j\frac{\pi}{3}}) \times \frac{6 + 2j}{8 + j}$$

$$I_a = \frac{V_a}{Z_a} = (10e^{j\frac{\pi}{3}}) \times \frac{6 + 2j}{8 + j} \times \frac{1}{30 + j10}$$

最后,由式(7-85)可得

$$P_a = \frac{1}{2} R_a |I_a|^2 = \frac{1}{2} \times 30 \times \frac{4}{65} = \frac{12}{13}(\text{W})$$

同时,还可以尝试另一种方法来推导 P_a:

首先,由式(7-82)可得,入射波的平均功率为

$$P_F = \frac{|V^+|^2}{2R_0} = \frac{100}{2 \times 50} = 1$$

接下来,由式(7-83)可得,反射波的平均功率为

$$P_B = \frac{|V^-|^2}{2R_0} = \frac{|V^+|^2 |\Gamma|^2}{2R_0} = \frac{100 \times \frac{1}{13}}{2 \times 50} = \frac{1}{13}$$

由于 $P_B + P_a = P_F$,可得天线的平均功耗为

$$P_a = P_F - P_B = \frac{12}{13}(\text{W})$$

7.5.3 辐射效率

假设 P_a 是天线的平均功耗。而它可以被分解为

$$P_a = P_{rad} + P_{loss} \tag{7-90}$$

其中,P_{rad} 为平均辐射功率,P_{loss} 为表面电阻的平均功耗。

现在,将天线的辐射效率定义为 P_{rad} 与 P_a 的比值

$$\chi = \frac{P_{rad}}{P_a} \tag{7-91}$$

其中,$\chi \leqslant 1$。当 χ 值较大时,天线的效率就会较高。对于一个设计良好的天线,χ 接近于 1。

如图 7-26 所示,天线的平均辐射功率为

$$P_{rad} = \frac{1}{2} R_{rad} |I_a|^2 \tag{7-92}$$

另一方面,表面电阻的平均功耗为

$$P_{loss} = \frac{1}{2} R_{loss} |I_a|^2 \tag{7-93}$$

由式(7-91)到式(7-93),可得辐射效率为

$$\chi = \frac{P_{\text{rad}}}{P_{\text{rad}} + P_{\text{loss}}} = \frac{R_{\text{rad}}}{R_{\text{rad}} + R_{\text{loss}}} \qquad (7-94)$$

由式(7-94)可知,在设计天线时,可以尝试增加辐射电阻 R_{rad},减少表面电阻 R_{loss} 损耗。

例 7.11

假设有一小段导线作为天线,其长度为 $\mathrm{d}l$。从前面的结果可知,远场处电场的大小为

$$|\vec{E}| = \frac{30I \cdot \mathrm{d}l \cdot \beta}{R} \cdot \sin\theta$$

其中,I 是导线上的电流,R 是距离,$\beta = 2\pi/\lambda_0$。设该导线的半径为 a,电导率为 σ,工作频率为 f。请求出辐射电阻 R_{rad} 和表面电阻 R_{loss}。

解:

首先,由 7.4 节的式(7-63)可得,总辐射功率 P_r 为

$$P_r = \frac{R^2}{2\eta_0} \int_{-\pi}^{\pi} \int_0^{\pi} |\vec{E}|^2 \sin\theta \mathrm{d}\theta \mathrm{d}\phi$$

$$= (30I \cdot \mathrm{d}l \cdot \beta)^2 \cdot \left(\frac{1}{2\eta_0}\right) \cdot (2\pi) \cdot \int_0^{\pi} \sin^3\theta \mathrm{d}\theta$$

$$= 10I^2 \cdot \mathrm{d}l^2 \cdot \beta^2 \qquad (7-95)$$

请注意,$\eta_0 = 120\pi$ 和 $\int_0^{\pi} \sin^3\theta \mathrm{d}\theta = \frac{4}{3}$。因为 P_r 表示这个天线的平均辐射功率。

由式(7-92)和式(7-95),可得

$$P_r = P_{\text{rad}} = \frac{1}{2}I^2 R_{\text{rad}} = 10I^2 \cdot \mathrm{d}l^2 \cdot \beta^2$$

因此,辐射电阻为

$$R_{\text{rad}} = 20\mathrm{d}l^2 \cdot \beta^2 = 80\pi^2 \left(\frac{\mathrm{d}l}{\lambda_0}\right)^2$$

另一方面,导线的趋肤深度为(参考 3.4 节)

$$\delta = \frac{1}{\sqrt{\pi f \mu_0 \sigma}}$$

如图 7-27 所示,这条长度为 $\mathrm{d}l$ 的导电线可以等价地处理为具有长度为 $\mathrm{d}l$、宽度为 $2\pi a$ 和厚度为 δ 的非常薄的导电板。从基本电学来看,其表面电阻为

$$R_{\text{loss}} = \frac{1}{\sigma} \cdot \frac{\mathrm{d}l}{A}$$

其中,横截面面积为 $A = \delta \cdot 2\pi a$。因此可得

$$R_{\text{loss}} = \frac{1}{\sigma} \cdot \frac{\mathrm{d}l}{\delta \cdot 2\pi a} = \frac{\mathrm{d}l}{2a} \cdot \sqrt{\frac{\mu_0 f}{\pi \sigma}}$$

从上面的例子中,可知辐射电阻 R_{rad} 取决于天线的长度和工作频率。表面电阻 R_{loss} 取决于电导率和工作频率。因此,对于一个特定的天线,当它在不同的频率下工作时,其辐射效率可能会发生变化。

图 7-27   基于趋肤效应的等效薄板电板

例 7.12

假设有一个很小的导电段作为天线,其长度为 $\mathrm{d}l$。它具有电导率 $\sigma = 5.8 \times 10^7 \text{S/m}$,半径 $a = 3\text{mm}$,工作频率 $f = 100\text{MHz}$。当

(a) $\mathrm{d}l = 0.01\text{m}$;

(b) $\mathrm{d}l = 0.1\text{m}$。

请推导出辐射效率 χ。

解:

首先,给出 $f = 100\text{MHz}$ 的对应波长为

$$\lambda_0 = \frac{c}{f} = \frac{3 \times 10^8}{100 \times 10^6} = 3(\text{m})$$

(a) 当 $\mathrm{d}l = 0.01\text{m}$ 时,从例 7.11 的结果中,可得

$$R_{\text{rad}} = 80\pi^2 \left(\frac{\mathrm{d}l}{\lambda_0}\right)^2 = 80\pi^2 \cdot \left(\frac{0.01}{3}\right)^2 = 0.0088(\Omega)$$

$$R_{\text{loss}} = \frac{\mathrm{d}l}{2a} \cdot \sqrt{\frac{\mu_0 f}{\pi \sigma}} = \frac{0.01}{2 \times 0.003} \times \sqrt{\frac{(4\pi \times 10^{-7}) \times 10^8}{\pi \times (5.8 \times 10^7)}} = 0.0014(\Omega)$$

因此,辐射效率为

$$\chi = \frac{R_{\text{rad}}}{R_{\text{rad}} + R_{\text{loss}}} = \frac{0.0088}{0.0088 + 0.0014} = 0.86$$

(b) 当 $\mathrm{d}l = 0.1\text{m}$ 时,从例 7.11 的结果中,可得

$$R_{\text{rad}} = 80\pi^2 \left(\frac{\mathrm{d}l}{\lambda_0}\right)^2 = 80\pi^2 \times \left(\frac{0.1}{3}\right)^2 = 0.88(\Omega)$$

$$R_{\text{loss}} = \frac{\mathrm{d}l}{2a} \cdot \sqrt{\frac{\mu_0 f}{\pi \sigma}} = \frac{0.1}{2 \times 0.003} \times \sqrt{\frac{(4\pi \times 10^{-7}) \times 10^8}{\pi \times (5.8 \times 10^7)}} = 0.014(\Omega)$$

因此,辐射效率为

$$\chi = \frac{R_{\mathrm{rad}}}{R_{\mathrm{rad}} + R_{\mathrm{loss}}} = \frac{0.88}{0.88 + 0.014} = 0.98$$

例 7.13

假设有一个半波长的偶极子天线,并且在远场处的电场大小为

$$|\vec{E}| = \frac{60I}{R} \cdot \frac{\cos\left(\frac{\pi}{2}\cos\theta\right)}{\sin\theta}$$

其中 I 是电流,R 是距离。请推导出辐射电阻值。

解:

首先,由 7.4 节中的式(7-63)可得,总辐射功率 P_r 为

$$P_r = \int_0^{2\pi} \int_0^{\pi} \left(\frac{1}{2\eta_0} |\vec{E}|^2\right) \cdot R^2 \sin\theta \mathrm{d}\theta \mathrm{d}\phi$$

$$= (60I)^2 \cdot \left(\frac{1}{2\eta_0}\right) \cdot (2\pi) \cdot \int_0^{\pi} \frac{\cos^2\left(\frac{\pi}{2}\cos\theta\right)}{\sin\theta} \mathrm{d}\theta$$

$$= 30I^2 \cdot (1.22)$$

请注意 $\displaystyle\int_0^{\pi} \frac{\cos^2\left(\frac{\pi}{2}\cos\theta\right)}{\sin\theta} \mathrm{d}\theta = 1.22$

其次,由式(7-92)可得

$$P_r = P_{\mathrm{rad}} = \frac{1}{2}I^2 R_{\mathrm{rad}} = 30I^2 \times 1.22$$

因此,辐射电阻为

$$R_{\mathrm{rad}} = 60 \times 1.22 = 73(\Omega)$$

7.6 接收天线

在前面几节中,我们学习了天线辐射电磁波的相关原理。这种天线被称为发射天线。事实上,天线也可以作为接收单元,这样接收到的电磁波就可以转换为电流。在这种情况下,它被称为接收天线。凭直觉,后者的研究要比前者复杂,幸运的是,科学家们发现了一个有用的定理,可以从相应的发射天线中得到接收天线的性质,还可以运用它进一步了解由发射天线和接收天线组成的无线通信系统。

7.6.1 互易定理

在研究接收天线之前,首先引入了一个重要的定理 —— 互易定理。

首先,如图 7-28(a)所示,在空间的不同位置放置两个相同的天线。它们分别被称

为天线 A 和天线 B。接下来,假设对天线 A 施加一个电压V_A它会产生电磁波。该电磁波从 A 天线传播到 B 天线,并在 B 天线上产生电流i_B。相反,如图 7-28(b) 所示,如果将电压V_B施加到 B 天线,它也产生电磁波。该电磁波从天线 B 传播到天线 A,并在 A 天线上产生电流i_A。当$V_A = V_B$,由于天线 A 和天线 B 在空间上是几何对称的,因此天线 A 对天线 B 的影响与 B 天线对 A 天线的影响相同。换句话说,感应电流应该相等,即$i_B = i_A$。

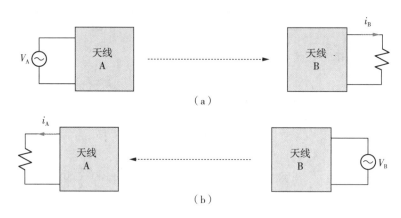

（a）

（b）

图 7-28 发射／接收天线对及其角色的交换

上面的例子揭示了互易定理的关键原理:当使用两端电压为V的天线 A 作为发射天线时,在接收天线 B 中感应出电流i,相反,当使用两端电压为V的天线 B 作为发射天线时,在接收天线 A 中则会感应出相同的电流i。换句话说,如果发射天线和接收天线的角色互换,则施加电压与感应电流之间的关系不变。

此外,互易定理还可以推广到线性介质中。假设有一个两端电压为V_A的发射天线 A,在天线 B 中感应出电流i_B。相反,当两端电压为V_B的天线 B 作为发射天线时,则在天线 A 中感应生成电流i_A。如果$V_A = V_B$,则通过互易定理得出,$i_B = i_A$。对于线性介质,如果是$V_A = kV_B$,则是$i_B = ki_A$,其中k是一个常数。因此,有以下的等式

$$\frac{V_A}{i_B} = \frac{kV_B}{ki_A} = \frac{V_B}{i_A} \tag{7-96}$$

由式(7-96)可知,当发射天线和接收天线的作用互换时,所施加的电压与感应电流的比值没有变化。此外,式(7-96)可用于探讨天线的发射功率与接收功率之间的关系。假设P_{TA}为天线 A(施加电压V_A)的发射功率,P_{RB}为天线 B 的接收功率(感应电流i_B)。相反,设P_{TB}为天线 B 的发射功率(施加电压V_B),P_{RA}为天线 A 的接收功率(感应电流i_A)。然后,由式(7-96)可得

$$\left(\frac{V_A}{i_B}\right)^2 = \left(\frac{V_B}{i_A}\right)^2 \tag{7-97}$$

因为发射天线的$P \propto V^2$和接收天线的$P \propto i^2$,可得

$$\frac{P_{TA}}{P_{RB}} = \frac{P_{TB}}{P_{RA}} \tag{7-98}$$

式(7-98)得出一个重要的结果：当发射天线和接收天线的作用互换时，发射功率与接收功率的比值没有变化。

前面的分析都是基于天线 A 和天线 B 是两个相同的天线。事实上，式(7-98)也适用于两个不同的天线。它是任何收发天线的通用公式。下面，使用式(7-98)探讨天线的一个重要特性。

7.6.2　有效面积

如图 7-29 所示，空间中有两个天线，ANT1 和 ANT2，其中 ANT1 位于 A 点，ANT2 位于 B 点，它们的距离为 R，R 远远大于工作波长 λ_0。在球形坐标系中，假设点 B 相对点 A 位于方向 (θ, ϕ)，相反，点 A 相对点 B 位于方向 (θ', ϕ')，其中 $(\theta, \phi) \neq (\theta', \phi')$。

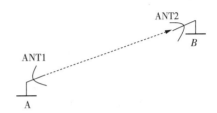

图 7-29　以 ANT1 为发射天线，以 ANT2 为接收天线的天线系统

首先，我们让 ANT1 作为发射天线，而 ANT2 作为接收天线。假设 P_{T1} 为 ANT1 的发射功率。可得 B 点的接收功率密度，记为 Ω，其大小为

$$\Omega = G_1(\theta, \phi) \cdot \frac{P_{T1}}{4\pi R^2} (\text{W/m}^2) \tag{7-99}$$

式中，$G_1(\theta, \phi)$ 为 ANT1 在 (θ, ϕ) 方向的方向性增益，$P_{T1}/4\pi R^2$ 是平均功率密度。式(7-99)可以做如下解释。假设有一个半径为 R 的球体，和 ANT1 位于中心。点 B 位于面积为 $4\pi R^2$ 的球形面上。因此，当考虑到全向辐射时，球面表面的平均功率密度为 $P_{T1}/4\pi R^2$。将 $P_{T1}/4\pi R^2$ 乘以方向性增益 $G_1(\theta, \phi)$，得到 B 点的功率密度。

设 P_{R2} 为 ANT2 的接收功率。然后考虑回答以下问题：

当功率密度 Ω 已知时，如何推导出 P_{R2}？

这不是一个容易处理的问题，P_{R2} 不仅取决于 Ω，而且还取决于 ANT2 的许多性质，如其结构和取向。为了简化这个问题，科学家们有了一个有趣的想法：

想象一下，ANT1 辐射的电磁波就像一群鱼从 ANT1 游到 ANT2。那么 ANT2 就像一个渔网（陷阱），它的开口是朝向 ANT1 的。因此，开口越大，被捕获的鱼就越多。这个捕获的鱼的数量与开口的面积成正比，可以看作是 ANT2 的接收能力。

$$P_{R2} = A_2(\theta', \phi') \cdot \Omega \tag{7-100}$$

其中 $A_2(\theta', \phi')$ 被称为 ANT2 关于 (θ', ϕ') 方向的有效区域。从直观上看，$A_2(\theta', \phi')$ 就像渔网的开口区域，Ω 就像鱼的密度。$A_2(\theta', \phi')$ 和 Ω 的产品等于捕获的鱼数，代表 ANT2 的接收能力。

注意：P_{R2} 在式(7-100)中被定义为 ANT2 对一个给定 Ω 的最大接收功率。因此，$A_2(\theta', \phi')$ 是最优条件下的有效接收区域。$A_2(\theta', \phi')$ 的单位为平方米(m²)。

如图 7-30 所示，交换 ANT1 和 ANT2 的角色，使 ANT2 成为发射天线，ANT1 成为接收天线。设 PT2 为 ANT2 的发射功率。遵循相同的方法推理中，点 A 处的功率密度，

表示为

$$\Omega' = G_2(\theta', \phi') \cdot \left(\frac{P_{T2}}{4\pi R^2} \right) \tag{7-101}$$

其中 $G_2(\theta', \phi')$ 为 ANT2 关于 (θ, ϕ) 方向的方向性增益。此外，ANT1 的接收能力也可通过式(7-102)求得

$$P_{R1} = A_1(\theta, \phi) \cdot \Omega' \tag{7-102}$$

式中，$A_1(\theta, \phi)$ 为 ANT1 关于 (θ, ϕ) 方向的有效面积。

从前面的讨论可知，一旦知道有效区域，就可以很容易地获得接收功率。然而，通常不容易得到天线的有效面积，可以看下面的例子。

图 7-30　一种以 ANT2 为发射天线，以 ANT1 为接收天线的天线系统

例 7.14

如图 7-31 所示，有一小段导线作为接收天线，其长度为 dl。假设入射的电磁波为均匀平面波，其传播方向垂直于天线。此外，入射电场与天线平行，其幅度为 $E_i \cos\omega t$。请求出此天线的有效面积。

解：

首先，由于入射电场垂直于天线，所以通过天线的感应电压为

$$V(t) = (E_i \cos\omega t) \cdot dl = V_0 \cdot \cos\omega t$$

其中

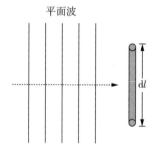

图 7-31　例 7.14 的曲线图

$$V_0 = E_i \cdot dl$$

从电路的角度来看，接收天线的等效电路如图 7-32 所示。它可以看作是一个具有等效电阻 R 的串联单电压源 $V(t)$，从 7.5 小节的式(7-78)可知，等效电阻为 $R_{eq} = R_{rad} + R_{loss}$，其中 R_{rad} 是辐射电阻，R_{loss} 为表面电阻。

假设天线是一个完美的导体，因此 $R_{loss} = 0$。然后要求 $R_{eq} = R_{rad}$。

从例 7.11 的结果中，可知

$$R_{rad} = 80\pi^2 \left(\frac{dl}{\lambda_0} \right)^2$$

在实践中，需要考虑一个负载电阻(R_L)与等效电路(接收天线)串联，如图 7-33 所示。根据电路图，当 $R_L = R_{rad}$ 时，可以得到在 R_L 处的最大功率。在这种情况下，负载电流为

$$I_L = \frac{V_0}{2R_L} \cdot \cos\omega t = I_0 \cdot \cos\omega t$$

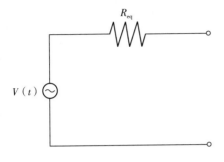

图 7-32　天线的等效电路

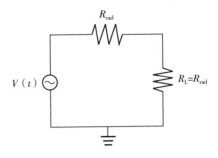

图 7-33　考虑负载阻抗时的等效电路

其中

$$I_0 = \frac{V_0}{2R_L}$$

由于 $R_L = R_{rad}$，天线的最大接收功率为

$$P_R = \frac{1}{2} \cdot R_L I_0^2 = \frac{V_0^2}{8R_{rad}}$$

设 A 为接收天线的有效面积。由式(7-100)可得

$$P_R = A \cdot \Omega$$

其中 Ω 为入射电磁波的平均功率密度。平均功率密度 Ω 的值为

$$\Omega = \frac{E_i^2}{2\eta_0} = \frac{E_i^2}{240\pi}$$

因此，有效面积为

$$A = \frac{P_R}{\Omega} = \frac{30\pi V_0^2}{R_{rad} E_i^2}$$

因为 $V_0 = E_i \cdot dl$ 和 $R_{rad} = 80\pi^2 \left(\dfrac{dl}{\lambda_0}\right)^2$，可得

$$A = \frac{3\lambda_0^2}{8\pi}$$

从例 7.14 中，我们发现，即使是一个很小的导线作为天线，有效面积的推导也是复杂的。一般来说，接收天线比一条微小的导线要复杂得多。因此，需要找到一种有效的方法来获得天线的有效面积。它将在下一小节中提及。

7.6.3　方向性增益与有效面积的关系

从互易定理出发，我们发现天线方向性增益 $G(\theta,\phi)$ 与有效面积 $A(\theta,\phi)$ 之间存在着一个特定的关系。利用这种关系，可以避免复杂的计算，并有效地获得有效面积。具体关系如下：

首先,如图 7-29 所示,ANT1 为发射天线,ANT2 为接收天线。由式(7-99)和式(7-100),可得

$$P_{R2} = A_2(\theta', \phi') \cdot G_1(\theta, \phi) \cdot \frac{P_{T1}}{4\pi R^2} \tag{7-103}$$

其中,P_{T1} 为 ANT1 的发射功率,P_{R2} 为 ANT2 的最大接收功率。

相反,如图 7-30 所示,ANT2 是发射天线,ANT1 是接收天线。根据式(7-101)和式(7-102),可得

$$P_{R1} = A_1(\theta, \phi) \cdot G_2(\theta', \phi') \cdot \frac{P_{T2}}{4\pi R^2} \tag{7-104}$$

其中,P_{T2} 是 ANT2 的发射功率,P_{R1} 是 ANT1 的最大接收功率。

从式(7-103)和式(7-104)中,可得以下等式:

$$\frac{P_{R2}}{P_{R1}} = \frac{A_2(\theta', \phi')}{A_1(\theta, \phi)} \cdot \frac{G_1(\theta, \phi)}{G_2(\theta', \phi')} \cdot \frac{P_{T1}}{P_{T2}} \tag{7-105}$$

接下来,由式(7-98)可知,当发射天线和接收天线的角色互换时,发射功率与接收功率之比不变。因此有

$$\frac{P_{T1}}{P_{R2}} = \frac{P_{T2}}{P_{R1}} \Rightarrow \frac{P_{T1}}{P_{T2}} = \frac{P_{R2}}{P_{R1}} \tag{7-106}$$

将式(7-106)代入式(7-105),可得

$$\frac{A_2(\theta', \phi')}{A_1(\theta, \phi)} \cdot \frac{G_1(\theta, \phi)}{G_2(\theta', \phi')} = 1 \tag{7-107}$$

式(7-107)可重写为

$$\frac{A_1(\theta, \phi)}{G_1(\theta, \phi)} = \frac{A_2(\theta', \phi')}{G_2(\theta', \phi')} = 常数 \tag{7-108}$$

式(7-108)表示 ANT1 的有效面积与方向性增益的比值等于 ANT2 的比值。请注意,式(7-108)适用于所有类型的天线,因为没有指定 ANT1 和 ANT2 的类型。此外,还有式(7-108)适用于任意方向,因为 (θ, ϕ) 和 (θ', ϕ') 在推导中不受限制。总之,式(7-108)可以重写为

$$\frac{A(\theta, \phi)}{G(\theta, \phi)} = 常数 \tag{7-109}$$

这意味着有效面积与方向性增益的比值是所有类型天线的一个通用常数。此外,该常数也不依赖于发射/接收方向。

在实际应用中,当使用天线作为发射天线时,很容易得到方向性增益 $G(\theta, \phi)$。它是天线的一个重要特性。另一方面,当使用天线作为接收天线时,则需要知道有效面积 $A(\theta, \phi)$。假设式(7-109)中的通用常数是已知的,则可以简单地从 $G(\theta, \phi)$ 推导出 $A(\theta, \phi)$。

因为式 (7-109) 适应于所有类型的天线,所以可以考虑最简单的天线,并推导出 $A(\theta,\phi)$ 与 $G(\theta,\phi)$ 的比值。如例 7.14 所示,使用一条微小的导线作为接收天线,入射的电磁波垂直于天线,即 $\theta=\pi/2$。结果表明,有效面积为

$$A = \frac{3\lambda_0^2}{8\pi} \tag{7-110}$$

另外,从例 7.8 中可知,该天线的方向性增益依赖于 θ

$$G(\theta) = \frac{3}{2}\sin^2\theta \tag{7-111}$$

当 $\theta=\pi/2$ 时,有

$$G = \frac{3}{2} \tag{7-112}$$

由式 (7-110) 到式 (7-112),可得

$$\frac{A}{G} = \frac{\lambda_0^2}{4\pi} \tag{7-113}$$

因为这个常数适用于所有类型的天线和任意的发射 / 接收方向,所以可以重写式 (7-113) 为

$$\frac{A(\theta,\phi)}{G(\theta,\phi)} = \frac{\lambda_0^2}{4\pi} \tag{7-114}$$

式 (7-114) 是天线应用中最重要的特征。详细阐述了方向性增益与有效面积之间的关系。使用式 (7-114),可以从 $G(\theta,\phi)$ 推导出 $A(\theta,\phi)$,然后达到最大的接收功率。由式 (7-114) 可知,有效面积 $A(\theta,\phi)$ 与发射方向性增益 $G(\theta,\phi)$ 成正比。这意味着,如果一个天线可以在某个方向上有效地发射电磁波,也就能在这个方向上有效地接收电磁波。这是一个重要的结论,因为在无线通信或雷达应用中,在某些情况下,发射天线和接收天线是同一个天线。因此,式 (7-114) 实际上可以简化天线系统的设计,降低成本。例如,在卫星通信中,当一个地面段成功地跟踪一个卫星时,所采用的天线不仅可以发射信号,而且还可以有效地接收信号。

例 7.15

一个半波长偶极子天线,其方向性增益依赖于 θ,其值大小为

$$G(\theta) = 1.64 \cdot \left[\frac{\cos\left(\frac{\pi}{2}\cos\theta\right)}{\sin\theta} \right]^2$$

当工作频率为 =100MHz 时,且

(a) $\theta=0$;

(b) $\theta=\pi/3$;

(c) $\theta=\pi/2$;

请推导出每种情况下的有效面积。

解:

首先,波长为

$$\lambda_0 = \frac{c}{f} = \frac{3 \times 10^8}{10^8} = 3 \, (\text{m})$$

其次,由式(7-114)可得

$$A(\theta) = \frac{\lambda_0^2}{4\pi} \cdot G(\theta) = (0.72) \cdot G(\theta)$$

(a) 当 $\theta = 0$ 时,方向性增益为

$$G(\theta) = \lim_{\theta \to 0} \left[1.64 \times \left(\frac{\cos\left(\frac{\pi}{2}\cos\theta\right)}{\sin\theta} \right)^2 \right] = 0$$

因此,有效面积为

$$A(\theta) = 0$$

(b) 当 $\theta = \pi/3$ 时,方向性增益为

$$G(\theta) = 1.64 \times \left(\frac{\cos\left(\frac{\pi}{2}\cos\frac{\pi}{3}\right)}{\sin\frac{\pi}{3}} \right)^2 = 1.09$$

因此,有效面积为

$$A(\theta) = 0.72 \times 1.09 = 0.78 \, (\text{m}^2)$$

(c) 当 $\theta = \pi/2$ 时,方向性增益为

$$G(\theta) = 1.64 \times \left(\frac{\cos\left(\frac{\pi}{2}\cos\frac{\pi}{2}\right)}{\sin\frac{\pi}{2}} \right)^2 = 1.64$$

因此,有效面积为

$$A(\theta) = 0.72 \times 1.64 = 1.18 \, (\text{m}^2)$$

7.6.4 弗里斯传输公式

在无线通信中,当给定传输功率 P_T 时,通常需要得到最大接收功率 P_R。假设发射天线与接收天线之间的距离为 R,接收天线位于相对于发射天线的方向 (θ, ϕ),相反地,发射天线位于相对于接收天线的方向 (θ', ϕ')。然后由式(7-103)可得

$$P_R = G_T(\theta, \phi) \cdot \frac{P_T}{4\pi R^2} \cdot A_R(\theta', \phi') \tag{7-115}$$

其中 $G_T(\theta,\phi)$ 是发射天线方向 (θ,ϕ) 的方向性增益，$A_R(\theta',\phi')$ 是沿接收天线方向 (θ',ϕ') 的有效面积。请注意，$P_T/4\pi R^2$ 表示半径为 R 的球体表面的平均功率密度。

接下来，利用式(7-114)，可以重写式(7-115)为

$$P_R = P_T \cdot G_T(\theta,\phi) \cdot G_R(\theta',\phi') \cdot \left(\frac{\lambda_0}{4\pi R}\right)^2 \tag{7-116}$$

其中 $G_R(\theta',\phi')$ 为接收天线沿 (θ',ϕ') 的方向性增益。式(7-116)称为弗里斯传输公式。它以一种简单的形式有效地揭示了传输功率 P_T 和接收功率 P_R 之间的关系。根据弗里斯传输公式，当两个方向性增益都已知时，可以从 P_T 得到 P_R，反之亦然。因此，在实际通信系统中，它是一个非常有用的公式。

最后，需要注意的是，由于工作频率 f 的增加意味着波长 λ_0 的减少，式(7-116)经常会引起一种误解：因为 $P_R \propto \lambda_0^2$，当工作频率增加时，平均功率降低。这种误解可以用下面的例子来解释。

假设工作频率为 $f=100\mathrm{MHz}(\lambda=3\mathrm{m})$，而发射天线和接收天线均为四分之一波长的偶极子天线 $(\lambda/4=75\mathrm{cm})$。假设最大接收功率为 P_{R1}。当工作频率增加到 $200\mathrm{MHz}$，相应的波长减小为一半 $(\lambda=1.5\mathrm{m})$。在这种情况下，天线变成了一个半波长的偶极子天线。因此，方向性增益 $G_T(\theta,\phi)$ 和 $G_R(\theta',\phi')$ 在式(7-116)中已被更改。尽管在式(7-116)中 $P_R \propto \lambda_0^2$，但接收功率 P_{R2}（当 $f=200\mathrm{MHz}$）可能不小于 P_{R1}（当 $f=100\mathrm{MHz}$），因为天线的特性在不同的工作频率下发生了变化。

例 7.16

假设有一个海拔高度 $36000\mathrm{km}$ 的通信卫星。卫星上发射天线的方向性增益为 $20\mathrm{dB}$，地面站接收天线的方向性增益为 $50\mathrm{dB}$。设发射天线功率 $P_T=20\mathrm{W}$，工作频率为 $f=8.3\mathrm{GHz}$。请求出最大接收功率 P_R。

解：

首先

$$G_T = 20\mathrm{dB} = 10^2, \quad [10 \times \log 10^2 = 20\mathrm{dB}]$$

且 $G_T = 50\mathrm{dB} = 10^5$

$$\lambda_0 = \frac{c}{f} = \frac{3 \times 10^8}{8.3 \times 10^9} = 0.036(\mathrm{m})$$

$$\left(\frac{\lambda_0}{4\pi R}\right)^2 = \left[\frac{0.036}{4\pi \times (3.6 \times 10^7)}\right]^2 = 6.3 \times 10^{-21}$$

从弗里斯传输公式，得到的最大接收功率为

$$P_R = P_T \cdot G_T \cdot G_R \cdot \left(\frac{\lambda_0}{4\pi R}\right)^2 = 20 \times 10^2 \times 10^5 \times 6.3 \times 10^{-21}$$

$$= 1.26 \times 10^{-12}(\mathrm{W})$$

小　结

7.1：介绍球面坐标系，并研究了一条小导线的近场和远场。

7.2：介绍偶极子天线的电磁场和性质。

7.3：介绍如何用球面坐标系和矩形坐标系来表示天线的辐射模式。

7.4：介绍天线的平均辐射功率和方向性。

7.5：介绍传输线和天线之间的功率关系，以及相关的阻抗，以及天线的辐射效率。

7.6：介绍互易定理和在发射天线和接收天线上的应用。进一步得出天线的方向性增益与有效面积之间的重要关系。

习　题

1. 假设点 A 的笛卡尔坐标如下。请推导出其对应的球面坐标：

(a) $A = (1,0,\sqrt{3}\,)$ ；

(b) $A = (1,-1,2)$ ；

(c) $A = (-1,\sqrt{2},0)$ 。

(提示：例 7.1)

2. 假设点 A 具有如下所述的球面坐标。请推导其相应的笛卡尔坐标：

(a) $A = (5,45°,60°)$ ；

(b) $A = (6,120°,-30°)$ ；

(c) $A = (8,30°,90°)$ 。

(提示：例 7.2)

3. 设 $(\hat{a}_R,\hat{a}_\theta,\hat{a}_\phi)$ 为球坐标中点 A 处的三个单位向量，A 点的坐标为 (R,θ,ϕ) 。利用笛卡尔坐标，$(\hat{a}_R,\hat{a}_\theta,\hat{a}_\phi)$ 可以表示为

$$\hat{a}_R = \sin\theta\cos\phi \cdot \hat{x} + \sin\theta\sin\phi \cdot \hat{y} + \cos\theta \cdot \hat{z}$$

$$\hat{a}_\theta = \cos\theta\cos\phi \cdot \hat{x} + \cos\theta\sin\phi \cdot \hat{y} - \sin\theta \cdot \hat{z}$$

$$\hat{a}_\phi = -\sin\phi \cdot \hat{x} + \cos\phi \cdot \hat{y}$$

使用上述公式，请证明

(a) $\hat{a}_R \perp \hat{a}_\theta \perp \hat{a}_\phi$ ；

(b) $|\hat{a}_R| = |\hat{a}_\theta| = |\hat{a}_\phi| = 1$ ；

(c) $\hat{a}_R = \dfrac{\overrightarrow{OA}}{|\overrightarrow{OA}|}$ ，其中 O 是原点。

4. 使用练习 3 的公式，请推导出以下情况下的 $(\hat{a}_R,\hat{a}_\theta,\hat{a}_\phi)$ ：

(a) $A = (5,45°,60°)$ ；

(b) $A = (6,120°,-30°)$ ；

(c) $A = (8,30°,90°)$ 。

5. 假设有一条较短的导线位于原点处，并沿 z 方向定向，其长度 $dl = 2\text{cm}$ ，电流 $i(t) = 3 \cdot \cos 2\pi ft$ ，

$f = 100\mathrm{MHz}$。如果点 P 的球坐标为 (R,θ,ϕ)，请推导出 P 点的电场和磁场：

(a) $R = 1\mathrm{cm}, \theta = 45°, \phi = 90°$;

(b) $R = 10\mathrm{cm}, \theta = 30°, \phi = 120°$。

(提示：例 7.3)。

6. 证明 $\displaystyle\int_0^h \left[\sin\beta(h-z) \cdot \cos(\beta z\cos\theta)\right]\mathrm{d}z = \dfrac{\cos(\beta h\cos\theta) - \cos\beta h}{\beta\sin^2\theta}$

7. 偶极子天线的中心在原点，并沿 z 方向定向。其长度为 $2h = \dfrac{3}{4}\lambda_0$ 和电流 $I(z) = I_0\sin\beta(h - |z|)$，

(a) 请推导出 $I(z)$ 达到其最大值和最小值的位置；

(b) 请推导出辐射方向图 $F(\theta)$;

(c) 请在 $\theta = 0, \pi/6, \pi/3, \pi/2, 2\pi/3, 5\pi/6, \pi$ 处计算 $F(\theta)$。

(提示：请参考 7.2 节。)

8. 用 $2h = \dfrac{5}{3}\lambda_0$ 重复练习 7。

9. 偶极子天线以原点为中心，并沿 z 方向定向。其长度为 $2h = 3\mathrm{m}$，电流为 $i(t) = 5 \cdot \cos 2\pi ft$。假设一个点 P 具有球面坐标 $(10\mathrm{km}, \pi/6, \pi/4)$。请推导 P 点的 E_θ(矢量)：(a) $f = 1\mathrm{MHz}$，(b) $f = 100\mathrm{MHz}$，(c) $f = 1\mathrm{GHz}$。

(提示：例 7.4)

10. 偶极子天线在原点有中心，并沿 z 方向定向。其长度为 $2h = 6\mathrm{m}$，频率为 $f = 300\mathrm{MHz}$。如果远场中一个点的磁场为 $\vec{H} = 2 \cdot \cos(2\pi ft + 35°) \cdot a_\phi$，请求出以下内容：

(a) 电场；

(b) 坡印廷矢量；

(c) 平均功率密度。

11. 偶极子天线的辐射方向图为

$$F(\theta) = \frac{\cos(\beta h\cos\theta) - \cos\beta h}{\sin\theta}$$

其中 β 为传播常数，$2h$ 为天线长度。假设 $2h = \lambda_0/4$。请使用极坐标绘制如下图：

(a) 平面图案在 $\phi = \pi/2$;

(b) 平面图案 $\theta = \pi/4$。

(提示：请参考 7.3 节)

12. 当 $2h = \dfrac{3}{4}\lambda_0$ 时，重复练习 11。

13. 天线的辐射方向图为 $|E(\theta,\phi)| = |2\sin\theta\sin\phi|$，

(a) 请使用极坐标绘制 $\phi = \pi/2$ 的电场方向图；

(b) 请使用矩形坐标绘制 $\phi = \pi/2$ 电场方向图；

(c) 请推导 $\phi = \pi/2$ 时，电场方向图的波束宽度；

(d) 如果 $|E(\theta,\phi)| = |2(1 + \sin\theta)\sin\phi|$，请推导 $\phi = \pi/2$ 时电场方向图的波束宽度。

14. 天线的辐射方向图的表达形式为 $|E(\theta,\phi)| = \left|\sin^2\theta \cdot \dfrac{\cos\phi}{2 + \cos\phi}\right|$，

(a) 请使用极坐标绘制 $\theta = \pi/2$ 时的电场方向图；

(b) 请使用矩形坐标绘制 $\theta = \pi/2$ 时的电场方向图；

(c) 请推导 $\theta = \pi/2$ 时，电场方向图的波束宽度。

15. 自由空间天线远场的一个点有 $\vec{E} = E_A \cdot \cos(\omega t + 30°) \cdot a_\theta$。请求出以下内容：

(a) 磁场；

(b) 坡印廷矢量；

(c) 最大功率密度；

(d) 平均功率密度。

（提示：请参考 7.4 节。）

16. 一个天线的电场辐射方向图为 $|E(\theta,\phi)| = \left| \dfrac{K}{R} \sin\theta (1 + \cos\phi) \right|$，其中 K 是常数，R 是到这个天线的距离，请求出该天线的平均辐射功率。

17. 一个全向天线的总辐射功率为 $P_r = 2W$。如果一个点位于距离天线 $R = 5$ 公里的地方，请求出以下参数：

(a) 的平均功率密度；

(b) E 场的大小（$|\vec{E}|$）；

(c) 场的量级（$|\vec{H}|$）。

（提示：例 7.5）

18. 一个定向天线位于原点，总辐射功率 $P_r = 10W$。请推导出 $R = 5km$ 处的平均功率密度（U）和平均电场强度（E_{av}）。

（提示：例 7.6）

19. 一个定向天线位于原点，相关的电场由

$$E(\theta,\phi) = \frac{K \cdot \sin\theta \cdot \sin^2\phi}{R}$$

其中 K 是一个常数，R 是距离天线的距离。请分别在（$\theta = \pi/6, \phi = \pi/4$）和（$\theta = \pi/2, \phi = \pi/3$）上求得方向性增益。

（提示：例 7.8）。

20. 在练习 19 中，请求出天线的方向性。

21. 一个定向天线位于原点，相关的电场由

$$E(\theta,\phi) = K \cdot \frac{(1 - \cos\theta) \cdot \sin\phi}{R}$$

其中 K 是一个常数，R 是距离天线的距离。请求出该天线的方向性。

（提示：例 7.9）。

22. 设有一特征电阻 $R_0 = 50\Omega$ 的传输线被用于向天线发送信号。假设天线的阻抗为 $Z_a = 60\Omega$ 和天线输入端的入射电压为 $V^+ = 6$。请推导出此天线的功耗情况。

（提示：例 7.10）。

23. 对 $Z_L = 50 + j25\Omega$ 重复练习 22。

24. 设有一特征电阻 $R_0 = 50\Omega$ 的传输线被用于向天线发送信号。设天线的阻抗为 $Z_a = 70 + j20\Omega$，测量电压为 t，它的天线输入是 $V_a = 3e^{j\frac{\pi}{4}}$。请推导出这个天线的功耗。

25. 假设天线的阻抗为 $Z_L = 50 + j50\Omega$，天线输入端的测量电压为 $V_a = 8 \cdot e^{j\frac{\pi}{3}}$。如果该天线的辐射效率为 $\chi = 0.9$，请求出

(a) 辐射电阻和损耗电阻；

(b) 平均辐射功率；

（c）在距离该天线 10 公里处的电场的平均幅度。

（提示：请参考 7.5 节。）

26. 如果一个长度为 dl 的短导线被用作天线。其抗辐射电阻和抗损耗电阻为

$$R_r = 80\pi^2 \left(\frac{dl}{\lambda_0}\right)^2$$

$$R_{loss} = \frac{dl}{2a} \cdot \sqrt{\frac{\mu_0 f}{\pi\sigma}}$$

其中，λ_0 为波长，σ 为电导率。假设 $f = 100\text{MHz}, a = 2\text{mm}$，和 $\sigma = 5.8 \times 10^7 \text{S/m}$。请求出以下情况下的辐射效率：(a) d$l = 1\text{cm}$，(b) d$l = 5\text{cm}$，(c) d$l = 20\text{cm}$。

（提示：请参考 7.12 节。）

27. 在练习 26 中，如果 d$l = 10\text{cm}$，请求出以下情况下的辐射效率：

(a) $f = 1\text{MHz}$；

(b) $f = 10\text{MHz}$；

(c) $f = 100\text{MHz}$。

28. 考虑自由空间中的两点 A 和两点 B，如果以 A 为原点，那么 B 的球面坐标是 (R, θ, ϕ)；如果以 B 为原点，那么 A 的球面坐标是 (R', θ', ϕ')；请研究 (R, θ, ϕ) 和 (R', θ', ϕ') 之间的关系。

29. 假设天线 A 位于原点处，天线 B 的球坐标为 $(10\text{km}、\pi/6、\pi/3)$，天线 A 的平均发射功率为 $P_T = 50\text{W}$，

(a) 如果天线 A 是一个全向天线，请推导出天线 B 处的平均功率密度；

(b) 如果天线 A 是半波长偶极子天线，请推导出天线 B 处的平均功率密度。

（提示：请参考 7.6 节。）

30. 假设天线 A 位于原点处，天线 B 的球坐标为 $(10\text{km}、\pi/6、\pi/3)$，天线 A 的平均发射功率为 $P_T = 50\text{W}$，

(a) 如果天线 A 是一个全向天线，请推导出天线 B 处的平均功率密度；

(b) 如果天线 A 是半波长偶极子天线，请推导出天线 B 处的平均功率密度。

31. 有一个偶极子天线，其方向性增益由子天线，请推导出天线 B 处的平均功率密度。

$$G(\theta) = 2.4 \cdot \left[\frac{\cos(\pi\cos\theta) + 1}{\sin\theta}\right]^2$$

当工作频率为 200MHz 和

(a) $\theta = 0$；

(b) $\theta = \pi/6$；

(c) $\theta = \pi/2$。

请推导出每种情况下相应的有效面积。

（提示：例 7.15）。

32. 在原点处有一个定向天线，在半径为 R 的球面上的电场强度为

$$|E(\theta, \phi)| = K \cdot \frac{(1 + \cos\theta) \cdot (1 - 2\sin\phi)}{R}$$

其中，K 是一个常数。假设工作频率为 200MHz。请在以下情况下求出有效面积。

(a) $\left(\theta = \frac{\pi}{6}, \phi = \frac{\pi}{4}\right)$；

(b) $\left(\theta = 0, \phi = \frac{3\pi}{2}\right)$。

33. 假设发射天线与接收天线之间的距离为 $R = 2000\text{km}$。发射天线和接收天线的方向性增益分别为 33dB 和 46dB。当工作频率为 $f = 500\text{MHz}$ 时,如果最大接收功率为 $P_R = 10^{-5}$(watt)。请推导出发射功率 P_T。

（提示:弗里斯传输公式）

34. 假设有一颗海拔 600 公里的近地轨道(LEO)卫星。卫星发射天线方向增益为 18dB,地面站的接收天线的方向性增益为 45dB。设发射功率为 $P_T = 5\text{W}$,工作频率为 $f = 8.3\text{GHz}$。请求出最大接收功率 P_R。

（提示:例 7.16）

附录 A　矢量运算

本附录介绍解麦克斯韦方程组中需要的矢量运算基础知识。

矢量加减法

设$\vec{A}$为三维空间矢量,可表示为

$$\vec{A} = A_x \cdot \hat{x} + A_y \cdot \hat{y} + A_z \cdot \hat{z} \tag{A-1}$$

其中,$\hat{x}, \hat{y}, \hat{z}$为空间中互相垂直的单位矢量,$A_x, A_y, A_z$为对应单位矢量上的相关分量,矢量$\vec{A}$的长度用$|\vec{A}|$表示,由式(A-1)得

$$|\vec{A}| = \sqrt{A_x^2 + A_y^2 + A_z^2} \tag{A-2}$$

下面,假设有另一个矢量$\vec{B}$

$$\vec{B} = B_x \cdot \hat{x} + B_y \cdot \hat{y} + B_z \cdot \hat{z} \tag{A-3}$$

分别对$\vec{A}$和$\vec{B}$进行相加减,得

$$\vec{A} + \vec{B} = (A_x + B_x) \cdot \hat{x} + (A_y + B_y) \cdot \hat{y} + (A_z + B_z) \cdot \hat{z} \tag{A-4}$$

$$\vec{A} - \vec{B} = (A_x - B_x) \cdot \hat{x} + (A_y - B_y) \cdot \hat{y} + (A_z - B_z) \cdot \hat{z} \tag{A-5}$$

数乘和点积

设k是一个实数。向量与k的数乘为

$$k\vec{A} = k(A_x \cdot \hat{x} + A_y \cdot \hat{y} + A_z \cdot \hat{z}) = kA_x \cdot \hat{x} + kA_y \cdot \hat{y} + kA_z \cdot \hat{z} \tag{A-6}$$

接下来,假定有两个矢量$\vec{A} = A_x \cdot \hat{x} + A_y \cdot \hat{y} + A_z \cdot \hat{z}$和$\vec{B} = B_x \cdot \hat{x} + B_y \cdot \hat{y} + B_z \cdot \hat{z}$,如图 A-1 所示。$\vec{A}$和$\vec{B}$的点积被定义为

$$\vec{A} \cdot \vec{B} = |\vec{A}| \cdot |\vec{B}| \cos\theta_{AB} \tag{A-7}$$

其中θ_{AB}是矢量$\vec{A}$和$\vec{B}$的夹角,且$0 \leqslant \theta_{AB} \leqslant \pi$。式(A-7)等价如下。

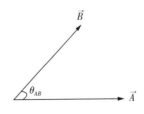

图 A-1　两个矢量的点积

$$\vec{A} \cdot \vec{B} = A_x B_x + A_y B_y + A_z B_z \qquad (A-8)$$

接下来可以看出点乘结果是标量,可以很容易地通过式(A-8)进行计算。

矢量微分

设三维矢量 $\vec{A} = A_x \cdot \hat{x} + A_y \cdot \hat{y} + A_z \cdot \hat{z}$ 三个轴向分量是位置的函数,$A_x = A_x(x,y,z)$,$A_y = A_y(x,y,z)$,$A_z = A_z(x,y,z)$。$\vec{A}$ 关于 x 的一阶导数为

$$\frac{\partial \vec{A}}{\partial x} = \frac{\partial(A_x \cdot \hat{x} + A_y \cdot \hat{y} + A_z \cdot \hat{z})}{\partial x} = \frac{\partial A_x}{\partial x} \cdot \hat{x} + \frac{\partial A_y}{\partial x} \cdot \hat{y} + \frac{\partial A_z}{\partial x} \cdot \hat{z} \quad (A-9)$$

同理,可得

$$\frac{\partial \vec{A}}{\partial y} = \frac{\partial A_x}{\partial y} \cdot \hat{x} + \frac{\partial A_y}{\partial y} \cdot \hat{y} + \frac{\partial A_z}{\partial y} \cdot \hat{z} \qquad (A-10)$$

$$\frac{\partial \vec{A}}{\partial z} = \frac{\partial A_x}{\partial z} \cdot \hat{x} + \frac{\partial A_y}{\partial z} \cdot \hat{y} + \frac{\partial A_z}{\partial z} \cdot \hat{z} \qquad (A-11)$$

如果求 $\vec{A}$ 关于 x 的二阶偏导,可得

$$\frac{\partial^2 \vec{A}}{\partial x^2} = \frac{\partial}{\partial x}\left(\frac{\partial \vec{A}}{\partial x}\right) = \frac{\partial^2 A_x}{\partial x^2} \cdot \hat{x} + \frac{\partial^2 A_y}{\partial x^2} \cdot \hat{y} + \frac{\partial^2 A_z}{\partial x^2} \cdot \hat{z} \qquad (A-12)$$

同理,可得

$$\frac{\partial^2 \vec{A}}{\partial y^2} = \frac{\partial^2 A_x}{\partial y^2} \cdot \hat{x} + \frac{\partial^2 A_y}{\partial y^2} \cdot \hat{y} + \frac{\partial^2 A_z}{\partial y^2} \cdot \hat{z} \qquad (A-13)$$

$$\frac{\partial^2 \vec{A}}{\partial z^2} = \frac{\partial^2 A_x}{\partial z^2} \cdot \hat{x} + \frac{\partial^2 A_y}{\partial z^2} \cdot \hat{y} + \frac{\partial^2 A_z}{\partial z^2} \cdot \hat{z} \qquad (A-14)$$

例 1

假设有一个矢量 $\vec{A} = (3xy^2) \cdot \hat{x} + (yz + 5x) \cdot \hat{y} + (2z + 7y^3) \cdot \hat{z}$,计算 $\frac{\partial \vec{A}}{\partial x}$ 和 $\frac{\partial^2 \vec{A}}{\partial x^2}$。

解:

首先得到三个轴向分量

$$A_x = 3xy^2$$

$$A_y = yz + 5x$$

$$A_z = 2z + 7y^3$$

求关于 x 的一阶偏导

$$\frac{\partial A_x}{\partial x} = 3y^2$$

$$\frac{\partial A_y}{\partial x} = 5$$

$$\frac{\partial A_z}{\partial x} = 0$$

得

$$\frac{\partial \vec{A}}{\partial x} = \frac{\partial A_x}{\partial x} \cdot \hat{x} + \frac{\partial A_y}{\partial x} \cdot \hat{y} + \frac{\partial A_z}{\partial x} \cdot \hat{z} = (3y^2) \cdot \hat{x} + 5\hat{y}$$

求关于 y 的二阶偏导

$$\frac{\partial^2 A_x}{\partial y^2} = 6x$$

$$\frac{\partial^2 A_y}{\partial y^2} = 0$$

$$\frac{\partial^2 A_z}{\partial y^2} = 42y$$

得

$$\frac{\partial^2 \vec{A}}{\partial y^2} = \frac{\partial^2 A_x}{\partial y^2} \cdot \hat{x} + \frac{\partial^2 A_y}{\partial y^2} \cdot \hat{y} + \frac{\partial^2 A_z}{\partial y^2} \cdot \hat{z} = (6x) \cdot \hat{x} + (42y) \cdot \hat{z}$$

矢量积分本节介绍三种类型矢量积分：线积分、面积分、体积分。如图 A-2 所示，令 $\vec{A} = A_x \cdot \hat{x} + A_y \cdot \hat{y} + A_z \cdot \hat{z}$ 为矢量，C 为曲线，将 $\vec{A}$ 沿 C 积分得

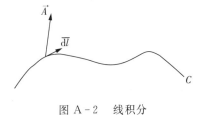

$$\int_C \vec{A} \cdot \mathrm{d}\vec{l} \qquad (A-15)$$

图 A-2　线积分

其中，$\mathrm{d}\vec{l}$ 为沿 C 的切向量，长度趋近于 0。$\mathrm{d}\vec{l}$ 可以表示为

$$\mathrm{d}\vec{l} = \mathrm{d}x \cdot \hat{x} + \mathrm{d}y \cdot \hat{y} + \mathrm{d}z \cdot \hat{z} \qquad (A-16)$$

其中，$\mathrm{d}x\mathrm{d}y\mathrm{d}z$ 趋近于 0，在式（A-15）中，$\vec{A} \cdot \mathrm{d}\vec{l}$ 为 $\vec{A}$ 和 $\mathrm{d}\vec{l}$ 的点积

$$\int_C \vec{A} \cdot \mathrm{d}\vec{l} = \int_C (A_x\mathrm{d}_x + A_y\mathrm{d}_y + A_z\mathrm{d}_z) \qquad (A-17)$$

由式（A-17）可知，$\int_C \vec{A} \cdot \mathrm{d}\vec{l}$ 是一个标量，其物理意义是曲线 C 上 $\vec{A}$ 与每一个极小段 $\mathrm{d}\vec{l}$ 内积之和，当 C 为如图 A-3 中所示的闭合曲线，$\vec{A}$ 沿 C 的线积分可以表示为

$$\oint_C \vec{A} \cdot \mathrm{d}\vec{l} \qquad (A-18)$$

注意式(A－15)和式(A－18)的区别是积分符号上的圆。

曲面积分如图 A－4 所示。设 S 是一个曲面,$\vec{A}$ 在曲面 S 上的积分为

$$\int_S \vec{A} \cdot \mathrm{d}\vec{s} \tag{A－19}$$

其中,$\vec{A} \cdot \mathrm{d}\vec{s}$ 是 $\vec{A}$ 和 $\mathrm{d}\vec{s}$ 的内积,$\mathrm{d}\vec{s}$ 表示曲面 S 上的单位矢量。

$$\mathrm{d}\vec{s} = \mathrm{d}s \cdot \hat{a}_n \tag{A－20}$$

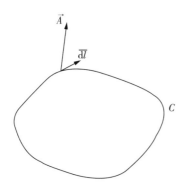

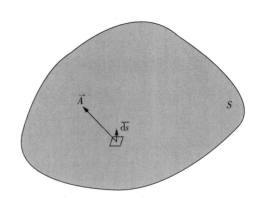

图 A－3　闭合曲线线积分　　　　图 A－4　曲面积分

在式(A－20)中,$\mathrm{d}s$ 是面积接近于零的微小曲面单元,$\hat{a}_n$ 表示垂直于曲面元的单位矢量。将式(A－20 代)入式(A－19),可得

$$\int_S \vec{A} \cdot \mathrm{d}\vec{s} = \int_S (\vec{A} \cdot \hat{a}_n)\,\mathrm{d}s \tag{A－21}$$

在式(A－21)中,$\vec{A}$ 和 $\hat{a}_n$ 的内积均为标量,因此结果为标量。

如果 S 为封闭曲面,则 $\vec{A}$ 的 S 曲面积分为

$$\oint_S \vec{A} \cdot \mathrm{d}\vec{s} \tag{A－22}$$

体积分如图 A－21 所示。矢量 $\vec{A}$ 对 V 的积分为

$$\int_V \vec{A} \cdot \mathrm{d}\vec{v} \tag{A－23}$$

$\mathrm{d}v$ 是一个很小的体积单元

$$\mathrm{d}v = \mathrm{d}x\,\mathrm{d}y\,\mathrm{d}z \tag{A－24}$$

因此,式(A－23)写为

$$\int_V \vec{A} \cdot \mathrm{d}\vec{v} = \int_V \vec{A} \cdot \mathrm{d}x\,\mathrm{d}y\,\mathrm{d}z \tag{A－25}$$

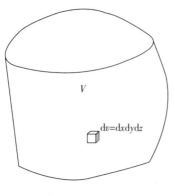

图 A－5　体积分

因为 $\mathrm{d}x\mathrm{d}y\mathrm{d}z$ 是标量,所以积分$\int_V \vec{A} \cdot \mathrm{d}v$ 是一个矢量,等于$\vec{A}$ 和各体积元 $\mathrm{d}v$ 乘积之和。此外,设 $F(x,y,z)$ 是一个标量。F 对 V 体积分是

$$\int_V F \cdot \mathrm{d}v = \int_V F(x,y,z) \cdot \mathrm{d}x\mathrm{d}y\mathrm{d}z \tag{A-26}$$

在这种情况下,$\int_V F(x,y,z) \cdot \mathrm{d}v$ 结果是一个标量,等于 $F(x,y,z)$ 和各体积元 $\mathrm{d}v$ 乘积之和。

附录 B　电场和磁场

电磁场(EM field)可以看作是电场(E-field)和磁场(M-field)的组合。它是由静止的电荷或移动的电荷(电流)产生的,并无限地扩展到整个空间。电磁场的主要特征是它与带电粒子的相互作用:将带电粒子置于电磁场中时,粒子会受到相应的电磁力。为了描述电磁场的特征,科学家们定义了四个物理量。

$\vec{E}$:电场强度;　　$\vec{D}$:电通量;　　$\vec{H}$:磁场强度;　　$\vec{B}$:磁通量

前两个是电场($\vec{E}$,$\vec{D}$),另外两个是磁场($\vec{H}$ 和 $\vec{B}$)。下面解释这四个参数的物理意义。

1. 电场($\vec{E}$ 和 $\vec{D}$)

首先,介绍电场强度 $\vec{E}$。假设在电场中放置一个带电粒子 q,粒子受到电场力

$$\vec{F} = q\vec{E} \tag{B-1}$$

从式(B-1),可知当电荷 q 为正时,受力 $\vec{F}$ 方向与电场 $\vec{E}$ 方向相同。相反,当电荷 q 为负时,受力 $\vec{F}$ 方向与电场 $\vec{E}$ 方向相反。另外,$\vec{E}$ 越大,$\vec{F}$ 越大。

式(B-1)中 q 的单位为库仑,$\vec{E}$ 的单位为(V/m),$\vec{F}$ 的单位为牛顿。假设在电场中有一个 $q=1$(库仑)的带电粒子,电场强度为 $\vec{E}=1$(V/m),受力 $\vec{F}=1N$。当质点的质量为 m 时,根据牛顿第二运动定律,即 $\vec{F}=m\vec{a}$,质点的加速度 $\vec{a}$ 为

$$\vec{a} = \frac{\vec{F}}{m} = \frac{q\vec{E}}{m} \tag{B-2}$$

因此,加速度与电场强度 $\vec{E}$ 呈正比,且方向一致。

由上可知,$\vec{E}$ 表示电场的强度和方向。在空间某一点上,$\vec{E}$ 表示带电粒子可能受到的电场力,以及粒子受力反应。

接下来,讨论如何产生 $\vec{E}$。假设 A 点有一个电荷 Q,这个电荷会产生一个延伸到整个空间的电场,并对周围的带电粒子产生相互作用。例如,设 B 为另一个点,到 A 点的距离为 r,则电荷 Q 在 B 点产生的电场强度为

$$\vec{E} = \left(\frac{Q}{4\pi\varepsilon r^2}\right) \cdot \hat{n}_{AB} \tag{B-3}$$

ε 为介电常数，$\hat{n}_{AB}$ 表示从 A 点到 B 点的单位矢量。图 B-1 中，当 Q 为正时，$\vec{E}$ 从 A 点向外辐射。图 B-2 中，当 Q 为负时，$\vec{E}$ 面向 A 点向内辐射，$\vec{E}$ 的大小与 r^2 以及介电常数 ε 成反比。

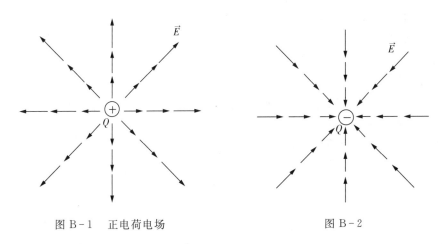

图 B-1 正电荷电场   图 B-2

最后，介绍电通量的物理意义。由式（B-3）可知，$\vec{E}$ 取决于介质的介电常数。如果在点 B 定义一个物理量 $\vec{D}$

$$\vec{D} = \varepsilon \vec{E} \tag{B-4}$$

由式（B-3）可得

$$\vec{D} = \left(\frac{Q}{4\pi r^2} \right) \cdot \hat{n}_{AB} \tag{B-5}$$

显然，$\vec{D}$ 只与电荷 Q 和距离 r 有关，与 ε 无关。因此，$\vec{D}$ 与介质性质无关。称 $\vec{D}$ 为电通量。

由于 $\vec{D}$ 与介质性质无关，在某些情况下，它比 $\vec{E}$ 更能有效地表征电场。例如，用 $\vec{E}$ 来表述高斯定律，有

$$\nabla \cdot \vec{E} = \frac{\rho}{\varepsilon} \tag{B-6}$$

ρ 是电荷密度。当用 $\vec{D}$ 来表述高斯定律时，有

$$\nabla \cdot \vec{D} = \rho \tag{B-7}$$

显然，式（B-7）比式（B-6）简单，并且表明 $\nabla \cdot \vec{D}$ 只与电荷密度 ρ 有关，与介质无关。

$\vec{E}$ 和 $\vec{D}$ 是表征电场的两个物理量。它们方向相同，$\vec{E}$ 与 $\vec{D}$ 成正比，比值为 ε。一旦给出介电常数 ε，可以由 $\vec{E}$ 推导出 $\vec{D}$，反之亦然。

2. 磁场（$\vec{H}$ 和 $\vec{B}$）

与电场不同，磁场只能对移动的带电粒子产生力的作用。静止的带电粒子不受磁力作用。在电磁学中，磁场强度 $\vec{H}$ 和磁通量 $\vec{B}$ 是表征磁场的两个物理量。首先，假设将带电

荷 q 的粒子置于强度为 $\vec{H}$ 的磁场中。粒子静止时，$\vec{H}$ 与粒子无相互作用。当粒子以 $\vec{v}$ 的速度运动时，$\vec{H}$ 对粒子产生磁力 $\vec{F}$

$$\vec{F} = \mu q \cdot (\vec{v} \times \vec{H}) \tag{B-8}$$

式中 μ 为介质的磁导率，$\vec{v} \times \vec{H}$ 为 $\vec{v}$ 与 $\vec{H}$ 的向量积。如图 B-3 所示，力 $\vec{F}$ 由右手定则决定，并垂直于 $\vec{v}$ 和 $\vec{H}$。

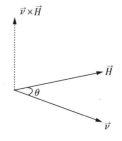

由式(B-8)可知，当 q 为正时，$\vec{F}$ 的方向与 $\vec{v} \times \vec{H}$ 的方向相同；当 q 为负时，$\vec{F}$ 的方向与 $\vec{v} \times \vec{H}$ 的方向相反。$\vec{F}$ 始终垂直于 $\vec{v}$，即所施加的磁力垂直于瞬时运动。因此，$\vec{F}$ 不断改变带电粒子的运动方向。

同样从式(B-8)，可得 $\vec{F}$ 的大小

$$|\vec{F}| = |\mu q \cdot \vec{v} \times \vec{H}| = \mu(|q| \cdot |\vec{v}| \cdot |\vec{H}| \cdot \sin\theta)$$

图 B-3　带电粒子受力情况

$$\tag{B-9}$$

θ 为 $\vec{v}$ 与 $\vec{H}$ 的夹角。式(B-9)中，当运动方向与磁场方向一致，即 $\vec{v}$ 与 $\vec{H}$ 方向一致时，$\theta = 0$，$\vec{F} = 0$。在这种情况下，磁场对粒子不施加任何力。另外，当运动方向垂直于磁场方向，即 $\vec{v}$ 垂直于 $\vec{H}$ 时，$\theta = 90°$。在这种情况下，粒子受到的磁力最大，如图 B-4 所示。

最后，讨论磁通量 $\vec{B}$ 的物理意义。由式(B-8)可知，磁场中带电粒子的作用力与介质的磁导率有关。如果定义磁通量密度 $\vec{B}$ 为

$$\vec{B} = \mu \vec{H} \tag{B-10}$$

式(B-8)变换为

$$\vec{F} = q \cdot (\vec{v} \times \vec{B}) \tag{B-11}$$

与式(B-8)不同，在式(B-11)中，带电粒子施加的磁力不依赖于磁导率。因此，如式(B-10)中定义 $\vec{B}$，所施加的力将只取决于 $\vec{B}$，而不是取决于介质。

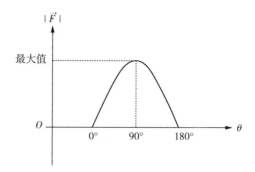

图 B-4　磁场与带电粒子运动方向夹角和磁力的关系

由式(B-10)和(B-11)可知，$\vec{B}$ 是表征磁场的另一个物理量。在某些情况下，用 $\vec{B}$ 来表征磁场更为有效。例如，用 $\vec{H}$ 来表述法拉第定律时，有

$$\nabla \times \vec{E} = -\mu \frac{\partial \vec{H}}{\partial t} \tag{B-12}$$

当用 $\vec{B}$ 表示时，有

$$\nabla \times \vec{E} = -\frac{\partial \vec{B}}{\partial t} \tag{B-13}$$

　　显然,式(B-13)比式(B-12)简单。式(B-13)表示时变的$\vec{B}$会产生电场,与介质无关。

　　注意,在研究电磁波时,用$\vec{E}$和$\vec{H}$表征电场和磁场,以$\vec{D}$和$\vec{B}$辅助。此外,虽然分别用$(\vec{E},\vec{D})$和$(\vec{H},B)$表示电场和磁场,但实际上它们是通过麦克斯韦方程组相互作用的。电场和磁场之间的相互作用是本书将要研究的电磁波的核心。

附录 C　折射率

在大多数应用中,我们通常把折射率 n 当作常数来处理。然而,n 实际上取决于频率,因此它是频率的函数。为了理解为什么折射率是频率的函数,就需要先来理解折射率 n 的物理意义。下面,从介质材料特性角度,来解释对外加电场的响应。然后描述了折射率 n 的物理意义。

首先,每一个元素都是由原子组成的,原子包含一个原子核及其周围的电子。原子核由中子和质子组成,带正电。周围的电子带负电,大多数电子被束缚在原子核上,称为束缚电子,少数可以自由移动的,称为自由电子。由于束缚电子的数量远大于自由电子的数量,因此介质或绝缘体的电磁特性主要由束缚电子决定。

在图 C-1 中,如果没有任何外部电场,内部的原子核有规律地排列,相关的束缚电子随机地分布在每个原子核周围。此时,介质内部不存在任何电场。

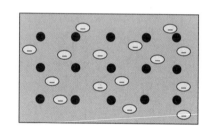

●：　原子核

⊖：　电子

图 C-1　无外部电场的介质

对图 C-2 所示的介质施加外电场。介质内部束缚电子会被外电场 $\vec{E}$ 所吸引。如图 C-3 所示,这些束缚电子不流动,只从平衡位置发生轻微偏移,并引起电介质极化。在这种情况下,介质可以看作是一个电偶极子,正电荷在右边,负电荷在左边,如图 C-4 所示。这种"偶极子效应"取决于介质的电磁特性,当外加电场 $\vec{E}$ 增大时,变化更加显著。因此,感应电场 $\vec{E}_{\text{dipole}}$ 与外加电场 $\vec{E}$ 成正比,有

$$\vec{E}_{\text{dipole}} = -\beta\vec{E} \tag{C-1}$$

其中 β 是 0 和 1 之间的一个实数。负号表示感生电场 $\vec{E}_{\text{dipole}}$ 和 $\vec{E}$ 方向相反。假设 $\vec{E}_{\text{m}}$ 为内部电场,根据叠加定理,可得

$$\vec{E}_{\text{m}} = \vec{E} + \vec{E}_{\text{dipole}} = (1-\beta)\vec{E} \tag{C-2}$$

因为 $0 \leqslant \beta < 1$,内部电场 $\vec{E}_{\text{m}}$ 强度小于外加电场 $\vec{E}$,即 $|\vec{E}_{\text{m}}| < |\vec{E}|$。换句话说,感生电场 $\vec{E}_{\text{dipole}}$

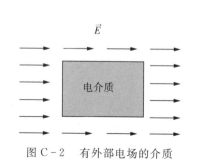

图 C-2　有外部电场的介质

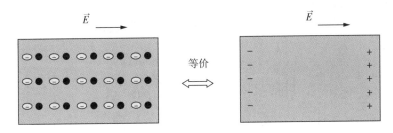

图 C-3　外部电场引起的介质极化

实际上"抵消"了介质中外加电场的影响。使得 $|\vec{E}_m|$ 和 $|\vec{E}|$ 在式(C-1)中有相反的符号。

　　为简化电介质内的偶极子效应，这里使用介电常数 ε 来描述这种效应。对于一个固定的外加电场，电介质的偶极子效应越显著，它的介电常数就越大，反之亦然。换句话说，ε 反映了偶极子效应的大小。

　　因为 $\varepsilon = \varepsilon_r \varepsilon_0$，根据 2.4 节中对折射率的定义，可得

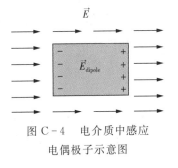

图 C-4　电介质中感应电偶极子示意图

$$n = \sqrt{\varepsilon_r} \tag{C-3}$$

因此，折射率越大，偶极子效应越显著，即 $\vec{E}_{dipole}$ 越大。

　　下面，我们来解释为什么折射率 n 是频率的函数。在图 C-4 中，假设外加电场随时间变化为

$$\vec{E}(t) = \vec{E}_{0\cos\omega t} \tag{C-4}$$

ω 表示频率。

　　当频率 ω 较低时，束缚电子能迅速响应 $\vec{E}(t)$，因此

$$\vec{E}_{dipole} = -\beta \vec{E}(t) \tag{C-5}$$

　　当频率 ω 继续增大时，束缚电子的响应速度逐渐跟不上 $\vec{E}(t)$ 的变化速度，因此 $\vec{E}_{dipole}$ 取决于频率 ω，可以表示为

$$\vec{E}_{dipole} = -\beta(\omega) \vec{E}(t) \tag{C-6}$$

式中 $\beta(\omega)$ 是频率的函数。由于 n 取决于 β，所以 n 也是频率的函数，即 $n = n(\omega)$。

　　虽然 n 是频率的函数，但在大多数情况下，n 随频率的变化是相当小的。因此，通常把 n 当作一个常数。在讨论相速 v_p 和群速 v_g 等特殊情况下，必须把 n 看成频率的函数。否则，相速 v_p 等于群速 v_g，此时无法区分，这在学习电磁波在色散介质中的传播时是必要的。在下文中，为简化分析，除非另有说明，否则一律将 n 视为常数。

附录 D　传播常数

根据材料导电性,通常可以分为三类:导体、半导体和绝缘体(介电介质)。导体的电导率很大,而绝缘体的电导率很小。半导体的导电性介于两者之间。传播常数一般为

$$\gamma = j\omega \sqrt{\mu\varepsilon\left(1 + \frac{\sigma}{j\omega\varepsilon}\right)} \qquad (D-1)$$

式中,σ 为电导率,ε 为介电常数,μ 为磁导率,ω 为频率。式(D-1)适用于导体、半导体和绝缘体。对于金属来说,电导率 σ 很大,在大多数频谱中,$\sigma \gg \omega\varepsilon$。因此,式(D-1)可以简化为

$$\gamma \approx j\omega \sqrt{\mu\varepsilon\left(1 + \frac{\sigma}{j\omega\varepsilon}\right)} = \alpha + j\beta \qquad (D-2)$$

其中

$$\alpha = \beta = \sqrt{\pi f \mu \sigma} \qquad (D-3)$$

由于 γ 的实部不为零,相关电场会迅速衰减并产生趋肤效应。

对于绝缘体,由于 σ 通常很小,在大多数频谱中 $\omega\varepsilon \gg \sigma$,将 γ 简化为

$$\gamma \approx j\omega \sqrt{\mu\varepsilon} = jk \qquad (D-4)$$

式中 $k = \omega\sqrt{\mu\varepsilon}$。由于 γ 的实部近似为零,电磁波在绝缘体中传播时能量损失很小。

在实际应用中,并不存在理想导体($\sigma \to \infty$)或理想绝缘体($\sigma = 0$)。在处理电磁波时,如果 $\sigma \gg \omega\varepsilon$,称这种介质为良导体。如果 $\sigma \ll \omega\varepsilon$,则称介质为良好的绝缘体。在大多数频谱中,金属如金、银、铜和铁是良导体。它们的传播常数与式(D-2)近似。另一方面,空气、塑料和木材都是很好的绝缘体。它们的传播常数与(D-4)近似。利用这些特性,可以在处理导体或绝缘体中的电磁波时简化分析。此外,有些介质在导体和绝缘体之间且具有导电性,例如半导体。在这种情况下,不能用式(D-2)和(D-4)来简化相关的传播常数。传播常数由式(D-1)表示。

将式(D-1)改写为

$$\gamma = j\omega \sqrt{\mu\varepsilon}\,\sqrt{\left(1 + \frac{\sigma}{j\omega\varepsilon}\right)} = jk \cdot \sqrt{1 - j\frac{\sigma}{\omega\varepsilon}} \qquad (D-5)$$

损耗系数

$$\tan\theta = \frac{\sigma}{\omega\varepsilon} \qquad\qquad (D-6)$$

在式(D-6)中,可以用角 θ 表示 σ 和 $\omega\varepsilon$ 的关系。如果 $\omega\varepsilon \gg \sigma$,有

$$\tan\theta = \frac{\sigma}{\omega\varepsilon} \approx 0 \Rightarrow \theta \approx 0 \qquad\qquad (D-7)$$

在这种情况下,介质是良好的绝缘体。另一方面,如果 $\sigma \gg \omega\varepsilon$,则

$$\tan\theta = \frac{\sigma}{\omega\varepsilon} \gg 1 \Rightarrow \theta \approx 90° \qquad\qquad (D-8)$$

在这种情况下,介质就是良好的导体。当 θ 较大时,电磁波的衰减随着在介质中传播时间的增加而增大。因此称 θ 为损失角。

最后,总结导体、绝缘体和半导体的传播常数如下。

1. 导体传播常数近似为

$$\gamma \approx j\alpha + j\beta$$

其中,$\alpha = \beta = \sqrt{\pi f\mu\sigma}$ 。

2. 绝缘体传播常数近似为

$$\gamma \approx j\omega\sqrt{\mu\varepsilon} = jk$$

其中,$k = \omega\sqrt{\mu\varepsilon}$ 。

3. 半导体传播常数

$$\gamma = j\omega\sqrt{\mu\varepsilon\left(1 + \frac{\sigma}{j\omega\varepsilon}\right)}$$

图书在版编目(CIP)数据

解读电磁波 = Understanding Electromagnetic Waves/高铭盛,张……

等译 . —合肥:合肥工业大学出版社,2023. 11 ……;王锐

ISBN 978 - 7 - 5650 - 6559 - 0

Ⅰ.①解…　Ⅱ.①高…　②张…　③王…　Ⅲ.①电磁波　Ⅳ.①O441.4

中国国家版本馆 CIP 数据核字(2023)第 247572 号

解读电磁波

Understanding Electromagnetic Waves

高铭盛　张介福　著

王　锐　等译

责任编辑	张择瑞	
出版发行	合肥工业大学出版社	
地　址	(230009)合肥市屯溪路 193 号	
网　址	press. hfut. edu. cn	
电　话	理工图书出版中心：0551 - 62903204	
	营销与储运管理中心：0551 - 62903198	
开　本	787 毫米×1092 毫米　1/16	
印　张	20. 75	
字　数	467 千字	
版　次	2023 年 11 月第 1 版	
印　次	2023 年 11 月第 1 次印刷	
印　刷	安徽联众印刷有限公司	
书　号	ISBN 978 - 7 - 5650 - 6559 - 0	
定　价	88. 00 元	

如果有影响阅读的印装质量问题,请与出版社营销与储运管理中心联系调换。